U0160121

 中国科普研究所 China Research Institute For Science Popularization | 资助

Museum-School Cooperation under the New Journey

科学教育新征程下的
馆校合作

第十三届馆校结合科学教育论坛论文集

COLLECTION OF PAPERS OF
THE 13TH FORUM ON MUSEUM-SCHOOL
COOPERATION & SCIENCE EDUCATION

高宏斌　李秀菊　曹　金

主编

社会科学文献出版社
SOCIAL SCIENCES ACADEMIC PRESS (CHINA)

本书编委会

主　　编　高宏斌　李秀菊　曹　金

编　　委　（以姓氏笔画为序）

王　乐　王　健　王春芳　朱幼文　朱珈仪

李　萌　李高峰　季　娇　周丽娟　赵　博

赵云建　高　颖　崔　鸿　鲍贤清

课题秘书　曾　浩

前　言

在庆祝中国共产党成立一百周年大会上，习近平总书记指出，新的征程上，要全面贯彻新发展理念，构建新发展格局，推动高质量发展，推进科技自立自强。在中国科协第十次全国代表大会上，习近平总书记强调，当今世界的竞争说到底是人才竞争、教育竞争，要更加重视人才自主培养。自实施科教兴国战略以来，我国将科技创新和教育事业摆在重要位置，中国的科教事业发展良好，成为国家创新驱动发展的重要源泉。国务院印发的《全民科学素质行动规划纲要（2021—2035 年)》提出，要持续完善科学教育与培训体系，将科学教育纳入基础教育各阶段，在"十四五"时期实施青少年科学素质提升行动。

馆校结合科学教育是科学教育的重要实施办法，对提升我国青少年科学素质有着积极作用。学校和科技场馆是最重要的两个科学教育阵地，为中小学生提供重要的科普资源。如今，博物馆也逐步融入教育体系，教育部和国家文物局发布的《关于利用博物馆资源开展中小学教育教学的意见》提到，要推动博物馆教育资源开发应用，建立馆校合作长效机制，馆校结合发展迈入新征程。

馆校结合科学教育论坛自 2009 年举办第一届以来，已经成为中国科普研究所在场馆科学教育领域的品牌学术活动。第十三届馆校结合科学教育论坛将于 2021 年 9 月召开，论坛期待为国内外科技类场馆、博物馆和中小学的科学教育实践者、研究者、管理者及政策制定者搭建交流的平台，以理论和实证研究引领馆校结合科学教育实践。

本届论坛共收到投稿论文 79 篇，经过专家严格评审，最终收录 44 篇论文到本论文集中。这些论文从教育生态下馆校结合体系的构建、国外馆校结合案例研究、馆校结合科学教育活动设计与实施案例、科学家精神在馆校结合中的典型表现、馆校结合在线教育的机遇和挑战、馆校结合评价研究和非正式教育环境下科学教育工作者专业提升路径 7 个方面探索了科学教育新征程下的馆校合作发展，提出了一些创新性的观点，对馆校结合的理论与实践具有重要的参考价值。

在论文集的编辑过程中，难免有不当之处，欢迎广大读者批评、指正。

编　者

2021 年 7 月

目　录

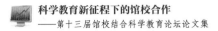

教育视角下馆校合作体系的构建

——以绍兴科技馆为例

陶思敏　尹薇颖*

（绍兴科技馆，绍兴，312000）

摘　要　随着教育改革的深入，科技场馆越来越成为学生非正式学习的重要场所，倡导创新型人才培养的馆校结合教育模式受到科技博物馆界研究者的关注。本文以绍兴科技馆的探索与实践为例，从教育视角，分享了该馆创新"馆校结合"模式，在探索项目化学习和实践多元化科普等方面所做的一些尝试，为高质量推进"馆校结合"提供经验与思路。

关键词　教育生态　馆校结合　融合创新

国家发展需要科技腾飞，科普作为创新发展"两翼"之一，需要充分发挥其基础工程作用。少年智则国智，少年强则国强，青少年是国家的未来、民族的希望，科技场馆作为青少年科学教育的主阵地，应思考如何高效利用科技教育资源优势，创新青少年科技实践教育，弘扬科学家精神，高质量构建科学教育生态，切实提升青少年科学素养。

中国工程院院士、清华大学化工系教授金涌在"科学传播如何激活青少年的好奇'芯'"沙龙活动上呼吁："高质量科普需要从以知识传授为导向的1.0模式，向思维或科学方法、科学精神引导的2.0模式转变"。围绕科技馆"教育是第一功能"的要求，绍兴科技馆致力于创新"馆校结合"模式，探索科

---

* 陶思敏，单位：绍兴科技馆，E-mail：369756673@qq.com；尹薇颖，单位：绍兴科技馆，E-mail：2009554@qq.com。

技场馆与校内课程相衔接的有效机制，开展"馆校结合"工作 5 年来，深受中小学生喜爱，累计接待学校 200 余所，参与学生近 16 万人，影响辐射全省，并多次受邀在全国科技博物馆理论研讨会、科普研学工作会议上交流分享。

近日，浙江省科协党组书记批示："绍兴科技馆多措推进'馆校结合'，课程超市、互动体验、探究学习，激发中小学生学习科学的兴趣，值得宣传与推广。"同时，将绍兴科技馆"馆校结合"模式列入《浙江省科普事业发展"十四五"规划》。

1 立足科技场馆，构建教育生态

劳伦斯·阿萨·克雷明提出了教育生态学的概念，认为教育不是独立于社会之外的形态，而是一个有机的、复杂统一的生态系统，教育系统内部子系统之间及教育系统与外部环境之间都是相互影响、相互适应的[1]。关于"馆校结合"工作，国家有要求、学校有诉求、科技馆有需求，如何创新馆校结合模式，丰富科技教育活动内容，构建一个有利于培育发展青少年好奇心、推动科学教育和科学传播的教育生态，是当下科技场馆思考的问题和实践的方向。

1.1 创新馆校结合模式

在科技场馆中，"展品"即知识、"参观"即学习、"场馆"即教之域[2]。原有的"馆校结合"工作普遍以"走马观花"式的集体参观为主，存在活动缺少整体规划、学生的主体地位不显著、缺乏专业师资队伍等问题。很多时候，学校只是临时有活动才会想到科技馆。

绍兴科技馆以"馆中建校"为原则，通过部门协作、出台长效机制、创新馆校结合形式，引导每个参与者掌握科学的方法、用科学的态度去分析判断事物，让青少年在成长过程中利用科技场馆的科技教育资源实现自身的教育改变。打造馆校一体的全新科技场馆，第一，引进品类齐全的展品展项，并在其周围预留充足的空间，便于集体教育活动的开展；第二，结合科技馆特色、学校需求和前沿科技等，不惜压缩办公室空间，建设 16 间各具特色的科学教室；第三，培养一支专业的教师队伍，负责"馆校结合"活动设计、课程研发和教育实施。

好的教育应该拥有好的教育生态，通过与学校共创、共生、共享构建绍兴科技馆与学校的共同成长体系。内容共创：契合课程标准，通过科技辅导教师、学校教师和教育专家共同研发开设学校不能开展的活动和课程。意义共生：创设有利于学生主动求知的学习环境，提供充分的活动和交流机会，帮助学生在自主探究过程中体验知识产生的全过程，在体验过程与方法中，生成对知识意义的理解。成果共享：活动由科技馆和学校共同参与设计、实施和评价，成果由科技馆与学校共享。

1.2 丰富科技教育内容

2015 年 1 月，绍兴市科协和绍兴市教育局在绍兴科技馆建立绍兴市中小学生科技教育实践基地。每学期伊始，通过市教育局发布的《关于组织中小学生参加绍兴科技馆科技教育实践活动的通知》，要求全市中小学结合科学、综合实践活动等课程，组织学生赴绍兴科技馆开展为期一天的科技实践活动。

科技实践活动的设计主要结合以下四点：一是要符合中小学生身心发展规律，具有科学性；二是要可行或可期待，具有一定近未来性；三是要让学生乐在其中，具有趣味性；四是要积极向上，拥有正能量。

通过科技实践教学与展厅展项互动学习，开展丰富多彩的科技教育活动，主要有：邀请院士和知名科学家开设科普讲座，依托科学梦工场科技课程开展科技实践活动，根据展品展项开发科迷小课堂活动，走进 4D 影院和球幕影院欣赏科普影片，结合时下热点在临展中进行科学互动体验。绍兴市中小学生科技教育实践活动内容和日程安排见表 1。

表 1 绍兴市中小学生科技教育实践活动内容和日程安排

	时间	学生安排
上午	8:00 ~ 9:00	专车接学生
	9:00 ~ 11:00	学生参加科学梦工场科技实践活动 （内容有科学探究、人工智能体验、快乐编程、创意设计、播音主持、摄像剪辑、模型创新、思维训练、奇迹百拼和 3D 创新实验等）
中午	11:00 ~ 12:00	中午就餐
	12:00 ~ 13:00	聆听科普讲座、观看科普影片、参观临展
下午	13:00 ~ 15:00	学生分组参加展厅互动活动 （内容有参与科迷小课堂、讲解展品展项、进行互动体验）
	15:30	返校

2 坚持学生为本，建设"三位一体"课程

教育是有目的、有计划地培养人的活动，课程就是实现教育和培养目的的载体[3]。可以说，正是通过课程，才能体现国家、社会的教育思想、教育目标和教育内容，并成为科技场馆科技教育教学活动的基本依据。科技场馆的教育课程应当强调开放、注重融合，积极构建科技场馆、学校和学生"三位一体"的教育课程体系，并以此为基础，挖掘更加多元化的科普工作内涵。科技场馆的课程让谁教、学生怎么学是首先需要解决的问题。

2.1 着力加强教师团队建设

"馆校结合"工作由青少年活动部具体负责活动运营、课程研发和教育教学，该部门集合了科技馆优秀人才，23 个编制占科技馆人数的 1/5，科学梦工场每间教室至少配备 1 名专职教师。由骨干教师引领的课程研发团队负责对课程进行开发、改进和实施，主要采取内组、外聘的方式，一是组建科技馆优秀科技辅导员团队；二是聘请教育专家和优秀在职教师；三是面向社会公开招聘专兼职教师。

通过定期开展专业互补、互帮互学、校本教研和其他模式的继续教育，完善知识结构，提升教师专业水平和教学能力，并将教师列入主要职称系列，解决教师的职称晋升问题。每周组织教师开展试教活动，定期开发新课程，参加课程相关专业培训，组织绍兴市科技辅导员培训、实验比武、科普讲座等，做到理论与实践相结合，基于地方特色进行科技辅导。

此外，还要强调对教师综合能力的培养，在教学实践及研究基础上培养科技辅导教师应具有的开展科学教育工作所需的开发组织和实施能力、协调能力、学习与融合创新能力、自我与团队管理能力、安全意识与应急处理能力等。

2.2 探索项目化学习

项目化学习也称 PBL，PBL 是 Problem Based Learning 的简称，即基于问题的学习。与传统的以教师为中心的教学模式不同，项目化学习以学生为主体，是一种通过让学生开展调研、探究，致力于用创新的方法或方案，解决一个复

杂的问题、困难或者挑战，从而在这些真实的经历和体验中习得新知识和获取新技能的教学方法，旨在培养学生的创新思维、创新能力、自主学习能力及批判思维。绍兴科技馆的课程契合学校课程标准，侧重解决真实问题，强调学生的主动参与、探究与合作，鼓励学生动手和动脑，培养系统设计能力，关注学生学习过程中的实践经历，在培养学生科技创新能力的同时增进文化体验、增强社会责任感。

2.2.1 科学开发课程

课程开设和而不同、合而不同。以中小学课程新标准为中心，紧密联系中小学教材内容，针对不同年级学生多渠道开发与学校"和而不同"与"合而不同"的课程。和而不同指融合国家课程、地方课程和校本课程等学校课程，创造丰富多样的项目化课程，"和"不意味着大家都是整齐划一的，"和"的基础在于其差异性和多样性。合而不同，"合"即结合学科知识点，根据学生的身心发展规律，整合新课程标准。"不同"即不简单重复，通过单学科课程、多学科课程和跨学科课程，倡导满足个性化、个别化的需求，以小组、个别的学习为主，推动学生以不同的切入点与科技场馆开展沟通。

课程开发形式多样。自主研发：结合国情、地方特色和学校具体资源状况，创造性地开发具有本土性和原创性的课程内容。教师可以在学习、消化和吸收已有课程内容的基础上，深入研究学校和地域文化，努力实现课程内容的本土性原创。引进借鉴：项目化学习是国内外教育改革的一个热点领域，其课程内容开发需要有广阔的视野，因而可以从国内外引进一些成功的、富有特色的课程案例，或者借鉴市场上已有的课程内容。拓展改编：课程内容开发也可以结合学校原有的学科拓展活动、科技创新、创客教育、社会实践等内容进行适当的拓展与改编，强调学科整合，将多学科知识融入真实问题情境之中，让学生通过科学探究、工程设计和物化实践等尝试解决问题，设计制造相关产品。

2.2.2 项目化实施课程

开展馆校结合工作多年来，绍兴科技馆共开发了200多项课程，建立了探究性课程超市。根据学时的多少，主要由科迷小课堂、科学梦工场和科学快乐学等三部分组成（见表2）。

表2 "馆校结合"课程超市

课程	课时量	部分课程名称
科迷小课堂	1课时	"气压的秘密""五官剧场""星语星愿"
科学梦工场	2课时	"炫酷的发光衣""课影重重密码学""小空气,大力气"
科学快乐学	3课时及以上	"岛屿可再生能源开发""恐龙时代""Spike机器人入门"

相对于学科教学中的融入式实施,项目化学习活动更体现了学生的学习主体性,对教师也更具有挑战性[4]。项目化实施课程,以项目为核心,融合多学科内容,提供丰富、开放、多元的课程体验,是一种整合性课程。此外,它也是一种学习方式,学生需要运用所学知识解决一系列独立或关联的真实情境任务,在完成项目的同时,建构、迁移、应用所学知识和技能,促进素养的发展,是一种深度学习。同时,它也是一种学习评价方式,教师在组织项目化学习过程中需要同时关注学生的学习过程和学习结果,以项目过程中学生的表现和完成的作品为评价的依据,是一种表现性评价。以"岛屿可再生能源开发"一课为例,通过抛出如何在荒岛上生存的问题,提出如何利用自然资源发电的问题情境,师生共同探讨岛屿上可利用的可再生能源,借助网络查询资料和教师提供的任务思维导图,填写学生学习记录单,开展自我评价,最后实现可再生能源开发,通过多个支架和基本问题、学习表单来保障核心问题的解决,引导学生完成项目化学习。

2.2.3 开展课程评价

课程评价强调多元主体参与评价,由学生本人、同伴、教师对学生学习过程的态度、兴趣、参与程度、任务完成情况以及学习过程中形成的作品等进行综合评估[5]。学生参与课程评价,体现了学生学习的自主性与反思性,对于学生的可持续发展具有重要价值。

坚持过程性评价与结果性评价相结合,突出形成性评价,使课程评价贯穿教学的整个过程,重视评价的改进功能。通过学生参与教育过程中的表现和他们在教育课程中完成的任务或作品的分析,对学生的表现进行综合评价。绍兴科技馆的课程评价根据评价目标和内容的不同主要分为四种类型(见表3)。

表3 四种类型的课程评价工具

维度	类型	内容	工具举例
项目	结果评价	关注学生最后完成项目的情况,即学生完成的项目"作品"或表现	作品评价表、演讲评价表等
	过程评价	关注项目进度情况、项目化学习问题的解决情况	项目进度表、核心问题概念图等
学生	个人评价	关注学生个人在学习过程中的进展,包括学习、元认知等方面的发展	课程研究记录、个人成长记录、创新品质测评表等
	小组评价	关注学生小组的合作情况和效果	小组合作评价表等

3 切准时代脉搏,倡导多元化科普

科普的未来是更加多元、丰富的传播形式[6]。通过融合科技文化拓展馆校活动价值外延,培养学生会探索、善表达;通过搭建一以贯之的成才平台,持续关注学生成长;通过开展线上教育,紧扣时代节奏,让科普触手可及。

3.1 融合科技文化

依托"馆校结合"课程,绍兴科技馆与当地电视台合作开设了拥有科学探索馆、小飞马俱乐部、彩虹乐园和奇思妙想魔法屋等4个板块的《科学梦工场》电视栏目(见图1)。在开发的200多门科学课程中精选50个适合青少年的科学实验,汇编出版《小飞马酷玩实验室》一书(见图2)。

同时开展"馆校结合"征文比赛、科学嘉年华活动,举办青少年科技春晚等各类拓展活动。学生参加"馆校结合"活动后,所写的心得体会,可以参加征文活动,对获奖征文予以表彰,并在纸媒上刊登。科学嘉年华活动结合科技馆"馆校结合"课程体系,为全市少年儿童打造一场"科学嘉年华"。省、市青少年科技春晚以爱科学、玩科学、秀科学为主题,分别汇集全省、全市优秀的科技节目,将科普与艺术相结合,让青少年感受到科学无处不在、科学就在身边。两台春晚分别在浙江电视台和绍兴电视台播出。

图 1 《科学梦工场》电视栏目

图 2 《小飞马酷玩实验室》书籍

3.2 搭建成才平台

课程与竞赛活动相结合，相互促进、搭建平台。绍兴科技馆的各项青少年科技教育活动不是互相独立，而是一以贯之的，伴随着中小学阶段，科技实践、竞赛活动、培训研学相互融合，逐步递进，形成链条。比如轻纺城二小的王一诺同学，通过学习"我是测量小能手"科学探究课程，点燃了灵感，发明了创新作品"智能测量尺"，在第四届校园科学达人比赛中获得十佳校园科学达人称号，登上了省、市科技春晚，并在第 32 届省青少年科技创新大赛上分享，最后获得第 33 届全国青少年科技创新大赛一等奖。快阁苑小学周雨扬同学，通过学习信息学课程，爱上了计算机编程，从参加少儿信息学比赛拿到全市第一名，参与绍兴科技馆组织的信息学培训和科普研学营，再到信息学联赛、全国赛和国际赛，于 2020 年获得第 32 届国际信息学奥林匹克竞赛金牌，现就读于北京大学。

3.3 开展线上教育

突发的新冠肺炎疫情，打乱了既定的工作计划，但也带来了更多的思考，学生是科技馆发挥科学教育职能的基本对象，也是构成科技馆内涵的基本要素。科技馆打通线上沟通渠道，开展服务于不同观众的线上教育活动，既能紧跟时代潮流，体现时代特性，又能维护好观众资源，保持科技馆人气。为此，绍兴科技馆组建线上科普工作团队，推出爱上科技馆订阅号，坚持每天一期推送节目，自主完成策划、拍摄、讲解、制作等，相关公众号纷纷转发。开启绍兴科技馆抖音号（见图3）、科学梦工场云课堂（见图4），推出居家在线科学体验课程活动，满足青少年的科普需求，让"宅"在家的孩子能够轻松学习科学知识，在实践中感受科学的魅力。面对科普资源稀缺，原创节目达不到每日更新要求的现状，绍兴科技馆挖掘以往工作成果，经过二次开发，丰富线上科普资源，比如选取青少年科技春晚中的优秀节目，解读其中的科学原理。

4 结语

通过创新"馆校结合"模式，探索项目化学习和实践多元化科普，绍兴

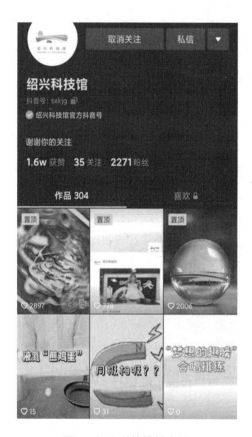

图 3 绍兴科技馆抖音号

图 4 科学梦工场云课堂

科技馆致力于激发学生的好奇心，培养心智自由的人，构建以学生为本的"馆校结合"生态。目前，国内已有57家科技馆来学习，陆续也有科技馆采用类似的馆校合作模式，长三角科普场馆联盟计划2021年举办长三角青少年科技春晚，品牌效应逐渐显现。今后，绍兴科技馆将进一步优化课程体系，丰富"馆校结合"活动形式，完善青少年科学教育长效机制，聚集场馆人气，打响科技馆科普品牌知名度。

参考文献

[1] 屈哨兵：《好教育应有好的教育生态——基于广州市基础教育的实践研究》，《中国教育学刊》2015年第10期。

[2] 王乐、涂艳国：《场馆教育引论》，《教育研究》2015年第4期。

[3] 张绍军：《概念廓清及其互动机理——当前教学改革中课程与课堂关系的新认识》，《湖南师范大学教育科学学报》2016年第1期。

[4] 夏雪梅：《学科项目化学习设计：融通学科素养和跨学科素养》，《人民教育》2018年第1期。

[5] 刘志军：《发展性课程评价研究》，华东师范大学博士学位论文，2002。

[6] 周婧景：《博物馆儿童教育研究——儿童展览与教育项目的视角》，复旦大学博士学位论文，2013。

高水平学生科技社团利用馆校资源的途径研究

赵 茜　续 森　许明珠[*]

（北京学生活动管理中心，北京，100061）

摘　要　北京市学生金鹏科技团作为高水平学生科技社团在利用馆校资源开展科学教育方面进行了诸多探索：将高校科普场馆资源与课程体系建设相结合、将高新科技企业科技馆资源与生涯教育相结合、将特色领域社团建设与研学活动相结合，以科研引领、实验室活动为依托培养学生科学素养，探索了多元化、全方位的馆校结合科技育人之路。

关键词　馆校结合　高水平学生科技社团　校外资源　科学教育

馆校结合科学教育是场馆与学校为了达到共同教育目的、彼此相互配合开展的教育教学活动。馆校结合开展教育活动一方面可以体现科普场馆的公共服务属性和教育性，另一方面又能积极配合中小学德、智、体、美、劳等素质教育的开展。

1　研究背景

1.1　馆校结合发展历程

20世纪，国际上兴起了馆校结合教育和场馆领域的革新运动。早在1895

---

[*]　赵茜，单位：北京学生活动管理中心，E-mail：zhaoqianwinter@126.com；续森，单位：北京市文汇中学，E-mail：wenhuixusen@126.com；许明珠，单位：北京师范大学大兴附属小学，E-mail：13910177451@163.com。致谢北京师范大学附属实验中学方秀琳，北京市第十五中学于放对论文的指导与修改工作。

年，英国颁布的《学校教育法》就明确规定学生每周要参观博物馆，并计入学分之内。而杜威提出的"从做中学"理论更是激发了学校与场馆的合作热潮：20世纪40年代，欧美的一大半场馆设立了教育部门。进入21世纪，馆校结合教育更加注重学科课程合作及对合作效果的评价研究，同时，注意活动后的追踪、总结、反馈等。我国馆校结合开展较晚，20世纪八九十年代开始理论和实践研究，虽然国内研究在借鉴外国优秀案例的基础上进行了改进，但在教育模式和途径探索方面相差甚远。[1]

1.2 科学教育与高水平学生社团

创新决胜未来，改革关于国运。科学技术从来没有像今天这样深刻影响着国家前途命运，我国正努力成为世界主要科学中心和创新高地。硬实力、软实力的提升，归根到底要靠人才实力。好奇心是人的天性，对科学兴趣的引导和培养要从娃娃抓起。培养拔尖创新型人才、应用复合型人才是新时代对教育赋予的使命，科技人才的培养主要实施途径依靠科学教育。

学生社团是学生根据自己的要求，以共同的理想和兴趣为动机，为了实现自身的需要或目的而自由结合的青少年群众性团体。[2]学生社团不同于课堂教学，通过课外实践活动，培养学生兴趣爱好，拓展视野，在激发学生自主潜能，强化学生自我创新意识上发挥着重要的积极作用。学生科技社团作为校外实践活动的有效抓手，具有科学性、自主性、实用性、时代性、趣味性的特点，能够培养学生探索、实践、反思的能力。[3]

北京市学生金鹏科技团是北京市开展科学教育的高水平科技社团，在中小学科学教育工作中起引领和示范作用，是向国内外展示首都中小学科学教育水平及成果的重要窗口。作为首都科学教育的龙头，北京市学生金鹏科技团自1998年成立至今，已发展有90个分团，由中小学及校外机构承办。在20多年的发展历程中，以学生科技社团的形式，不断完善自身建设，在馆校结合科学教育方面进行了诸多尝试。

1.3 问题的提出

场馆展教资源丰富，发挥科普场馆的科学教育功能，将科学教育的课堂搬到科普场馆中，在真实情境中充分利用浸润性教育，让学生掌握第一手学习资料，这都是科普场馆的优势。但是场馆宣教人员缺乏专业教育背景，讲解虽然专业，但在教学内容和活动设计上缺乏教育性。校内教师教育背景深厚，但是对场馆内展陈及设施相对没有场馆人员熟悉。这就需要馆校双方结合，从学情实际出发，设计出既符合科学课程标准和校内教育教学实际，又充分发挥场馆教育价值的教育教学活动内容。

本研究从高水平学生科技社团的角度切入，探索结合场馆资源特点与中小学科学教育目标相符的，具有可操作性、应用性、实践性的，开展馆校结合科学教育的途径及未来发展方向，具有一定的实践意义。

2 研究对象及方法

本研究选取了 2020 年参加北京市学生金鹏科技团评审的北京市中小学校作为研究对象。对参评单位的送审材料和参评人员，使用资料分析法、个案访谈法等方法进行研究。

3 高水平学生科技社团馆校结合开展科学教育的途径案例

3.1 发挥课程优势，教学相长，将高校博物馆资源为我所用

北京市文汇中学是北京市学生金鹏科技团模型分团。该分团背靠北京市东城区青少年科学技术学院，将科技馆课程、博物馆课程、高校院所课程、优质社会资源课程纳入学校课程体系中。例如，依托北京航空航天大学及校内的北京航空航天博物馆，结合金鹏团模型分团与博物馆实际，金鹏模型分团教师与北航建立长期稳定深度合作关系。共同参与课程的开发、实施和评价环节，共同备课和监管课程的实施，进行教学反思。指导全体学生进行模型项目的学习，打造适合初中学情的校内外融通的科学教育优质课程资源。通过在国家课程实施中渗透模型教育、开设模型类校本课程等方式，进行科学拓展、思维科学、应用技术等多级课程体系建设，培养科技创新人才。文汇中学金鹏分团设立"种子计划"，建立科技人才成长档案，对学生进行系统的技术与工程教育，培养学生科学素养、创新意识和解决实际问题的能力。金鹏分团开设的科

学探索系列课程不仅在本校实施，还面向北京市小学生开放，共享优质资源，发挥示范引领作用。

3.2 发挥育人优势，结合生涯指导，用活科技企业场馆资源

北京师范大学附属实验中学是北京市学生金鹏科技团生命科学分团和地球与环境分团，建校百年来以治学严谨、育人有方，享誉海内外。学校秉持"实践育人，服务社会"的理念，充分发挥"基于学生自主发展导向的生涯教育实践与研究"基础教育国家级教学成果奖的示范辐射作用，将生涯指导与校内外教育资源相结合，探索构建品德育人、发展育人、服务育人、实践育人的全方位育人体系。金鹏分团先后与腾讯教育、京东方等高新科技企业合作，为学生提供前沿领域的实践机会。企业中的科技馆、创新研究院资源丰富，在科学教育中，金鹏分团将育人目标、人才培养体系与科技前沿、企业运营机制相结合，将生涯教育融入其中：探秘华为深圳基地，从5G通信无线网络到智能终端和云服务，实地调研体验互联网企业；探访华大基因，勾勒企业组织结构的思维导图；组织参加第二届腾讯青少年科学小会，携手智能物联网公司京东方共创数字校园新生态；与中国扶贫基金会、中国石油等联合发起益路同行创新公益实践课程等，让学生将自己的所学所知应用于实践、服务于社会。研发特色化社团实践活动，将企业资源与分团建设、学生生涯指导的实际相结合，启迪学生的科学思维，激发学生科学探索的兴趣，使学生领悟互联网魅力，更重要的是了解科技企业独具特色的人才培养模式与激励模式。同时，以高水平学生科技社团活动和科技类竞赛检验教育成果，创设人才培养、科学研究、科学教育的有效途径。

3.3 发挥领域优势，特色研学走遍全国天文馆台

2016年，教育部等11部门联合印发的《关于推进中小学生研学旅行的意见》指出，要依据学段特点和地域特色合理设计，实现研学旅行的综合实践育人功能。北京师范大学大兴附属小学是北京市学生金鹏科技团天文分团。其始终秉承金鹏科技精神，结合全国天文类场馆资源，带领金鹏团员走进全国天文馆台院所，不仅踏遍京城还走进中科院贵州射电天文台、中科院紫金山天文台、中科院南京天文光学技术研究所等天文专业场馆。金鹏天文分团充分利用

天文场馆优势资源，培养学生天文观测、天文摄影等实践能力，提高学生天文基础素养。引领学生深度理解天文研究与发展的意义，走进天文场馆，与专家交流，学习天文研究方法，传承科学探究精神，培养学生在天文领域深度发展的志向。充分将养成教育、探究性学习、课题研究有机融入科学教育，提升学生科学素养的同时，拓展天文领域、科学领域、自然生态领域教育新版图，五育并举，多位一体，与校内学科教育形成完整的教育闭环，构建"科学课程＋实践活动育人"的科学教育体系。关注学生个体发展过程，以天文之路为核心，创设馆校结合特色之路。

3.4　发挥科研优势，开发资源培养科学素养

卡耐基说："一个人的眼界决定了他的高度。"北京市第十五中学是北京市学生金鹏科技团电子与信息分团。本着"为师生提供了解科学知识、掌握科学技能、展示科技成果、提升科技素养的机会、舞台和助力"的宗旨，该分团与中国科技馆等单位签署馆校合作协议，科研引领科学教育发展，努力为师生科技创新发展提供支持保障。让学生走出学校，沉浸在知名大学、博物馆之中，推荐十五中学生到科学家身边成长，在科学家指导下开展科学研究活动。以课题研究为引领，走进高端实验室，研究员为学生提供高水平、有较强针对性的个性化指导，满足学生在某个科技创新项目上开展深入探索研究的愿望。紧抓金鹏团特色项目，将电子技术相关科技项目（如人工智能）与金鹏团特色项目紧密关联，培养师生自主开展课题研究、撰写论文、主持项目研究等的能力，促进师生和谐发展。金鹏团教师的著作已有一部正式出版发行，有多部已撰写完成待出版。

实验室是科学的摇篮，是科学研究的基地、科技发展的源泉，具有探索性、实践性等特点。中国科学院附属实验学校是北京市学生金鹏科技团生命科学分团。学校将中科院各实验室资源与学校教育教学实际相结合，用活用透，打造以科学素养提升教育为主的特色品牌。"走近院士，学习科学家精神""走进院所，探索科学知识奥秘"等系列活动充分利用中国科学院特有的智库和科研优势。近5年，全校共15000余人次学生，先后80次走进中科院周边院所与62名院士、3名诺贝尔奖获得者亲密接触，面对面交流，一起动手做实验。先后走进了中科院微生物研究所、力学研究所、声学所、自动化所、基

因组研究所、数学研究院、心理所、空间中心、地球资源研究所等 30 多家北京地区中科院院所进行研学。例如，以"流浪地球"为主题，依托中国科学院地质与地球物理研究所 G4 科学教育团队为 5~6 年级学生量身打造了系列地球科学主题课程。启迪学生的科学思维，培养学生动手实验能力和科学实践精神。

4 分析及建议

乔治·E. 海因利用知识掌握的过程、学习发展的过程，将说教式教育、发现式教育、刺激—反应学习理论、建构主义学习理论联系起来，构建了四元分类理论，进一步说明了学习者通过新旧经验交互作用，形成、丰富和调整自己的经验结构。[4]高校在科普工作中具有师资力量、学科建设、硬件设施与科学文化等方面的资源优势，[5]与学校的育人目标一致，而高校中的科普场馆多具有专业特殊性，如北京航空航天大学中的北京航空航天博物馆，集教学、科普、文化传承于一体，方向侧重于航空航天科普与文化。中国地质大学逸夫博物馆则主要展出矿物、岩石、古生物化石等地质标本，介绍了地学的发展，可谓"地质世界之窗"。在高水平学生科技社团建设过程中，将高校资源与高校博物馆资源两者相结合并同时利用，可谓一举两得：不仅将象牙塔中的尖端技术和知识用于中小学科学普及、研究活动中，为未来科学家的预备队打开了一扇通往科研的大门；也为高校和高校博物馆探索一条崭新的产学研之路和展教资源的转化之路。

舒伯的生涯发展理论认为，个体做出生涯选择并非一蹴而就，而是动态发展的，它随着个体的成长经历以及周围环境而不断发生变化。在学生成长的关键期，立足实现教育"立德树人"的根本目标，结合高新科技企业资源开展生涯教育，学生成长成才与企业业务紧密相关，实现对拔尖创新人才的针对性培养。以体验式学习将生涯教育课堂融入活动，将合作对话技术融入发展指导成长。不仅让学生获得了接触业界最新产品、技术动态、行业信息的机会，也通过实践锻炼、展示自我，将最有能力的学生引入创新后备人才库中。随着学生对自我管理、生涯觉知、生涯探索的深入，其不仅为学生全面自主个性成长提供了机会，还宣传了企业形象和企业文化，降低成本的同时带来了竞争力收益，[6]双赢的企业与学生互动模式可以为生涯教育的合作开发提供启示。

根据倒 U 形学习理论，以科技场馆教育资源为依托，将学生脑中原本抽象的概念具体化，转化为眼前真实具体的展陈和实验设施。[6]将某一领域的学习，还原成知识下沉环节，对知识进行具象和表征，还原知识情境，将抽象知识与学生个体经验相结合。在 U 形底部，学生基于充分的学习过程，围绕丰沛的校外场馆资源进行探究和体验，进行自我构建。对知识的反思进行上浮，将自我构建的知识与个人经验整合，进行升华和增值。[7]在"体验—生成"实践过程中，学生形成个人知识和个人意识，完成某一领域教育活动效果。一方面发展了学生的心智技能，另一方面也锻炼了学生的操作技能，馆校结合教育引发学生共鸣，激发学生兴趣。在研学过程中，锻炼学生的社会交往能力，利用场馆资源激发学生的想象力、创造力，自由发表自己的观点和看法，进行深度学习。同时，培养学生的责任担当、问题解决能力、创新意识、文化修养等。

以科研引领教育，在实践中培养学生。实验室的特殊环境有别于学校教育，将学生自然地带入科学研究氛围中，为学生放飞思想、触发灵感、孕育创新的土壤。[8]结合中科院实验室资源，学习场所时常提供一种以陌生人为主的环境，参与创新实验、参观体验互动与交往无处不在。馆校结合学习是一种交往式学习，不仅使学生近距离与科学家对话、感受科学家精神，而且培养了学生的科学探究精神和动手实践能力，塑造民主、平等、合作、分享的学习关系，让学生站在智者的肩膀上仰望世界。

5 结语

北京市学生金鹏科技团作为高水平学生科技社团，其重要意义在于为孩子们打开了一扇科技之窗：当你没有了解天文时，可能不知道天象和授时历、仰望星空的美好；当你没有参加地球与环境活动时，可能不知道水资源的宝贵、保护环境的意义；当你没有参加模型活动时，可能不知道创造的力量，自己就能改变一个世界。无论是什么领域的金鹏团，都是通过科学教育来进行素质教育，让孩子们关心科技发展，也热爱生活。科学教育的最终目的不是让孩子都成为科学家、研究员，而是要从小培养他们的科学素养，让他们通过科学教育来成长为一个完整的人。馆校结合教育滋养培养科技人才的沃土，高水平学生社团建设多元化育人之路。

参考文献

［1］张俊华：《馆校合作下的青少年科技教育模式的建构研究》，天津大学硕士学位论文，2018。

［2］丰静：《初中学生社团建设与管理的现状及策略研究——以长春市初中 A 中为例》，延边大学硕士学位论文，2017。

［3］夏彩云：《初中学校社团"课程化"管理的实践与研究——以 D 中学社团建设为例》，杭州师范大学硕士学位论文，2016。

［4］李秀菊、赵博、朱家华：《课外科学教育的理论与实践》，北京师范大学出版社，2021。

［5］周文婷：《"科普资源"开发下科技馆与高校合作的新思路》，载《无处不在的科学学习——第十二届馆校结合科学教育论文集》，社会科学文献出版社，2020。

［6］陈卓：《校企合作机制的新探索——基于大学生科技竞赛视域》，《重庆大学学报》（社会科学版）2016 年第 6 期。

［7］吴倩：《基于场馆资源的研学旅行项目设计研究》，载《无处不在的科学学习——第十二届馆校结合科学教育论文集》，社会科学文献出版社，2020。

［8］温馨杨、樊冰、崔鸿：《基于科技馆实验室的研学旅行课程设计——以湖北省科技馆技术解码实验室为例》，载《无处不在的科学学习——第十二届馆校结合科学教育论文集》，社会科学文献出版社，2020。

互联网思维下馆校合作模式的构建探索

——以四川省文博教育联盟学校项目为例

何东蕾[*]

（四川博物院，成都，610000）

摘　要　我国博物馆与学校的合作可以追溯到20世纪40年代，几十年的发展让博物馆与学校的合作呈现了丰富的内容与形式。馆校合作的广度与深度也是博物馆教育职能有效发挥的一个方面。尤其是现行教育改革浪潮下的学校教育也更加重视博物馆的教育资源对学生的培养。在全面开展馆校合作过程中，四川博物院根据其地域特点、文物资源条件，对馆校合作模式有了新的认识和探索。对于互联网技术在提高馆校合作效率、盘活市州文博资源方面做了有益尝试和探索。

关键词　互联网　馆校合作　文博教育

1　背景介绍

近年来，博物馆在利用互联网技术拓展观众边界，提升观众体验感、交互性以及实现藏品数字化，打造智慧博物馆等方面已经做了许多有益的尝试。互联网技术不仅可以优化和提升观众到博物馆参观的体验感，也能打破时空的界限赋予公众享有博物馆资源的条件与能力。博物馆与学校教育一直试图寻求长效合作机制，致力于在互联网思维下探索新的体系。

＊　何东蕾，单位：四川博物院，E-mail：153456475@qq.com。

因此，互联网技术与博物馆资源相结合已经产生的成果给了我们更多设想和启发，自2016年起，四川博物院就开始筹划构建全省的文博教育馆校合作新模式。近4年来，在互联网思维下，四川在构建馆校合作新模式上所做的实践和探索，与2020年10月教育部与国家文物局共同发布的《关于利用博物馆资源开展中小学教育教学的意见》里面的诸多方面不谋而合，这也更加坚定了我们在这条路上精进探索的信心。

尤其是2020年疫情期间以及后疫情时代，互联网的传播优势和对当下的意义尤为凸显，各地"停课不停学"，各种"云"服务快速影响和改变人们的生活方式和思维方式。更多的博物馆也在思考：疫情防控常态化，人们生活"互联网化"之后，博物馆应该如何顺势而为，为公众提供更便捷且多元的文化、教育服务。四川博物院用4年时间探索的新型馆校合作模式，在此抛砖引玉，希望能为更多的同行提供思考和实践的案例。

2 四川省文博教育联盟学校项目的思路

2.1 项目背景

四川是一个文物大省，拥有丰富的文物资源，不同类型的博物馆分布于全省各市州。但是由于四川经济发展不平衡，在文化、教育资源上也出现了地区差异。四川博物院作为全省最大的综合类博物馆和具有行业引领作用的博物馆，基于四川地区丰富且分散的文物资源条件以及不充分、不平衡的博物馆与学校教育合作现状，自2016年起，通过博物馆与教育部门的多次沟通、走访以及梳理相互的内在需求和资源优势，与四川省电化教育馆（以下简称"电教馆"）共同形成了建立四川省文博教育联盟学校项目的初步思路，利用电教馆在全省基础教育领域信息化教育方面的指导优势，以四川省公共教育资源平台为依托，通过线下建立全省文博教育联盟学校以及线上搭建全省"文博教育"专区，以加强全省博物馆网络教育资源建设为导向，构建新型馆校合作模式。

2.2 项目构建与实施

2017年，四川博物院与电教馆签订了长达5年的合作协议，约定了双方在构建全省文博教育馆校合作长效机制上的权利与义务。项目构建与实施主要由两部分构成，即线上文博教育资源的构建和线下文博教育联盟学校的建立与管理。

2.2.1 线上平台——构建四川省博物馆网络资源

首先，在四川省公共教育资源平台上开辟"文博教育"专区。该平台注册师生账户已超过 1000 万。专区主要分为文博教育、文博教育联盟学校、藏品欣赏三大板块。文博教育栏目下设远程课堂、课堂资源、活动专区、教师沙龙。通过专区的搭建，努力探索全省博物馆网络教育资源的建设，有效衔接全省中小学利用博物馆资源开展教育、教学、学习的需求。

平台先期以四川博物院为主要内容提供主体，以此为示范，将近年来博物馆设计的课程资源通过该平台进行了推广，例如课程视频、文物主题动画等，让这些资源能为广大的教师和学生提供可自由选择的教学和学习素材，从而进一步引导他们走进博物馆，参与深度体验与学习。利用平台，四川博物院邀请"全国最美教师"成都七中育才学校历史教师等名师开展"博物馆里的历史课"远程课堂项目，让远在阿坝州马尔康中心校的羌族和藏族孩子与成都的孩子一起知历史、学文物、赏艺术。还以线上线下的形式开展了对全省文博教育联盟学校以及市州博物馆从业人员的培训等。通过这些活动的开展，一方面不断测试平台的技术支持能力；另一方面，也希望调动各市州开展类似的博物馆教育活动与课程，丰富当地的文博教育内容，进一步促成市州文博教育与学校教育的合作与融合发展。但未来最终需要文博教育联盟学校与当地的博物馆形成共建共享模式，努力把平台建设成为全省文博资源到教育资源的转化平台和咨询平台。

2.2.2 线下培育——建立68所文博教育联盟学校

与此同时，线下组建了首批全省文博教育联盟学校，覆盖了全省 21 个市州的 68 所中小学校。2017 年以来，在完成了线上、线下平台构建后，四川博物院与电教馆共同策划并组织了 3 次不同规模的全省文博教育联盟学校与当地博物馆主管教育领导的培训和交流会，以此加强他们对全省文博教育联盟学校建立意义和价值的认识，以及培训指导他们如何利用当地的文博资源开展馆校合作和进行资源的转化。同年，通过四川博物院和电教馆作为文化和教育基层单位的有力推动，促成了四川省文化厅（现四川省文化和旅游厅）与四川省教育厅联合发布《关于进一步利用博物馆资源加强文博教育的通知》（川文办发〔2018〕435号）。这个文件从组织管理、课程建设、学校博物馆建设、组织中小学生研学等具体工作方面针对全省文博教育发展给出了指导意见。2019年，在全省文博教育联盟学校举办3次培训的基础上，我们策划了2019年全省文博教育优秀课程评选活动，共征集文博教育课程设计及实录98节，其中文博学科融合类75节，文博研学结合类23节。评出获奖作品57节（其中学科融合类43节，研学结合类14节），优秀组织奖7个。该次活动的开展是该项目从理论到实践的进一步探索和转化，也是各文博教育联盟学校积极利用当地文博资源开展教育教学的有益尝试。

3　特色举措

3.1　着力盘活全省文博教育资源，初步构建馆校合作网络矩阵

利用互联网的资源整合优势，可以集中各地区文博教育资源，不断实现资源的创造性转化与对接。搭建文博教育联盟学校与本地文博单位合作的机制和平台，未来将建立更科学的文博教育联盟学校动态管理体系，鼓励和奖励优秀示范项目和成果，同时也淘汰一些并没有"作为"的学校，形成优胜劣汰机制。通过动态管理机制逐步调动更多的市州博物馆和本地联盟学校成为信息和资源提供的各个"中心"，让专区成为四川省文博教育的资源库和交流平台。网络是一个可以无限拓展的空间，文博教育专区不仅可以提供知识、素材方面的资源，还可以提供交互功能、远程教育课程、话题讨论平台、教师沙龙和学校博物馆等更丰富的服务内容。

文博教育联盟学校具有可持续性发展的潜力，一方面，国家、地区不断加强为中小学利用博物馆资源进行教育、学习提供有力的指导；另一方面，国家、地区也对博物馆如何转化和提供文博教育产品和服务提出更高的要求。因此，该项目在线上线下双管齐下的模式推动下，会不断产生更多更丰富的文博教育资源，馆校合作也会因为有平台、有绩效管理、有培育而成长得更好更快。

3.2　以互联网平台为依托，拓展馆校合作的时间和空间

现有的馆校合作还受限于时间和空间，本地区的博物馆一年最多也只能服务三四十所学校，而且合作形式是比较常见的参观导览，合作频次也不会太高。如果想要深入合作，就需要一所博物馆与一所学校长期合作，从博物馆教育的公共性来讲，其效率是低的。通过该项目构建的新型馆校合作方式，可以打破时间和空间的限制，教师、学生获取文博资源的时间不受限于博物馆开馆闭馆时间。空间上讲，同一时间，一所博物馆可以向 N 所学校传播信息与知识，这就是我们常见的远程教育课堂。跨地区的博物馆与学校之间也可以通过互联网拉近距离，可能因为某个主题学习的需要，跨地区的某所博物馆和学校就能建立起联系。

疫情期间，学校教育切实检验了一次信息化建设在教育领域发展的程度和成果，也让教师、学生以及家长的信息化能力得到了有效提升，同时还让数字化教育资源得到迅猛发展。博物馆教育相对于学校教育的信息化建设要滞后和缓慢许多，但是疫情也让各大博物馆把人力、物力、财力更多地倾斜到互联网文博教育资源的建设上，有更多更丰富的数字化文博教育资源已经或即将面向社会。因此，该项目的思路也是集全省文博资源和教育资源于一体，充分利用网络平台，为博物馆教育的公共性、普及性发展提供基础，同时鼓励各地挖掘不同的文博资源，产出更多的具有地域特色的"个性化"文博教育数字产品和服务。

3.3　新型馆校合作机制下，加强文博教育师资的联合培育

新型馆校合作机制和平台的构建，进一步加强了联盟学校和当地博物馆等单位的合作。近 3 年来，每年都有馆校签约合作，并以此为基础开展了众多馆校资源融合的活动和课程。合作内容也有从浅层次向纵深发展的趋势，从单一形式到多元发展的趋势。为了加强文博教育师资的培育，四川博物院将牵头并引领市州博物馆与文博联盟学校合作开展文博教师培训工作，通过在当地建立文博教育教师研习会、双师课堂、教师博物馆之友等多种方式，加强教师与博物馆教辅人员的双向互动，建立起一支跨学科、富有创新精神的文博骨干教师队伍。

4　启示

近年来，无论是国家政策的推动还是博物馆和学校各自发展的内在需求，建立馆校合作模式都是势在必行。然而，由于各地博物馆和学校资源情况的不同，双方对彼此资源熟悉程度的不同，长期以来馆校合作都处于效率低、层次浅、可持续发展能力不足阶段，馆校两张"皮"也并没有真正合并成一张"皮"。博物馆一方要么总是"高高在上"，把宣传讲解的方式直接复制到教育课程、活动的设计和实施上，针对课前、课中以及课后并没有建立完善且科学的教育闭环模式；要么就是博物馆一再"抱怨"教育界的"高冷"，总是博物馆迎接学校，博物馆走进学校，却很少看到学校主动拥抱博物馆，而且会利用博物馆开展教育教学的范例。

4.1　馆校合作更需要博物馆方主动有为

但是从博物馆教育资源的普及和推广上讲，博物馆方确实应该承担更大的责任和义务。在过去 10 年里，博物馆界也涌现出许多有示范性的馆校合作案例，例如国家博物馆和北京史家小学的合作，北京八中与首都博物馆的合作，都相继推出了优秀的馆校合作成果。这是"点对点"的博物馆与学校深度合作案例，博物馆教育服务的精品化、专业化构建，需要这类合作模式。另有从顶层设计由上至下的馆校合作案例，例如上海市教委牵头让 200 多所中小学开展馆校合作，取得良好的社会效益。北京市中小学开展"四个一"活动，承办博物馆的学生接待量达到了日均千人。这是"点对多"的博物馆与学校普及性合作案例。博物馆的公益性、普及性和均衡性发展需要这样的模式。

4.2　创新发展馆校合作模式应该因地制宜

因为四川地区文博资源的丰富性，以及分布的不均衡性，需要创设一个整合资源的平台，同时也需要资源丰富的博物馆起到引领和示范作用，带动全省的馆校合作建设和发展。

四川博物院文博教育联盟学校项目是独立于以上两种模式的第三种模式，它既不完全是"点对点"的纵深馆校合作模式，又不完全是"点对多"的普惠性馆校合作模式，它是以整合地域性的文博资源和学校资源促进融合发展为目标的新型馆校合作模式。同时，它是自下而上和自上而下相结合的推动方式。一方面，通过四川博物院与电教馆前期的平台搭建、培育培训和联盟学校的建立，打下线下馆校合作模式的基础；另一方面，四川博物院与电教馆也积极促成文化与教育两大行政部门自上而下的政策发布，从顶层设计的角度对全省的馆校合作提出要求和发展目标。

4.3　师资队伍的建设是馆校合作可持续发展的推动力

馆校合作难以深入的根本原因在于严重缺乏既懂学校教育规律，又懂博物馆教育内容和形式的教师。因此，组织和促进双师共训，以合作项目为抓手推动学校教师和博物馆教育员的合作，把博物馆学习方式带进校园，让学校教育在博物馆用实物得以印证，在博物馆用实践的方式进行检验。在目前上层设计尚不完善，中层保障力度不足的情况下，自发开展博物馆和学校之间的双师合作和队伍建设尤为重要，此时此刻先行的博物馆和学校将脱颖而出，形成示范。

4.4　馆校合作应该找到博物馆与学校资源特色的结合点

馆校长效合作的基础是找到双方的资源特色结合点，因为拥有丰富文物资源的综合类博物馆毕竟是少数，而这类博物馆更不能把精力放在"点对点"的馆校合作模式上，这样不能发挥一个省级综合类博物馆的资源优势，但是这类博物馆可以扮演行业引领者角色，通过个别优秀的馆校合作案例形成示范，更重要的是将这种示范进行推广，让更多的学校找到符合其资源特点的博物馆进行合作。每一所学校都有自己的定位和办学特色，同样博物馆也都有自己的特色资源和办馆宗旨，如果能找到这两者之间的结合点建立馆校合作项目，这将是推动馆校合作走向长效发展和纵深发展的契机。四川省文博教育联盟学校基于这样的馆校合作平台，推动许多学校和当地博物馆寻找这样的"结合点"，在2019年全省文博教育优秀课程评选活动中，涌现出馆校资源相结合的案例和成果。例如，资阳市安岳县岳阳镇小学就与当地的安岳石刻博物馆合作，从石刻艺术角度出发设计了"写画家乡，传承文化——走近安岳石刻"的优秀文博研学课程。泸州江阳区江阳西路小学与泸州石刻博物馆合作，从汉代石棺画像选题切入设计了学科融合类课程"品汉棺画像领略传统艺术瑰宝"。学校与当地文博资源找到了双方契合的角度和内容，馆校合作可以从一节课的设计到一个系列课程的打造；可以从一个活动开始，策划每年开展的馆校特色活动；也可以把积累的课程成果转化为双师的教育学术成果，成为校本教材或研究性课题等。

参考文献

[1] 王乐：《论数字化时代馆校合作教学的智慧型建设》，《现代教育论丛》2019年第1期。

[2] 宋向光：《互联网思维与当代公共博物馆发展》，《中国博物馆》2015年第2期。

[3] 宋娴：《中国博物馆与学校的合作机制研究》，华东师范大学博士学位论文，2014。

[4] 宋娴、孙阳：《我国博物馆与学校合作的历史进程》，《上海教育科研》2014年第4期。

[5] 王芳：《博物馆与网络"在线学习"》，《中国博物馆》2012年第1期。

[6] 胡春波、瞿嘉福：《刍议"互联网+"背景下的馆校合作》，《教育与装备研究》2016年第4期。

[7] 赵慧勤、张天云：《基于学生核心素养发展的馆校合作策略研究》，《中国电化教育》2019年第3期。

[8] 姚爽：《浅析我国科技馆"馆校合作"的几种模式》，《科技与创新》2019年第6期。

增强现实技术支持下的馆校
合作新模式探索*

——基于国内外馆校合作模式的案例分析

周玉婷　　陈娟娟**

（浙江大学教育学院，杭州，310058）

摘　要　博物馆是一类重要的非正式学习的场所。因此，近年来我国大力提倡加强馆校合作，更好地将博物馆资源融入教育体系。增强现实技术的应用也是目前各个领域的热点话题，国内外已有多项实证研究证明学生在增强现实技术支持下的馆校合作模式学习中的良好效果。因此，本文通过对国内外3个馆校合作中应用增强现实技术的案例进行分析和归纳总结，为我国未来新的馆校合作模式的探索开发提供启示与借鉴。

关键词　馆校合作　增强现实技术

为了适应快速发展的社会和不断更新的知识，"终身学习"和"自由选择的学习"这样完全由内在驱动的自主学习模式越来越被教育研究者所倡导。因此，常规的学校教育资源就会显得非常有限，人们需要在更多非正式的环境中获取知识和信息[1]。博物馆是一个通过获取、保存、研究、传播和展示文化遗产，以达到教育、学习和享受目的的场所[2]。相比于学校，博物馆具有其独

---

* 基金项目：本文为中国科普研究所委托项目"科学普及课程与教材体系研究（一）"（项目编号：200109EMR048）的阶段性研究成果。

** 周玉婷，单位：浙江大学教育学院，E-mail：phylliszhou@ zju. edu. cn；陈娟娟，单位：浙江大学教育学院，E-mail：juanjuanchen@ zju. edu. cn。

特的优势，在物品整理和收集上具有直观性、稀缺性等特点[3]。因此，若将博物馆独特的学习资源融合到学校本身的课程资源内容中，将更好地促进学校教育内容的改革和更新[4]。2020年9月，教育部、国家文物局联合印发的《关于利用博物馆资源开展中小学教育教学的意见》[5]中指出，要进一步健全博物馆与中小学校合作机制，促进博物馆资源融入教育体系，提升中小学生利用博物馆的学习效果，进一步强调了加强馆校合作的重要性。但在目前，相比于国外，我国的馆校合作模式应用频率还比较低，博物馆在馆校合作中的积极性和主动性还有待加强[4]。

增强现实技术的应用目前在各个领域都是热点话题，许多博物馆为创造多感官的体验，增强观光效果与互动性，也已将增强现实技术与自身的展览或展品相结合[6]。更进一步的，国内外已有一些学校将博物馆中的虚拟现实技术应用引入课堂学习，增强了学生的学习兴趣和学习体验。因此，本文将对国内外基于增强现实技术的馆校合作模式案例进行分析，以期对我国探索新的馆校合作模式提供参考和借鉴，进一步促进学生的学习体验。

1 增强现实技术支持下的馆校合作概述

1.1 增强现实技术及其特点

20世纪90年代，随着虚拟现实技术的发展，飞机制造商波音公司的科学家们提出了增强现实（Augmented Reality，AR）一词，他们开发了一种将虚拟图形与真实环境显示器结合起来的AR系统，用以帮助飞机电工组装电缆[7]。同时，AR的其他相关应用研究也被发表，如帮助外科进行训练[8]以及演示维护激光打印机[9]。之后在1997年，Azuma[10]对AR给出了较为明确的解释："AR允许用户看到真实的世界，是在真实世界的基础上叠加或合成虚拟对象。因此，AR是对现实的补充而不是完全取代，理想情况下，用户会觉得虚拟和真实的物体共存于同一空间。"AR技术通常会通过移动设备将数字内容叠加到环境的实时视图上以增强对现实内容的理解[6]。同时Azuma也指出了AR的3个特点[10]：真实世界与虚拟世界的结合，实时交互，虚拟与真实物体精准的三维注册（主要指移动增强现实技术的定位功能）。

1.2 增强现实技术在教育及博物馆学习中的应用优势

增强现实技术能够通过虚实的融合为学习者提供新的脚手架，从而帮助他们构建新的理解[11]，目前其应用已在教育领域引起了广泛的关注。AR 技术可以给学习者提供一个三维视角，从而增强所需学习的目标内容和环境的视觉感知[12]。同时，AR 技术具有提供互动参与性、情境性和协作性的潜力，从而能更好地培养基于探究式问题解决的批判性思维技能[13]，AR 技术应用也可以作为一个中介空间，让学习者有一种与他人在一起的感觉，这可以增强学生对于学习者群体的认知[14]。对于一些不可见的概念或事件，AR 技术可以通过使用分子、向量或符号等虚拟对象，将抽象概念或不可观察的现象可视化，如气流或磁场等[15]。基于以上优势，增强现实技术在教育中的应用已被证明能显著提高学生的学习成绩[16]。

增强现实技术也开始慢慢拓展到博物馆空间。AR 技术结合头戴式设备（如 Google Cardboard 等）将摄像头对准真实的画作，提供辅助理解的文本信息，相比于艺术作品旁边的标签文字介绍，AR 提供的画面更为清晰以及动态化，更便于参观者的学习和理解，在之后的效果测评中也得到了较高的满意度[17]。此外，AR 技术在博物馆学习中应用较多的还有虚实结合的场景呈现，通过智能眼镜设备将虚拟人物或物品叠加在游览者所处的博物馆环境中，AR 技术为游览者提供了更加沉浸的学习环境和体验。如通过 Microsoft HoloLens 设备将埃及的历史战斗场景呈现在博物馆的现实环境中，得到了参观者的一致好评，并且加强了他们未来继续使用 AR 技术参观博物馆的意愿和兴趣[18]。也有研究者专门对比了在 AR 技术应用的导览系统、传统的音频导览系统以及无导览系统的情况下，参观者的艺术鉴赏能力的差异情况，结果也表明，在 AR 导览下体验艺术博物馆的学生表现出更强的艺术欣赏能力和艺术评价能力[19]。

1.3 国外增强现实技术应用于馆校合作的概况

20 世纪 90 年代以来西方的馆校合作内容呈现多样化的趋势，但普遍的合作形式可分为五大类：校外访问（field trip）、学校拓展（outreach）、教师专业发展（professional development）、博物馆学校（museum school）和区域及国家层面的整体项目式合作[4]。AR 技术应用于馆校合作以校外访问和学校拓展为主。校外访问主要是指融合教育性设计的博物馆参观访问，增强现实技术可以将博物馆内的资源与课堂学习资源进行沟通梳理，帮助教育研究者更好地将博物馆学习内容融入课堂教学设计中，从而改善以往单纯的展品参观、缺乏与博物馆的深层互动和情感共鸣的问题，同时也改变了传统学校学习的模式，博物馆结合技术的方式使课堂更具有趣味性，激发了学生未来继续学习的意愿。例如在一家科学博物馆的 AR 磁铁展中，学生通过摄像头捕捉到其在真实情况下磁棒操作以及数字化处理后的实时反馈，能够在计算机屏幕上清楚地观察到磁铁周围的磁感线分布情况[20]。学校拓展也可以被解释为校外服务，主要是博物馆的教育职能向学校延伸，协助学生进行研究和学习。因此增强现实技术应用可以更好地发挥博物馆资源的优势，从而被开发为新的应用工具，帮助学生学习与实践。

2 国内外增强现实技术支持下馆校合作的案例分析

2.1 名古屋城市科学博物馆开发的 AR 教学工具

在日常生活中，人们经常会看到的与天文学知识密切相关的内容之一就是季节性星座，这也是名古屋城市科学博物馆的天文馆投影学习项目中的一个重要内容[21]。在这个天文馆内，有一个巨大的圆弧形穹顶，通过地面上的投影仪在圆顶上模拟了具有经纬度网格线的真实天空，参观者可以在这个虚拟天空下学习天文学的相关知识。穹顶上的东西南北符号代表了在现实环境中的方向，结合其网格线，学习者可以观察和定位行星和恒星的方位角和仰角，同时也可以在星空中搜寻和定位典型的季节性星座（如狮子座、天蝎座等）。但是在天文馆的星座学习仍然局限在虚拟的环境场景中，缺乏与真实天空环境的互动。当学习者结束了在天文馆的游览后，可能很快就忘记了在天文馆中获得的天文学的知识和技能，使其在现实的天文观测中仍然会遇到困难。对真实天体的观测是学习天文学必不可少的要素，天文学习者也可以周围的风景和条件为基本要素，掌握真实的目标物体，获得更强的学习体验。因此，通过观察真实的天体和天文现象进行学习是最理想的状态。

鉴于此，该天文馆利用 AR 技术开发了一个移动学习系统，用来支持在真实环境中的季节性星座观测，该学习系统是基于天文馆的投影学习项目，用以帮助学习者在南方明亮天空中观察季节性星座。该系统具备在 AR 视图中用经纬度格线识别星空中季节性星座的方位和高度、通过"搜索"功能定位季节性星座以及透过 AR 视图观察季节性星座的日运动等功能。该学习系统在非天文学专业的大学生之间进行了有用性、可用性以及满意度测试，得到了十分不错的效果反馈（见图1）。

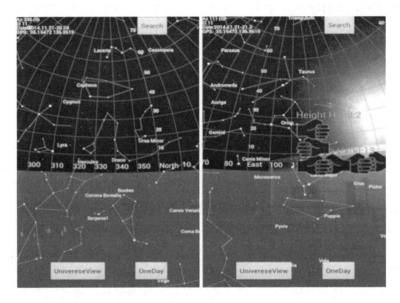

图1　AR星座学习教学工具[21]

之后，研究人员将该学习系统作为一项教学工具在一所初中用于天文教学实验，采用实验组和控制组的形式探究该教学工具是否能促进学生的课堂学习。在两组学生完成预测试后，实验组学生通过该 AR 学习工具来学习星座，而控制组学生通过传统的幻灯片和动画来学习星座，之后两组学生都进行了实验测试。测量结果经过统计分析得出：不同的教学方法会显著影响学生的学习效果，实验组学生完成学习后的测验成绩明显优于控制组学生，这也进一步说明了采用 AR 教学工具能有效帮助学生在课堂上观察和研究星座。后续的问卷结果也显示，在天文馆的 AR 教学工具辅助下学习星座后，学生对天文学知识以及课后观察星座的兴趣有了大幅度提升，直观的学习环境使其产生了更沉浸的情感体验。

在上述案例中，增强现实技术作为虚拟现实技术中的一种，被充分利用并改进了博物馆的学习资源，使其不但具备原有的博物馆资源的功能，同时还能脱离博物馆，在真实的环境中继续发挥辅助学习的作用。当其作为一项教学工具时，学生可以在课堂中获得与在天文馆时相同的学习内容。并且得益于增强现实技术提供的直观性和现实性的学习环境，学生获得了更沉浸的学习体验，也极大地增强了课后继续学习的动力。

2.2 美国科学博物馆利用 AR 展览可视化抽象知识概念

美国东北部一个大型的城市级科学博物馆中有一台名为"伯努利鼓风机"的增强现实设备[22]。伯努利原理对于学生来说，是一个具有挑战性的抽象概念和反直觉性的原理。在课堂学习中，多数学生会认为当速度增加时，压力也会增加，这对学生进行伯努利原理的学习造成了很大的阻碍。因此，该科学博物馆利用了增强现实技术设置了一项展览，使抽象的伯努利原理可视化、直观化，以帮助学生更好地理解概念（见图2）。在该展览中有一个塑料球，它被夹在与展品相连的鼓风机吹出的快速流动的空气和房间内缓慢流动的空气之间，因此它可以飘浮在半空中。增强现实的效果显示在屏幕上，用箭头描绘了快速流动的空气。箭头对角向上并围绕塑料球形成了实时的图像曲线。同时，有另一个方向的短箭头的实时图像用来表示房间内缓慢流动的空气。室内空气流动速度低于鼓风机吹出的空气，因此其对球施加的压力更大，因此能够让球飘浮在快速流动的空气中。

在该博物馆中还有另一台基于增强现实可视化技术的数字展览设备，名为"形成路径"[23]，它可以用来说明电导率和电路的概念（见图3）。该设备既具有传统的动手学习模式，也有新颖的增强现实技术辅助学习模式。在传统动手学习模式下，有两个金属球放在桌子上，相隔一定的距离，一个用电线连接电池，另一个连接灯泡，当操作者抓住两个金属球时，完整的电路就形成了，桌上的灯泡就会发亮，这样做的目的就是让参观者认识到人体可以引导电流。新增的增强现实技术应用就是会在电路完成后，识别操作者的位置，通过灯泡变亮的触发，在操作者的手上、手臂和肩膀上形成一个动画电流以显示完成的回路，使电路可视化。

图 2 伯努利原理 AR 展览[22]

图 3 "形成路径" AR 展览[23]

研究人员分别对以上两个设备采用对照实验的方式进行学习效果的探究，分别选取了一批之前已简单接触过这两个概念的初中生，在实验开始前先在学校进行了概念知识测试，之后学生被带到博物馆参观学习以及参与实验，结束后再次参与了知识概念的测试。得到的结果经统计分析后发现，在概念知识和认知技能方面，操作了应用增强现实设备的学生的收获要大于参观传统展览的学生，这表明相比于传统展览，增强现实技术的应用能更好地促进学生对概念知识的理解和认知能力的提升。

类似的，芬兰的一所科学中心，也设置了 5 个应用增强现实技术的展品，分别用于解释多普勒现象、玻尔兹曼分子运动、杨氏实验、飞机机翼原理和滚动双锥[24]。科学博物馆通过增强现实技术使一些课本中较为抽象的物理概念变得具象可视，同时还能避免在课堂中使用 AR 造成的难以管理的现象以及不能满足各个不同学习者的需求的问题。

2.3 中国台北天文科教馆 AR 学习系统连接学校和博物馆学习

中国台北天文科教馆的地球主题有 5 个展区：分别了解天气、风、雨、云和雪，这与当地"中小学自然生命科学和技术——理解天气"这一主题的单元课程内容较为一致，因此教育研究者设计并开发了一个操纵性的增强现实学习系统，将正式学习环境（如学校）和非正式学习环境（如博物馆和家庭）之间的学习连接起来，使学生能够通过该学习系统，利用教室、博物馆以及家里的不同条件进行系统的气候学知识的学习[25]。

在课前，该系统提供了在家自学的模块，该模块为学生提供了一系列关于天气变化因素的说明，当学生在阅读完指示后，需完成一系列与天气因素相关的学习任务。7 种天气因素（即太阳、陆地、海洋、气压、温度、空气和水蒸气）按不同的正确顺序组合时，会形成不同的天气现象。学生在操作的过程中通过增强现实的效果可以对天气因素的综合作用产生更深的印象，为课堂正式学习做好准备。

在教室的环境下，该学习系统主要通过一个具有可操作性的天气控制器和问题引导教学模块来展开。例如太阳滑块控制晴天或阴天的天气现象，当滑块向上时，阳光充足，当滑块向下时，多云阴天。另外两个滑块分别代表水蒸气和温度。当学生操纵 3 个滑块时，屏幕上会显示对应的增强现实的三维天气动

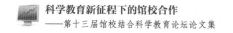
画效果，并且提供相对应的问题让学生进行思考。

在课后的博物馆学习中，在 5 个展区周围设置有 AR 图形卡贴，用该学习系统的设备拍摄卡贴时，该系统生成了和当前展览共存的增强现实的教学材料，材料中提供了不同的天气状态和 3D 的天气因素物体（如雪花片等），学生能够通过触摸、拖动或旋转来操作屏幕中的物体并观察。在完成每个展区的学习活动后，学生会被要求完成一个知识测验来巩固他们对学习内容的记忆，若学生没有通过测验，系统将提供补习材料或要求学生重新学习。

研究人员对该 AR 学习系统进行了学习效果的评估，实验组学生采用该系统进行学习，对照组学生采用含有相同内容的多媒体教学资源，此类资源主要以 2D 的形式显示且没有可操作性工具。两组学生均完成了在家、课堂以及博物馆的学习，通过前后测以及问卷数据的统计分析和对比得知，采用 AR 学习系统的学生的概念知识水平和探究学习能力更高，同时对未来使用 AR 系统进行自然科学知识学习充满了兴趣。本案例中的增强现实学习系统通过串联正式和非正式环境中的学习，使学生对于知识的掌握更具系统性和牢固性。

3 启示与借鉴

以上 3 个案例中均采用了实证的方法验证了博物馆 AR 技术应用对于学生知识学习的良好效果。AR 技术应用相对于其他多媒体教学资源来说更具有直观性和现实性，能够更好地发展学生的空间感知能力，因为 AR 可以提供三维视角下的操作和学习内容。将 AR 应用到博物馆时能使博物馆的展览以及展品的教育价值得到更大地发挥。从以上 3 个案例中也可得知，当这些结合了博物馆资源的 AR 应用于学校学习时也获得了积极的反馈，这对于我们在信息技术时代探索新的馆校合作模式提供了参考和借鉴。

3.1 开发基于博物馆展览资源的 AR 教学工具和材料

博物馆作为公共文化机构，是校外课程资源的重要组成部分，近些年校内外也正在加速资源整合，学校对博物馆资源开发利用的意愿日渐强烈[26]。通过案例一的分析也可以发现，博物馆中的展览策划和设计包含了丰富的专业知识内容和美学设计，具有其独特的整体性和连贯性，是优秀的学习资源。

若将博物馆中的展览或展品资源搬入学生学习的课堂中，则能对正式学习起到补充和延伸的作用。目前较多的做法是将学生学习的课堂搬至博物馆，使学生能沉浸其中，结合博物馆的展览和授课进行系统的学习。但这样的学习模式并不能时常开展，其耗费的时间、人力和资本会成为学校的负担，同时将课堂搬入博物馆中，可能导致课堂秩序混乱和难以管理。而增强现实技术作为一项可以在任何地点结合真实和虚拟信息的交互式技术[21]，能够将博物馆中的展览或者展品较为还原地带入课堂中，相比于图片、视频等二维信息，AR 技术可以更好地营造一种身处于博物馆中的沉浸体验，提升学习效果。因此，教育研究者可以利用博物馆中展览的设计思想，研制基于现实课堂的教学工具，即案例一，研究人员应用天文馆中虚拟的星座学习展览的设计思想，研制面向真实天空的用于课堂教学的 AR 教学工具。基于此，AR 技术给馆校合作方式提供了一个新思路，可以由技术开发人员、博物馆展览设计人员以及课程设计者合作，利用 AR 技术将博物馆资源的教育功能充分体现，融入课堂教学当中。

3.2 开设可视化课堂抽象知识的博物馆 AR 展览

许多学生在理科（如物理、化学等）抽象概念知识学习的过程中往往难以产生共鸣和理解，因为没有先验知识，同时在学习中又没有较为具象现实的画面和物体作为支撑。关于科学学习的研究也表明[27]，学生们经常会对一些科学观点持有强烈的误解和习惯性地出于直觉的思考，这往往会给后续的正确概念原理的学习造成阻碍。在这种情况下，教师一般会选择让学生动手实验，对真实的事物状态进行观察，从而使其更好地理解。但很多情况下，学生实验往往只能观察较为表面的现象，对于一些细节或微观的内容难以有所体会，而AR 技术可以使他们看到比普通实验更多的内容，如案例二中用箭头的方向和大小以及曲线表示空气的流向和速度。但目前 AR 技术在学校的应用还比较少，而很多科技博物馆和科学中心本身已配备较好的实验设备和展品展览，因此，若是这些展览能通过 AR 技术更好地与课堂学习的抽象概念知识匹配，学生的学习体验将得到更进一步提升。鉴于此，一些博物馆中可以常设一些用于具象化抽象概念的 AR 展览，与学校达成长期合作，在学校课程教学开展到相应部分时，鼓励学生进入博物馆借助 AR 具象化展览进一步深入学习。学校教师也可以将学生学习抽象概念的情况实时反馈给博物馆，博物馆设计人员可以据此对 AR 展览进行设计或调整，为学生提供更个性化的学习脚手架。

3.3　通过 AR 混合学习系统贯通学校教育和博物馆学习

博物馆一直都是校外的教学空间，举办各种各样的常规陈列、专题展览、社会教育活动以及为藏品的科学研究等提供学习资源，是学校教育的延伸和拓展[28]。因此，现在也在大力提倡馆校合作，但是目前的合作形式不紧密，大多为参观学习的活动，没有深层次的研学或实践活动，不能与学生在课堂中学习的知识内容形成一个完整的知识体系，学生的知识割裂感会比较明显。移动技术以其高便捷性、个性化和前后学习记录连通的特点，能够很好地在正式和非正式学习环境之间架起沟通的桥梁[29]，增强现实技术就是近年来在移动设备上开发的不同的教学资源之一，以其独特的虚实融合的特点，为学生提供基于直接经验的双向互动学习环境[30]。因此，若通过 AR 技术将课堂理论知识学习的教学设计与在博物馆中学习的教学活动融合在一个学习系统内，学生将感受到更强的知识整体性，同时也进一步使馆校之间的合作更为紧密。例如案例三中通过 AR 学习系统联结了课前家中的自学、课堂中的正式学习和课后博物馆内的知识巩固学习。基于此启发，设计 AR 学习系统应充分利用 AR 技术的特点和不同场合知识学习的优势，在课堂中利用虚实结合学习相关的理论知识，在课后进入博物馆中利用互动学习的特点加强实践活动的体验和学习，同时利用学习系统的记忆储存功能为学生制定个性化的学习内容和过程。这将进一步加强馆校之间的联系，促进形成一个系统完整的学习环境。

参考文献

[1] Falk，J. H.，Dierking，L. D.，*Learning From Museums*：*Visitor Experiences and the Making of Meaning*，Walnut Creek，Calif.：Altamira Press，2000.

[2] International Council of Museums. Museum Definition-ICOM，http：//icom. museum/en/resources/standards－guidelines/museum－definition/，2007.

[3] George E. Hein，*Learning in the Museum*，Routledge，1998.

[4] 宋娴：《中国博物馆与学校的合作机制研究》，华东师范大学博士学位论

文，2014。

[5] 教育部、国家文物局：《关于利用博物馆资源开展中小学教育教学的意见》http：//www. moe. gov. cn/srcsite/A06/s7053/202010/t20201020 _ 495781. html，2020 年 10 月 20 日。

[6] Scavarelli, A., Arya, A., Teather, R. J., " Virtual Reality and Augmented Reality in Social Learning Spaces: a Literature Review", *Virtual Reality*, 2020.

[7] Caudell T. P., Mizell D. W., "Augmented Reality: An Application of Heads-up Display Technology to Manual Manufacturing Processes", *Proceedings of the Twenty-fifth Hawaii International Conference on System Sciences*, 1992.

[8] Bajura M., Fuchs H., Ohbuchi R., "Merging Virtual Objects with the Real World: Seeing Ultrasound Imagery Within the Patient", *Computer Graphics（ACM）*, 1992, 26（2）.

[9] Feiner S., Macintyre B., Seligmann D., "Knowledge-based Augmented Reality", *Communications of the ACM*, 1993, 36（7）.

[10] Azuma R. T., "A Survey of Augmented Reality", *Presence Teleoper Virtual Environ*, 1997, 6（4）.

[11] Johnson L., Adams Becker S., Estrada V., et al., "NMC Horizon Report: 2014 K – 12 Edition", The New Media Consortium, 2014.

[12] Arvanitis T., Petrou A., Knight J., et al., Human Factors and Qualitative Pedagogical Evaluation of a Mobile Augmented Reality System for Science Education Used By Learners with Physical Disabilities, 2009, 13（3）.

[13] Dunleavy M., Simmons B., *Serious Educational Game Assessment*, Rotterdam, The Netherlands: Sense, 2011.

[14] Squire K., Jan M., Mad City Mystery: Developing Scientific Argumentation Skills with a Place-based Augmented Reality Game on Handheld Computers, 2007, 16（1）.

[15] Wu H., Lee S., Chang H., et al., Current Status, Opportunities and Challenges of Augmented Reality in Education, 2013, 62.

[16] Chiang T. H. C., Yang S. J. H., Hwang G., "An Augmented Reality-based Mobile Learning System to Improve Students' Learning Achievements and Motivations in Natural Science Inquiry Activities", *Journal of Educational Technology & Society*, 2014, 17（4）.

[17] Tabone W., *Rediscovering Heritage Through Technology*, Springer, Cham, 2020.

[18] Hammady R., Ma M., Strathearn C., "Ambient Information Visualisation and Visitors Technology Acceptance of Mixed Reality in Museums", *Journal on Computing and Cultural Heritage*, 2020, 13（2）.

［19］ Chang K., Chang C., Hou H., et al., Development and Behavioral Pattern Analysis of a Mobile Guide System with Augmented Reality for Painting Appreciation Instruction in an Art Museum, 2014, 71.

［20］ Yoon S. A., Wang J., "Making the Invisible Visible in Science Museums Through Augmented Reality Devices", *Techtrends*, 2014, 58（1）.

［21］ Tian K., Urata M., Endo M., et al., "Real-world Oriented Smartphone AR Supported Learning System Based on Planetarium Contents for Seasonal Constellation Observation", *Applied Sciences（Switzerland）*, 2019, 9（17）.

［22］ Yoon S., Anderson E., Lin J., et al., "How Augmented Reality Enables Conceptual Understanding of Challenging Science Content", *Educational Technology and Society*, 2017, 20（1）.

［23］ Yoon S. A., Elinich K., Wang J., et al., "Using Augmented Reality and Knowledge-building Scaffolds to Improve Learning in a Science Museum", *International Journal of Computer-supported Collaborative Learning*, 2012, 7（4）.

［24］ Salmi H., Thuneberg H., Vainikainen M. P., "Making the Invisible Observable by Augmented Reality in Informal Science Education Context", *International Journal of Science Education*, Part B: Communication and Public Engagement, 2017, 7（3）.

［25］ Hsiao H., Chang C., Lin C., et al., "Weather Observers: A Manipulative Augmented Reality System for Weather Simulations at Home, in the Classroom, and at a Museum", *Interactive Learning Environments*, 2016, 24（1）.

［26］赵菁:《馆校合作视域下博物馆课程资源开发的实现路径》,《博物院》2020年第4期。

［27］ Chi M., Commonsense Conceptions of Emergent Processes: Why Some Misconceptions Are Robust, 2005, 14（2）.

［28］范凌:《论博物馆教育与学校教育互动融合》,《文物鉴定与鉴赏》2020年第24期。

［29］ Looi C., Wong L., So H., et al., Anatomy of a Mobilized Lesson: Learning My Way, 2009, 53（4）.

［30］ Cheng K., Tsai C. Affordances of Augmented Reality in Science Learning: Suggestions for Future Research, 2013, 22（4）.

基于项目式学习的科普基地实践活动设计

——以"生物与环境"主题研学活动为例

毕可雷　王玲[*]

（北京市第一六一中学，北京，100031）

摘　要　以课程标准为核心的项目式学习围绕着课程标准，将课程内容进行适当的改造，设计成项目式课程，让学习在真实情境下发生，落实普通高中生物学课程标准提出的"内容聚焦大概念，教学过程重实践"的理念。本文以生物大概念"生物的多样性和适应性是进化的结果"为主题，利用北京丰富的博物馆和自然资源等科普基地，以野生鸟类为研究对象，开展项目式课程。观鸟活动将课程延伸至户外以达到学习的目的，学生置身于自然之中，增进了对自然环境的体验，将理论知识应用于生活实践，全面提升生物核心素养。

关键词　生物核心素养　项目式学习　科普基地　生物大概念

1　理论依据

《中国学生发展核心素养》中提出中国学生要发展以培养"全面发展的人"为核心的核心素养。就生物学科而言，核心素养是通过生物课程的学习，在真实情境中、实际问题的解决过程中所形成的必备品格和关键能力，主要包括生命观念、科学探究、科学思维和社会责任4个维度，分别指向"知、行、意、情"方面的学习结果。生物核心素养的形成需要学生走进真实的生命世

---

* 毕可雷，单位：北京市第一六一中学，E-mail：bikelei2014@126.com；王玲，单位：北京市第一六一中学，E-mail：wangling161161@163.com。

界，方能领悟生命的内涵。真实情境下，以解决实际问题为指向的项目式学习目前已被广大生物教师广泛采用。

项目式学习是以建构主义理论为指导，强调学生在真实问题情境中探究学习，从而提升学生多元能力的课程模式和教学模式。作为课程模式，强调打破原有课程学科之间的逻辑，建立以项目为内在逻辑的课程内容体系；作为教学模式，强调以学习者为中心，给予明确的项目任务，从解决实际问题中构建自己的知识体系，从而形成高阶学习能力[1]。

在国外，项目式学习的研究已经比较深入，在国内，项目式学习于 21 世纪初被引入，也取得了很多实践成果。但是在基础教育阶段，教师组织项目式学习时，主要针对教材的拓展内容以项目的形式开展，未能实现项目式学习与核心课程的融合。在这样的背景下，以课程标准为核心的项目式学习就变得非常重要。

《普通高中生物学课程标准（2017 年版 2020 年修订）》的基本理念为"内容聚焦大概念，教学过程重实践"。在生物必修课程中，提出了 4 个生物大概念，其中"生物的多样性和适应性是进化的结果"这一大概念的落实，需要学生走进自然，在真实的自然情境下理解这个大概念的内涵。北京有丰富的校外科普展馆和自然资源，本文以野生鸟类为研究对象，围绕生物大概念开展项目式课程，使项目式学习成为课程的核心。

2　教育策略

鸟是我们每天都能看到的野生动物，观鸟则是户外活动中对自然界破坏最小的一种文明活动。观鸟将休闲健身与科学知识相结合，使学生能够在一个轻松的环境中学习科学知识，感受和大自然接触的快乐。随着城市生态环境的改善，观鸟已成为城市青少年因地制宜开展的科技活动[2]。

2.1　校内进行观鸟知识学习与技能训练

学生在实践活动前要有知识的铺垫，教师利用第二课堂开展鸟类选修课，讲解鸟类分类学知识和观鸟工具的使用方法（包括望远镜及鸟鉴），学生利用科技社团活动时间开展学生讲座，比如讲解鸟的基本结构、适合飞翔的特征、常见的鸟类鉴别（比如乌鸦、喜鹊、啄木鸟等），学生讲座可以激发学习兴趣，提高自主学习能力。

学生在掌握了一定的鸟类知识后，实践是检验学习成果的最好方式。一六一中学校园环境优美，学生每天置身校园，却对校园中的鸟类知之甚少。接下来教师带领学生进行校园观鸟实践，掌握基本的观鸟操作技巧；学生拿起望远镜，认真观察校园鸟类的鉴别特征，欣赏鸟类的飞翔、觅食姿态，身心得到了放松，同时也激发了学习兴趣。图1为学生在校园内观鸟。

图1　学生在校园内观鸟

2.2　国家动物博物馆观察鸟类标本

国家动物博物馆是世界公认的亚洲最大、研究水平最高、综合实力最强的动物系统分类与进化研究中心。博物馆馆藏标本丰富，教师围绕鸟的进化特征组织学生展开学习。学生利用周末时间走进动物博物馆，重点观察鸟类标本，近距离观察了不同鸟类的形态特征，比如喙的形状、爪的特点、羽毛的特征；通过博物馆观察鸟类标本，学生对涉禽、猛禽、鸣禽等鸟的分类有了进一步的认识，同时科普场馆还模拟了一些鸟类的栖息环境，将鸟放在某一个食物链或

生态系统中，通过讲解员的介绍，学生认识到鸟类在维护生态平衡方面的巨大
作用。比如，伯劳不但可以捕食昆虫，而且可以捕获鼠类，因此也被称为雀形
目中的"猛禽"；啄木鸟可以消灭 90% 在树林越冬的害虫，猫头鹰是捕鼠健
将，一个夏天就能够吃 1000 只鼠。学生一边参观听讲，一边记录讨论，不但
获得了更全面的鸟类学知识，而且对鸟儿增添了一份喜爱。参观后学生及时将
参观过程中获取的第一手知识进行归纳整理，绘制了一幅思维导图（见图2）；
思维导图中蕴含了多种生命观念，比如生物体结构与功能相适应的结构功能
观；适者生存、不适者被淘汰的进化适应观。整个活动中，学生以探究、发现
而非接受的方式获得知识，体验到知识的生成过程。

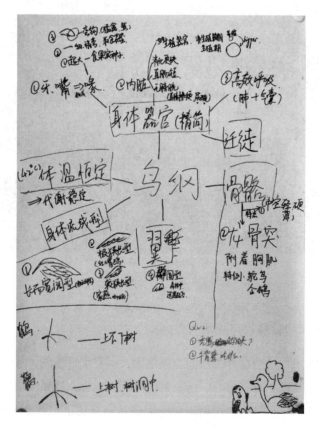

图2　学生在参观鸟类标本后绘制的思维导图

2.3 主题公园展开实践

实地观鸟侧重对学生兴趣的培养，是一种更直观的学习模式，学生想要真正地学会辨别鸟种，实地观鸟是最直接、记忆最深刻的一种方式[3]。北京目前记录鸟种有 400 多种，在不同的主题公园，鸟儿的分布也会有很大差异。通过对比不同生态环境下鸟的种类，对培养学生的生命观念和社会责任具有非常重要的实践价值。

阶段一：走进湿地公园，培养科学兴趣。

湿地是珍贵的自然资源，也是重要的生态系统，具有不可替代的生态功能，因此有"地球之肾"的美誉。湿地公园是以水为主题的公园，具有湿地保护与利用、科普教育、休闲娱乐等功能。湿地公园有宽阔的水域，视野广阔，围绕观鸟主题，适合在初级阶段培养学生的科学兴趣。学生通过望远镜观察，发现在湿地公园以涉禽为主，包括鹭类、鹬类等涉禽和鸭类等游禽（见图 3）。这些湿地生活的鸟类多以水中浮游植物、动物为食，因此在外形特征上也进化出相应的结构适应水生环境，比如鹭类典型特征为腿长、颈长；鸭类趾间有蹼、有发达的尾脂腺等。

图 3   学生在野鸭湖国家湿地公园观鸟

阶段二：选择森林公园，发展科学思维。

森林是一种很有价值的自然资源，它不仅能为社会提供木材和林副产品，而且具有多种功能，尤其在防止污染、保护和美化环境方面更具有突出作用，被称为"地球之肺"。随着旅游业的发展，森林旅游开发日益受到重视，森林公园也应运而生，目前国内森林公园数量已经达到一定规模。如何利用其丰富的自然资源，开展有益于青少年身心发展的科学教育活动，值得深入思考与实践。

森林公园动植物繁多，我们选择学生最熟悉的鸟作为研究对象，在森林公园开展了观鸟活动。在高大乔木林中，可见很多鸣禽，如翠鸟、啄木鸟等。同学们将在森林公园中观察到的鸟种进行汇总发现，生活在森林中的鸟多善鸣叫，鸟趾适合攀援，鸟喙适合啄食植物种子；这些正是生物与环境相适应最直观的表现。通过与湿地鸟类的特征做对比，培养学生生命观念，包括结构与功能观、进化与适应观，同时运用归纳法、比较法，发展其科学思维和理性推理的能力。图4为学生在奥林匹克森林公园观鸟。

图4 学生在奥林匹克森林公园观鸟

阶段三：利用遗址公园，升华情感态度。

遗址公园是以重要遗址及其背景环境为主体，具有科研、教育及休闲娱乐等功能；同时遗址公园兼具科学与人文元素，是开展综合实践活动的理想场所。北京有多个遗址公园，我们围绕观鸟主题选择了圆明园遗址公园。圆明园是旅游胜地，自然环境受人为干扰较大，这样便于与森林公园、湿地公园等受人为干扰较小的环境做对比（见图5）。学生通过比较3种不同环境下鸟类生存状况的差异，意识到无论是观鸟还是外出游玩，都以不打扰鸟类正常生活为前提，同时生活中要有节约水资源意识，给鸟类迁徙繁衍提供更优越的环境。很多学生参加两次实地观鸟后，观鸟技能显著提高，渐渐把观鸟变成了自己的兴趣，提升了学习的主动性。观鸟将科学实践与科学知识相结合，使学生能够在轻松的环境中学习科学知识，感受和大自然接触的快乐。

图5　学生在圆明园遗址公园观鸟

3　效果分析

3.1　在自然中培养了学习的兴趣

在观鸟活动中，同学们在自然的情境中进行体验和学习，通过望远镜观测，描述鸟类特征，查阅鸟鉴认识常见鸟类，用自己的视觉、听觉获取知识，激发了学习兴趣；兴趣是最好的老师，而后学生才会主动思考问题和探索，逐渐从单纯获取知识技能，到情感态度价值观的提升，开始用心去体会自然及生命的美丽。整个实践活动过程中，学生是学习的主体，积极参与到活动之中，这种在"做中学"的教育模式替代了"老师教、学生记"的传统模式，师生之间是一种平等的交流，学生更能体会到学习的快乐。

3.2　在生活中养成了关爱生命的情怀

培养学生的生命观念是生物核心素养中非常重要的一部分。通过户外实践，学生走进自然、认识自然，进而对自然和生命产生感情。它让学生有机会认识周围的鸟类，用望远镜观察到鸟类世界多姿多彩，让人印象深刻，进而重新审视它们的生存环境，并思考环境保护的方法及必要性。经过这些实践活动，同学们也耳濡目染地学会了一些日常救护方法，真正将科学知识融入了日常生活之中，将知识学以致用，并逐渐培养起学生关爱生命的情怀。

3.3　在反思中形成了社会责任感

基于真实情境的感染和直接经验的刺激，学生活动后的反思是一种精神的提升，更是一种内化于心的思想沉淀。比如同学在某次观鸟活动后的反思中写到："如果爱鸟是一种态度，那么观鸟就是一种情怀；当我们小心翼翼尽量不去打扰它们的时候，人与自然和睦相处的种子，已经悄然在心中生根、发芽；如果说这种与大自然的亲密接触能教会人什么，那就是敬畏自然。"学生的活动反思对于社会责任感的提升非常有益。最后，教师将学生的学习成果做成小报，在校内进行宣传分享，吸引更多的同学参与到实践活动中来。

4　结语

走进自然、实地体验是真实情境下进行项目式学习的重要途径，通过实践，使学生在与自然接触的过程中掌握生态环境的基本知识、转变对人与自然关系的认识、调整对待自然生态环境的态度和价值观[4]。观鸟实践活动将课程延伸至户外以达到学习的目的，学生置身于自然之中，增进了对自然环境的体验，将理论知识应用于生活实践，培养了学生的综合素质。科技教师需要不断挖掘自然资源，提升其育人价值，让学习在真实情境下发生。

参考文献

[1] 李志河、张丽梅：《近十年我国项目式学习研究综述》，《中国教育信息化》2017 年第 16 期。

[2] 王建华、曹晓清：《提高上海地区中小学生认识野鸟能力的研究和实践》，《生物学教学》2004 年第 2 期。

[3] 张磊：《体验式科普活动的组织及其意义——以观鸟活动为例》，华中科技大学硕士学位论文，2015。

[4] 陈丽鸿、孙大勇：《中国生态文明教育理论与实践》，中央编译出版社，2009。

抛锚式教学模式在馆校课程中的应用

——以重庆科技馆的"火速救援"为例

陈　静*

（重庆科技馆，重庆，400024）

摘　要　抛锚式教学模式是一种建立在建构主义理论之上的新型教学模式。注重教学内容与实际生活相联系，重点培养学生的自主学习与协作学习能力，同时突出教师"引导者"的身份和作用。本文以重庆科技馆的综合实践活动课程"火速救援"为例，根据抛锚式教学模式的关键点以及教学流程的理论，利用创设情境、确定问题、自主学习、协作学习和评价反思等课程设计步骤，对抛锚式教学模式的应用进行了阐述。

关键词　抛锚式教学　自主学习　协作学习

《中小学综合实践活动课程指导纲要》中指出学生要综合地运用各学科的知识，去分析现实生活中的问题并解决这个现实问题，从而达到培养学生的综合素质的目的[1]。通过馆校结合开展综合实践活动课程是培养学生的科学素养和综合素质的一个非常重要的途径，而要实现课程的目标，教学模式的选择尤为重要。目前常用的教学模式有探究式教学模式、PBL教学模式、5E教学模式等，不同的教学模式适用的课程类型是不同的，每一个课程都有适合自己的教学模式，教学模式应用得当，会给课程增光添彩。本文通过重庆科技馆的馆校结合课程对抛锚式教学模式的应用进行初步探讨。

---

* 陈静，单位：重庆科技馆，E-mail：136347082@qq.com。

1 抛锚式教学模式的定义

抛锚式教学也称"实例式教学"或"基于问题的教学",是建立在建构主义理论之上的一种教学模式。要求教学是在一个真实事件或问题的基础上,通过学生在课堂活动中的合作交流、切身感受、自主学习与协作学习等,来达到教学的目的。因为学生是在一个真实环境中去感受和体验问题,这个真实环境中的问题就是"锚",确定和建立这些问题叫作"抛锚",在实际情境中一旦确立一个问题,整个教学内容和教学进程就被确定了[2](就像轮船被锚固定一样)。

2 抛锚式教学模式的关键点

2.1 基于真实的情境和问题

抛锚式教学是让学生在教师创设的一个真实情境中,通过自主学习和协作学习来解决一个真实问题的过程。学生在解决问题的过程中能很好地锻炼动手能力,培养搜集和整理资料的能力,增强合作探究的能力,提高分析问题与解决问题的能力。同时,还利于树立学生与人分享交流的能动性[3]。

2.2 学生是主体

在抛锚式教学中,教师的身份不再是单纯的"知识的传授者",而是"引导者",是学生学习的伙伴,协助学生完成学习任务。因此,在整个课程活动中,重点强调学生的自主学习和协作学习,学生先通过各种方法和渠道去搜集解决问题所需的相关资料与信息,然后利用搜集到的资料,通过协作学习去解决问题。整个过程教师都没有直接参与其中,仅对学生提供一些必要的帮助,比如为学生提供资料与信息。

3 抛锚式教学模式对开展馆校课程的意义

科技馆的展品资源蕴含了丰富的科学知识与科学原理,而展品资源与学校教材的结合也正是理论与实践的结合。依托科技馆展品开发综合实践活动课程，搭建起生活与学习之间的桥梁，让学生从实际生活出发，在培养学生动手、合作交流等能力的同时，还能充分地调动学生的学习积极性，教会学生学习的方法。

4 抛锚式教学模式的实例阐述

抛锚式教学是一种新的教学模式，学生为主体是关键，强调自主学习和协作学习，要求学生对教师创设的真实情境和问题进行探究。流程通常分为创设情境、确定问题、自主学习、协作学习和评价反思五个步骤。下面以重庆科技馆"火速救援"课程为例进行具体说明。

4.1 创设情境

抛锚式教学模式要求学生在真实问题、真实事件或类似于真实的情境中去探究、解决问题，并且能够积极自主地构建知识意义，这些被教师围绕教学内容和教学方法创设的事件或问题就称为"锚"。"锚"的选择很重要，既要来源于真实的生活情境，又要能激发学生的学习兴趣，同时还要与学生的知识水平与能力相匹配。

重庆科技馆在"火速救援"课程的情境创设过程中，了解到 5~6 年级学生通过学校学习以及生活中积累的经验，对生活中常见的受伤情况的应急处理方法有一定了解，但不全面和不系统。而且该年龄段学生具备一定的动手能力和处理紧急事件的能力，再结合重庆科技馆展厅"急救体验"等展项，最终以一个真实的事件（广州某小学校车发生车祸）为背景，播放一段当时事件发生时的视频，借此在课堂上模拟了一个事故现场。

4.2 确定问题

确定问题就是在情境创设完成之后，教师提出与情境相关的问题作为探究内容，而这些问题就是"锚"。在"火速救援"课程创设的情境中，对学生提出两个要求：第一，要求学生对视频中出现的流血、骨折等急救事件进行紧急处理，并学会利用身边的物品进行简易担架制作，最终能够将受伤人员抬离事故现场；第二，在现实生活中，为了能更好地处理突发的紧急事件，我们需要准备哪些急救物品？而这两个要求就是"锚"，将贯穿整个课程。

4.3 自主学习

自主学习是抛锚式教学模式的灵魂，也是区别于其他教学模式最突出的一点。教学的最终目的是学生带着教师抛出的"锚"，通过自主搜集资料，通过自主学习找到解决问题的方法。教师为学生提供丰富的资料来源与处理信息的途径和工具，让学生更好地投入解决问题的教学活动中。而此时学生才是主体，教师只是起到引导者和从旁协助的作用，学生在自主学习过程中如果遇到困难，教师只给予适当的引导和帮助。只有这样，学生才能真正做到独立自主地完成整个探究过程。

"火速救援"课程在此阶段，首先将学生进行分组，以 3~4 人为一个小组，每个小组自由体验"急救体验""整理急救箱""漫画交通安全"3 个展项，以完成学习单的方式，积极主动地搜集资料，比如救急物品有哪些、出血怎么包扎、骨折怎么固定、简易担架如何制作等，为解决问题做好准备。在此过程中采用了比赛的激励机制——正确完成学习单且速度最快的前 5 个小组的成员会获得一份小礼物，以此来激发学生的学习兴趣，同时提高资料收集的完成度。

通过学生自主搜集资料并整理内化。"火速救援"课程接下来的环节设计成以学生演示的形式展开。请学生分别演示 3 个方面的内容：手臂轻微擦伤出血应如何处理、小腿骨折该怎么固定以及如何制作简易担架。在学生演示的过程中，教师在旁协助，如有不恰当的地方给予纠正和补充，最后给学生足够的时间练习，教师进行总结与梳理。

4.4 协作学习

协作学习是自主学习的升华，也是抛锚式教学模式的应用部分，它要求学生将前面自主学习的内容进行综合应用，通过小组间、小组内成员的交流讨论、合作探究最终解决问题。同时，教师也可以在此环节对学生的知识掌握情况进行一个综合的检测和评价。

"火速救援"课程在此阶段设计了一个情景式的角色扮演大比拼。在教师创设的情境中，学生分别扮演医生、护士、护工和伤员，穿上相应角色的服装，并佩戴相应的徽章。要求学生完成相应角色的任务：医生完成小腿骨折的固定处理，护士分别完成小腿、手臂擦伤的止血处理和手臂骨折的固定处理，护工完成简易担架的制作以及将小腿骨折的伤员抬上担架，并通过抬起担架坚持5秒钟来测试担架的牢固程度，几个任务同时开始，并予以计时。全部任务操作正确且用时最短的小组获得最终胜利，将获得一份奖品，而奖品是与课程相关的急救包。

学生通过角色扮演，将前面自主学习环节了解掌握的知识学以致用，在特定的情境中采用比拼的形式也大大激发了学生的学习兴趣，同时锻炼了学生的合作能力和动手能力，培养了学生的团队协作意识。

4.5 评价反思

评价反思是抛锚式教学模式必不可少的环节。评价的内容很多，包括学生的学习情况和效果，活动过程中学生的表现、优势与不足等。评价的形式多种多样，包括学生的自我评价、同伴间互相评价以及教师对学生的点评。"火速救援"课程在此阶段是以学生分享和教师点评相结合的形式展开，让学生分享在大比拼中的体会与经验总结，比如在整个过程中遇到的困难以及采取了哪些办法，最后如何解决的，对于团队合作重要性的看法等。最后，教师对学生在学习过程中的动手能力、合作能力、信息处理能力等方面进行点评。这也有利于教师总结教学经验，对后续的教学工作起到更好的促进作用。

5 课程实施过程中遇到的问题

首先，抛锚式教学模式的重点是自主学习，学生是主体，因此，一方面要求学生具备一定的自主学习能力和意识，能够主动地利用资源和工具，寻找解决问题需要的相关资料，但现在的学生在这方面的能力比较匮乏；另一方面，教师也要具有引导者的自觉，脱离传统的教学模式和方法，不再进行填鸭式的知识灌输，而在这一点上教师很难完全做到。

其次，抛锚式教学对学生的合作能力要求很高。学生是在一个真实情境下去解决一个问题，而解决的办法是需要团队协作才能完成的，因此这就要求学生学会与人合作。

最后，抛锚式教学模式的重心是协作学习，要求学生具有较强的人际交往、沟通能力，如果这一点做得不好，就很难完成此环节的相关任务，教学效果就会不如人意，这也直接关系到教学目标的实现。

对于以上问题，有用的措施主要包括教师在教学过程中注意对学生进行循序渐进的引导，教会学生自主学习，正所谓授人以鱼不如授人以渔，方法的传授比知识的传授更为重要，教师时刻谨记自己的引导者身份，把空间留给学生。

6 结语

"火速救援"课程围绕生活中的一个真实问题——对流血、骨折等急救事件进行紧急处理，通过让学生利用科技馆的展品资源，进行资料的搜集和整理，然后分小组合作探究，最终解决问题。在整个实践操作过程中培养学生的动手能力、资料搜集与整理能力、合作探究能力，同时锻炼了学生自主学习和协作学习、解决问题的能力，还有利于激发学生对科学的兴趣。

抛锚式教学打破了传统教学模式的规定流程，规避了一些弊端，开启了一个新的教学模式，可以最大限度地激发学生的学习兴趣和积极性，一方面有利于学生能力的锻炼，如合作能力、动手能力、信息搜集与整理能力、总结表达能力等，另一方面能够增强学生自主学习的意识，有利于学生以后的学习和生活。对教师来说，多样化的教学模式更加有利于知识的传授。这是一个双赢的局面。但抛锚式教学模式应用到馆校课程中的实例不多，在今后的馆校课程实践中要不断总结经验、不断摸索，从中找到规律和方法，将其更好地应用到更多的馆校课程中[4]。

参考文献

[1]《中小学综合实践活动课程指导纲要》，http：//www. moe. edu. cn/srcsite/A26/s8001/201710/t20171017_ 316616. html？from = timeline。

［2］朱勇勇：《浅谈抛锚式教学模式的实施》，《教育前沿》2016 年第 25 期。

［3］唐海风：《"抛锚式"教学模式在高职纳税实务课程中的应用》，《时代教育》2016 年第 14 期。

［4］时秋勇：《抛锚式教学模式在航海英语课程中的应用》，《南通航运职业技术学院学报》2010 年第 1 期。

基于"指尖上的智慧——七巧科技"馆本课程开发的研究

刁国斌[*]

（扬州科技馆，扬州，225002）

摘　要　"七巧科技"活动是中国青少年科技辅导员协会、全国少工委长期推荐的一项围绕"智力七巧板"开展的全国性青少年重点科普活动项目。扬州科技馆开发"指尖上的智慧——七巧科技"馆本课程，助力"馆校结合"活动，助力扬州市青少年科技模型竞赛，助力全市青少年科学素养的提升，取得了良好的成效，充分发挥了场馆的示范辐射作用。

关键词　七巧科技　智力七巧板　扬州科技馆

1　开发背景

"智力七巧板"由 7 块不同形状的几何图板组成，是图形科普学研究者楼珠球老师以物体的几何曲线为基础，巧妙地应用了线形规划和排列组合原理设计而成的新型七巧板，是一种适合于各个年龄段青少年的智力玩具。"智力七巧板"与传统的七巧板相比外观迥异，却具有极为相似而又严谨的拼搭规律，弥补了传统七巧板"图案量少、形象单调、没有弧线"的缺点[1]，可以拼出 3000 多种形象逼真、生动活泼的图案，还可以用多副七巧板创造出无数自然景观、体育活动、古诗情景等图案，是对中华民族优秀文化的历史传承与创新发展。

＊ 刁国斌，单位：扬州科技馆，E-mail：kejimi@126.com。

围绕"智力七巧板"拼搭而开展的"七巧科技"活动，是中国青少年科技辅导员协会、全国少工委纳入全国青少年重点科普活动的项目，每年吸引数以百万计的青少年参加。扬州市科学技术协会、扬州市教育局每年都组织开展"七巧科技"等青少年科技系列活动，培养青少年科学实践能力，提升中小学校科技活动水平，落实《全民科学素质行动计划纲要实施方案》相关目标任务。

扬州科技馆在科学启蒙厅创新驿站设置了"智力七巧板"体验展区，为广大市民提供公益教学和免费体验。2020年，扬州科技馆本着开发青少年智力，培养其动手操作能力、思维想象能力和科技创新意识的原则，开发"指尖上的智慧——七巧科技"馆本课程，构建以青少年为主体的活动教学，让青少年多感官投入学习活动，还定期到周边学校施教，助力"馆校结合"活动，助力扬州市青少年科技模型竞赛，助力全市青少年科学素养的提升。

2 开发原则

2.1 教育性原则

科技馆是育人的场所。馆本课程教材内容必须反映我国教育培养人才的需要，面向全体青少年；应体现新课程标准的理念，有利于青少年的学习和生活，有利于青少年学习习惯的养成，有利于提高青少年思想品德和文化修养，培养青少年创新精神和实践能力，促进青少年德、智、体等全面发展。

2.2 适应性原则

课程内容应充分考虑青少年各年龄段的心理特点和认知规律，要充分关注青少年的学习兴趣，激发青少年的兴趣、积极性和创新能力。内容选择应灵活多样、图文并茂、富有趣味性，表述要条理清晰、简明扼要。内容组织要强化活动设计和实践应用，应引导青少年发现问题、思考问题和解决问题。

2.3 可行性原则

课程难易度应立足于现实，要有前瞻性，应是辅导员和青少年经过努力可以实现的。课程应与教学时数相适应，要防止因课程数量过多而造成蜻蜓点水、走过场的现象。课程内容的深度和广度要与青少年的实际情况以及教学条件基本适应，切实可行。

2.4 时效性原则

课程对完成教学任务的时效性要强，并有利于指导青少年进行简单的评价，有利于辅导员和家长督促检查。为提高课程的时效性，应建立较为完整的教学目标体系，以加强对教学的调控，为教学评价奠定良好的基础。

3 课程目标

"智力七巧板"看似简单，拼搭起来则奥妙无穷、妙趣横生，深受人们的喜爱。青少年通过参与"七巧科技"活动，锻炼动手动脑能力，激发科学兴趣，培养空间想象力，启迪创新意识，培养用科学的方法分析问题、解决问题的能力，提高科学素质和审美能力，为终身学习打下良好的基础。同时寓教于乐，让他们在愉悦的气氛中受到情感的熏陶，促进科学教育活动的普及与发展。[2]

4 课程内容和活动目标

本项目是系列课程，包括 16 个课时，每节课时长 40 分钟。适用对象为 1～9 年级青少年。活动人数为一个教学班，有 20～50 人，可在场馆内实施教学，也可以进入校园作为社团课实施（见表 1）。

表 1 "指尖上的智慧——七巧科技"课程内容及活动目标

实施时间	课程内容	活动目标
第一周	初识七巧	让青少年了解智力七巧板的发展历史及各部分名称。了解祖国悠久的历史传统和深厚的文化底蕴,激发他们的民族自豪感;通过观察触摸感知每一块板的特征,激发学习的兴趣,促进"七巧科技"教育活动的普及与发展

续表

实施时间	课程内容	活动目标
第二周	按样拼图	引导青少年仔细观察,熟悉各拼板的特征和相互之间的联系,掌握初步的组拼技巧和基本规律,养成做事认真、细致的好习惯
第三周	按图分解	通过观察与拼摆,掌握划分割线的方法与要点。体会"逆向思维",解决问题,进一步熟悉图形,通过小组合作,培养青少年观察力和合作精神以及组织协调精神
第四周	观察创造	引导青少年通过"认真观察,记住特征""分析结构,进行抽象""巧用板块,创造作品"3个步骤进行观察创造,有利于提高青少年的分析与综合能力、比较与概括能力,促进他们从形象思维向抽象思维的转变以及审美能力的提高
第五周	双人创造	创设真实情境,提高青少年观察能力和想象能力,逐步完善推陈出新,培养他们的审美情趣,体验成功的快乐
第六周	按题拼图——动物	从熟悉的动物出发,熟练地拼搭动物图形,能够触类旁通,在愉悦的气氛中提高创新能力
第七周	按题拼图——人物、运动	通过七巧板的组合创造,利用一副或两副拼出单个人物或组合图。培养青少年抽象能力、想象能力,感悟拼搭的乐趣,同时培养他们的合作意识、创新意识
第八周	按题拼图——交通工具、工程机械	进一步通过分类归纳,引导青少年抓住事物的关键特征,拓展思路,提高空间想象力,培养创新精神
第九周	按题拼图——文字符号	熟悉智力七巧板的拼搭技巧,紧扣文字特点,提高青少年的观察能力、动手能力,培养他们的合作意识
第十周	按题拼图——日常用品	聚焦事物特点,引发青少年对生活、学习、实践活动的联想,培养他们的观察能力、动手动脑能力及创造能力
第十一周	专题设计	进一步提高青少年的拼搭技能,认识不同事物在外观特征上的差异,培养他们的观察能力、记忆能力、空间想象能力和创新意识
第十二周	举一反三	引导青少年通过模仿、尝试,移动板块,变化图形,举一反三,培养他们的发散性思维,进一步探寻七巧板的奥秘
第十三周	一图多拼	通过"一图多拼"培养同一问题的多样化解决方案,锻炼青少年发散性思维能力,提高应变能力、科学创新精神
第十四周	多副组合	尝试用一副和多副七巧板组拼出一个简单的小故事,激发青少年的创作热情,体验成功的快乐

实施时间	课程内容	活动目标
第十五周	主题创作	在熟练掌握拼搭技巧的基础上,引导青少年综合运用添加背景色、画辅助线等技能,把数学、美学、哲学紧密地联系起来,激发青少年热爱祖国传统民族文化的情感,从中得到美的启蒙、受到美的熏陶
第十六周	综合考评	通过试卷笔试、讲评反思,调动青少年参与智力七巧板活动的积极性,培养他们自主探究、合作创新的良好习惯,提高其综合运用能力

5 课程实施

以"按题拼图——日常用品"一课为例介绍课程的实施。

本课聚焦"七巧科技"特点,通过按题拼图教学掌握拼图技巧,以培养学生的观察能力、动手动脑能力及创新创造能力为教学目的。教学重点是观察、分析日常用品的外形特点,掌握拼图技巧;教学难点是培养学生的抽象概括能力,利用"七巧画板"进行准确画图能力。

复习导入。让学生说说知道的劳动工具,边说边出示图案:锤子、镰刀、扳手、水果刀。本环节通过出示工具图案,激发学生利用智力七巧板拼搭的学习兴趣,同时培养他们爱劳动的良好品质。

组织新授。根据导入环节出示的4幅图案,学生分4组分别用智力七巧板拼图。要求先分析结构,观察外形特点,然后试拼。教师巡查,适当引导。各组操作员上台拼图,汇报员分享观察到的外形特点,学生总结拼图技巧:圆板曲形,特征明显;十字中心,边角两尖。本环节充分发挥学生学习自主性,动手动脑,分工合作,讨论分享,掌握学习方法,得出拼搭技巧。教师对于非教材提供的答案,如果拼得很像也要给予肯定,防止学生形成思维定式。

巩固练习。出示图案,学生分两组完成:①天平、游标卡尺、显微镜;②台灯、桌子、钻石。学生分组分析结构,观察外形特点,然后试拼。教师巡查,对拼出的同学给予肯定,对还不会的小组给予引导。拼图速度快的小组可利用3幅图拼个小故事。操作员上台拼图,汇报员分享观察到的外形特点、拼图技巧。本环节以学生为主体，巩固学习诀窍并将学习技巧内化为能力。对于学有余力的小组，可完成连图成文的任务，分别请两个组讲讲自己组拼的小故事，既让不同学习水平的学生充分发展，又创造性地拓展了七巧活动的意义和价值。

画线比赛。出示雨伞、水壶、牙刷、路标图案，比一比，谁拼得快、画得快。学生寻找特点先试拼，再在教材上用专用画板画出分割线。教师巡查，提醒学生规范作图，对于有难度的题目可出示关键板块。指名上台拼图，汇报分享观察到的外形特点、拼图技巧。机动拓展：如果路标改成宝剑、鱼雷怎么办？本环节要求每位学生拼搭完成每个图案，并且画出分割线，逐步提高学习要求；并通过比赛的形式，促进全体学生掌握拼图、画图技巧。通过提高学生利用已有知识进行创新、拓展等的综合应用能力，从而提升学生的综合素质。

6 课程评价

课堂评价是课堂教学过程中的一个有机组成部分，目的是全面考察青少年的学习状况，激发他们的学习热情，促进他们身心全面发展，并提高辅导员的教学能力，完善课程管理。

6.1 评价注意点

6.1.1 评价应是"自我参照"

要以自我发展基础为评价标准，杜绝用像与不像、好与不好这些单一的、标准答案的方式来进行简单评价。

6.1.2 重视青少年自我评价

教师应组织学生自我评价、互相评价，改变过去由教师单向评价学生的方式，教师在学生自评、互评的过程中给予适当点拨、启迪，把评价的权利交给学生，实现学生对课堂学习的自主评价。[3]

6.1.3 注重对活动过程的评价

评价不仅仅是看结果，更重要的是青少年在活动过程中是否在自己原有基础上有所提高。要充分体现"七巧科技"活动的多样化、个性化、创造性等基本特征。弱化评价的甄别功能，以鼓励为主，肯定青少年的进步和发展，起到反馈调节、展示激励、反思总结、积极导向的作用，更好地促进师生发展。

6.2 评价方式

"指尖上的智慧——七巧科技"馆本课程的评价方式应具有多元性，应把过程评价与结果评价、定性评价与定量评价结合起来（见表2）。评价内容由平时学习表现情况和实践操作考核两个部分组成，考核评价实行百分制，分为优秀（90 分及以上）、良好（80~89 分）、合格（60~79 分）、不合格（59 分及以下）4 个等级。

表2 "指尖上的智慧——七巧科技"课程评价

内容			得分
平时学习情况	出勤	遵守课堂纪律和课程培训的相关管理规定,不无故迟到、早退、不旷课	10
	课堂表现	课前、结束时认真检查七巧板是否齐全,并按规范摆放整齐,养成良好的学习习惯	10
		学习态度端正,听讲认真,发言踊跃,掌握相关知识;动手动脑,积极完成每课的相应练习	10
		学习过程中能有所创新,或与别人合作创造出新作品	10
	学员评价	自我评价:兴趣浓厚,上课认真,在学习中充满自信,心情愉悦,共5分; 互相评价:主动参与教学,积极配合辅导员教学,与组内成员合作意识强,有集体荣誉感,共5分	10
实践操作考核		在 30 分钟内,能按相应的要求完成考核内容,完成相应的作品; 考核题型1——笔试:在图案上画出分界线(5 题每题2分),补充图形(2 题每题 10 分),按要求拼出图形(2 题每题 10 分); 考核题型2:团体赛。辅导员可以小组为单位,各组在指定的边长 1 米绘画纸上,在规定时间内完成指定主题的拼搭和绘画; 考核题型3:组间 PK。分组举行答题擂台赛,最终按各组总分对组员进行评分; 考核题型4:其他形式。如编排关于"七巧科技"的手抄报、科幻画、科普剧等形式,均可提交考核	50

7 结语

扬州科技馆立足于课堂教学，充分利用馆内展览、教育活动和文化服务资源，开发设计了"指尖上的智慧——七巧科技"馆本课程，旨在培养一批热爱科学、善于研究、乐于奉献的复合型、创新型青少年，并促进学校科技辅导员专业能力的提升，通过一年的实践取得了良好的成效。馆本课程、教案已在扬州市维扬实验小学、汶河小学东区校等 50 多所学校推广实施，充分发挥了场馆的示范辐射作用。扬州市成立首家"七巧科技"全国活动工作站，在扬州市 2020 年"七巧科技"模型竞赛中，有 10 多位科技辅导员受到表彰，300多名青少年获奖，极大地激励了青少年对科技的学习热情，促进了他们科学素质的全面提升。

参考文献

[1] 张建锋：《教赛结合 提升学生核心素养——现代智力七巧板校级拓展活动探索》，《基础教育参考》2017 年第 15 期。

[2] 宣丽蓉：《文化育人："智力七巧板"课程的魅趣》，《新课程（综合版）》2011年第 3 期。

[3] 魏超燕：《在整合拓展中深入探究——以"七巧板"教学为例》，《教学月刊小学版（数学）》2018 年第 Z1 期。

"探究摩擦力"教育活动教案

——基于 BOPPPS 教学模式的教育项目设计

董金妮*

（山西省科学技术馆，太原，030021）

摘　要　"探究摩擦力"项目针对浙教版初中七年级《科学》运动和力章节中摩擦力部分的教学内容，以"探究摩擦力"为主题，利用山西科技馆"无与轮比"展品和辅助实验器材等教学资源，以"选取实物为基础进行学习体验、以实践为基础进行学习探索"理念为指导，选择利用"BOPPPS教学模式"，把BOPPPS模式所包含的6个方面内容都覆盖到教学流程的设计中，希望可以帮助学生实现初中科学课程标准中"了解摩擦力，探索滑动摩擦力大小的影响因素有哪些；通过实验了解控制变量等科学方法，增强科学探究的意识和能力"的教学目标。

关键词　科技馆　教育活动　BOPPPS教学模式　探究活动　摩擦力

目前在很多的教育活动中，教师总是无法激起学生学习的好奇心，无法有效通过课堂互动提高学生的参与度，不知道怎样帮助学生在生活中实际运用所学的知识，学生不知道学完这节课有什么收获。因此引入一种能体现学生主体地位，又能将传递知识和培养学生的综合能力融入其中的教学模式非常有必要。

BOPPPS教学模式首先是由加拿大的教学技巧训练工作室（Instructional

---

*　董金妮，单位：山西省科学技术馆，E-mail：307161028@qq.com。

Skills Workshop，ISW）提出的[1]，是一种注重以学生为教学主体的教学模式，该模式的核心是使学生开展参与式学习。本文拟在科技馆教育活动设计中引入 BOPPPS 教学模式，提高活动过程中学生的参与度，进而提升学生的科学素养。

1　BOPPPS 教学模式概述及其内涵

BOPPPS 教学模式把教学流程细分为 6 个主要模块，分别是导言、学习目标、前测、参与式学习、后测和总结，学名依次为 Bridge-in、Objective、Pre-assessment、Participatory learning、Post-assessment 和 Summary，BOPPPS 就是把各个教学模块的第一个英文字母连接起来，简单地称作 BOPPPS 教学模式[2][3]。各个环节模块的详细内在含义总结如下。

导言（Bridge-in）也就是一节课的开始部分，其主要作用是引起学生的关注，集中学生的注意力。这一过程可以选择多种手段，比如向学生提问有一定难度的问题、讲述新近发生的热门话题和社会事件、采用学生好奇的讲述方式、进行新奇的比喻、选择鲜明的实际案例、进行鲜明的比较、进行引导展示等。

教学目标（Objective）模块主要是让学生了解自己的学习目标和方向，教师要把教学开展的目的传达给学生，使他们清晰明确。教师撰写目标可参考"4W"原则，即"who"谁、"will do what"将学到什么、"under what condition"在什么情况下、"how well"做得如何。[4]

前测（Pre-assessment）主要是对学生的学习能力和爱好进行了解，对课堂教学内容的进程和深度进行调整，从而明确是否进行所学知识的复习。这里一般可以采用提问抢答、小测验、集体讨论、脑力激荡、个人或团体活动等方式展开。

参与式学习（Participatory learning）模块是 BOPPPS 教学模式的中心内容。在该模块当中要保证学生可以参与，使他们主动参与到教学当中。教师可以采取多种方式实施。比如做游戏、猜谜语、讲故事、案例分析、相互提问、角色交换、情景再现、组内讨论、角色扮演、辩论比赛等。

后测（Post-assessment）主要是对学生的学习成果进行评价，了解教学目标的完成情况。这里可以设置知识理解型——简答题或选择题；应用分析型——练习分析特定情境、问题解决作业；技能传授型——检核表、学生展示；态度价值型——心得、短文、日记的形式。

总结（Summary）主要是对课堂知识进行总结，指引学生对课堂学习到的内容进行回顾和思考。

2 BOPPPS 教育模式应用实践

下面笔者以"探究摩擦力"为例，说明 BOPPPS 教学模式在科技馆教育活动设计中的应用实践。

2.1 教学对象与学情分析

教学对象：5~6 年级学生，适宜受众人数为 10 人。

学情分析：该年龄段的学生对于摩擦现象已经有丰富的感性认识，本节课在科学教师的引导下，让学生体验展品并进行实验，有助于将间接经验转化为直接经验。考虑到该年龄段的学生已经具备一定的探究性学习经验，因此让学生自己动手并探究学习摩擦力的知识。

2.2 教学重难点与相关准备

2.2.1 教学重难点

教学重点：探索摩擦力的存在；分辨滑动摩擦、滚动摩擦以及静摩擦的区别；熟悉摩擦力大小的影响因素。

教学难点：对摩擦力大小存在影响的因素；通过变量控制法进行摩擦力大小影响因素探索实验的编制；认识摩擦力的"优点"与"缺陷"。

2.2.2 教学场地、教学准备、活动时间

教学场地：场馆内"创意工作室"或"机械师摇篮"。

教学物品：润滑油、毛巾、弹簧测力计、钢管、毛刷、砝码、多媒体课件。

活动时间：本教育活动适宜在周六日或节假日的科技馆进行，时长 60 分钟。

2.3 教学过程

2.3.1 导言（Bridge-in）

不公平的钢管"拔河"比赛。

阶段目标：激发学生兴趣，产生疑问好奇和探究欲望，引入教学内容。

学情分析：通过拔河比赛的方式引入课程是学生乐于接受的，比赛结果出乎学生意料，产生了质疑和好奇心，进而产生了迫不及待要进行探究的欲望并且学生初步感知到摩擦力是一种怎样的力。

设计意图：利用游戏作为开场，进行情境的创设，激发学生进行探索的兴趣，导入课堂内容，通过悬念的设置提高学生的学习主动性，使他们有兴趣参与到学习当中，营造轻松的学习环境。

教学策略：采用游戏导入法，通过"拔河比赛"这一违背日常经验的现象形成"认知冲突"，营造出有趣味、有悬念的"问题情境"，激发学生探究欲望。

教师活动：教师事先在钢管一端涂上甘油，请一位力气大的男生和一位力气小的女生表演钢管拔河比赛，让男生握住涂有甘油的一端。

学生活动：力气大的男生和力气小的女生进行钢管拔河比赛，其他学生观看，结果力气大的男生输了。

教师活动：教师先让其他同学猜猜男生为什么会输，然后让男生自己说说为什么会输。引出本节课要学习和探究的问题——摩擦力。

2.3.2 教学目标（Objective）

知识与技能：让学生从实际生活中发现跟摩擦力、摩擦存在关联的现象；了解摩擦力出现的原理；明白影响摩擦力大小的因素；熟悉增加和减少摩擦力的手段并在实际生活中进行知识的应用。

过程与方法：利用观察结合实验的手段，感受摩擦力的实际存在，锻炼学生观察事物以及分析的能力；通过实验探索滑动摩擦力与物体表面承受压力以及两者接触面光滑程度之间的关联，学习开展科学猜想，在进行多因素分析的过程中学会使用"控制变量"的手段。

情感、态度与价值观：可以辩证地看待摩擦力的存在；通过科学实验和探索的过程，培养学生对知识的探索兴趣，使他们积极地对周边的自然现象进行探索；了解生活现象中包含的科学原理，锻炼学生的探索意识，帮助他们形成团结协作理念。

2.3.3 前测(Pre-assessment)

教师：要想解释刚刚的比赛结果，需要我们一起来学习摩擦力的知识。大家根据我们日常的生活经验，回答下列问题：①什么是摩擦力？②摩擦力的种类有哪些？③摩擦力的方向如何？

学生：根据自己的日常生活经验，积极回答问题。

教师不急于点评学生答案的正确情况，而是对学生关于摩擦力的认识有个大致的了解，以便适当调整教学进度。

2.3.4 参与式学习(Participatory learning)

（1）探究摩擦力的定义

阶段目标：通过观察实验得出摩擦力的定义。

学情分析：学生按照教师的引导和要求操作，说出了自己的感受，总结出摩擦力的特点，最终得出摩擦力的定义。

设计意图：通过手按桌面滑动让学生自己感受摩擦力的存在，自己体会摩擦力有阻碍物体运动的性质，通过观察刷毛的倾斜方向让学生直观地看到摩擦力的方向。

教学策略：在教学中没有死板地进行说教，而是让学生进行感悟和体会。

教师活动：教师让学生伸出双手，紧贴在一起，右手用力往上推，会感到什么？把两手分开一些再做相对运动，还有刚才的感觉吗？让学生手按桌面向前滑动、向后滑动，然后说说自己的感觉。教师让学生用毛刷在桌子上向前滑动，观察刷毛倾斜的方向。

学生活动：学生按老师的要求操作，说出自己的感受和摩擦力的一些特点，如阻碍运动的力，要有接触面。

教师对摩擦力概念进行总结。

（2）探究摩擦力产生的条件

阶段目标：知道摩擦力产生的条件。

学情分析：学生通过观察多媒体屏幕上的图片理解了生活中看上去比较光滑的物体在微观世界里是粗糙的，绝对光滑的物体是不存在的，并自己体会到没有挤压没有相对运动就没有摩擦力。

设计意图：通过提出问题对学生课堂知识的掌握程度进行了解，对学生的认知进行评估，锻炼学生的逻辑思维能力，促进学生表达能力的提升。

教学策略：用点评提问的方式引导学生，对学生回答的不足之处进行补充解释。

教师活动：教师向学生提问为什么会产生摩擦力，并在多媒体屏幕上显示显微镜下的木桌等生活中常见的物体表面；教师提问如果只是把手放在桌面上，不滑动会感到费力吗？

学生活动：对老师提出的问题进行独立的思索，对摩擦力形成的条件进行归纳，在两个物体发生接触的表面较为粗糙，物体之间的接触面存在挤压，发生相对位移或者位移势头。

教师活动：提问学生生活中，你在做什么的时候也感受到摩擦力？教师出示小朋友坐在台阶旁的斜坡上玩滑坡的图片，让学生说说在玩这个时候的感觉。

学生活动：学生举例（开抽屉、推窗户、滑冰、拉人游戏等）。

（3）探究摩擦力的作用

教师：摩擦力的功劳可大了，如果没有了摩擦力我们的生活会是什么样子呢？播放动画片《摩擦力是怎么回事》中的一段，蓝猫在很滑的地板上滑倒，站也站不起来。你也有这样的经验吗？

学生：谈经验如雨雪天走路、骑车。

教师：这时你希望摩擦力大呢还是小呢？你有什么办法？

学生：穿运动鞋或在路上撒一些灰渣。

教师：生活中摩擦力有时也有负面作用，教师出示图片（一个同学蹲下，另一个同学拉上他前进）并提问，这时你希望摩擦力大还是小？你选择在什么地方玩这个游戏？

学生：雪地或者光滑的地板上。

（4）进行展品深度体验和演示实验来探究摩擦力的分类

阶段目标：通过展品"无与轮比"的深度体验以及筷子提米实验了解摩擦力的分类。

学情分析：同学们的日常学习多为课本学习，很少有机会通过体验展品和动手实验获得直接经验。这一环节让学生在娱乐中进行思索，在玩乐中了解其中蕴含的科学道理。

设计意图：科技馆展示的展品特点较为明显，包括"趣味性""科学性""知识性""参与性""体验性"等，可以创设一种情境让学生进行探索，是"实践中学习"、"探索式学习"以及建构主义等教学理念和方法的具体呈现。[5]通过体验科技馆展品"无与轮比"和实验筷子提米为学生提供了一种"基于实物的体验""基于实践的探究"的学习方式，从而使学生从中获得"直接经验"，养成实证的科学态度。

教学策略：展品深度体验、演示实验。

教师活动："像同学们刚才做的小实验，受到的摩擦力只是摩擦力大家庭中的一种，叫滑动摩擦，一个物体在另一个物体表面上滑动时产生的摩擦力叫滑动摩擦力。"然后带领学生体验展品"无与轮比"。

学生活动：体验展品"无与轮比"，引出滚动摩擦力的概念，两个物体之间有相对滚动而产生摩擦力。体会滑动摩擦改为滚动摩擦的妙处。

教师活动：教师演示实验——筷子提米。

学生活动：学生观看实验后上前体验筷子提米，总结出不但两个相对运动的物体之间有摩擦作用，两个保持静止的物体之间也可以产生摩擦力。总结出静摩擦的定义。

（5）探究影响滑动摩擦力大小的因素

阶段目标：利用科学实验对影响摩擦力大小的因素进行探索，在开展多因素分析的过程中，学会使用"控制变量"的手段。

学情分析：在该环节，学生自然地形成了与同伴之间的合作交流，受众（10~12岁学生）具备一定探究性学习的经验，但分析、解决问题的能力有限，可以采用引导式探究。通过教师的引导，针对需要完成的任务，学生所在的小组可以自发地设计实验方案、猜想和预判实验结果、交流讨论、验证，亲自动手去探究，最终得出了影响摩擦力大小因素的结论。

设计意图：教师指导学生依据自身的生活经验进行猜测和想象，该环节是具有创造性的探索，随后进行实验的设计，并和其他同学交流讨论，在这一过程中，运用观察、实验、控制变量等科学方法，让学生经历科学探究的过程。学生针对自身设计的实验计划进行讲述，对实验结果进行分享，有效地锻炼他们的思维表述能力。

教学策略：引导式探究——以布置的任务为导向，既为探究提供思路，又给学生留下独立思考和创新的空间；引导学生猜想、设计实验、预判实验结果、交流讨论，通过实验探究对猜想进行验证，从而得出结论获得"直接经验"；学习单——根据实验参数利用控制变量法设计实验方案，验证猜想；小组分工协作、合作学习，鼓励讨论和分享。

教师活动：教师讲述几种不同的生活中常见的现象，让学生猜测哪几种因素对滑动摩擦力的大小存在影响（学生们发表观点、预判和讨论时，教师不做评价，而是通过后来的体验、实验结果证明其猜想、观点、预判的对错）。

现象1：推动大桌子比推动小凳子难度更高——猜测物体的质量对摩擦力的大小存在影响。

现象2：在冰面上步行经常滑倒——猜测地面的光滑程度对摩擦力的大小存在影响。

现象3：赛车的轮胎比普通车更宽——猜测接触面的面积对摩擦力大小存在影响。

现象4：汽车速度快不容易刹住车——猜想与速度有关。

学生活动：学生对自己的想法进行总结，影响因素应该包括物体受到的压力、接触面积的大小、物体运动的速率、接触面光滑程度等。

教师活动：教师先与学生一起解决几个问题——怎样测量摩擦力？弹簧测力计怎样进行调零？如何判定物体的运动为匀速直线？为学生准备弹簧测力计、毛巾、可以钩砝码的木块、砝码。

学生活动：让学生分为不同小组开展实验，各个小组分别进行实验计划的制定，并开展实验对小组成员的猜想进行验证。实验结束后，将实验结果记录在学习单上，每个小组派代表说明本组的设计方案与其他组同学交流，其他组同学进行提问，本组代表进行答辩。由小组代表就对摩擦力大小存在影响的因素进行总结，结论如下：摩擦力的大小受到接触面光滑程度、物体所受压力大小的影响，跟接触面的大小没有关联，与运动速率也没有关系。在接触面不发生变化的前提下，物体所受压力越大，两个物体间的摩擦力越大；物体所受压力不变的前提下，接触面越光滑，则两个物体间的摩擦力越小。通过实验可以验证"控制变量"方法在科学探索中的实际应用。

2.3.5　后测(Post-assessment)

认识摩擦力的"功"与"过",学生列举生活中的有益摩擦实例和有害摩擦实例;对幻灯片上播放流星划过大气层的情景进行解释。

阶段目标:尝试列举生活中的有益摩擦、有害摩擦,知道增减摩擦力的方法,会解释生活中有关的现象。

学情分析:通过前几个环节的学习和探究,大部分学生能列举出生活中的实例并对幻灯片中的现象做出正确的描述。能够认识到摩擦力不仅存在于两个固体之间,在液体跟气体间也存在。

设计意图:加深学生对各种摩擦力的理解,及时巩固学过的知识。在巩固知识的同时,引导学生学会知识的迁移应用,运用所学知识解决实际生活中的问题,同时,教师也能评测学生对摩擦力知识点的掌握情况。

教学策略:教师提出问题,学生回答问题,教师进行评价并对学生表达中的缺陷进行补充。

教师活动:摩擦力无处不在,它有可爱的一面,也有不可爱的一面,哪些摩擦类型对于人类是有利的,那些摩擦是负面的?通过刚才开展的实验是否能够总结出增加或者减少摩擦力的手段?

学生活动:学生结合日常生活提出正面摩擦和负面摩擦的实例;依据实验探索的结果总结出增加摩擦力的手段,比如使物体受到的压力增加,使接触面更加粗糙;总结出降低摩擦力的手段,比如将滑动变成滚动,使物体间接触面分开。

教师活动:教师用幻灯片播放流星划过大气层的情景。

学生活动:学生运用今天所学的知识解释这个现象。

设计意图:巩固本节课的学习内容,使学生学以致用。运用"科学源于生活,又高于生活,最终服务于生活"的理念,同时锻炼学生的表达能力。

作业布置:对自行车进行仔细观察,找出存在摩擦的部位,并分别归入正面摩擦和负面摩擦。

2.3.6　总结(Summary)

引导学生一起回忆摩擦力的定义、摩擦力产生的条件、摩擦力的分类、影响摩擦力大小的因素……结合实验探究过程进行总结,体会摩擦力在生产生活中的应用。

3 BOPPPS 教学模式实践的效果

本次教育活动设计采用 BOPPPS 教学模式，学生通过实践探究摩擦力，在过程设计上，不公平的拔河比赛激起了学生强烈的好奇心，将学生注意力引到对摩擦力的探究上来；前测环节可以让教师更加充分地判断学生对知识的掌握程度，了解学生的疑虑和知识的缺陷，使教学目的更加具有针对性；三维教学目的设立能够让教师明确自身的教学方向，使其更加具有针对性；基于实践探究的参与式互动教学激发了学生的主人翁意识，学生自己感受体验、实验探究、总结归纳；后测能够让学生加深对所学知识的理解，教师引导学生将课堂所学的理论跟现实生活联系到一起，对学生进行适当的指导，使他们形成课后观察的习惯，并在现实生活中应用理论知识。

整个活动过程能较好地调动学生参与的积极性，学生愿意主动参与到实验和互动中，大部分学生能围绕共同的目标和小组成员展开充分的交流并且分工协作完成实验。活动完成后，要对学生进行沟通和随机访问，发现学生不但充分掌握了知识，也对"控制变量"方法有了一定程度的理解，学生通过科学实验的方法，产生科学探究的欲望，并积极探索自然现象，对现实生活中的科学道理进行主动分析。因此，科技馆教育应该真正走探究路线，引入先进的教育理念和教学模式，从而形成与以往不同的新型展教资源。但这些前沿的教学理念和教学模式，对教师的专业能力和专业素养提出了新的要求，教师要不断提升自己的专业水平，对知识理论进行更新，更需要通过实践积累经验，在此基础上科学教师才能将科学知识和教育活动实践相结合，提升其教学活动的设计、组织和实施能力。

参考文献

[1] Pattison, P., Ressell, D., *Instructional Skills Workshop（ISW）Handbook*, Vancouver: UBC Center for Teaching and Academic Growth, 2006.

[2] 魏小平、康文斌：《BOPPPS 教学模式在大学物理课程教学中的探索——以静电

场的环路定理为例》,《西部素质教育》2019 年第 1 期。

［3］张瑜、宋善炎:《BOPPPS 教学模式在高中物理教学中的实践——以"静摩擦力"为例》,《湖南中学物理》2019 年第 2 期。

［4］Chih-Chao,"Learning Effectiveness of Applying TRIZ-Integrated BOPPPS",*International Journal of Engineering Education*, 2014.

［5］朱幼文:《科技馆教育的基本属性与特征》,第十六届中国科协年会——分 16 以科学发展的新视野,努力创新科技教育内容论坛,2014。

乡村振兴背景下的城乡馆校科学教育实践

范振翔　朱燕飞*

（青岛市科技馆，青岛，266001）

摘　要　《乡村振兴战略规划（2018—2022 年)》提出"提升乡村教育质量、建好建强乡村教师队伍"的明确要求。目前城乡科学教育的差距依然明显，已成为阻碍乡村振兴的重要因素之一。本文分析了现阶段农村科学教育的特点，对乡村振兴背景下开展城乡馆校科学教育的意义以及青岛市科技馆开展"乡村少年科普行"项目 3 年来的实施情况进行了梳理总结，为各地更好地开展城乡馆校科学教育提供了参考。

关键词　馆校结合　科学素养　农村小学

乡村是具有自然、社会、经济特征的地域综合体，与城镇互促互进、共生共存。根据国家统计局第七次人口普查和第二次全国农业普查数据，全国居住在乡村的人口为 5.0979 亿，占总人口的 36.11%，其中 7~15 岁农村入学儿童 1.04 亿。长期以来，对于馆校结合的研究基本上针对城市学校，忽略了广大农村学生群体。2018 年 9 月，中共中央、国务院印发了《乡村振兴战略规划（2018—2022 年)》，提出"增加农村公共服务供给、提升乡村教育质量、建好建强乡村教师队伍"。2021 年 2 月，国务院发布《关于全面推进乡村振兴加快农业农村现代化的意见》，提出要"提升农村基本公共服务水平，支持建设城乡学校共同体"。实施乡村振兴战略，是解决新时代我国社会主要矛盾、实现

---

*　范振翔，单位：青岛市科技馆，E-mail：13730958712@163.com；朱燕飞，单位：青岛市科技馆，E-mail：13645327819@139.com。

"两个一百年"奋斗目标和中华民族伟大复兴中国梦的必然要求，具有重大现实意义和深远历史意义。乡村未来的发展需要具备更高科学素质的接班人，以实现农业科技创新和成果转化。在乡村振兴背景下，发展符合农村学校需要的科学教育，增强农村教师能力，培养合格的农业接班人已成为农村学校迫切需要解决的问题。

青岛市科技馆在实施乡村振兴战略规划的开局之年自主策划并实施了"乡村少年科普行"公益科学教育项目，至今已连续开展3年。项目利用多年来进行场馆开放和组织青少年科技活动的经验，自筹经费为全市范围内近千名农村师生提供免费的场馆科学教育活动，帮助他们开阔眼界，播撒热爱科学的种子。这项活动得到了青岛市科协的支持，被列为市科协"乡村振兴攻势"中一项重要的科普品牌活动。从近年来开展的情况看，城乡馆校科学教育有助于扩大科普宣传面，提高农村学生的科学素质，均衡城乡教育资源，助力美丽乡村建设。本文结合工作实践，谈一谈如何在乡村振兴背景下开展城乡馆校科学教育工作。

1 现阶段农村科学教育的特点

科学教育作为与人文教育相对应的一个领域，旨在传授科学知识，培养科学方法和能力，养成科学态度和科学精神，提升每个学生的科学素养，而这些目标在农村学校的达成需要一定外部条件的支持，包括具备科学素养的教师、一定的课程资源、符合农村实际的科学教材和实施策略等。[1]现阶段农村科学教育面临人才流失、经费短缺等困境，也有自然资源丰富、教育工作者责任心强等优势，主要表现为以下几方面。

1.1 城镇化加剧了农村科学教育人才流失

城镇化进一步推进了农村教育人才向城镇流动，受教育程度高的农村中青年群体不断流出，造成农村学校师资不足，基层专业教学人才缺乏，老龄化、女性化问题严重。现阶段农村教育经费缺乏，教师很少有机会参加教学研究和培训活动，制约了农村科学教育的发展，也迫使高素质师资和优秀生源加速流出，并形成了恶性循环。

1.2 农村学校对科学课程不够重视

常态化的人力不足，使部分农村学校被迫分出"核心"课程和"边缘"课程，仅能集中力量保证"核心"课程的师资。多数学校依然会以语文、数学、英语为核心，而把音乐、体育、美术、科学等课程边缘化。学校将大多数骨干教师、年轻教师充实到语文、数学和英语的教学中，科学课程教师整体水平相对较差，不少是兼职教师，甚至有的学校还不能正常开课。[2]另外，科学课注重实验，许多科学结论需要学生分组探究，通过实验得出。现实情况是农村学校实验器材欠缺，使用率低，科学课程授课过程仅通过书本复述科学知识，学生们不能亲手操作体验科学探究过程，难以形成正确的科学观念。

1.3 科学教育内容与农村实际存在差距

农村学校与真实的自然环境联系更紧密，农村学生更容易接触动植物，熟悉自然环境，因此对生物、地质、天文等自然学科的学习比城市学生更有基础。但感性认识仅仅是系统学习的基础，没有贴合农村实际的教材，学生模糊的感性认识无法上升为科学的理性认识，也无法构建个人的科学概念体系。农村学校使用的科学教材多由城市的专家和教师编写，教材内容往往脱离农村实际，造成科学教育与乡村现实断裂，使乡村学生的科学教育面临一定困难。一方面，乡村中小学教育与乡村现实生活之间关系的断裂主要表现为，教育内容多以与城市或者发达地区生产生活相关的内容为主，教育似乎有引领学生"厌恶"乡村的嫌疑，鼓励学生"跳农门"。另一方面，学校围墙将学生与社区大环境隔离开来，学校成为乡村的文化孤岛。[3]

1.4 农村学校对馆校结合活动较为重视

近年来，随着馆校结合科学教育活动的持续开展，市区尤其是科技馆周边学校对场馆教育的价值有了正确的认识，馆校间科学教育的合作有所加强。但城市内"馆校结合"的形式多是馆方将科学教育活动送进学校，而不是学校组织学生到场馆内接受科学教育。许多地方的教育部门明文规定，学校若安排学生走出校门，参加教育系统之外的场馆活动需要所在教育部门的审批，同时学校主要领导承担出现安全问题一票否决的责任。这导致部分市区学校存在

"多一事不如少一事"的思想，到馆参加活动的阻力较大，形成市区馆校结合活动中"馆热校冷"的局面。

与市区馆校合作中"馆热校冷"的情况不同，农村教育部门对"学生走出校门"的态度更加包容，农村学校也格外重视这来之不易的校外学习实践机会。青岛市科技馆开展"乡村少年科普行"3年来，由农村学校副校长及以上领导带队参加活动的比例超过50%，体现了农村教育工作者责任心强，敢于承担正常教学风险的精神。在与学校领导、老师的交流中得知，他们将到市区场馆参加科学教育活动当作一次提高专业能力的机会，选派来参加活动的都是学校优秀教师，而且是完全不计回报的。

2　乡村振兴背景下开展城乡馆校科学教育的意义

农业现代化是社会发展的必然趋势，乡村振兴是广大农民的普遍愿望。党的十八大以来，农业农村发展取得历史性成就，为党和国家事业全面开创新局面提供了有力支撑。然而我国农业农村基础差、底子薄、发展滞后的状况尚未根本改变，城乡基本公共服务和收入水平差距仍然较大，农村人才匮乏，教育水平偏低，难以推动农业现代化发展和乡村振兴。

近年来，青岛市农村科普工作取得了显著的进步，形成了一批爱农业、懂技术、善经营的新型职业农民队伍，成为现代农业发展的主力军。但在青岛市科技馆负责的场馆开放和各类青少年科技竞赛的获奖名单中，鲜少见到农村学生的身影。说明城乡间科学教育资源不均衡、科普活动不充分的问题依然严峻。实现乡村振兴不能仅靠上级要求和城市专家的教导，真正需要依靠的恰恰是农民自身的努力，这离不开现阶段农村科学教育所提供的进步观念和培养自信心。

2.1　城乡馆校科学教育有效提高了学生科学素质和自信心

科学素质是公民素质的重要组成部分，是社会文明进步的基础。2021年1月26日，中国科学技术协会公布的第十一次中国公民科学素质抽样调查结果显示，2020年我国公民具备科学素质的比例达到10.56%，其中城镇居民具备科学素质的比例为13.75%，农村居民具备科学素质的比例为6.45%。缩小城乡科学素质差距，提升全民科学素质，最艰巨、最繁重的任务在农村，最大的潜力和后劲也在农村。

城乡馆校科学教育通过为农村学生提供更多体验科学探究的机会，帮助他们掌握基本的科学探究方法，从小树立良好的科学学习理念，提升科学素质，为今后开展更高层次的教育活动打下坚实的基础。同时能够进一步提升学生的自信心，产生自我激励，培养他们关注乡村环境、关心乡亲生活的爱乡情怀。

2.2　城乡馆校科学教育帮助农村教师提升科学教育能力

农村教育经费短缺，科学实验设备配置不健全，获取先进科学教育信息的途径较少，从根源上制约了农村科学教师的专业发展。城乡馆校科学教育在组织学生活动的同时，也通过场馆教育工作者的言传身教将如何利用自然资源或生产工具开展科学教学的方法传授给农村教师，为他们开展科学教育带来很多启发。农村地区蕴含着丰富的自然资源和各类生产工具，掌握了这套方法之后，完全可以不依赖专业教具，在保障学生安全的前提下，走出校园利用农村得天独厚的资源开展科学教育。这既解决了农村科学教育中实验器材短缺的问题，又提高了学生的学习兴趣，培养农村学生从小热爱美丽乡村、长大建设美丽乡村的精神。

2.3　城乡馆校科学教育进一步推动了教育公平

随着城乡一体化发展，各方有识之士对农村科学教育的关注度不断增加，呼吁"缩小城乡差距""教育起点公平"的声音也逐渐深入人心。教育公平的内涵不仅是保障每一个孩子都能够接受教育，更重要的是保障每一个孩子都能接受良好的教育。[4]在教育终身化、全景化、全纳化特性日益彰显的时代背景下，场馆科学教育以其不可替代的作用，已成为大多数学生在学校教育之外追求更深层次教育目标的选择。出于城乡发展不均衡的原因，目前科技类场馆资源大多数集中在城市，馆校结合活动也多以市区学校为主，无意中忽视了农村学生科学教育资源短缺、科学教育理念落后的事实。场馆工作者们需要牢固树立教育公平理念，关心农村科学教育现状，通过扎实有效的城乡馆校科学教育合作进一步缩小城乡教育差距、均衡科普场馆资源，实现城乡科学教育的协调发展。

3 青岛市科技馆"乡村少年科普行"项目实施情况

青岛市科技馆的"乡村少年科普行"科学教育项目自2018年策划实施，至今已成功开展了3年。项目以公益性"科技馆一日游"的形式，组织乡村中小学师生在一天之内自主参观展厅、听取专家报告、制作科学模型等活动，帮助农村学生掌握基本的科学探究方法，从小树立良好的科学学习理念，提升科学素质和自信心。同时也通过场馆教育工作者的言传身教，帮助农村教师掌握利用自然资源或生产工具开展科学教学的方法，进一步提升科学教育能力。与传统的校外研学活动相比，"乡村少年科普行"还有以下4个显著特点。

3.1 坚持公益性，乡村师生零负担

传统的校外研学活动即使场馆参观完全免费，学生也需承担车费、餐费、饮水等个人费用。额外的费用对农村中的贫困家庭来说仍是一笔不小的开支，农村学校在选择活动人员时也会考虑学生的家庭情况，被动地造成了城乡馆校科学教育在起点上的不公平。青岛市科技馆通过每年重点科普活动项目申报和自筹资金，破解了城乡馆校科学教育活动经费的筹集和使用规范难题。乡村师生在活动日当天从学校集合出发直至返回学校，车辆、活动耗材、午餐、饮水等一切费用均由青岛市科技馆负责，师生们完全不需要承担任何费用，解决了一直以来困扰农村贫困学生的大问题。农村学校可以不以学生的家庭情况为筛选条件，组织真正热爱科学、迫切需要场馆科学教育的学生参加活动。

3.2 以学生为中心，培养自主探究能力

传统的校外研学活动为便于组织管理，往往是以展厅讲解员为研学活动的中心。讲解员先组织学生集体拍照合影，然后带领学生们按设计好的路线或学习单开展活动，真正留给学生自主探究的时间很少。在活动开展的第一年，我们以传统方式组织了教育活动，同时对参与活动的141名农村学生做了问卷调查（见表1）。

表1 "乡村少年科普行"问卷调查（部分）

单位：%

你希望的展厅参观形式

活动形式	全程讲解	部分讲解＋自主参观	完全自主参观	其他
所占比例	10.6	73	14.2	2.2

对于展厅内的展品，你能够正确操作和了解多少？

认知情况	全部	一大半	一小半	很少
所占比例	46.8	44.7	8.5	0

　　根据该项调研和相关文献研究，我们认为以展厅讲解员为中心，类似"春游"的模式并不适合农村学生。许多农村学生都是第一次参观场馆，在难得的场馆学习环境中，最需要掌握正确的科学探究方法而不是某一类科学知识本身。在此之后的活动中，我们尊重城乡学生差异，注重以学生为中心培养其自主参观的能力：场馆教师以一件展品为例，首先组织农村学生阅读展品说明、正确操作展品，继而引导学生们对展品现象的成因进行大胆猜想，尝试进一步验证、完善理论，并试着用该理论解释生活中的同类现象。在学生们掌握了自主探究能力后，我们为学生在展厅内的自主探究留出充足的时间。其间场馆教育人员通过与学生单独交流，验证其探究能力的掌握情况并及时纠正错误。以学生为中心的学习方式可以让学生有更多的时间和更多样的选择与机会以更加个性化和情境化的方式去探索。[5]从近年来开展活动的情况看，采用此种模式的科学教育效果远胜于以讲解员为中心的科学知识传播（见图1）。

　　在专家讲座环节，我们把学习内容与乡村生产生活实际有机融合起来，邀请了气象学、天文学、生物学、无线电等学科专家到馆开展讲座。从农村学生日常接触的现象出发，阐述天气变化、环境保护、生物现象、无线电通信等科学知识及科学发明发现过程，将学生们平时接触到的感性认识上升为科学的理性认识，培养学生关心身边的科学现象，培养其乡土情怀与乡土责任意识。

3.3 创造有利条件，促成多方合作

　　科学家群体是科技场馆的坚实后盾，他们多年来始终关心、支持青岛科技

图1　学生在展厅内进行自主探究

馆开展馆校结合工作，为城乡馆校科学教育活动提供了很多帮助。但限于工作繁忙或自身健康原因，难以前往偏远农村参加活动，这对双方来说都是一种遗憾。在城乡馆校科学教育活动中，我们将农村学生请到市区的场馆来，为专家节约了时间成本，促成更多科学家直接参与面向农村学生的科学教育。在2018年的某期活动中，时年81岁高龄的张明高院士来到青岛市科技馆，为农村学生带来了"神奇的电波"科学讲座，用实际行动体现了科学家甘为人梯、奖掖后学的育人精神，至今谈起仍是一段佳话（见图2）。

　　过去农村活动往往得不到媒体的重视，长期处于新闻媒体的聚光灯之外。由于城乡馆校科学教育形式新颖，具备较高的新闻价值，活动开展过程中也得到了各类媒体的报道，网易新闻、青岛新闻都曾对此进行过直播采访

图2　张明高院士在讲座后与农村学生们交流互动

（见图3）。在各方关注下，青岛市科技馆公益担当的形象得到有效宣传，"乡村少年科普行"这一科普品牌得到了广泛认可，形成可持续发展的良性循环。

图3　学生接受网易新闻直播记者采访

3.4 以点带面，促进乡村科学素质提高

我们在科学制作环节不使用干电池作为动力材料，而是选择以风力、太阳能或皮筋为动力的科普器材，这样更适合农村学校在之后的科学课程中再次利用器材开展无成本的科学活动。在学生返乡前为每人发放农业相关的科普书籍，以此带动农村家庭科学素质提升，让场馆教育得到有效延伸。

根据学校反馈，通过参加城乡馆校科学教育活动，教师们进一步提高了教学能力，学生们激发了对科学的兴趣，提升了学习自信和对农业农村生活的热爱。师生们带着科学知识、科学方法、科学书籍、科学作品回到乡村，也将投身科学事业、建设美丽家乡的强烈愿望带进了心里。

4 结语

在即将开展第四年"乡村少年科普行"之际，我们对活动开展至今的理论认识和实践经验进行了梳理，对今后工作有了更加清晰的认识和更加坚定的信心。活动还有两个方面可以再完善：一是受限于经费筹措和使用的规范制度，"乡村少年科普行"目前仍是以重点科普活动的形式逐年申报，没有纳入科技馆的常态化工作；二是希望通过逐年的努力，进一步扩大城乡馆校科学教育活动的影响，吸引更多愿意帮助乡村科学教育的机构、团体、企业和爱心人士参与其中，使活动从点对点的馆校合作，变为科普场馆联盟与农村区域学校群的深度合作。通过各方努力，定会让更多农村学生享有更多参与场馆科学教育活动的机会，全面提升农村科学素质水平和建设美丽乡村的自信心，进一步夯实乡村振兴战略的人才基础。我们始终相信，希望与梦想从来不在远方，而一直都在我们自己的脚下。

参考文献

［1］杨建朝：《农村科学教育：现实困境中的策略思考——基于云南部分农村中小学的调查分析》，《天津市教科院学报》2010年第2期。

［2］ 袁洪涛:《农村小学科学教育教学现状及改进建议——基于山东省菏泽市农村小学科学教育现状调查研究》,《读与写:上旬》2020年第11期。

［3］ 杨智、潘军:《乡村振兴背景下乡村社区教育的价值再认及其实现理路》,《终身教育研究》2018年第5期。

［4］ 袁从领、母小勇:《教育公平下城乡小学科学教育的差异化探讨》,《教育理论与实践》2018年第23期。

［5］ 李秀菊:《学生集体参观科技类博物馆的学习效果研究》,《自然科学博物馆研究》2019年第3期。

以科普阅读为载体的科学教育活动探析

——以北京科学中心"Ai科学"主题活动为例

连 洁[*]

（北京科学中心，北京，100029）

摘 要 创新科学教育活动形式是落实科技馆科普教育功能的直接途径，把科普阅读作为科技馆科学教育活动的载体是科技馆履行科普职能的良好尝试。通过分析北京科学中心"Ai科学"主题活动的探索和实践情况，总结出以下优势：把科普阅读作为科技馆策划实施科学教育活动的载体，可加强观众对科学教育活动的理解，促进观众科学素养与人文素养同步提升，促进家庭科学教育发展。同时，在实施过程中容易出现科普读物选择不当、活动内容不够深入、活动主题与观众兴趣不一致等问题。基于此，活动的有效开展应该注意科普读物的选择需要重视教育价值、活动内容的策划应趋向专题化、活动主题的确定应以观众为中心。只有这样，科技馆在实施相关活动时，才能更好地创新科学教育活动形式，吸引更多公众自发走进科技馆，进而促进公民科学素质的提升。

关键词 科普阅读 科技馆 科学教育活动

科学素养与人文素养是公民素养的重要组成部分，二者的协调发展可以帮助个体更好地适应社会生活，更加高效地认知客观世界，从而解决所面对的各种生存与发展的现实问题。科普阅读设置了科学主题，选用科普读物作为素

---

* 连洁，单位：北京科学中心；研究方向为科学教育；E-mail：281448623@qq.com。

材，兼具了科学性与人文性、知识性与趣味性，是提升公民科学素养与人文素养的有效途径。科普阅读所涉及的知识范围十分广泛，涵盖了天文、地理、生物、物理等多个学科，是青少年获取科学知识、培养科学思维的重要载体。2017 年版《义务教育小学科学课程标准》中指出，科学学科与其他学科关系密切，可以互相融合。教师应多提供跨学科融合学习的机会，例如，让学生大量阅读科普书籍。[1]目前已有研究成果大多集中在图书馆科普阅读的推广活动、书目推荐、服务模式等，还有研究涉及科普阅读的本体解析，诸如科普阅读的功能、形式等。然而，关于在科技馆开展科普阅读实践活动的相关研究仅仅集中于硬件建设及利用上，比如在科技馆设立图书角，这种做法虽然利用科技馆的空间资源为青少年提供了知识获取的便利条件，但是更为丰富多元的科技馆资源却被忽视了。如果科技馆的优势资源无法与科普阅读相互整合，那么科普阅读便失去了基于科技馆资源的内涵式实践。与此相对，倘若科技馆的科学教育活动可以充分运用科普阅读的知识传递形式，那么活动效果将得到进一步提升。因此，基于相关研究成果及实践案例较少的现状，本研究以笔者全程参与设计和实施的北京科学中心"Ai 科学"主题活动作为个案，探讨如何将科普阅读引入科技馆的科学教育活动之中，并揭示其实践效果和改进思路，以期发挥科技馆科学教育活动与科普阅读的整合效应，从而有效助力青少年科学素养与人文素养的综合提升。

1 以科普阅读为载体的科学教育活动的实践价值

阅读是提高公民科学素养的有效方式，科普阅读又是阅读的重要组成部分，它可以为青少年的科学教育活动提供提升科学素养的知识资源，具有重要的教育价值和实践意义。[2]2017 年 6 月，《全民阅读促进条例》颁布实施，该条例旨在"提高公民的思想道德素质和科学文化素质"。[3]这便更加明确了阅读对于提升民众科学素养与人文素养的重要性。而科普阅读又具有内容丰富、知识呈现形式多样、人文性与科学性兼有的特点。[4]因此，以科普阅读为载体的科学教育活动既可以帮助青少年开阔眼界，体验和感受多元科学文化，又可以把晦涩难懂的科学变得具象有趣，营造主动思考探索的氛围，在潜移默化中培养青少年对科学的兴趣和感知力。

西方发达国家比较注重利用科普阅读进行科学教育，重视培养学生的科学信息素养。例如，美国在《新一代科学教育标准》中把读写能力的培养作为重要内容。[5]在科学教学中，通常利用科普读物将复杂的科学简单化、生动化，注重"文本特征"（Text Feature）的学习，教师在每节课都会介绍一种文本特征，帮助小朋友们学会如何阅读科普读物，并从中获得科学知识。在场馆教育活动中同样可以依靠科普阅读促进观众与展品间的互动、观众之间的互动，从而完成科学信息的获取。[6]

《全民科学素质行动规划纲要（2021～2035年）》提出，"科学素质是国民素质的重要组成部分，是社会文明进步的基础"，"提升科学素质，对于公民树立科学的世界观和方法论，对于增强国家自主创新能力和文化软实力、建设社会主义现代化强国，具有十分重要的意义"。[7]在诸多科学教育活动形式中，科技馆科学教育活动是提升公民科学素质的重要途径之一。目前，科技馆科学教育活动覆盖人群以青少年为主，活动形式日益丰富，活动数量和种类日益多样。作为非正规教育的主阵地，科技馆科学教育活动不只以传播科学知识为目的，也趋向于关注社会发展中的热点问题，促进科学教育与人文教育的融合。[8]可以说，将科普阅读引入科技馆科学教育活动，是科学教育与人文素养相融合、不同学科相互整合的具体实践形式。既可以满足学生、学校和社会的发展需求，还可以提升科技馆科学教育活动的实施效果，进而提升青少年科学素养，并达到促进社会发展的积极影响。

2　以科普阅读为载体的科学教育活动案例分析

科技馆开展科学教育活动是实现其科普教育功能的主要途径。北京科学中心"Ai科学"主题活动在原有基于展品开发设计的科学教育活动基础上，引入科普阅读，深挖展品内容，将通过体验展品获得的直接经验与通过科普阅读获得的间接经验相融合，共同建构更加全面的认知体系，培养青少年批判性思维，全面提升科学教育活动效果，达到提高青少年科学素养和阅读能力的目标，有效促进科学教育活动内容和形式的提质升级。该活动将科学与文化相结合，以科普阅读为载体，以"三生"主展馆的展项资源为依托，充分利用自身平台优势，整合展教资源，邀请不同领域的科普专家和中小学语文教师，结合科学实验、趣味竞技、科普剧表演、沙龙分享等多样化的形式，搭建了科学与阅读、科学与生活、科学与前沿科技、科学与传统文化之间的桥梁，注重跨学科教育，培养学生的科学思维和阅读能力，促使学生成为主动学习的终身阅读者。

2.1 活动对象

明确活动对象是策划实施科学教育活动的出发点，从活动对象的实际情况出发，才能有的放矢地开展活动，达到活动的预期目标。"Ai 科学"主题活动的对象为处于义务教育阶段的学生及其家长。皮亚杰认知发展理论认为，处于这一阶段的孩子普遍好奇心强、求知欲旺盛，能进行逻辑推理，但又要有一定的具体事物支持。[9]他们通常会以亲子阅读或自主阅读的方式，涉猎不同内容的科普读物，有一定的知识积累，但是在科普阅读过程中，存在不能完全理解内容的现象，尤其是对专业的科学术语或科学原理缺乏直接经验，需要专业人员的指导。

2.2 活动目标

科学教育活动目标是活动设计理念的直接体现，也是指导策划活动内容的依据。"Ai 科学"主题活动参考了校内中小学科学教育的目标，从培养学生核心素养的角度出发，在常规的科学教育活动目标基础上增加了阅读能力的培养目标，扩充了情感态度价值观目标，突出增强民族自豪感，建立文化自信。把每期活动目标分为 4 个方面，即科学知识、科学技能与方法、阅读技能与方法、情感态度价值观。

2.3 活动内容

将科普阅读引入科技馆教育活动需要在内容上精心设计。目前，该活动共实施了 14 期，涵盖生命、生活、生存三大板块的 14 个主题，包括基础科学、自然现象、生物进化、人工智能、脑科学、大国重器、农业生产、航空航天、环境保护等内容，每期活动根据主题选择相关展项并配套优秀科普读物，见表 1。

表 1 "Ai 科学"活动主题一览

主题	涉及展项	配套图书
病毒大作战	一场噩梦 SRAS、禽流感、埃博拉、看不见的杀手	《病毒世界历险记》(上下册)
地球生命的 24 小时	寒武纪生命大爆发、生命的起源、进化的故事	《生命的一天》
生活中的冷知识	多姿多彩的玻璃、无声的世界、彩虹、极光、牙齿卫士	《生活中不可不知的冷知识》
植物的进化	生物进化树、生物入侵、把物种存进银行	《植物的进化》
当诗词遇上科学(上)	龙卷风、冰晶世界、酸雨的危害、雪崩	《当诗词遇见科学》
当诗词遇上科学(下)	无声的世界、天空的颜色、测电器、磁力	《当诗词遇见科学》
海底两万里	雪龙号、蛟龙号	《海底两万里》
消失的伙伴	被拒绝的温暖、失去的伙伴	《来自濒危动物的审判》
最强大脑	生命的律动、感知脑电波、脑功能地图	《最强大脑》
嫦娥奔月	太空印记	《嫦娥奔月》
课本中的科学	天空的颜色、动物的视觉	《部编版小学语文教科书》
一粒米的生命之旅	小麦增产的秘密、精准农业、把种子存进银行	《盘中餐》《一粒种子改变世界》
中轴线上的建筑	古建模型	《北京——中轴线上的城市》
唱支山歌给党听	生物进化树	《传统中国古典乐器》

每期活动由"阅读、分享、探索、拓展、总结"五个环节组成。在阅读环节，观众在阅读单的引导下通过自主阅读读书，获得知识，发现问题；在分享环节，由语文教师引导观众通过分享阅读获取科学信息，当然也可能产生对科学认知的迷思，无论结果如何，都可以借此将阅读方法和技巧传递给观众；在探索环节，科普专家引导观众对产生的迷思或发现的问题，结合展项进行探究，利用展品互动，寻找答案；在拓展环节，观众通过多种形式的互动体验，将科学知识与日常生活建立联系，了解科学在生活中的应用；在总结环节，观众分享活动收获，既是对活动内容的总结，也是对活动效果的评价。

2.4　活动形式

灵活有效的科普活动形式是科普理念与科普内容得以转化为现实活动并得到落实的重要途径。依据不同时期的客观要求，以科普阅读为载体，融合多种科普手段来落实科学教育活动是必要和可行的。[10]"Ai 科学"主题活动采用"一员双师"模式，"一员"即科技辅导员，负责活动的组织，把控活动整体节奏，引导观众逐步进行阅读、分享、探索、拓展和总结；"双师"即科普专家和语文教师，科普专家负责解读展品，解决青少年在科普阅读中发现的问题，语文教师负责传授科普阅读的方法技巧，拓展展品的教育意义。在活动过程中，结合游戏竞技、实验操作、科普剧表演、实践体验等形式，使观众在"读中学""做中学""听中学""玩中学"，多手段助力提升科学素养和阅读能力。

此外，该活动推出时面临新冠肺炎疫情，为了丰富广大居家学习的中小学生的学习内容，项目组积极拓展了线上传播渠道。一方面，把科普专家解读展品和语文教师传授科普阅读技巧的内容录制成视频，并根据具体内容拆分为 3~5 个片段，每个片段 2 分钟左右，中间插入互动游戏对前一个片段的内容进行考核评价，这种游戏化的活动形式符合观众线上获取信息的习惯，即时间短、可互动、有趣味。这种线上活动形式吸引了 15000 余人次的参与。另一方面，项目组针对每期线下活动在百度直播、一直播、B 站等平台进行直播，扩大传播范围，累计活动播放量达到 1537 万次。

2.5　活动效果

在科学教育活动中，活动内容的策划、活动形式的选择都是为了促使活动效果实现最大化。"Ai 科学"主题活动紧紧围绕这一核心要求来策划活动方案，并且通过助教在活动过程中的观察记录和活动结束后的调查问卷进行了效果评估。自"Ai 科学"活动举办以来，共发放调查问卷 480 余份，回收问卷 467 份，其中有效问卷为 461 份。从观众对活动的了解情况、观众对活动的满意度和观众意向调查三个维度进行了分析。

从对活动的了解情况来看，55% 的参与者通过微信公众号，40% 的参与者通过粉丝群，10% 的参与者通过朋友推荐知道了"Ai 科学"活动，说明活动的宣传渠道还是以传统渠道为主；另外，30%的观众参加过2次活动，10%的观众参加过3次及以上，说明每期活动基本有40%的观众是愿意再次参与的。

从对活动的满意度来看，95%的观众表示对活动满意（包括非常感兴趣和比较感兴趣），75%的观众喜欢在活动中加入科普阅读环节，72%的观众认为科普阅读有助于对活动内容的理解，85%的观众通过活动有所收获（包括阅读方法、科学知识等），25%的观众对活动的组织和内容提出了改进建议。

从观众意向调查来看，76%的观众会在活动结束后，把活动内容介绍给他人；90%的观众表示会再次参与其他主题活动，82%的观众表示会把"Ai科学"活动推荐给其他人。

从对评估结果的分析来看，这种以科普阅读为载体的科学教育活动模式，受到了观众普遍认可。中央电视台《异想天开》栏目组与项目组建立了联系并提出合作需求，最终以其中一期主题"当诗词遇上科学"为蓝本进行了节目录制。

3 以科普阅读为载体的科学教育活动的特色优势

3.1 有利于加强观众对科学教育活动的理解

科普阅读为青少年提供了通过对科学知识和经验的总结概括得出的间接经验，而科技馆的展项是对科学知识和经验的演绎解释，具有直观性、可操作性、具象性等特点，青少年通过操作展品体验，可获得直接经验。"Ai科学"活动将展品与科普阅读相结合，以体验展品加深对科普阅读的理解，以科普阅读拓展对展品的认知，二者相辅相成、相得益彰。例如，在"病毒大作战"一期中，配套的科普读物是《病毒世界历险记》，书中提到了禽流感、SRAS、埃博拉等病毒，学生在阅读环节对这几种病毒有了基本的认知，但是仅通过文字的描述对几种病毒的区别不能完全理解。在探索环节，科普专家结合三生展馆生命展区"看不见的杀手""一场噩梦SRAS"等展品，引导学生从外形、内部结构等方面对比几种病毒，便可以直观地获得对几种病毒清晰立体的认识。

3.2 有利于促进观众科学素养与人文素养同步提升

科学素养与人文素养是社会关注度较高的两个衡量个体发展的指标，也是公民综合素养的重要体现。培养孩子的科学兴趣和阅读能力是家长的迫切需求。以科普阅读为载体的科学教育活动，可以把科学教育与人文阅读较好地结合在一起，在培养青少年科学兴趣的同时提高阅读能力，贴合了家长和学生的需求，促进了综合素养的提升。比如，在"地球生命的 24 小时"一期中，语文老师分享了在科普阅读中如何利用关键字抓住核心信息的阅读技巧，孩子依据老师的指导在阅读过程中能够快速发现问题，再结合展项探究，分析解决问题。既培养了科学思维，又锻炼了阅读能力，一举两得。

3.3 有利于促进家庭科学教育发展

家庭是青少年学习科学的重要场所，也是开展校内外科学教育的基础和延伸，引导家长有效地参与到科学教育中来，将对提升青少年科学素养产生积极意义。[11]家庭是参观科技馆的主要群体，科普阅读也是家长对孩子进行科学教育的常见方式。"Ai 科学"活动将展品参观与科普阅读相结合，邀请家长和孩子一起参与活动的全过程，可以促进家长和孩子一起讨论科学内容，让家长更多地参与到科学教育中来，将学习延伸到家庭，提升家庭所有成员的科学素养。比如，在"嫦娥奔月"一期中，家长不仅需要跟孩子一起通过阅读图书，对比分析不同型号嫦娥探测器外形和功能的区别，还需要扮演发射指挥员，指挥孩子完成嫦娥 5 号发射任务。家长的深入参与，促进了与孩子之间的交流讨论，亲子之间的合作激发了孩子的潜能，也提升了家长的认知能力，这种双向学习促进了家庭科学教育的发展。

4 以科普阅读为载体的科学教育活动存在的问题

4.1 科普读物容易选择不当

以科普阅读为载体的科学教育活动中，优秀的科普读物是吸引观众参与的敲门砖，对整个活动效果起着至关重要的作用。在一些活动中配套的科普读物虽然包含大量的知识点，但对于青少年来说，难度偏大，不符合他们的认知特点。在活动过程中，孩子们对于科学知识的接受和理解比较困难，便容易产生抗拒心理，无法融入活动当中，导致活动效果不理想。比如在"进化吧，植物"一期中，配套的科普读物《植物的进化》，篇幅较长、专业术语多、枯燥晦涩，无法引起学生的阅读兴趣，也就无法融入活动的后续环节，使活动效果大打折扣。

4.2　活动内容不够深入

科技馆科学教育活动的内容需要体现科技实践、探究式学习、直观经验三大要素。通过给学生提供充分的探究学习机会，从而使其获得直接经验是科技馆的教育价值所在。"Ai 科学"主题活动每期一个主题，涵盖范围较广，尽管内容丰富多样，但是每期时间有限，对每个主题的介绍不够深入和全面，因而当观众对该主题产生兴趣，还想进一步探究时，活动却又更换为其他内容，使得观众的需求没有得到充分满足。比如在"海底两万里"一期中，孩子们对鹦鹉螺号的功能和蛟龙号的功能产生了浓厚的兴趣，如果借此引导大家逐一进行对比，相信观众会对鹦鹉螺号和蛟龙号有更加深入的认识，也可能会激发大家了解和设计未来潜水艇的兴趣。但是，受时间限制，活动中并未就这项内容进行深入探究，观众便有些意犹未尽。

4.3　活动主题与观众兴趣不一致

满足受众需求是所有服务机构的共同目标。科技馆作为为公众提供科学教育服务的机构，也应该把满足公众的需求作为首要目标。"Ai 科学"主题活动是基于北京科学中心"三生"主展馆的展项资源设计开发的。将展项资源筛选归类后，结合社会热点确定了不同的活动主题，活动环节设置相似，但在实施过程中却发现不同主题活动的参与人数相差较大。比如，"地球生命的 24 小时"参与人数为 6000 多人，而"生活中的冷知识"参与人数只有 1000 多人。同样的环节设置，同样的呈现方式，参与人数却相差数倍，究其原因是活动主题和观众需求不一致，单纯从展项出发的主题不能保证每个都符合观众的兴趣，自然参与度也会出现较大的差异。

5　以科普阅读为载体的科学教育活动实施的改进建议

5.1　科普读物的选择需要重视教育价值

在信息社会，知识快速更迭，但是思维程式不会改变。以科普阅读为载体的科学教育活动应注重以人为本。选择科普读物需重视培养青少年的好奇心、责任感和自主学习能力，让学生有全局观和未来意识，自己寻找更有意义的学习内容与途径。从这个角度出发，在选择科普读物的时候就有了一个判断的标准。有些读物是单纯地传递知识信息，而有的则是培养对世界的感知、生活的洞见和人生的智慧。这样的读物才是真正有价值的。此外，2017 年版《义务教育小学科学课程标准》，是实施科学教育的指南，具有权威性和科学性。在挑选科普读物时，可以将其内容与课程目标对比，分析其教育价值，将在普及科学知识、培养探究能力、树立科学态度等方面与课标相适应的科普读物运用到活动中。

5.2　活动内容的策划更趋向专题化

为了让青少年深度参与到活动中，提升活动教育效果，可以将某一主题活动内容进行拓展，划分为不同的专题。针对每个专题进行具体设计，给观众提供深入探究的机会，在观众与展品的互动、观众与阅读的互动、观众之间的互动过程中积极思考，大胆尝试，运用批判性思维，对科普阅读的内容和展品进行分析，置身于科学探究的环境中，有序开展活动，进而满足观众的探索需求，感受科学探究的方法和过程，体验科学发现的乐趣。

5.3　活动主题的确定应以观众为中心

观众参与科技馆的科学教育活动一般会考虑三个因素，包括前续经验、个人兴趣和参与动机。20 世纪末，美国的博物馆理论家 Weil 提出："博物馆必须从为物而建到为人而设"。[12]科技馆科学教育活动也应该由"为展品而设"转变为"为观众而设"，从以展品为中心转向以观众为中心，科普阅读活动也是如此。通过调查问卷、访谈等形式，了解观众感兴趣的话题、展项、科普读物、活动形式、心理期望等。从观众需求出发，确定主题，策划活动，并引导观众深度参与。这样一来，观众可以通过参与获得对活动的认可，通过口耳相传分享收获，并能主动反复参与其中，从而实现科技馆提升活动效果、扩大活动影响力的目的。

综上所述，北京科学中心"Ai 科学"主题活动将科普阅读引入科技馆科学教育活动中，激发青少年科学探究和科普阅读的兴趣，培养青少年科学探究能力和批判性思维，在提升青少年综合素养的同时培养青少年的阅读能力，是科技馆发展特色教育活动的一次尝试。从活动实施效果来看，以科普阅读为载体的科学教育活动是切实可行的，可以获得观众认可，能够吸引观众反复参与。科技馆应继续发挥非正规教育基地的作用，使公众学会科普阅读的方法，提高科普阅读能力，促进科学素养的稳步提升，尝试更多的科学探索，努力让"走进科技馆"成为一种学习方式。

参考文献

[1] 教育部：《义务教育小学科学课程标准》，北京师范大学出版社，2017。

[2] 蔡铁权、陈丽华：《科学教育要重视科学阅读》，《全球教育展望》2010 年第 1 期。

[3] 国务院法制办公室：《全民阅读促进条例》，2017。

[4] 陈玉海：《论科普的科学性与人文性》，东北大学博士学位论文，2011。

[5] 美国科学教育标准制定委员会：《新一代科学教育标准》，叶兆宁、杨元魁、周建中译，中国科学技术出版社，2020。

[6] 贾策远：《美国小学科学教育研究》，延边大学硕士学位论文，2019。

[7] 国务院：《全民科学素质行动规划纲要（2021～2035 年)》，2021。

[8] "科技馆体系下科技馆教育活动模式理论与实践研究"课题组：《科技馆体系下科技馆教育活动模式理论与实践研究报告》，载《科技馆研究报告集（2006～2015)》，2013。

[9] 〔瑞士〕皮亚杰：《发生认识论原理》，王宪钿译，商务印书馆，1981。

[10] 李铸衡、王海、欧阳美子：《面向科学素质培养的科学阅读内涵及要素解析》，《当代教育科学》2019 年 11 期。

[11] 李秀菊、赵博、朱家华：《课外科学教育的理论与实践》，北京师范大学出版社，2021。

[12] 王思怡：《试论以观众为中心的策展实践启示——从美国的"教育策展人"说起》，《自然科学博物馆研究》2019 年第 6 期。

馆校结合背景下小学生命科学的探究和实践

——以京西稻探究为例

李 滢 郭芳芳*

（北京学生活动管理中心，北京，100061）

（北京道可道创意农业科技有限公司，北京，100094）

摘 要 科学教育是学校与社会的共同责任，基础教育与科技馆、博物馆等社会科普场馆共同构成完整的科学教育体系。馆校结合是促进校内外融合、提升科学教育质量的有效途径和重要手段，学校教育与各类优质科学教育资源相融合，让学生进入真实的社会情境发现、解决问题，从而提升学生科学素养和核心素养。开展综合性、实践性的馆校结合活动，利用学校周边的优质教育资源——京西稻田，将科学教育与各学科课程相结合，采用探究式学习方式，让学生通过观察、考察、动手体验等方式，学习小学科学课标中生命科学板块内容，学习探究方法、掌握科学知识、提升科学素养，激发学生了解和认识自然界的兴趣，形成热爱大自然的情感，促进学生对农业文化遗产及其价值的认识。

关键词 馆校结合 科学教育 京西稻

1 活动依据

1.1 科学教育与探究学习方式

科学教育是立德树人工作的重要组成部分，从小激发和保护孩子的好奇心

---

* 李滢，单位：北京学生活动管理中心，E-mail：shehuidaketang@126.com；郭芳芳，单位：北京道可道创意农业科技有限公司，E-mail：wyclee@126.com。

和求知欲，培养学生的科学素养、科学精神和实践创新能力，改变学生的学习方式，达到实践育人、活动育人的目标，为他们继续学习成为合格公民和终身发展奠定良好的基础，同时也是提升全民科学素质、建设创新型国家的基础。

科学实践活动是一种综合性、实践性的活动，探究式学习是科学教育中重要的学习方式，在教师的指导、组织和支持下，以学生为主体，从熟悉的生活出发，主动参与、动手动脑、积极体验。探究学习的要素包括：提出问题、做出假设、制订计划、搜集证据、处理信息、得出结论、表达交流、反思评价。围绕提出的问题设计研究方案，通过收集和分析信息获取证据，经过推理得出结论，并通过有效表达与他人交流自己的探究结果和观点，运用科学探究方法解决比较简单的日常生活问题。

学生进行探究的主要目的是学习、理解科学知识，发展科学探究所需要的能力，了解科学探究的具体方法，获取科学知识，培养科学态度，学习与同伴的交流、交往与合作。重视探究活动的各个要素，每个要素都会涉及多个科学思维方法，只有让学生有机会充分练习这些思维方法，才能逐渐形成科学思维，避免程式化、表面化的科学探究。探究的问题应结构良好、容量合适，应该是对于学生发展科学思维更有价值的真实问题。以学生为主体，教师要对学生在探究中出现的问题保持高度敏感，必要时给予适当的指导，指导要富于启发，最好是在教师的提示下学生自己发现问题所在。要通过多种科学教学方法和策略激发学生兴趣、调动学生积极性，戏剧表演、科学游戏、现场考察、科学辩论会等都是科学学习的有效方式。

1.2 馆校结合

科学教育是学校与社会的共同责任，馆校合作科学教育是科技馆和科技类博物馆与学校形成一种相互合作的关系，基础教育与科技馆、博物馆等社会科普场馆共同构成完整的科学教育体系，让学生进行丰富的有意义的学习，促进科学素质的提升。学校结合学科教学、综合实践活动、研究性学习、社会志愿服务、主题教育活动等各类教育活动，与科普基地真实场景、动手体验相结合，结合形式包括共同开发校本课程、单项活动体验、共建科普展厅或实验室、引进科技师资力量、志愿者团队服务、职业岗位体验等，创建协同育人的培养模式，通过自主、合作与探究获得知识与技能，并让学生进入真实的社会

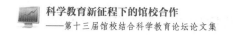
情境解决问题，才能将其转化为素养和能力，提升学生科学素养和核心
素养[1]。

2 活动设计

2.1 活动对象

本次教育活动对象是小学四年级学生，约 30 人。四年级学生初步认识了生活
中常见的动植物，对周围世界具有强烈的好奇心和求知欲，喜欢集体活动又有竞争
意识，具有较强的认知能力、收集和处理信息的能力。此年龄段学生的科学教育适
宜开展综合性、实践性活动，适合采用小组合作探究式学习方式。让学生走进京西
稻田，提供真实的学习环境，提供自主选择的学习空间和机会，促进其主动探究，
培养提出问题的能力、获取新知识的能力、分析与解决问题的能力、交流与合作的
能力，从而培养学生对科学的兴趣、正确的思维方式和学习习惯。因此设计组织本
次生命科学教育主题的综合实践活动，将科学课、美术、综合实践活动相结合。

2.2 活动目标

科学知识目标：了解水稻的繁殖、生长过程，了解植物生存需要一定的条
件，了解植物的组成部分及如何制造养分维持植物自身生存功能，生物之间以
及生物与环境之间相互依赖和相互影响，组成有机的整体。

科学探究目标：通过对京西稻生长过程的观察和各学科知识的学习，提出
假设和可探究的科学问题，通过实地观察水稻、参观博物馆、学习学科知识、
查阅资料等方法获取信息，对问题进行调查，并对获取的资料进行整理、分
析，得出结论，与同学交流分享，在与同学的互相评价和教师的指导下，对活
动进行反思和调整，完善探究成果。

科学态度目标：对发现的问题保持好奇心和探究热情，乐于参加集体活
动，能够在活动中克服困难、完成任务，能够和多人进行合作、沟通，形成集
体观点。有了解和认识自然界的兴趣，了解动植物之间、动植物与环境之间相
互依存，人为干扰能引起生物栖息地的改变，关注人与自然的关系，初步形成
生物体的结构与功能、局部与整体、多样性与共同性相统一的观点，形成热爱
大自然、爱护生物的情感。

2.3 活动重难点

活动重点：学生观察水稻播种、插秧、抽穗、成熟的生长过程，体验收割并制作稻米食物，了解植物的生长过程及生物多样性。采取小组合作探究式学习的方式，让学生学习探究的方法。

活动难点：通过学习和查阅资料，思考人类行为对京西稻发展的影响，关注并思考人与自然的关系。

2.4 资源分析

我国劳动人民在农业实践中积累了认识自然、改造自然的丰富经验，形成了自己的农耕文化，是中华文化的重要组成部分，需要发扬光大。京西稻的种植历史可追溯到西周时期，到元明时期形成"宛然江南风气"的景观，到清代更成为御稻田，构成"三山五园"的天然画卷。京西稻不仅有鲜明的皇家特色，也是传统水稻品种的资源库，是健康和谐的完整生态系统。北京京西稻作文化系统被列为第三批中国重要农业文化遗产项目[2]。

位于海淀区上庄的800余亩京西稻田是北京最大的京西稻种植基地，有完整的京西稻加工生产线，京西稻博物馆、古代农具展厅展示了京西稻的历史、发展、现状及工具变迁，介绍京西稻皇家文化，推进京西稻文化保护与传承。园区有进行科学研究的高校教师及经验丰富的稻农，可以为学生提供良好的软硬件学习资源[3]。

2.5 活动准备

第一，科学教师与各学科教师共同备课，确定活动、知识重点，沟通时间安排，确定整个活动方案。

第二，到京西稻田与博物馆及稻田工作人员沟通活动重点和细节，确认活动场所安全。

第三，准备"一粒谷到万千稻"PPT及各种大米。

第四，准备学生活动手册、活动安全预案、应急预案。

第五，资源单位准备：镰刀、石臼、打谷槽等农具，提前收割并晒干的稻谷、电子秤、米尺、手套等辅助学习工具。

3　活动实施（见表1）

表1　京西稻探究活动实施过程

第一阶段:激发兴趣,布置任务

以 PBL 的形式,任务分层引领,初寻京西稻文化[4]

教师活动	学生活动	教育意图及思路
科学课(4 月,1 课时): ▼激发兴趣 准备几种不同品种的大米,让学生观察米的长度、光泽,闻味道,触摸感受表面的润泽度,每种大米适合何种吃法,引发学生对水稻的兴趣; 用 PPT 介绍水稻的生长过程,介绍京西稻作文化系统是中国农业文化遗产,引导学生从历史、地理等角度思考,对京西稻文化产生兴趣,引导学生通过网络、书籍、参观博物馆等方式进行相关知识储备 ▼布置探究任务 引导学生分组,每组共同讨论选择一个对京西稻感兴趣的问题分工合作进行探究,并进行分享展示 ▼引导学生分工,明确每个角色的任务和要求 ▼引导小组制订研究计划 ▼引导学生收集、整理资料 介绍研究方法: —观察水稻生长过程,进行多种方式记录 —参观博物馆时看展板、听讲解的记录资料 —访谈、提问 —查阅书籍及网络资料 ▼明确学习要求、时间要求、结果要求	▼对比各种大米,听教师讲解,产生对京西水稻的探究兴趣 ▼自由分组,6 人一组,共同确定初步研究主题,确定分工,为整体活动做准备	▼激发学生兴趣,引导学生产生探究欲望 ▼让学生了解探究学习方法,了解活动步骤,明确活动任务

第二阶段:观察探究,知识储备

在多学科学习中进行知识储备,搭建跨科骨架,运用多种实践方法,关注课程梯度的螺旋性[5]

教师活动	学生活动	教育意图及思路
稻田观察(5～10月,每阶段实地考察2课时):点燃项目的驱动,通过接触、感受不同阶段、不同时间水稻的变化,给水稻画像 ▼带领学生到京西稻田,观察自然环境,参观京西稻博物馆,引导学生从历史、地理位置的角度思考为何此处作为京西稻种植地 ▼带领学生分阶段观察播种(5月)、插秧(6月)、抽穗(8月)、成熟(9月)各个时期的水稻,了解植物经历由种子萌发成幼苗再到开花结出果实和种子的过程	▼观察水稻不同阶段的生长过程,参观京西稻博物馆,用多种方式记录资料 ▼了解植物由根、茎、叶、花、果实和种子组成,这些部分具有帮助植物维持自身生存的相应功能	▼带领学生走进真实的京西稻田,在真实的场景中让学生产生兴趣、问题,并通过观察、实验、查阅资料等多种方法解决问题
各学科教师校内教学(5～10月,每学科2课时): ▼科学教师给学生布置探究任务,让学生了解植物生长所需的自然条件,了解植物的生存需要阳光、空气和水分,可制造和获取养分来维持自身的生存;了解水稻的繁殖方式,了解生物繁殖后代有多种方式;用显微镜观察水稻细胞;介绍农作物种植与地理位置的关系 ▼美术教师讲授植物绘画方法,带领学生绘制水稻各个阶段生长过程,形成自然笔记 ▼综合实践活动教师介绍袁隆平的杂交水稻对我国及世界的贡献,让学生了解科学家精神	▼通过观察和查阅资料,探究水稻生长所需自然条件、水稻的繁殖、地理环境为何适于京西稻生长 ▼结合各学科知识和本组研究主题,了解京西稻的生长和发展 ▼可以修改研究方向,寻找适合的学习方式,自主查阅资料	▼引导学生通过自主探究,结合科学、美术、综合实践活动等学科课程,从各方面了解京西稻 ▼通过观察、调查、实验等多种途径,认识生物体的形态、结构和功能的关系 ▼初步认识生物体的生命过程以及生物的繁殖特性,思考作物与自然环境、地理位置、历史发展的关系

续表

第二阶段:观察探究,知识储备
在多学科学习中进行知识储备,搭建跨科骨架,运用多种实践方法,关注课程梯度的螺旋性[5]

教师活动	学生活动	教育意图及思路
稻田观察 + 科学课(2 课时):挖掘动植物与环境的关系,走进稻田,发现稻田生态系统和生态链的循环过程 ▼引导学生观察思考稻田中有哪些动物,思考动物与稻田的关系 ▼指导学生通过讨论、调查等多种途径,讨论动植物的基本生存需要和动植物之间的关系,初步认识动植物之间、动植物与环境之间相互依赖的关系 ▼让学生了解植物能够制造营养物质,可供自身利用,而动物则不能制造营养物质,只能利用植物等生物制造的营养物质,生物之间以及生物与环境之间相互依赖和相互影响,它们组成一个有机的整体 ▼让学生了解动植物之间、动植物与环境之间存在相互依存的关系	▼观察稻田鱼、稻田蟹及其他各种水鸟 ▼思考动物与稻田的关系	▼引导学生认识生物与生物、生物与环境的相互作用,初步认识动植物之间、动植物与环境之间相互依赖的关系
科学课(2 课时):回归生活,关注时代问题。栖息地的改变对动植物生活及繁衍的影响,启发思考人与自然如何相处 ▼引导学生查阅资料,了解京西稻的发展历程 ▼让学生了解人为干扰能引起生物栖息地的改变,这种改变对于生活在该地的植物和动物种类、数量可能产生影响 ▼引导学生讨论人类保护自然环境和维持生态平衡的重要性,讨论人如何与自然和谐相处,保持可持续发展	▼查阅资料,从历史、地理等角度了解京西稻的发展及京西稻的现状	▼引导学生意识到植物与人类关系密切,认同保护生物多样性非常重要 ▼引导学生认识到人类活动对动植物的影响,帮助学生形成热爱大自然、爱护生物的情感,提高环境保护意识

第二阶段:观察探究,知识储备

在多学科学习中进行知识储备,搭建跨科骨架,运用多种实践方法,关注课程梯度的螺旋性[5]

教师活动	学生活动	教育意图及思路
稻田观察、劳作、探究(10 月初,4 课时):实践聚集真实生活中的问题;参加劳动,亲历方法性知识的生成过程 ▼带学生观察成熟的稻田 从视觉、触觉、听觉等方面观察成熟水稻,感受并接触自然 ▼体验收割稻谷 探究问题 1:如何对京西稻的亩产进行测算 对京西稻的亩产进行测算,给学生提供米尺、烘干机、电子杆,让学生测京西稻的亩产量 探究问题 2:晒谷中的蒸发现象 引导学生对比晒谷方法,将重量相同的两堆稻谷一堆放在阳光下充足照射,一堆放在阴凉处,一段时间后让学生测量两堆稻谷的重量 ▼打谷脱粒 引导学生讨论各种将稻谷分离的方法,尝试使用打谷槽 ▼碾米脱壳 引导学生观察、探究、讨论石臼的使用方法,尝试脱粒,最终形成大米,每组带回两斤大米	▼通过多种感官,观察成熟的水稻的颜色、形态,触摸感受谷粒饱满程度,听风吹麦浪的声音,感受自然间动植物和谐共生 ▼在稻农的指导下,体验收割稻谷、打谷脱粒、碾米脱壳 ▼测算京西稻的亩产量 ▼操作并讨论分析晒谷结果,初步了解蒸发现象 ▼猜想提出不同打谷的方法,学习使用打谷槽 ▼观察、讨论并亲自体验脱粒过程,收获亲手种植的大米	▼通过视觉、听觉、嗅觉、味觉、触觉分别感受植物特性 ▼引导学生积极参与探究,大胆尝试猜测论证 ▼引导学生亲身参与劳动,收获劳动所得,享受劳动的喜悦和成就感

第三阶段:交流分享,总结拓展

展示性分享,思维的碰撞与自我反思

教师活动	学生活动	教育意图及思路
科学课(2 课时): ▼引导学生结合各学科知识和自己的探究学习过程,整理自己的小组研究课题成果 ▼用文字、绘画、PPT、小视频、探究报告等多种形式制作分享材料 ▼小组用自己的方式将收获的大米做成食物	▼小组整理资料、讨论思考、归纳总结,完成研究成果 ▼制作分享材料 ▼回家制作大米食物,准备交流分享	▼提升学生提取信息、整理、分析、总结的能力 ▼根据自己的特长准备分享,搭建展示平台 ▼探究合作、任务驱动,以学生为主体开展探究,教师给予指导,引导学生选择适合的方法,分工合作,提高合作、探究能力

续表

第三阶段：交流分享，总结拓展
展示性分享，思维的碰撞与自我反思

教师活动	学生活动	教育意图及思路
科学课（2课时）：领略分享的成果，将课程转化，由"忠实取向"走向"创生取向"，促进延伸学习 ▼引导学生小组分享学习成果，展示本组劳动收获： 1. 小组分工及完成任务的过程 2. 分享本组探究主题的成果 3. 展示大米制作的食物，介绍制作过程和食物文化 4. 活动的感受和收获 ▼对学生成果进行点评和鼓励 ▼小结与延伸： 1. 京西稻作为中国农业文化遗产的原因 2. 水稻种植的过程和自然环境的关系，京西稻的兴衰与人类活动的关系 3. 引导学生认识到人与自然的关系，表达对劳动的热爱、对食物的珍惜、感受自然的美 4. 延伸：投票选出最佳研究小组，在学校进行分享；戏剧社可将康熙下江南发现京西稻的过程，编写成剧本进行戏剧表演	▼各小组分享自己的劳动过程和研究成果 ▼展示收获的大米制作的食物，分享收获和感受	▼鼓励学生大方交流、完整表述，提高语言表达能力 ▼鼓励学生形成并提出自己的观点，将学科知识与生活相结合 ▼意识到人与自然的关系、保护生物多样性的重要，提高热爱自然、环境保护意识

4 活动效果检测

通过多种评价方式，包括教师评价＋学生评价（自评/互评）、成果评价＋过程性评价，认为达到了活动预期效果（见表2）。

表2 探究活动评价

教师评价	学生评价（自评/互评）	成果评价	过程性评价
①对每组探究的科学知识正确性进行评价②对学生参与科学探究活动的积极性、分工合作态度、交流分享语态进行评价③对每组制作的稻米食物进行评价	学生自评：是否有强烈的学习动机和足够的努力，学习方法是否合理，是否满意自己的学习效果学生互评：对本组同学和其他组同学进行评价，对方有哪些地方值得自己学习借鉴	①每组是否形成探究主题并形成探究结果，结果是否正确，学习过程是否分工明确，成果内容是否丰富、完整、科学合理，是否对京西稻文化有一定的认知，对自然生态系统有一定的理解②采用的科学探究方法是否准确③是否能制作出稻米食物	①观察学生行为，整个活动中认真、积极、主动，小组分工明确、合作顺畅。在学生参加劳动过程中，是否能完成任务②分享成果时语态清晰、大方，能够讲出参加活动的感受和收获③学生能基于收集的信息发表自己的见解，勇于表达、乐于倾听、尊重他人不同意见，举例说出人与自然的关系

5 活动价值与反思

京西稻作文化是北京农业文化遗产、国家级农产品地理标志。本次活动是一次综合性、实践性的馆校结合活动，历时7个月，利用学校周边的优质教育资源——京西稻田，学习小学科学课标中生命科学板块内容，将科学教育与各学科课程相结合，打通了学科与生活的边界，采用探究这项科学课最重要的学习方式，让学生通过观察、考察、动手体验等方式，学习探究方法、掌握科学知识、提升科学素养，同时推动学生增强民族文化自信和国家认同感，促进学生对农业文化遗产及其价值的认识。

本次活动是一次科学教育活动，同时也是一次自然教育活动。自然教育要建立情感的联结，让人成为自然中的人。让学生走进稻田观察和亲身参与收割、脱粒，收获自己日常吃的大米，再做成多样的食物，学生参与了从稻米到食物的过程，再通过其他渠道了解稻谷生长的前半生，从一粒米到万千稻，感受生命的价值、喜悦和成就感。学生走进稻田，观察田中的鸟类啄食稻米、各种生物和谐共生，亲手触摸沉甸甸的稻谷，听到风吹麦浪的声音，运用各种感官感知环境和身边的动植物，懂得感受自然的美。整个过程充满了趣味性，充分激发和保护学生的好奇心和求知欲，推动学生科学学习的内在动力，对其终身发展有重要作用。活动兼顾知识、社会、学生三者的需求，将科学知识、科学方法等学习内容镶嵌在学生喜欢的主题中，创设愉快的教学氛围，引导学生主动探究。

学生感受农作物生长的环境和变迁，体会稻米对人类及其他动植物生存的重要性，了解自然环境对作物生长的重要性，了解自然界物质和能量循环关系，了解人类生活形态对自然产生的冲击，意识到自己与自然环境的关系，从而认识自然、保护自然。

活动有两个亮点：一是学生作为活动主体充分自主参与，教师作为引导者，给予方法的点拨和学习的拓展提升，引导学生走进自然、观察自然、感受自然，引导学生参与农事劳动，增加学生兴趣，引导学生围绕问题进行深度学习，促进了教与学关系的转变。学生综合素养得到提升，勇于探究，大胆尝试寻求有效的问题解决办法，积极参加生产劳动，尊重劳动、热爱劳动，珍惜劳动所得，同时与他人积极沟通、合作。

二是将优质社会资源与学校教学有效衔接，实现校内外融合。校内外教师共同策划活动，校内通过科学课策划整体活动，给予行前课引导和知识支持，行后课总结分享、拓展提升；资源单位提供真实的社会场景和劳动场所让学生真听、真看、真感受。引导学生从日常学习生活、与大自然的接触中提出具有教育意义的活动主题，使学生获得关于自我与自然的真实体验，建立学习与生活的有机联系。

活动还有一些地方需要继续探索，如对于探究问题需要老师列出参考问题还是完全由学生自主提出，如果完全由学生提出，是否会因为想降低学习难度，选择过于简单的研究问题，失去整体活动的价值，不能达到教师期望的活动深度，教师应该如何引导学生提出并研究有价值的问题，需要进一步思考。

6　课程实施效果

6.1　激发了学生的学习兴趣，促进学生思维能力提升

"京西稻探究"综合实践活动课程丰富的教育资源及教学活动，为学生

提供了自主学习、查阅资料、PBL形式的课题研究，以及大量在现场学习的机会，提供了与真实材料、场景直接互动的机会和条件，而不再是只限于书本、电脑及虚拟情境中的学习。在课程前，通过学生自主探究、行前课等，教师与学生一起参与课程的讨论、学习；课程实施中，为学生开展感兴趣的自主学习提供足够的条件，激发了学生探究欲，让学生在实践中感受京西稻文化，通过多元化的学习方法，拓展思维的广度，实现知识的应用与理解。

6.2　转变了学生的学习和实践方式

综合实践活动的课堂是一个动态生成的舞台，是需要不断用创意去填写的课堂，也是一个需要用实践获得经验的课堂。"京西稻探究"综合实践活动课程在培养学生动手、动脑方面发挥着特殊的作用。本课程与课堂教育互补，集教育性、实践性、综合性、开放性、创新性于一体，是凝聚学生体验生活以提高生物素养、劳动素养的重要媒介。通过馆校结合，学生主动地看进来、走出去，自发地发现问题、探究问题并解决问题，通过链接已有知识，构建学习模式，从而发现新知识，变被动学习为主动学习，实现学习方式及实践方式的转变。

6.3　根植了学生热爱农业、热爱劳动、热爱家乡的情感

京西稻是北京特有的农业地理标志产品，让学生走进地域文化进行体验与感受，激发家乡自豪感，不仅让学生走进自然、亲近自然，感受农业、体验劳动，更在学生的心灵中播下热爱家乡的种子，让他们日后能够自觉传承地域文化。这一系列活动的开展既开阔了学生的视野，培养了学生的感恩意识、劳动意识、科学精神、社会责任感，也提高了学生传承优秀传统文化的主动性，提升了学生的文化自信，还提高了教师们课程开发与课程实施的能力，促进教师专业成长。

6.4　让学生体会到劳动的不易，提高学生生物科学素养

学生通过课程理解最好的合作就是各司其职的道理。课程中需要利用农具，如镰刀、脱粒工具等参与劳动过程，此次活动让学生明白劳动所获、学会珍惜且热爱生活，提升学生对劳动精神的认知，探究农业种植的基本要素，培

养学生自主解决问题的意识，劳动不是为了吃苦，而是看到辛苦背后的收获与生活的来之不易。整个活动课程中将生物学科融合其中，通过观察、自然笔记等环节，恰到好处地融入其中，学生获得了丰富的生物知识，培养了生物科学素养。

参考文献

［1］吕漫：《利用科普基地培养小学生生物科学素养的探究和实践》，河南大学硕士学位论文，2020。

［2］焦雯珺、杜振东、闵庆文、邵建成：《北京京西稻作文化系统》，中国农业出版社，2017。

［3］聂赛：《现代都市中的农耕体验——京西稻非物质文化遗产的传承与发展》，《中国农业信息》2012年第21期。

［4］牛玉红：《基于合作学习背景下的小学科学教学策略探究》，《考试周刊》2020年第77期。

［5］包丽琴、宋兴国：《水稻探究带来的收获——小学综合实践课主题研究活动案例》，《新智慧》2020年第33期。

浅谈小学生的证据意识培养

——以"火星找水"课程为例

刘 萍　何素兴　张永锋*

（北京科学中心，北京，100000）

摘　要　基于实验数据、事实证据是科学课中获得证据的重要方式，现阶段小学生普遍存在科学思维能力薄弱，对事物仅停留在表面认识，缺少证据意识的问题。本文通过"火星找水"科学探究课程，在教师启发和引导下，学习科学家火星找水的探索历程，从问题入手，通过观察推理、学习收集证据的方式，尝试用证据说话，帮助学生寻找证据、评估证据、用证据解释问题的实证意识，培养求真求实的科学态度与科学精神。

关键词　科学教育　证据意识

1　绪论

1.1　研究背景

《义务教育小学科学课程标准》指出："以证据为基础，运用各种信息分析和逻辑推理得出结论，公开研究结果，接受质疑，不断更新和深入，是科学探究的主要特点。"[1]科学探究经历了对某一事物的质疑，提出假设，收集证据并利用证据对假设进行求证以及求证后的反思这一系列过程。而收集证据、

---

*　刘萍，单位：北京科学中心，E-mail：ziqiuyuyu@hotmail.com；何素兴、张永锋，单位：北京科学中心。致谢北京科学中心吴倩雯对论文的指导与修改工作。

对证据进行分析和评估是得出科学探究结论的关键。[2]

国际上对中小学生科学思维中基于证据的推理和判断、评估已有广泛的研究，但国内的研究起步较晚，且研究成果大多停留在理论表述，研究对象也多为中学生和大学生，具体到小学生评估证据、协调理论和证据能力的相关研究还尚显不足。[3]

国内对于"证据"和"证据意识"的研究，普遍集中在历史学和法学领域。课堂教学也多体现在初高中历史、物理、化学等学科中的"证据意识"研究，如探讨培养证据意识的教学设计、教学策略。[4][5]针对小学阶段"证据意识"的研究文献数量十分有限，在中国知网上以"小学、证据"为关键词进行检索，选择的主要主题为"基于证据"，结果显示仅有12篇文献，与小学课堂教学相关的有9篇，包含硕士学位论文1篇（见图1）。同时，按不同年份进行统计可见，小学阶段中对于培养证据意识的研究也非常有限。

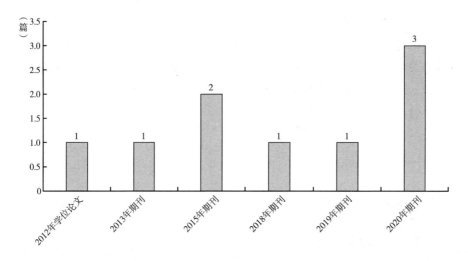

图1　"中国知网"关键词检索结果按年统计

1.2　研究问题

瑞士心理学家皮亚杰把人的认知发展划分为四个阶段，感知运动阶段、前运算阶段、具体运算阶段、形式运算阶段。其中小学生在6~12岁，大多处于具体运算阶段，思维具有一定弹性，思维可以逆转。初步具备了逻辑思维能力，但难以进行抽象思维，需要具体事物的支持。[6]例如开展一些简单的科学论证、判断、评估教学过程，以培养学生的证据意识、实证思维能力。

笔者通过调查、走访了解到，目前部分小学生科学思维能力比较弱，遇到问题时只单纯表达看法，不会思考"为什么"的问题，抑或是只注重结论，而不关心证据的寻找和挖掘；容易片面相信权威或专家意见，缺少证据意识和用证据推理的能力。

那么，如何在科学探究课中收集证据，对证据进行分析、评估，获得更加科学、严谨、充分的事实或数据，以此阐明某个观点？本文将通过"火星找水"课程，从直觉、个人观察、类比情况、权威专家意见、研究结果，学习收集证据的方式并进行评估，并对加强证据意识的教学策略进行了研究。

1.3 研究方法

（1）问卷调查法

针对参与本课的小学一到六年级学生和家长进行有关证据意识表现和课程的评价调查。

（2）统计分析法

使用统计分析软件 SPSS 对调查结果进行数据分析和整理，初步分析学生的证据意识在本课中的表现及相关课程评价。

2 相关概念

2.1 证据

什么是证据？《现代汉语词典》定义为："可以证明事物真实性的相关材料。"[7]美国学者尼尔·布朗和斯图尔特·基利同样认为，证据是"用来支撑一个观点可靠性的信息"[8]。由此可以看出，证据是判断一个观点正确与否、事物真假的基础。

在课堂上，经常出现的情况是，教师或学生会用"理由"一词代替"证据"来提问或回答。比如：你这样认为的理由是什么？我的理由是……可以说，在分辨观点对错或者结论真假的维度上，所持有的理由和证据是一个意思。[9]因此，本文所提到的理由是可以为结论提供支撑或依据的材料和信息。

2.1.1　证据类型

什么样的材料或信息可以作为证据？其可分为不同类型的材料，包括直觉、权威或专家意见、个人观察、研究结果、类比等。[8]那么，这些证据是否可以为事实或观点提供科学、全面的支持，还需要评估证据的质量如何。

2.1.2　证据质量

评价证据时常用证据质量这个指标来衡量。一个证据的质量高低，首先要辨别证据的类型，再分析它是否为某个观点或结论提供了可靠的支撑，即证据的效力如何。[8]

在《义务教育小学科学课程标准》中也明确提出要以事实为依据，培养学生尊重证据、实事求是的科学态度，搜集证据、陈述证据以及运用证据分析结果、得出结论的科学探究能力。这就要求在科学课中注重培养收集证据、分析证据和评价证据的能力。

2.2　证据意识

关于"证据意识"的解释，最早是将法学中的"证据"概念与心理学的"意识"概念进行概括而成的。[10]证据意识是指人们充分察觉证据效用与价值的一种内心反映，是人们在表达看法时意识到证据的作用并利用证据解释问题的心理活动。[11]

本文的证据意识是指：学生在小学科学探究中，运用观察、分析、推理、质疑等方法，经历一定的猜想、假设、解释、求证和反思的心理过程。在探究式教学中，证据意识体现在"高度重视证据，全面依靠证据，合理解释证据"[12]。因此，从学生角度来说，应注重培养他们的证据意识，使他们认识到证据的重要性，并能够恰当运用证据说明问题。

3　证据意识的培养——以"火星找水"课程为例

为追寻人类探索火星的历史进程，以 2020 年 7 月 23 日我国成功发射首个自主火星探测器，一次性完成"绕落巡"三大任务为契机，北京科学中心交流合作部秉持"展教结合、以教为主"的理念，由科学中心、科学家、学校教师发挥各自优势，共同设计基于展项资源、具有科技馆教育特点，且为青少年喜闻乐见的火星主题系列课程"认识火星"，"火星找水"是其中的一节科学探究课程。

3.1 教学目标

"火星找水"课程的教学目标在于围绕火星上是否有水、怎么找水的问题，学会使用观察、分析、推理、质疑等方法，掌握获取证据的途径；评估什么是严谨、充分的证据和理由；初步形成用证据说话的意识，提升审辨、实证思维能力。

3.2 教学重点与难点

重点：寻找、分析火星上可能有水的证据，分析证据和观点之间的关系。

难点：区分认为有水和找到水的分别，正确审视证据的充分性和可靠性，并从多种角度解释问题。

3.3 教学环节

（1）第一阶段：问题导入（见表1）

背景知识铺垫：展示小球中地球画面，引导学生讨论地球上水的存在形态、存在位置以及条件；引出地球的"邻居"，类地行星——火星，介绍火星基本情况。

表1 教学流程——问题导入

教学任务	教师活动	学生活动	设计意图
问题导入	提问：你觉得火星以前或现在是否有水？为什么？ 分组讨论 提示：强调需要有证据支撑观点	学生猜想、假设，并初步判断。 回答：地球上有水，火星应该有水； 回答：火星没水，因为火星是热的； 回答：还不确定	对观点和支撑观点的理由有初步认识
聚焦核心问题	提问：什么样的理由可以说明火星上有水或没水？什么样的理由最说服力？	学生反思自己的观点和理由。 回答：如果亲眼看到水，那就有水； 回答：假如科学家说有水的话	初步讨论不同类型的理由及其效力

（2）第二阶段：引导探究（见表2）

按照探测火星科学史的脉络，让学生观察、分析、推理并做出判断，说出支持自己观点的理由和证据，形成对观点、证据的客观认识。

表2 教学流程——引导探究

教学任务	教师活动	学生活动	设计意图
肉眼观察夜空中火星照片	展示图片 提问:你觉得火星上有水吗?可以找到水吗?为什么? 梳理:直接看、肉眼观察火星的方法怎么样?评价一下这个方法 提问:还可以用什么更好的方式观察火星?	回答:不可能,什么也看不清; 回答:不好找; 回答:不好,离得太远了; 回答:要离得近一点; 回答:用望远镜看	思考利用肉眼观察是否可为火星找水提供可靠的证据和理由
天文望远镜观测时期,分析火星表面图	展示手绘的火星表面图 提问:从这幅图你看到了什么? 那些线条是什么?你怎么知道的?那些线条是水吗?为什么? 梳理:你觉得用望远镜观察的方式怎么样,可以找到水吗?评价一下这个方法 提问:如果要确认火星上有没有水,要怎么做? 现在我们人类能到火星上吗?	回答:好像是山,和地球上山的样子很像; 回答:看不懂; 回答:不确定; 回答:没见过,看不出来; 回答:还不可以; 回答:可以派人到火星上看看	分析利用天文望远镜观测是否能为火星找水提供可靠的证据和理由
火星轨道探测器时期,观察火星合成影像	提问:假如火星有水,你找到什么或发现什么现象就能证明上面有水?再说说你为什么这样认为? 梳理:用地球有没有水的经验推断火星有没有水,这种方式怎么样? 提示:学生运用的是类比推理 布置:在小球上进行火星寻找水任务 提问:你发现了什么?你们的观点有没有变化? 你是怎么判断的?	回答:有蓝色的细线,地球上就有; 有液体的东西; 有生命就可能有水; 有水流过的痕迹; 看到潮湿的泥土; 有云、冰; 有江河湖海; 因为地球上是这样的 学生开始观察、分析、相互交流 回答:这个最上面,有可能是雪、冰; 回答:这个火星上的地方,它的两端和地球差不多。地球上的两端是南极和北极,火星上的两端也是这样的; 回答:这边的白色部分和另一边不一样,我这边有一个小的。因为它在两端,让我想到了地球的南极和北极;	再次讨论什么样的理由可靠、有说服力 辨认不同的理由(如个人观察、类比),进而评价理由的可靠性和充分性

续表

教学任务	教师活动	学生活动	设计意图
火星轨道探测器时期，观察火星合成影像	提问：让学生判断运用的是哪种推理方法，并思考是"认为有水"还是"找到水" 展示地球上一些河流的图片。 梳理：依据地球上南北两极和地球上河流的痕迹进行推理 提问：通过这样和地球的类比，是否可以很肯定地判断火星"曾经"有水，有多确定？ 讲述：这里是火星的地标，它是一个峡谷。 提问：你觉得这里一定是水造成的吗？有没有其他可能？ 你觉得这里现在有水吗？ 白色的区域是什么，是水吗？你能肯定吗？ 那么你们找到水了吗？ 梳理：运用类比方法，让学生评价类比是不是一种好的证据 提问：为什么类比不是好的证据？ 提问：那么接下来要做什么呢？	回答：是认为有水； 回答：我觉得这里像裂缝一样，会不会是水流过造成的，咱们地球上的河都是这样的； 回答：也不太确定； 回答：可能是地面裂开了； 回答：现在看起来没有水； 回答：我觉得只是看着像水，还不能确定； 回答：没有； 回答：不是很好的证据	再次讨论什么样的理由可靠、有说服力 辨认不同的理由（如个人观察、类比），进而评价理由的可靠性和充分性

（3）第三阶段：分析解释（见表3）

利用现代探测技术进行火星探测、找水阶段，学生分析数据结果和科学家意见，判断现有证据的充分性，并发表自己的观点。

表3　教学流程——分析解释

教学任务	教师活动	学生活动	设计意图
现代探测火星时期，分析评价探测数据	展示现代探测仪器获取的数据和科学家观点 提问：你觉得火星上有水吗？找到水了吗？还有其他可能吗？为什么？	回答：找到水了 回答：可以再派探测器去	分析现代探测仪器和科学家的观点是否为可靠的证据，并评价证据的充分性

（4）第四阶段：归纳总结（见表4）

教师对本课程进行总结，回顾找水过程中寻找火星有水或没水的证据、用证据论证观点、评价证据效力等环节。学生根据自己的认识重新分组。

表4 教学流程——归纳总结

教学任务	教师活动	学生活动	设计意图
归纳总结	提问:刚刚我们的任务是什么? 为了完成这个任务,我们都做过哪些事情? 这些事情对我们完成这次任务有什么作用?有用吗? 以后我们遇到这样的问题,要怎么做? 这节课你有什么收获或感受?	回答:火星找水 回答:看火星图片; 望远镜观测; 火星影像; 探测数据 回答:首先了解了地球的几种颜色代表什么,接着开始观察火星,查看火星有没有水。我们初步判断在火星两极也就是北极和南极有水;进一步观察,了解科学仪器也判断火星上有水 回答:我知道地球和火星是不一样的 回答:这节课我知道了火星上虽然不能100%确定有水,但是在2004年已经发现了有水	回顾、反思体验的过程,总结寻找、评价证据的经验,辩证看待不同类型的证据

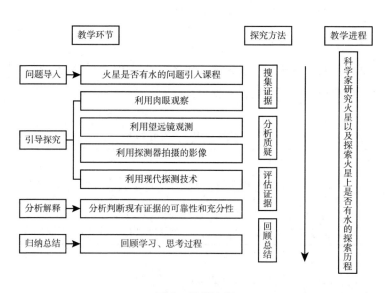

图2 教学流程

3.4 本课涉及的证据类型及效力

对本课涉及的证据进行梳理，划分不同类型的证据及其效力，相关建议汇总如表5所示。

表5　课程涉及证据类型

证据类型	举例(关键词)	评估证据效力	相关建议
直觉	我就是觉得……，我就是知道……，常识是这样的……	很多直觉依靠内心的感觉，常常缺乏恰当的理由，主观性很强	需要看是否有其他证据作支撑
个人观察	亲眼所见……，据观察……	①观察通常都是经过一系列价值观、偏见、态度和期待等；②存在外界不可控因素	判断是否有过硬的理由支撑，如最近得来的观察，且多人处在最佳环境里同时得到观察结果；观察者对结果不带有明显的期待和偏见
类比	A和B在某个方面很像，所以……	两个做比较的事物存在以下错误假设：他们在一两个方面相似，那么在其他重要方面也必然会相似	需提供进一步的证据支撑两者之间最重要的相似点所揭示的原则
权威或专家意见	根据报道……，杂志或书上说……，某专家或科学家说……	①专家也会犯错误，专家的意见也会不统一；②专家可能会带有偏见	①检查该专家对所研究的主题拥有的专长、知识或经历；②专家的意见是不是第一手资料；③与该专家持不同观点、预期、价值观和利益的其他专家意见
研究结果	研究表明……，调查中发现……，报告显示……	①研究质量有高有低，差别很大；②研究成果常会互相矛盾；③研究发现有时并不能证明结论；④研究人员也会带有偏见；⑤发表者常会歪曲或简化研究结论；⑥研究结论会随时间流逝而改变；⑦研究的人工因素影响	①由同行专家评定后发表的文章；②详细说明研究的独特优势；③研究实施时间；④研究是否被重复发现和验证；⑤是否分析与结论相反的相关研究；⑥是否对与结论一致的研究持批判态度；⑦是否蓄意歪曲此研究；⑧研究条件的人工因素；⑨根据研究样本，概括范围的限定；⑩调查报告、问卷或其他测量结果是否存在偏见或歪曲

4 "火星找水"课程证据意识培养的调查

4.1 调查对象与内容

本次课程的调查问卷为纸质问卷，调查对象为参与本课的小学一至六年级学生及其家长。通过本次问卷调查，了解本课培养小学生的证据意识情况、效果评价以及课程实施中存在的问题。

问卷涉及学生和家长基本情况和参与活动评价，共 14 个问题。基本情况包括学生和家长来自的城区、家长最高学历、学生年龄、学生性别、获取本活动信息的渠道、参加小球活动的次数；参与活动评价包括参与本次活动的目的、本次活动打分、喜欢本课的原因、教师打分、对教师的建议、为组织方打分及对本课的建议。

4.2 数据分析与讨论

对调查问卷开展针对性分析，利用 SPSS 软件定义了若干变量。变量包括学生和家长来自的城区、家长最高学历、学生年龄、学生性别、获取本活动信息的渠道、参加小球活动的次数、喜欢本课的原因以及对本课的建议。

其中，围绕调查问卷中涉及证据意识培养的问题，重点对"学生、家长喜欢'火星找水'的原因"题目进行了分析。开设课程期间，共收集并统计调查问卷 101 份，回收率达 100%，其中有效问卷 49 份。有效问卷被设定为学生、家长填写了"喜欢'火星找水'的原因"，此题目无空缺。有效问卷占总问卷量的 48.5%。有一半以上的参与者没有填写此项，这与本题为填空题的设置有很大关系。

针对"喜欢'火星找水'的原因"这个变量进行多项分类。经整理发现，学生和家长所填写的原因集中在以下关键词中并将其归纳成四类：①寻找水的证据，观察、猜想、判断、验证；②"火星找水"互动活动、交流讨论；③有启发性，自主思考；④其他理由。

其中，对于喜欢本课的原因，提出喜欢"'火星找水'互动活动、交流讨论"环节的人数为 32 人，占有效问卷的 65.3%（见表 6）。此数据说明在所有填写此问题的样本中，有超过65%的观众在参与完课程后，对"'火星找水'互动活动、交流讨论"环节表示喜欢、印象深刻，并给予肯定评价。

表6　学生家长喜欢"火星找水"的原因频率

单位：人，%

类目		响应		个案百分比
		个案数	百分比	
填空题	寻找水的证据，观察、猜想、判断、验证	8	14.5	16.3
	"火星找水"互动活动、交流讨论	32	58.2	65.3
	有启发性，自主思考	8	14.5	16.3
	其他	7	12.7	14.3
总计		55	100.0	112.2

需要指出的是，本课的互动交流环节重点聚焦在引导学生寻找证据、分析证据和评价证据的思辨过程。从表6也可看出，有8人明确填写并认可课程中有关"寻找水的证据，观察、猜想、判断、验证"的学习过程。

因此，调查结果显示，本课中证据意识培养及互动活动、交流讨论的教学方法得到了多数学生和家长积极、肯定的评价。以此显示本课的证据意识培养对学生、家长来说是受欢迎且得到肯定的。

4.3　证据意识培养的教学建议

通过课程的教学实践，笔者建议在探究式教学中培养学生证据意识时应采取的教学方法如下。第一，创设问题或任务情境。提出主要问题或核心任务，将问题贯穿整个课程进程，并可逐步深入。第二，猜想与假设。学生联系自己已有的经验和所学知识对问题进行猜想、提出观点，教师重点引导学生阐述理由。第三，解释与质疑。在这一环节，教师可引导学生进行不同形式的分析与推理，如个人观察、类比、给出权威或专家意见和研究数据等。让学生表达观点和理由的同时，开展适当的质疑与批判，发展学生的思想，使其趋于全面和成熟。第四，交流与反思。对核心任务和学习过程进行回顾，总结在探究活动中的经验与体会，让学生在求证过程中形成证据意识和科学思维。

4.4　存在的问题与改进措施

4.4.1　细分受众年龄段

要从受众的学情出发，这是设计课程的源头。课程存在未详细划分受众年龄段，导致课程内容和形式不能同时满足低龄学生和高龄学生需求的情况。因此，应细分学生的年龄段，进行更加细致、准确的学情分析，设计配套的教学流程和教学活动。实行分学段教学，才能更好地实现相应的教学目标，适应不同年龄学生的水平和需求。

4.4.2　充分设计调查问卷

本次问卷调查由于时间短暂，前期未充分设计有关被调查人的行为、态度、看法等问题，且内容设置不够恰当，关键性问题未用明确的表述来设置选项，导致部分问卷未填写，调查结果不确定性增强、调查作用不显著；由于部分调查题目为开放性问题，本次有效问卷占总问卷比例不高，有效问卷数量少、有效数据证明不充分；针对调查的分析还有局限性，对证据意识的数据分析和课程评价尚显粗糙。

5　研究结论

5.1　学习科学家探索火星的思维方式和研究方法

本课以科学史的发展脉络，来学习科学家探索火星是否有水的历程。科学发现常常伴随着艰辛和曲折，随着人类探测火星技术的发展，这是一个技术和认识不断迭代，在失败中努力、再试验再努力的过程；也是一个不断搜集证据、评估证据、分析论证的过程。通过再现肉眼观测、望远镜观测、轨道器拍摄、着陆器和巡视器探测的历史进程，培养学生质疑批判、分析论证、综合生成、反思评估的科学思维能力，树立实证科学的价值观，养成不断探索求证、去伪存真的科学精神和科学态度。

5.2　形成形象直观的教学环境

小学生正处于对周围世界具有强烈好奇心和浓厚探究欲的时期，学习模式开始从以观察具体现象或实物为主向以抽象、逻辑思考为主的形式转变。在这个阶段，为他们提供形象生动的实物、直观具体的任务情境依然必要。[13]"火星找水"课程借助科技场馆主题展教区内的展项和模拟情景，通过亲身体验，用感官判断事物特征（如大小、形状、颜色等）来获取直接证据、帮助学生进行推理论证。这比单纯的教师讲授能更有效地促进学生学习、思考，启发他们自己提出问题、寻找证据、分析推理以及质疑判断。

5.3 辩证地看待、利用和评估证据

在进行科学研究时，单纯靠某一现象或证据，不足以得出确定性的结论。在寻找证据时需要综合各方信息，分析、评价多种类型的证据，包括支持性证据、反面性证据和广泛性证据。[14]"火星找水"课程通过不断寻找火星上是否有水的证据过程，实现培养学生审辨、实证思维的目的。尝试用证据说话，培养不迷信、不盲从的个性品质；能够辩证看待、评价各种不同类型的证据，找到更多、更为可靠的证据支持，如科学研究、实验数据，针对探究问题获取更加全面和准确的认识。当然，获取证据的学习是长期锻炼、培养实践的过程，不是一节课或一两个环节就能实现的，需要长时间不断学习、实践和积累。

参考文献

［1］中华人民共和国教育部：《义务教育小学科学课程标准》，北京师范大学出版社，2017。

［2］钟明：《小学科学探究有效取得证据的策略》，《小学科学》（教师版）2018 年第 8 期。

［3］汪弘：《小学生科学思维能力调查及培养研究》，西南大学硕士学位论文，2019。

［4］陆弯：《高中物理教学中证据意识培养研究》，伊犁师范大学硕士学位论文，2020。

［5］江娟：《中学化学教学中证据意识的培养研究》，云南师范大学硕士学位论文，2019。

［6］〔瑞士〕让·皮亚杰：《教育科学与儿童心理学》，杜一雄、钱心婷译，教育科学出版社，2018。

［7］中国社会科学院语言研究所词典编辑室：《现代汉语词典》，商务印书馆，2017。

［8］〔美〕尼尔·布朗、斯图尔特·基利：《学会提问》，吴礼敬译，机械工业出版社，2019。

［9］舒卓：《理由与证据——实用主义与证据主义之争》，《自然辩证法研究》2019年第3期。

［10］林青：《浅析证据意识及其在高中生物学必修2"遗传与进化"模块中的渗透》，《中学生生物教学》2020年第9期。

［11］刘永祥：《让证据意识贯穿整个科学课堂》，《小学科学》（教师版）2019年第12期。

［12］隗月玲：《基于证据意识的物理科学素养的培养——以"力的作用是相互的"教学为例》，《物理通报》2021年第3期。

［13］沈佳丹：《推理论证下的科学课教学体会》，《小学科学》（教师版）2020年第7期。

［14］孔令强、武国栋：《小学科学现象分析须强化证据意识》，《教学与管理》2020年第26期。

科技馆与高校科普互补合作的新模式

——以黑龙江省科技馆和哈尔滨工程大学开展的活动为例进行分析

金旭佳　吕海军　宋泓儒*

（哈尔滨工程大学，哈尔滨，150001）

摘　要　本文主要通过分析馆校结合的案例，介绍了馆校合作对区域创新创业人才培养及推动区域科普创新教育的重要意义。重点对黑龙江省科技馆与哈尔滨工程大学物理国家级实验教学示范中心的典型合作模式以及取得的重大成就进行了分析，并对馆校合作模式进一步发展提出展望。

关键词　馆校合作　科普创新教育　校园科普　人才培养　创新教育

1　馆校科普互补合作的意义

创新是推动社会经济发展的原动力，而科普作为一种社会教育，通过向大众介绍科学知识、普及创新方法，不断提高全民科技素质，向社会输出创新人才。高校实验室作为创新人才的重要培养基地，拥有优质的实验教学资源，除了科普功能外，还为创新人才的培养提供了极佳的基础和条件，重要性不言而喻。不过，大多数高校实验室主要面向高校学生，通常不对低年龄少年儿童开放，具有一定的局限性。

---

*　金旭佳，单位：哈尔滨工程大学，E-mail：jinxujia@ hrbeu. edu. com；吕海军，单位：华中科技大学，E-mail：lvhaijun@ hust. edu. cn；宋泓儒，单位：哈尔滨工程大学，E-mail：19970520_ @ hrbeu. edu. cn。致谢哈尔滨工程大学刘志海、刘嘉楠、王震，黑龙江省科技馆刘一瑞对论文的指导与修改工作。

1.1　推动科普展品更新换代

在创新能力培养过程中，通过对低年龄段孩子进行合理合适的科普教育和物理思维的开发，在孩子们的心中埋下科学的种子，可为后期创新能力的培养打下良好的基础。在这一过程中，科技馆在不同年龄段人群的科普教育和物理思维开发方面扮演着重要的角色，科技馆的各类演示实验通过一些神奇、炫酷的视觉或触觉体验，很好地激发了大中小学生对实验演示现象内在物理原理的探求欲望，他们总会情不自禁地问身边的人："这是为什么？怎么会这么神奇？"

加强科技馆与高校之间的合作，对于拓展科技馆科普展品的深度和广度具有重要的意义。科技馆的各类科普展品需要定期的迭代与更新，对各类物理、生物、化学等实验的展现形式具有很高的要求，这就需要一个拥有丰富理论储备和展品开发设计条件的机构与之合作。而高校实验室长期致力于某一学科领域的研究，高校所开展实验的内容以及涉及的科学技术知识都会依据现有科学技术发展而定期迭代更新，这就保持了开展实验的新颖度和与时俱进的程度；同时，高校实验室面向的主要对象是大学生，这就意味着所开展的实验需要具有丰富的理论内容来支撑。综合而言，高校实验室具有推动科普实验展品迭代更新的能力，且每个实验都拥有完善的、正确的理论支持，确保了科普教育的准确性。

对于低年龄段孩子的科普教育而言，高校所拥有的资源也有一定的局限性。由于高校面对的是具有一定知识储备的大学生，其教学资源常常理论性强、内容过于复杂，导致低龄孩子不易理解和接受，与此同时，高校实验现象的视觉冲击力和吸引力也有待提高。而相比之下，科技馆的展品注重实验现象的展现，可以减少青少年理解科学知识时的困难。科技馆在科普实验的包装方面也拥有更多的经验，在外观上对青少年有较大的吸引力。因此，促进科技馆与当地高校之间的合作，对于提升科普教育水平具有极大的推动作用。

1.2　提升科普资源利用率

高校相对于科技馆而言开放性较差。通常高校处于一个相对封闭的环境，其内部科普资源主要针对高校学生开放，除高校相关课程开展时间外几乎不被使用，且由于高校学生较少，高校的科普资源使用率不足，造成科普资源的浪费。而高校每年寒暑假期间校内学生数量较少，科普资源也没有得到有效利用。若积极开展馆校结合活动，引导数量庞大的青少年使用高校的科普资源，将使其得到有效利用。且低年龄段孩子通常在寒暑假时对科普学习最感兴趣，正好与高校科普资源空闲期相符，不仅可以使得寒暑假期间高校的科普资源得到充分利用，也可以部分缓解科技馆寒暑假参观高峰期的接待压力。

此外，高校中的学生往往来自全国各省区市，因此对高校所在地的科技馆了解甚少。可适当针对高校学生组织馆校结合活动，各省区市科技馆展览各有侧重、特点各有不同，既可以提升高校学生的科学素养，开阔高校学生的科技眼界，又可以增加科技馆的人员流动性。

随着近些年国家与社会对科普的大力支持，家长和学校也对科普教育越来越重视，对科普课堂的要求也越来越高。科技馆对广大师生来说是最官方的科普地点，始终在科普课堂中起到重要的引领作用。随着科技馆的发展，越来越多的科技馆都引进了丰富的科普课堂活动，但许多偏远的科技馆并不能很好地获得科普资源并将科学知识传递给该地区的人群。积极开展馆校结合活动，一方面能引导学生参与志愿活动，解决科技馆教师资源不足的问题，对科技馆科普资源进行有效利用，另一方面可以鼓励高校学生参与志愿培训活动，提高高校学生的科普能力与综合素质。

2 馆校合作的案例介绍与分析

2.1 黑龙江省科技馆

黑龙江省科技馆是黑龙江省最大的科普教育基地，馆内展品内容丰富，涵盖机械、能源、航天、数学、生命环境、声光等十几个学科领域的知识，是具有展览教育、科技培训、科技交流、旅游休闲、收藏制作等功能的现代化综合性科普展馆。

黑龙江省科技馆占地 5 万平方米，建筑面积 2.5 万平方米，内设三层展区。其中一层展区包括机械、能源、材料、航空航天交通、力学、数学等专题。通过演示操作智能机器人、机械传动、骑车走钢丝、四线摆和混沌水车等展品，参与者可以在游戏的乐趣中学到科技知识。二层展区内设有声光电磁学基本原理的声光展区和电磁学展区，以及反映人体科学知识、健康知识及健康测试的人与健康展区。三层展区为儿童展区和大兴安岭展区，寓教于乐的展品可以让参与者在活动中体验到科技的魅力。科技馆内知识丰富、包罗万象，进入科技馆，人们就会为人类的进步与科学的神奇而惊叹。

2.2　哈尔滨工程大学物理国家级实验教学示范中心

哈尔滨工程大学物理与光电工程学院的物理实验教学示范中心是国家级中心，其整合了哈尔滨工程大学"全国科普教育基地"、"纤维集成光学"教育部重点实验室、"光纤传感科学与技术"黑龙江省重点实验室等高等学府优质的教育资源，探索科学思想，弘扬科学精神，介绍科学方法，传播科学知识。哈尔滨工程大学物理国家级实验教学示范中心是哈尔滨工程大学覆盖专业最广、学习者受益面最大的基础教学平台，每年承担 35 个专业、115 个班级、3500 名学习者的实验教学，年授课 22 万人时。

中心依托学校强有力的工科优势，不断深入开展实验教学的改革与探索，自主设计研制了一批有特色的物理实验教学仪器，辐射了全国 22 个省区市和香港特区的 80 多所高校，对学员的科学实验技能训练效果显著，产生了良好的示范辐射作用。中心于 2012 年通过国家级实验教学示范中心验收，总面积增至 600 余平方米，先后开设了 300 多项科技辅导员培训项目，并于 2017 年被认定为全国青少年科技辅导员培训基地。

2.3　黑龙江省科技馆与哈尔滨工程大学物理国家级实验教学示范中心的互补合作

目前，哈尔滨工程大学物理国家级实验教学示范中心已经发展为黑龙江省科普教育的重要开展单位之一，与黑龙江省内大学、中学、小学以及各类科技馆和科普教育公司均保持着良好的合作关系。其中，与黑龙江省科技馆的合作最具有代表性。哈尔滨工程大学物理国家级实验教学示范中心每学期会为在校优秀大学生提供一定的资金技术，用于支持参与创新竞赛，培养学生的创新能力，所设计的参赛作品也具有非常高的科普和学习价值。因此，在物理实验教学示范的支持与培养下，中心可以定期输出优秀的科创竞赛者，设计出非常优秀的科普展品，所设计的展品具有很丰富的深层物理内容和视觉冲击感，这恰好是省科技馆对展品最核心的要求。因此，该馆校合作不但满足了省科技馆的展品需求，还为哈尔滨工程大学物理国家级实验教学示范中心创新人才的培养提供了动力，可以说是同时使得馆校双方获得收益。

哈尔滨工程大学物理国家级实验教学示范中心通过与黑龙江省科技馆及全省其他青少年科技教育工作机构合作，成立了黑龙江省青少年科技教育协会，这也是物理国家级实验教学示范中心经过近10年的沉淀和积累所取得的最大成果。黑龙江省青少年科技教育协会是由黑龙江省从事青少年科技教育工作的科技教育工作者及社会各界人士、企事业单位与社会团体自愿组成的专业性、非营利性社会组织。该团体是黑龙江省科学技术协会的组成部分，是中国共产党和政府联系广大青少年科技教育工作者的桥梁和纽带，是促进和推动黑龙江省青少年科技教育事业繁荣发展的主要社会力量。本团体的名称为黑龙江省青少年科技教育协会，英文译名为 Heilongjiang Association of Science and Technology Education for Teenagers，英文缩写为 HASTET。

黑龙江省青少年科技教育协会的宗旨：根据中国共产党章程的规定，设立中国共产党的组织，开展党的活动，为党组织的活动提供必要条件。遵守宪法、法律、法规和国家政策，践行社会主义核心价值观，遵守社会道德风尚。团结广大青少年科技教育工作者，研究青少年科技教育发展规律，提高青少年科技教育工作者业务水平，促进青少年科技辅导员队伍的成长，促进青少年科技教育事业的繁荣与发展；为提高全民科学素质服务，为建立创新型省份、构建和谐社会贡献力量。团体接受业务主管单位黑龙江省科学技术协会和社团登记管理机关黑龙江省民政厅的业务指导和监督管理。

黑龙江省青少年科技教育协会注重于研究青少年科技教育发展规律，提高青少年科技教育工作者业务水平，促进青少年科技辅导员队伍的成长，促进青少年科技教育事业的繁荣与发展，现已成为黑龙江省最大的科技教育工作者培训教育的核心单位，为黑龙江省科普创新教育的发展做出了重大的贡献。

在哈尔滨工程大学物理国家级实验教学示范中心与黑龙江省科技馆的互补合作之下，黑龙江省青少年科技教育协会在青少年科普教育方面进行了多次实践，具有丰富的青少年科普教育经验，数次成功举办讲座、夏冬令营、线上直播等活动，取得的部分成果如下。

（1）联合开展讲座

科普讲座是一种高效的科普活动举办方式。通过科普讲座，授课教师可以将科学知识生动准确地讲授给学生，而学生也可以及时就讲座内容提出疑问，向教师反馈学习的状况。讲座在授课的时间段内建立起授课教师和听课学生之间的有效沟通，这种高效率的双向交流使得受众快速理解和掌握科学知识，科普活动也获得更好的效果。

黑龙江省青少年科技教育协会科普讲解员在馆校互补合作机制下，充分利用科技馆和高校的科普资源，包括哈尔滨工程大学物理国家级实验教学示范中心的演示实验仪器和黑龙江省科技馆的众多展品，已面向哈尔滨工业大学附属中学、德强学校初中部等中小学的在校青少年开展了 10 余场讲座。讲座中的授课教师以高校在校学生为主，在授课前高校的授课教师会对科技馆的展品进行学习与整理，并在团队内部讨论每个仪器的使用方法、应用原理、背景知识以及注意事项，因此保证了授课内容的准确性和科学性。

（2）举办科普夏冬令营

"我听到了，我忘记了；我看到了，我理解了；我做过了，我记住了。"学生们听到的知识如果不及时复习，很容易随着时间的流逝而遗忘，而科普教育由于资源有限、受场地等因素限制，很难像语文、数学、英语等教学科目一样，定期让孩子们复习。由此可见，让学生观察实验现象，动手操作实验来达到科普教育目标，是极其重要的。因此，举办学生能够参与、体验、实践的有特色的教育项目，将为馆校搭建一座良性互动的桥梁。利用假期时间将学生们集中在一起，举办为期几天的夏冬令营活动，在这期间带领学生动手操作科学实验、进行科普制作，也是一种很好的科普形式。

2020 年 1 月 17 日，黑龙江省青少年科技教育协会联合黑龙江省科技馆开展黑龙江省科普冬令营活动（见图1），黑龙江省青少年科技教育协会理事长刘志海教授出席并教授科普知识，覆盖人数 500 余人。

活动由刘志海教授致辞（见图2），李珊珊老师通过各种有趣的物理实验与学生们积极互动，向大家展示了物理学的神奇之处（见图3）。

随后，冬令营部分学员组成中俄研学团队，前往俄罗斯进行国际交流。在到达俄罗斯阿穆尔州布拉戈维申斯克市后，导游先给同学们讲解了俄罗斯的一些本土文化，介绍风俗习惯、浏览知名建筑，通过寓教于乐的方式消除冬令营

图1　冬令营合照留念　　　　　　　图2　刘志海教授致辞

图3　李珊珊老师带领同学们动手操作

小学员们对陌生国家的恐惧。随后中俄研学团队到达阿穆尔州布拉戈维申斯克市第 16 中学参观交流，团队学员受到了热烈的欢迎。学员在阿穆尔州布拉戈维申斯克市第 16 中学校长拉丽莎的陪同下，参与了阿穆尔州儿童发明日公开赛活动，参观了俄罗斯各地孩子们的科技制作展品，与俄罗斯的学生们进行了多项交流活动。

此次冬令营由哈尔滨工程大学与黑龙江省科技馆合作策划，带领学生完成为期数日的活动，是黑龙江省青少年科技教育协会首次完成的出境研学交流活动。本次活动中，馆校双方更好地整合了国内外的优秀科普创新教育资源，获得了国外的科普教育经验，并与俄罗斯中学达成了友好的合作关系，为日后的国际交流打下了良好的基础。黑龙江省内各地的学员们纷纷表示，在此次出国学习中受益匪浅、收获颇多，学员们真诚地感谢这次机会让他们开阔眼界，近距离感受到其他国家的同龄学生在做什么和学什么。

（3）疫情期间线上直播

2020 年突如其来的疫情席卷全球，目前，尽管中国国内的疫情得到了很好的控制，但在全球范围内新冠肺炎疫情并未完全消失，日常生活中的防范仍然必不可少。疫情的防控要求使得人们减少外出，避免大范围的人口流动，并减少人群聚集，这使得线下讲座等科普形式受到了限制。与此同时，网络技术不断发展，近年来各种直播平台逐渐进入人们的生活，网络直播以方便、快捷、受众广等特点逐渐成为人们获取信息的重要方式。因此，将网络工具应用在科普教育当中是确保教学活动正常开展且教学效果和教学质量不受影响的一大解决方法。

疫情期间，黑龙江省科技馆和黑龙江省青少年科技教育协会数次利用"人人在家"这一机会进行了大范围的网络科普直播。由于人们大多处于居家状态，且其中以青少年为代表的学生人群拥有大量闲暇时间，很多人利用这段时间对自己进行"充电"，网络直播取得了很好的效果。

协会举办了多系列的线上课程，其中，"宅＋做实验"系列课程、"影响人类生活的物理学"系列课程、"人工智能"系列课程、"青少年科技创新活动指导"系列课程、"科技辅导员专业素质能力提高"系列课程覆盖人数超过千人，课程在协会的多个新媒体账号上进行直播，受到一致好评。同时，为丰富和增加协会受众观看到的课程内容，并提升多种教育资源的利用率，提升科普效力，协会的多个媒体账号对黑龙江省科技馆的线上科普直播进行了宣传和转播，增加了省科技馆教学视频的受众，提升了影响力，越来越多的人选择通过网络的方式，只需轻轻点击软件便可以跟随讲解员云游科技馆，足不出户便可体验到科技的魅力。疫情时期的网络直播馆校合作使更多人观看到科普课程，也极大地提升了教学资源的利用程度。

2.4 馆校合作总结分析

哈尔滨工程大学物理国家级实验教学示范中心与黑龙江省科技馆的馆校结合模式下，其举办的活动均取得了较为优异的成果。

一方面，在哈尔滨工程大学物理国家级实验教学示范中心的协助下，黑龙江省科技馆开展了多方面、多维度的活动，增加了举行多种形式的科普活动的经验。当高校学生参与到科技馆的科普活动中时，科普活动的覆盖范围进一步扩大，高校学生作为具有一定科学知识的人群壮大了科技馆的科普人员队伍，为科技馆科普活动的开展注入了新力量和新的活力。同时，高校的加入使得科技馆的科普内容能够及时更新换代，并保持其原理上的正确性、科学上的准确性、理论上的精确性。

另一方面，哈尔滨工程大学物理国家级实验教学示范中心的教学仪器也由于馆校结合的开展不再仅限于高校学生学习使用，而是更为广泛地被中小学在校生、任课老师以及学生家长等社会各界所利用，科技馆的介入使得高校的科普资源不再具有极高的、普通人难以跨越的门槛，科学技术真真正正做到了走出实验室，进入人们的日常生活中，而这正是科普的一个重要目的，即使得人人都能够接触科学，将科学融入生活中。馆校结合的模式使得高校的科普资源利用率得到了很大的提高。

3 馆校合作的未来展望

2015 年，李克强总理在《政府工作报告》中明确指出推动"大众创新、万众创业"。创新是经济社会发展的原动力，高校实验室是培养创新创业人才的基地，在培养大学生创新意识、创业能力方面都有很好的条件和基础。馆校合作是推动科普创新发展的一类重要模式，馆校合作可以很好地实现科普资源互补与合理分配。

现阶段馆校合作的模式多注重展品设计方面的互补与合作，随着馆校模式的进一步扩展，该合作模式可以进一步发展，例如在不扰乱高校正常教学的基础上，一定程度上增加高校的开放性，在高校实验室成立科技馆分单元用于对外参展，这类方式可以进一步提升大学实验资源的利用率，像一些高精密、不易搬动的实验器材可以面向公众学习展示，对于提升公众参与度和创新性具有重要的推动作用。以文中所举案例，即哈尔滨工程大学和黑龙江省科技馆的合作为例，哈尔滨工程大学物理国家级实验教学示范中心面向社会开放部分物理演示实验室，定期通过黑龙江省科技馆等平台组织校外人员进行参观，并专门组织学生讲解团对展品进行讲解，在提升资源利用率的同时保证参观者收获信息的科学性以及准确性。

我们相信，随着政府和各相关组织部门的不断支持，借助馆校结合这一体系将会越来越多的学生和社会各界人士体会到愉快、有趣的科普学习过程，在一次次活动中有所学、有所思、有所想，带动身边更多人爱上科学、学会创新。当具有更多资源的科技馆和技术更加先进的高校结合在一起，两者的碰撞定会获得"1＋1＞2"的效果，不同的教育风格也能够在合作中相互学习，找寻最佳的科普教育方式，使效率和效果都达到最大化。

4 结论

实现高校资源与科技馆资源的融合互补，是当前科普教育教学改革的重要内容之一。构建馆校合作模式，不仅满足了科技馆展品复杂多样的需求，而且为高校创新人才的培养提供了重要的推动力。黑龙江省科技馆与哈尔滨工程大学物理国家级实验教学示范中心所展现的馆校合作模式，就是一个成功的馆校合作案例，其举办的活动已取得良好的社会效益，被报刊、电视、网络等媒体广泛传播。我们坚信通过不断加强对馆校合作的内涵建设，建立健全科普教育基地管理体制机制，高校实验基地必将为区域科技事业的发展做出重大贡献。

参考文献

[1] 陈晶：《广州科普研学开发与实施策略》，《中国科技信息》2020年第11期。

[2] 邱发平：《建设应急消防科普教育基地意义重大》，《梅州日报》2020年5月29日。

[3] 周兆辉：《科普教育与初中物理教学相融合——谈初中物理教学中科普活动的开展》，《中学物理教学参考》2020年第4期。

[4] 刘长宏、王震、陈连松、李刚：《依托物理演示实验馆建构科普教育平台》，《实验科学与技术》2016年第3期。

[5] 李中原、吴娴、高誉铭：《浅析科普教育对初中物理课程学习的正迁移作用》，《大众科技》2014年第6期。

[6] 杨奔：《浅谈在物理教学中开展科普教育的思路与方法》，《科技信息（科学教研）》2007年第18期。

[7] 吴春霞：《馆校结合下航海主题科普教育的创新与实施》，《科学教育与博物馆》2019年第4期。

［8］侯的平、韩俊、管昕、吴志庆、傅泽禄、许玉球：《馆校结合科普育人模式的探索与实践——以创意机器人创新实践教育为例》，《科技创新发展战略研究》2020年第5期。

［9］刘丽、李晓丹、江雪：《如何发挥自然博物馆教育的特点与优势做好"馆校结合"》，《博物院》2020年第1期。

基于学校课程体系的馆校结合科学课程的设计与实施案例[*]

李申予　刘　通^{**}

（河北工业大学，天津，300130）

（天津师范大学"科学体验馆"，天津，300387）

摘　要　本文通过分析影响馆校结合科学教育效果的瓶颈问题，提出馆校结合的关键点是融入学校的课程体系。并就如何将馆校结合科学教育活动设计成 STEAM 教育跨学科、跨学段的连贯课程群，提出了整体设计、解决方案。结合笔者多年的课堂实践展示了多个案例。

关键词　馆校结合　科学课程　STEAM 教育　学科融合　课程体系

馆校结合的关键词是"结合"。场馆的科普活动可以依托丰富的展品和多样化的体验方式，与学校在教育功能、教育资源、教育经验等方面存在很大差异。馆校结合的科学教育活动似乎可以在场馆和学校之间形成有效的互补，满足校内教育的规范化、系统化特点的同时兼具更大的自主性、灵活性和多样性。但站在科普场馆的角度，当科普场所从单纯的场馆变为与学校结合时，无论是"馆内科学课"还是"科普进校园"都无法简单做加法，而需要探索两者的深度融合。目前，虽然很多场馆开发了各式各样的活动，但由于场馆活动本身的特点，馆校结合在实践中还是会遇到一些困难。

---

*　基金项目：河北省创新能力提升计划项目（19K55506D）。

**　李申予，单位：河北工业大学化工学院，E-mail：13821720853@163.com；刘通，单位：天津师范大学物理与材料科学学院"科学体验馆"。

第一，依托展品特点。场馆可以依托展品生动地开展活动，但展品同时对活动主题造成限制，很难灵活地从各年龄段学生的学习需求出发设计活动。此外，每件展品通常只涉及一两个知识点，活动之间缺乏关联，容易出现"碎片化倾向"[1]。碎片化的知识点不能给学生带来集中而深刻的体验，对馆校结合造成阻碍。

第二，短期性特点。馆校结合教育活动受限于学校的学时安排无法长期实施，一般只能就某一项目在短期内间断地开展活动[2]。这些项目之间能否形成结构体系、能否根据学生的认知发展规律合理地安排难度和课时、前后项目知识点是否衔接、知识点能否实现复习巩固和温故知新，对馆校结合教育的实施效果都有着十分重要的影响。

在实践中我们意识到，当馆校结合科教活动的设计视角由独立的活动转变为连贯的课程，并融入学校的课程体系时，上述问题将得到有效解决。河北工业大学化工学院联合天津师范大学"科学体验馆"与天津多所中小学开展馆校结合 STEAM 课程，开发了"科学动手做"课程群。该课程群共计 80 个课程和资源，可支持 8 个学期每周完成一个 1～2 个课时的探究实验，目前已经在天津市河西区的 72 个社区开过 500 次课，并进入 3 所小学、2 所中学的科学素质拓展课程。本文将以"科学动手做"课程群中的部分课程为例，讨论如何从学校的课程体系出发，对馆校结合课程进行整合设计、开发和实施。

1 "顶层设计"是馆校结合科学教育活动设计与实施的灵魂

馆校结合科学教育活动的设计与实施需要一个从顶层到底层贯彻的理念与方法，即教育活动的顶层设计。顶层设计是课程建设的突破口。有了顶层设计，课程建设就有了目标、方向和途径，这样构建的馆校结合科学课程才会有高度、广度和深度。

顶层设计要求从全局的角度，对某项任务或者某个项目的各方面、各层次、各要素统筹规划，以集中有效资源，高效快捷地实现目标。随着国家新课程改革向以课程建设为核心的整体深入推进，顶层设计逐渐成为一个教育名词。常维亚等从高素质创新型人才培养的角度指出，需要科学合理的人才培养顶层设计，整体优化人才培养方案[3]。

创新型人才的培养是一个根本问题，也是我们必须明确的育人目标。无论各类场馆秉持何种教育主张，有着怎样的专业、历史背景，馆校结合科学教育活动设计归根结底是为了培养人才而展开的。馆校结合科学教育活动顶层设计的目的是提高学生的实践能力、创新能力，培养创新型复合人才。这一点与校内教育的目的是高度一致的，这是馆校结合课程融入学校课程体系的理论基础。明确了顶层设计之后，建设融合 STEAM 教育理念的跨学科、跨学段的连贯课程群，打破传统的"知识通过老师传递给学生"的教学模式，注重给学生提供能够让他们自己建构知识框架的环境和机遇。通过设计活动内容贴近学生的学习和生活，在传播科学的同时激发学生学习数理化等学科的兴趣，最终落实在"有效提升学生的学习成绩和学业水平"这个底层。

顶层设计在认识层面揭示教育活动的本质，对实践则起着两个方面的指导作用：一是对发展的根本方向进行规定，二是对系统的各个方面进行整合。

1.1 馆校结合科学教育活动课程顶层设计对发展的根本方向进行规定

确定课程形态是馆校结合科学教育课程顶层设计对发展的根本方向进行规定的重要举措。

课程形态指的是课程的存在和表现形式。根据 2016 年教育部在《教育信息化"十三五"规划》中的要求："有条件的地区要积极探索信息技术在众创空间、跨学科学习（STEAM 教育）、创客教育等新的教育模式中的应用，着力提升学生的信息素养、创新意识和创新能力，养成数字化学习习惯，促进学生的全面发展，发挥信息化面向未来培养高素质人才的支撑引领作用"，STEAM 教育和创客教育是作为新的课程形态平行提出来的。STEAM 教育与创客教育都有助于提高学生的实践能力、创新能力，培养创新型复合人才。但与创客教育相比，STEAM 教育更倾向于面向所有学生培养综合素质，强调各学科知识的融合，在真实情境下解决实际问题，注重跨学科、跨学段的连贯课程体系建设[4]。因此，采用 STEAM 课程形态更符合馆校结合中学校这一主体的实际要求。

1.1.1 馆校结合 STEAM 课程设计中存在的主要问题

与传统的馆校结合科普活动相比，STEAM 课程在设计与实践过程中并没有预想中那么顺利。一方面，STEAM 教育对师资有更高的要求。STEAM 课程的开发和实践要求教师具有更深厚的知识储备和跨学科知识融合能力。而我国高校师范类专业采用分科培养模式，导致师范生的专业学习是极其分化的，可以为各学科培养专业型人才，但缺乏整合型的师资培训。另一方面，严格从STEAM教育的特征和要求出发[5]，很难找到充足的课程资源，既贴合场馆的专业背景和校内教育的知识框架，又能在有限的学时内完整实施。要想成功进行馆校结合STEAM课程，就必须建立同等教学生态，包括文化、师资、制度等相关配套条件，而大多数学校和场馆并不能立刻解决这些问题。

1.1.2 解决思路与案例

在思考如何设计"正确"的STEAM课程并让其顺利落地中小学之前，我们曾设计过一组科普实验，其中包括与初中物理、化学知识相关的科技小制作和课程。当我们从STEAM学科融合这个视角重新评价这些实验时，发现大多数"科学动手"做项目实际上本身就要求学科间的融合。例如：讲解平面镜成像时要求学生制作的教具是带有平面镜的纸盒，这个活动就涵盖了测量、设计、平面几何与平面镜成像多个知识点，只不过在以往的实施中并没有强调这种跨学科的融合。这使我们认识到真实情境下问题的解决本就关联、融合了各种学科，目前的分科是人为制造的，而STEAM课程的开展就是要回归问题的本来面目。

基于以上思路，我们在这组科普实验中"酸碱指示剂"课程的基础上重新设计了"穿越千年的草木染"STEAM课程，融合了化学中酸碱性、工业中媒染剂的原理、古代纺织品染料的发展等知识点。用"钱塘苏小茜罗衣，短棹穿花过钓矶"作为开场白，引入古人常用的植物染料，同时展示了中国古诗词的魅力。接下来讲授花青素等染料的原理，在实验环节引入简单的设计和布局知识，让学生自己设计染色手绢作品，最后列举一些古诗词中关于草木染的诗句，激发了学生学习古诗词的兴趣。

"穿越千年的草木染"课程先后在天津市6所小学、2所中学以及4次夏令营和2次冬令营试讲，取得了成功，受众2000多人次，深受师生、家长的欢迎。不少学生通过这堂课的学习，不仅学到了化学、化工知识，还顺便提高了写作水平，这是我们始料不及的。

将馆校结合科学教育活动设计成这种具备STEAM特色的课程形态，是实现顶层设计——"提高学生的实践能力、创新能力，培养创新型复合人才"最好的途径。

1.2 馆校结合科学教育活动课程顶层设计对系统的各个方面进行整合

1.2.1 课程内容的整合

从 2015 年起，我们参考教育部小学科学课和中学理化生教学大纲，着手对已有的科技小制作课程进行整合，使之克服碎片化倾向，有主线、成体系，作为馆校结合科学教育活动基本课程"科学动手做"，思路如下。

（1）对应课标跨学科、跨学段整合

小学阶段：课程内容对应小学科学课标，例如小学科学课四年级的"溶解"和六年级的"结晶"知识点对应了"屠呦呦与水晶玫瑰"课程。通过实验对影响溶解和结晶的因素进行探究，学生对溶解和结晶现象有了更深的认识。在等待结晶的时间介绍我国科学家进行科学研究的故事，以及溶解和结晶现象在科技领域的应用。这次课上学生学习了科学知识，得到了一朵绚丽的结晶玫瑰花，亲身体验了科学家进行科学研究的过程，而我们达成了课标上要求的科学知识、科学探究、科学态度与"科学、技术、社会、环境"四维教学目标。

初中阶段：针对中学生的学业特点，以物理课大纲中的重要考点为主，并融入设计、文艺等要素形成完整的 STEAM 课程。如"贪婪的钱匣子"通过设计一个立方体纸盒，在其内部插入平面镜的方式对平面镜成像的大小和位置进行探究；"真假王冠鉴定"对应浮力的难点，以课本剧的形式展开探究等。

在课程整合过程中，既要构建课程间的横向衔接，又要兼顾课程的纵向衔接。中小学不同年级在教学目标、教学内容等多方面各有要求，对于一些术语和概念的解释也有所不同[6]。为了最大限度地适应不同年级学生需求，更好地落实与中小学各学段的馆校结合，需要针对各年级学生的特点，就同一个探究主题进行差异化设计。

以馆校结合课程"斐波那契数列"为例，对于 1～2 年级学生，教学目标仅要求学生会计算 20 以内的斐波那契数列，能在老师引导下画出黄金螺旋图并进行创意修饰；3～4 年级学生在此基础上增加了数列奇偶项之和的计算及规律探究，并要求理解美术作品中黄金螺旋和黄金分割比的应用；对于 5～6 年级学生，则要求他们能够借助计算机探究一下黄金分割比是如何计算出来的。通过细化课程目标，课程将更加具体化和易于实施。

（2）眺望高考，对物理课难点进行整合

尽管近年来"素质教育"的呼声此起彼伏，不可否认的是，我国以高考为代表的各类升学考试对课程建设起着巨大的导向作用。当学校、社会从中考和高考的角度审视馆校结合课程，难免会认为它毫无用处，因此自然不能给予充分的重视和支持。但显然，馆校结合课程涉及的科学、数学知识是未来学好"理化生"科目的重要基础。新高考方案推行之后，物理学科已成为广大考生进入好学校、好专业的必争之地。但学好物理的关键不是提前补课和大量刷题，而是从小学阶段开始构建正确的物理概念。儿童从出生起就与周围的人和环境产生联系，并经由自己的体验形成了对周围世界各种现象（可能错误）的认知图式。例如，体验到当用力推动物体，物体就运动；停止用力，物体就停下来时，就会得出"力是物体运动的原因"结论。类似的结论还有"重的物体比轻的物体下落快"，"重的物体下沉，轻的物体上浮"等。这些认知图式一旦形成，就会在潜意识里不断被用于解释类似现象，从而逐渐被强化。由于这些前概念认知图式的形成比接受正规物理教育要早，所以很难在一个有限的学习时间内清除，会反复困扰学生，严重干扰他们的物理学业。想要清除这些错误的认识图式，最有效的方式就是经过自己的体验重新构建物理概念。

通过动手探究使深奥的物理知识与生活发生紧密联系，使知识情景化，是培养物理核心素养的重要途径[7]，也是实现课程顶层设计目标"提高学生的实践能力、创新能力，培养创新型复合人才"的关键所在。针对中学物理力学、光学、电学等难点和考点，我们选取部分作为探究主题，面向初中生设计了"科学动手做"课程群中的物理课程（见表1）。

表1 "科学动手做"课程群中和物理有关的部分 STEAM 课程

第一部分	与力学有关的动手做课程
第一周	质量与重力（测力计实验） 1学时
第二周	重力与重心（探究不倒翁为什么扳不倒） 2学时
第三周	平衡鸟制作与探究 1学时
第四周	浮力1 真假王冠鉴定 1学时
第五周	浮力2 潜水员的制作与探究 1学时

续表

第二部分	与测量和光学有关的动手做课程
第六周	纸盒的设计与制作　1 学时
第七周	为绒球量体裁衣　1 学时
第八周	平面镜成像的观察与探究　1 学时
第九周	万花筒的制作、探究　1 学时
第十周	贪婪的钱匣子制作　1 学时
第十一周	贪婪的钱匣子探究　1 学时
第三部分	与电学有关的动手做课程
第十二周	纸电路的设计——串联还是并联　2 学时
第十三周	导电还是不导电——导电球的设计与制作　2 学时

1.2.2　教学资源的整合

STEAM 课程特有的学科融合倾向以及侧重对探究能力的培养对教学内容和师资有较高要求。开展的馆校结合 STEAM 课程，需要为中小学提供完整的教学方案设计、器材等资源支持，从而有效解决中小学一线教师因为学科背景单一、日常教学任务重等无法顺利开展"跨学科"STEAM 课程的难题，促进馆校结合课程融入学校课程体系建设。我们对教学资源进行了如下整合。

软件方面，为每一节课制作完整的课件，减少老师的课前准备时间：授课计划和小结、教学用逐字稿、教学用 PPT、说课视频或操作视频、教学质量评估表、课堂测验试卷。

其中最值得一提的是，教学质量评估表、课堂测验试卷的设计实际上是为馆校结合课程建立评价体系，这也是将科学教育活动提炼为课程的关键所在。目前我国部分小学甚至没有建立对科学课的完备评价体系，遑论馆校结合课程[8]。对学生而言，没有评价体系，参加过的实验活动做过即忘，不利于构建知识框架和培养科学素养；对于教师而言，缺乏反馈，不利于反思自己的教学过程，提高教学水平。但馆校结合课程的评价体系不能照搬其他传统科目的作业和考试，而应该是多元化的，涵盖知识的学习、动手能力的培养乃至团队精神的表现等。馆校结合课程评价体系的建立同时也可为小学开设的科学课构建评价体系提供一些参考和建议。参考案例："彩虹瓶"课程的教学质量评估表（见表 2、表 3）。

表2　"彩虹瓶"课程教学质量评估表（第一课）

无效果	不能集中精力观看老师做的演示实验,对胶水变凝胶的实验没有兴趣,对物理变化和化学变化没有概念
初见成效	对老师的演示实验感兴趣,能够明白物理变化和化学变化的不同
基本掌握	能积极回答老师的提问,参与同学的讨论。乐于触摸演示实验生成的凝胶,进一步理解物理变化和化学变化的本质
完全掌握	对老师的演示实验充满好奇,能不断提出一些有意义的问题,了解物理变化和化学变化的实质,并举出一些例子说明。对三色彩虹如何变成六色充满好奇和期待

表3　"彩虹瓶"课程教学质量评估表（第二课）

无效果	不能积极融入分组活动,不愿与组员商量颜色的分工问题,自顾自做自己的凝胶,不愿与别人分享自己做的凝胶。不能独立完成彩虹瓶的填充
初见成效	能明白合作、分享的意义,能和组员商量颜色的分工,并能独立完成自己负责的那一种颜色凝胶的制作。在老师的帮助下能完成彩虹瓶的填充
基本掌握	能主动将自己做的凝胶分享给其他同学,能独立完成彩虹瓶的填充,所做的彩虹瓶比较整齐
完全掌握	能在小组活动中充当领头人的角色,去做大家都不愿意做的部分工作,并能帮助别人完成实验。所做的彩虹瓶色彩边界清楚整齐,能观察到最初出现的绿色,并能判断红与黄、蓝与红接触面将出现的颜色,还能发现凝胶新的玩法

　　硬件方面,为每一节课设计合理的实验流程,提供合适的实验器材。

　　目前部分馆校结合课程为了绚丽的展示效果往往选择大象牙膏等有喷发现象的化学物理实验,而这些实验过程或原料存在明显的安全隐患。同时由于我国对危化品的管控日益严格,多数学校和场馆很难取得大量实验化学品,无法面向全体学生开展课程。因此我们设计的"科学动手做"课程尽可能使用容易购买的原料,采用简单安全的实验过程。其中最典型的案例是以糖果为主题的"甜蜜科学课"系列课程,实验的原料主要是各种可食用的糖类。既可以进入学校的科学兴趣小组开展定期活动,也可以在学校的科学嘉年华等活动中进行展示（见表4）。

表4 "科学动手做"课程群中的"甜蜜科学课"内容

第一部分	糖果科学家的基础课
第一周	第一次亲密接触 1课时
第二、三周	溶解和扩散 2课时
第四周	甜蜜即罪恶（含糖量计算） 1课时
第五、六周	美味的奥秘 2课时
第二部分	硬糖篇
第七周	结晶工程与冰晶棒棒糖 1课时
第八周	结晶还是非晶 1课时
第三部分	软糖篇
第九周	牛皮糖里没牛皮 1课时
第十周	泡沫中的宇宙 1课时
第十一周	吃货和生物学家 1课时
第四部分	巧克力篇
第十四周	只溶在口不溶在手的是什么 1课时
第十五周	寒冷季节来杯热巧克力 1课时
第五部分	饮料篇
第十六周	爱玉姑娘的冷饮树 1课时
第十七周	变色龙气泡水 1课时
第六部分	添加剂篇
第十八周	奶茶里面没有奶 1课时
第十九周	烤箱里的化学反应 1课时
第二十周	所谓分子料理 1课时

2 "科学动手做"探究课程在开发过程中的迭代与案例

迭代是重复反馈过程的活动，其目的通常是逼近所需目标或结果。每一次对过程的重复称为一次"迭代"，而每一次迭代得到的结果会作为下一次迭代的初始值。但不能把迭代简单地理解为"升级"。"升级"更多描述的是一个结果，是直接、一次性达成的一个目标，是一种线性的进程。而迭代更强调试错和调整，是通过无数次不断重复地接近一个目标，最终达到目标。STEAM课程的精髓是探究与真实世界的联系，是基于真实情境的知识建构与问题解决。"科学动手做"探究课程从"模式建构""结构优化""学科融合"到"整体重构",开启了课程从单一到多元的迭代演进全过程,更是课程不断突破与创新的实践嬗变的全过程。

案例1:从"水晶玫瑰"到"屠呦呦与奇妙的结晶世界"

7年前,我们开发设计了一个跟重结晶知识有关的科技小制作。将一朵纸花浸入80°C左右的过饱和的明矾溶液中,待溶液冷却之后,纸花上长满明矾晶体,我们称之为"水晶玫瑰"。后来,很多社会办学机构也开始做类似的实验,用各色毛绒铁丝代替纸玫瑰花,做出了很多漂亮的造型,但也就止步于此了。

2015年,屠呦呦获得了中国第一个科学类诺贝尔奖。她提取青蒿素用的方法就是重结晶。通过拜访屠呦呦和相关科学家,我们了解到屠呦呦团队是经过怎样艰苦的奋斗从青蒿里提取出有效的成分,并拯救了全世界数以百万计的疟疾患者,此后开始对"水晶玫瑰"课程进行结构优化,把只跟重结晶有关的简单实验课,优化成为一堂综合实践课程"屠呦呦与奇妙的结晶世界",弘扬科学家胸怀祖国、服务人民的爱国精神;勇攀高峰、敢为人先的创新精神;追求真理、严谨治学的求实精神;淡泊名利、潜心研究的奉献精神;集智攻关、团结协作的协同精神;甘为人梯、奖掖后学的育人精神。从而使这堂课从简单讲解一个理工类知识点的实验课程,改良为科学 + 科学家精神的综合型课程。

案例2:从一个经典的物理演示实验到探究灵感的由来,
揭示科学家治学方法和工作模式

在"光纤窥视镜"动手做课程里,有一个"光是怎样传播的"经典物理实验。我们在备课时阅读了"光纤之父"高锟院士的创新历程,发现正是"光是怎样传播的"这个经典物理实验给高锟带来了灵感,启示他完成了"以光代替电流,以玻璃纤维代替导线"的构想,进而发明了光导纤维,在全世界掀起了一场光纤通信的革命。高锟的科研经历揭示了灵感或顿悟源于科学的实验、知识的积淀和经验的积累,是长期辛勤劳动的结晶,只有在长久持续的实践活动中才会有灵感式的顿悟显现,没有这些基础,祈求灵感的降临是不可能的。根据这个思路，我们对这节课进行了"整体重构"，使简单的科技制作发生了质的转变，更逼近"提高学生的实践能力、创新能力，培养创新型复合人才"的目标。

案例3：没有迭代，就没有精品课程

"科学动手做"中的"彩虹瓶"是一节深受师生和家长喜欢的精品课程，也得到过中央文明办赴津考察小组的肯定，认为该课程传播了马克思主义的自然辩证法。

第一代彩虹瓶用六色凝胶来做，由于颜料分子的运动，很快就混合成黑褐色。第一次迭代，我们改用红黄蓝三色凝胶，巧妙利用了颜料分子的运动。经过几天时间，色界消失了，形成6种颜色的自然过渡。给学生留下观察记录的时间和机会，同时也用实验向学生揭示了"世界是物质的，物质是运动的"这一基本原理。

在课程的实施过程中，我们发现做彩虹瓶必须3人或6人组成小组，分头做3种颜色，然后合作完成填装过程。于是第二次迭代加入团队精神，强调协作共享。课上列举了近年来获得诺贝尔奖的项目，任何称得上是成果的东西都是不同国家不同专业的科学家一起完成的。教会学生，合作与分享不仅是完成彩虹瓶制作的关键，也是学生未来取得成就的决定因素。

第三次迭代加入了化学学科知识，让学生在做凝胶的过程中体会物理变化与化学变化的区别。并拓展到高科技领域——医学上用凝胶做人造器官。由于是通过动手和观察来学习，学生很快就掌握了相关的知识点，甚至幼儿园大班的孩子都能掌握化学变化的本质——有无新物质生成。

迭代创新具有广泛参与性的特征[9]，需要场馆、学校和学生共同高度参与。老师不仅要从实践出发根据实际情况不断改进课程，也要阅读资料关注科学进展，把最新的科技迭代进课堂，还要观察学生在课堂上的反应，听取他们的意见，考察他们的学习效果。但需要注意的是，不能把所有的问题都放在一个迭代周期内解决。首先将需要解决的问题按重要性进行整理和排序，每个迭代周期都要解决最具全面性、最重要的几个问题。

3 课程实施效果

科学体验馆"科学动手做"STEAM课程在不断迭代和实践的过程中，中小学学生和高校大学生共同获得成长。参加活动的学生丰富了科学知识，锻炼了动手能力，培养了创新精神和团队意识。天津师范大学和河北工业大学的大学生志愿者作为主讲老师，在活动过程中实践了平时学过的"教育心理学"等专业知识，积累了一定的教学经验，锻炼了随机应变和维持课堂纪律的能力。

也许用严格的理论标准来衡量，这些课程并不能算标准的STEAM课程，但我们毕竟把它推进到学校和社区，并取得了不错的反响。

4 结论

设计连贯的课程并融入学校的课程体系是馆校结合科学教育的关键。课程的设计需要注意以下内容。

第一，顶层设计站位要有高度，培养创新型复合人才。

第二，课程应贴近学生的学习和生活，培养动手能力，激发学生学习科学的兴趣，有效提升学业成绩。

第三，提供完整的课程资料，设计安全的、可行性高的实验，降低老师备课的难度。

第四，坚持在实施中不断完善、迭代、更新，逐渐优化课程。

参考文献

［1］冯子娇：《STEM教育理念下科技馆展品教育活动的思考与实践——以"小球旅程知多少"展品教育活动为例》，《自然科学博物馆研究》2017年第3期。

［2］黄子义、唐智婷、姜浩哲：《馆校结合视角下科普教育的治理逻辑——以上海自然博物馆"博老师研习会"项目为例》，《科学教育与博物馆》2020年第Z1期。

［3］常维亚、朱郴韦、邢鹏：《深化人才培养模式改革　培养高素质创新性人才》，《中国高等教育》2013 年第 8 期。

［4］刘泽良：《STEAM 教育对学生基本能力的培养要求》，《教育现代化》2019 年第 9 期。

［5］左崇良、祝志敏：《STEAM 教育的核心要义与课程变革》，《教育导刊》2021 年第 1 期。

［6］杨九诠：《关于课程衔接的思考》，《课程·教材·教法》2015 年第 8 期。

［7］余文森：《核心素养导向的课堂教学》，上海教育出版社，2017。

［8］杨晓琴、芝世纪：《甘南州小学科学课程教学存在的问题和实施建议——"藏族地区小学科学课程有效实施研究"系列论义之一》，《广西教育学院学报》2020 年第 5 期。

［9］黄艳、陶秋燕：《迭代创新：概念、特征与关键成功因素》，《技术经济》2015 年第 10 期。

基于叙事情境的科技馆活动设计

——以馆校结合活动"森'螺'万象"为例

孟佳豪　郝　琨　温馨扬[*]

（华中师范大学，武汉，430079）

摘　要　一切"事实"转化为"故事"离不开叙事者的叙述，而叙事者的叙述必然发生于一定的情境之中，叙事情境理论将叙事者与故事世界的复杂关系精练为若干基本元素，使得叙事文本的创造、评价、分析有章可循。本文尝试将叙事情境理论与科技馆教育"实物""实践"两大特征相结合，开发馆校结合活动："森'螺'万象"，为科技馆叙事的发展提供新的实践经验。

关键词　叙事情境　科技馆　馆校结合

故事能够超越时空，触及心灵，掌控情感，真实、深刻、高效地传播知识、文化、精神。叙事的形式并不局限于文本，纪录片、电影、舞蹈、绘画都可以叙事，科技馆教育活动自然也不例外，"科技馆展出的是展品（物），要表达的却是'物'背后的'事'。这个'事'就是过去的'人'和'物'打交道的过程和结果。任何有关科学内容的展览最终都是要揭示'人'和'物'的关系，科学思想、科学方法、科学精神离开了'人'和'物'的关系是根本说不清楚的。"[1]叙事者应"以什么身份""从什么位置""以什么方式"来讲故事？讲故事有哪些基础模式？科技馆学习、学校科学学习与叙事有怎样的

* 孟佳豪，单位：华中师范大学人工智能教育学部，E-mail：819835582@qq.com；郝琨，单位：青岛市即墨区第一中学，E-mail：haokun623@163.com；温馨扬，单位：华中师范大学教育信息技术学院，E-mail：491304587@qq.com。

联系？科技馆讲故事的优势在哪里？本文将结合具体科技馆教学案例，逐一回答以上问题。

1 叙事情境概述

叙事（讲故事）是一门多姿多样的艺术，其展现方式与叙述结构原则上是无限自由的，而奥地利学者弗兰茨·斯坦策尔从"无限自由的表层叙事结构"中深入挖掘、概括、总结，寻找深层结构，最终提出叙事文本的三大元素：叙事人称、叙事视角、叙事方式，并称之为"叙事情境"[2]，三大元素的自由组合将叙事情境分为第一人称叙事情境、作者叙事情境、人物叙事情境三类（见图 1）。

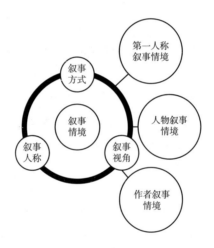

图 1　叙事情境

1.1　叙事情境的组成元素

叙事人称，是作者讲述故事时使用的人物称谓或身份，反映了叙事者与故事世界的关系，若叙事者是故事世界之中的人物，此时人称为第一人称，一般情况下用"我"表示。若叙事者外在于故事世界，此时人称为第三人称，一般情况下用"他/她/它"表示。也存在第二人称"你"，由于并不常见，在此不做讨论。

叙事视角（也称为叙事聚焦），反映叙述或观察故事发展的角度。分为零聚焦、内聚焦、外聚焦,"托多罗夫公式"直观地表述了三者的含义。零聚焦:叙事者>人物,叙事者以"上帝视角"俯瞰整个故事世界,他知晓故事世界的一切,比其中任何一个人物知道的都多,因此零聚焦又称"全知聚焦";内聚焦:叙事者=人物,叙事者作为故事中的人物,以该人物的思想、意识去感知,并叙述故事,即叙事者与人物所知一样多;外聚焦:叙事者<人物,叙事者外在于故事世界,以旁观者身份感知人物与故事世界,比人物知道的更少[3]。

叙事方式,是调节与把控客观信息与叙事信息的表现方式。最为常见的两种方式是"展示"与"讲述"[4]。"展示"指将客观信息不加评价地客观地展现出来作为叙事信息;"讲述"是指叙事者通过自我意识对于客观信息进行概括、评论等加工后,形成叙事信息。

1.2 叙事情境的分类

第一人称叙事情境,顾名思义,就是叙事者采用第一人称进行叙述,通常采用内聚焦的视角,叙事方式以讲述为主,叙事者存在于故事世界之中,可以是主人公也可以是故事中的目击者,叙事者所感知并叙述的信息受限于自身的感官、意识与活动范围,无法感知其他人物的思想活动,但第一人称叙事情境能够抒发叙事者真挚的感情,拉近叙事者与读者之间的距离,实现情感上的交互与共鸣,使故事具有真实性、可靠性与艺术渲染力。

人物叙事情境也通常采用第一人称、内聚焦,但叙事方式以展示为主,读者几乎感觉不到叙事者的存在,而是直接与人物"对话",借人物的眼睛看待故事的发展,使得人物形象刻画得更加形象、生动[5]。

作者叙事情境,通常采用第三人称叙述,以零聚焦或外聚焦为主,叙事方式以讲述与展示为主,零聚焦型作者叙事情境中由于叙事者不在故事世界内且他已知晓故事世界的一切,因此时空界限可以被打破,叙事者可以随意进入任何场景,深入人物内心,随时发表评论,使得叙事自由、灵活、多变。外聚焦型作者叙事情境中叙事者叙述的信息比人物知道的要少,使得故事出现了悬念,富有神秘感,引人深思,耐人回味。

1.3 叙事情境的意义

叙事情境涵盖了古往今来一切叙事形式,厘清了叙事者、人物、故事之间的关系，将无限自由的表层叙事结构转化为清晰明了的若干模式[5]。使得叙事文本创作有章可循，叙事人称、叙事视角、叙事方式的相互组合，第一人称叙事情境、人物叙事情境、作者叙事情境的自由转化，使得人物形象生动、丰满，感情真挚、细腻，故事变幻多彩、跌宕起伏。同时，叙事情境也为叙事文本的分析与评价提供了依据，对于叙事学的发展有着重要意义。

2 叙事情境与科技馆学习之间的关系

中国科技馆研究员朱幼文将科技博物馆教育/传播的基本特征归纳为："通过多样化的学习形式，引导观众进行基于实物的体验式学习和基于实践的探究式学习，从而获得直接经验。"[6]其中最核心的两个特征是"实物"与"实践"，因此本文将通过梳理"实物""实践"与叙事情境之间的联系，剖析叙事情境与科技馆学习之间的关系。

2.1 叙事情境与"实物"

科技馆"实物"主要指科技藏品、展品，以下将分别论述二者与叙事情境之间的关系。

2.1.1 叙事情境与藏品

藏品指科技馆根据相关法律法规和自身需要而接受和征集的人类及人类环境的物质及非物质遗产，如自然标本、化石、科技发明、实验装置、工业产品等。这些科技"遗产"的真正价值并非其材料、造型、工艺、性能本身，而是因为它见证了自然的发展与人类文明的进步，承载着历史文化，联系着社会生活，记录了科学家们在其所在的文化背景、科技水平下，思考、观察、总结、反思、实验，运用科研工具，在思辨与探索中进行科学实践，从而获得了科技新发现的艰苦、伟大、震撼的科技史诗。其背后隐含着科学家在探究过程中所体现的科学方法、科学思想和科学精神（见表1）。[7]藏品自身作为历史的见证物，能够提升叙事环境的真实性、震撼力、吸引力，藏品蕴含的信息更是为叙事提供了独一无二且具有教育意义的话题材料。而叙事情境为挖掘藏品信息并向基于藏品"讲故事"转化的过程提供了基本分析框架。

表1　科技馆藏品、展品蕴含的三层信息

第一层信息	藏品、展品本身的基本特性以及科学原理、科学知识
第二层信息	科学家经历了什么样的过程、采用了什么样的方法、在何种环境和社会关系下发现该科学原理
第三层信息	该科学发现给当时的科技、经济、文化、社会带来什么样的影响

2.1.2　叙事情境与展品

展品指科学技术馆陈列展览用于呈现科学技术内容的展示对象。一些展品源自藏品，旧金山探索馆建设者奥本海默（Oppenheimer）曾讲到："探索馆的不少展品是由实验室标准设备或教学演示设备改造而成的，一些身边的事物和自然现象也成为展品的来源"[8]。它们与藏品一样蕴含了独特的历史、自然、社会、文化故事。不仅如此，在展区环境、辅助展示装置的配合下，展品能够提供多感官的冲击体验，使得展览效果更加突出。另外一些展品则不具备藏品的"故事信息优势"，其主要"卖点"在于奇妙现象与交互体验。但这并不意味着此类展品不能叙事，设计者可以利用科学现象营造奇妙的故事环境，设计虚拟的科幻情节，学习者不仅能在虚实结合的情节中听故事，还能进行交互体验，"玩"故事。

2.2　叙事情境与"实践"

实践即"基于（科学与工程）实践的探究式学习"，强调通过科技馆学习情境创设，还原科学家在实施调查研究、建立世界的理论和模型时进行的主要实践，以及工程师在设计解决方案与建立系统时所进行的一系列工程实践，引领学习者像科学家一样思考、实践、领悟[9]。实践中包含了探究的过程，而探究的过程既是故事的发展脉络又是认知的建构过程。将叙事与"实践"相结合，学习者不再仅仅是"听众"或者"观众"，他们甚至能够"穿越"到故事世界中去，进入人物叙事情境，以人物（科学家的身份）创造全新的历史。叙事情境激发学习情感与动机，设置问题悬念，驱动实践的展开，而学习者经过实践的过程将存在于故事世界中的精神、方法、思想、态度等认知化作直接经验，烙印在学习者心中。

3　叙事情境与学校科学学习之间的关系

在学校科学学习中，教师向学生讲授知识时，通常会引入科技史故事，以此增加课堂的趣味性，调动学生的学习兴趣，诱发学生对于科学世界的向往。可见，学校科学学习与科技史叙事结合是很普遍且有必要的。但是"讲故事"并不是一件容易的事情，讲不好，会产生"风险"甚至"危害"。

相信大家都在课堂中讲授或者听过这些科技传奇故事：传说苹果砸在牛顿头上，牛顿便思考出万有引力定律；阿基米德洗澡时观察身体和水位的关系，便发现浮力定律；凯库勒睡梦中梦到一条咬住自己尾巴的蛇，便提出苯分子的结构……如果以这种方式讲故事的话，必然无意识地强调了科学发现的偶然性、机遇性，使学生容易误解科学家的形象，忽略科学发现的历史文化条件以及科研工作的艰辛，不利于学生把握科学的本质，甚至影响后续的科学学习。

问题的关键不在于故事本身，而在于如何正确地讲故事，基于叙事情境进行科技史故事讲述，能够为学校科学学习营造有逻辑、有情感、有思想的故事情境。如采用"人物叙事情境"，以"第一人称""内聚焦"的视角"展示"的方式，呈现科学家思考的心理过程与探究的实践过程，拉近科学家与学生之间的距离，实现情感上的交互与共鸣。或者采用"外聚焦型作者叙事情境"的方式，为科学发现的故事蒙上神秘的面纱，学习者与科学家一同思考与探究，随着故事的发展脉络逐步解开谜团。可见，叙事情境应用于学校科学学习在引起学生学习兴趣的同时将科技史中的科学精神、科学方法、科学思维充分展现出来，从而改变只灌输公式、定理，重知识与技能训练的"不讲故事"现状与只强调科技史的趣味性、机遇性、偶然性的"讲传奇故事"现状。

4　叙事情境在科技馆中的应用：馆校结合活动"森'螺'万象"

馆校结合活动"森'螺'万象"，通过科幻故事串联起郑州市科技馆螺之美展区的若干展品，以"螺"为核心，将"螺－达·芬奇""螺－螺线""螺－螺号""螺－潜水艇""螺－建筑"等联系起来，在故事情境中，学习者不仅能了解螺的生物特性以及与螺有关的科技发明，还能参与科学探究实践，并领悟到小小的螺与世间万象之间的联系，唤起保护自然的意识与责任心，感悟科技的魅力。

4.1　学习者分析

学习者为郑州市 X 中学七年级科技创新社团 12 名成员，该学段学习者能理解物质科学、生命科学，以及技术与工程科学的基本现象、概念和原理，独立思考能力迅速发展，对事物开始有自己的见解，开始用怀疑和批判的眼光来看待周围一切事物，不满足现有的结论，喜欢怀疑、争论，也喜欢探索、辩驳和提出一些新奇的想法，但其思维发展还很不完善。

4.2　学习内容分析

活动的实施地点在郑州市科技馆螺之美展区，其中若干"螺主题"的科技藏品、展品（见图 2），包括真实的螺标本、可多感官感知的体验型展品、可进行动手实践的探究型展品，不仅涉及声音的特性、浮力、阻力等物质科

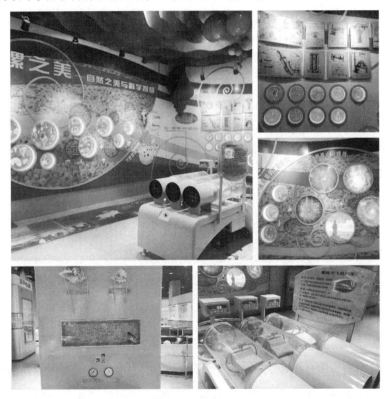

图 2　郑州市科技馆螺之美展区

学领域知识，以及生物的结构与功能、自然选择与进化等生命科学领域知识，还蕴含达·芬奇等科学家进行科学研究的思考与实践过程，体现科学精神、科学态度、科学方法以及自然、科学、技术、工程、社会之间的相互联系。

4.3 教学目标

"森'螺'万象"的教学目标以初中科学课程标准为主要依据，以藏品、展品自身特点为参考，围绕螺所涉及的科学、工程、自然、社会等相关内容，将教学目标划分为科学观念与应用、科学探究与创新、科学思维与实践、科学态度与责任4个维度。具体内容如表2所示。

表2 "森'螺'万象"教学目标

科学观念与应用	a 通过实验，认识浮力；探究浮力大小与哪些因素有关；知道阿基米德原理，运用物体的浮沉条件说明生产、生活的一些现象； b 了解声音的特征(音调、响度、音色)； c 说明动物的运动依赖于一定的结构； d 尝试根据一定的特征对生物进行分类； e 概述无脊椎动物不同类群的主要特征以及它们与人类生活的关系
科学探究与创新	a 能够针对与螺有关的科学现象提出可研究的科学问题； b 针对研究问题拟定合理的科学探究方案； c 能够合理地处理和分析收集到的数据
科学思维与实践	a 理解潜水艇模型的要素，并运用模型解释现象、解决问题； b 参与基于证据的论证、建构令人信服的观点、支持或反对科学现象的解释
科学态度与责任	a 了解社会需求是推动科学技术发展的强大动力，科学技术也是社会和经济发展的重要力量； b 热爱自然，珍爱生命，理解人与自然和谐发展的意义，提高环境保护意识； c 乐于探索生命的奥秘，具有实事求是的科学态度、探索精神和创新意识

4.4 教学过程及分析

教学活动分为情境引入，活动一：小队集结，活动二：天生我材有何用？活动三：海底两万里，活动四：拯救世界，活动五：森"螺"万象六大环节，表3详细介绍了每个环节的叙事文本，以及叙事情境及教学活动分析。

表3 "森'螺'万象"教学过程及分析

教学环节	叙事文本	叙事情境及教学活动分析
情境引入	(作者叙事情境)旁白:2500 年,植被枯萎露出干涸的大地,工厂的浓烟遮住了头顶的天空,海洋上漂浮着各式各样的垃圾,人类引以为豪的"文明"造成了世界的毁灭。庆幸的是人类没有因此灭亡而是神奇地变成了螺	带领学习者进入"作者叙事情境",通过"第三人称"以"讲述"的方式从"零聚焦"看待人类破坏环境,造成的世界毁灭,调动学习者的学习情感与多感官知觉,最后转入"外聚焦",人类神奇地变成了螺,为什么会变成螺?人类变成螺之后怎么才能完成自我救赎?目前还不得而知,悬念使得学习者期待故事的发展
活动一:小队集结	(人物叙事情境)螺队长:"今天召集各位,是要你们穿越时空,到千年之前,寻找解救人类的方法,这是最新研制的智能机器——时光螺号,不仅能带你们穿越时空,还能实现螺与人之间的同声传译。出发之前,你们要根据自身的结构特点进行分组,形成 4 个研究小队。" (人物叙事情境):学习者进行活动一	科技辅导员以"螺队长"的身份以"第一人称""内聚焦"视角和"展示"的方式组织教学活动的开展,学习者从听众或观众身份转变为主人公,进入"人物叙事情境"。 活动一:学习者随机抽取一张活动卡片,每张活动卡会有一张螺的图片,这张螺图片就是学习者现在的形象,学习者互相观察同伴们形象的异同,可按照自定义的规则进行分组,分为 4 个小队。并且说明分组依据或规则。其意义在于培养学习者观察、思考、假设、分析、总结,尝试根据一定的特征对生物进行分类的思维以及合作交流的能力,为后续活动的进行做好认知准备
活动二:天生我材有何用?	(作者叙事情境)旁白:小螺勇士们穿越到千年之前,灿烂的阳光照耀在金黄而旷阔的沙滩上,海水时涨时退,椰树随风摇曳,空气自然清新,它们享受着久违的美好。突然小螺们被一位白胡子老人拿起来仔细地观察、揣摩。而小螺们却瑟瑟发抖,老人在想什么?煎炒烹炸、盐焗还是螺蛳粉?黄昏时分老人将小螺带回了家,老人家里四处挂满了动物、植物、机械各式各样的图画。 (人物叙事情境)老人自言自语:"这些螺,种类不同却又有相似之处,这样的结构带给它们怎样的优势呢?给我们又能带来哪些启示呢?"说罢老人突然拿起笔、尺开始了制图,进行施工测试,发现问题,修改,再设计循环往复,只见他每工作 4 个小时睡 15 分钟,每工作 4 个小时睡 15 分钟……,这样重复了无数个日夜,老人完成了几张工程图纸。 (人物叙事情境):小螺们好奇地看着图纸中的工程设计,有种亲切的感觉。 学习者开展活动二	本部分以"作者叙事情境"为开端,通过"第三人称"以"零聚焦"视角和"讲述"的方式,对比两个时空不同的自然环境,形成前后强烈的反差,再次刺激学习者保护环境的情感;白胡子老人的出现,将"零聚焦"转变为"外聚焦",增加了人物的神秘感;老人回到家中之后,故事进入"人物叙事情境",以"第一人称""内聚焦"的视角和"展示"的方式,呈现老人的思考与探究的过程,为学习者引出了活动二的核心问题。最终回归人物叙事情境开展活动二。 活动二要求学习者参观藏品"螺标本"以及体验展品"螺线与飞机汽车"、"自然界中的螺线"与藏品"达·芬奇的设计",展开讨论,尝试回答老人提出的问题,并分析螺壳的流线形与飞机、汽车的关系,螺旋结构与达·芬奇的设计图之间的关系,讨论自然界中的各种螺线(如建筑、交通工具、台风、星云、光子等)

续表

教学环节	叙事文本	叙事情境及教学活动分析
活动三：海底两万里	（作者叙事情境）旁白：小螺们被老人的智慧所折服，决定向他寻求帮助，于是通过时光螺号的同声传译，告诉了老人未来的一切。 （人物叙事情境）老人：令人担心的事情终究还是发生了，可惜我也不知道如何拯救人类，我带你去找尼莫船长，他知晓很多海洋上的传说，也许能有所帮助。 （作者叙事情境）旁白：在老人的带领下，小螺们找到了尼莫船长，并告知他发生的一切。 （人物叙事情境）尼莫船长：海上流传着这样的传说，如果人类破坏环境、滥捕乱杀、污染海洋的话会受到诅咒，但是在距离这里两万里的海底有破除诅咒的方法，可惜我只是一个船长，我的船没办法潜水。哎？你们螺是怎么上浮下沉的？	故事通过作者叙事情境进行各个活动部分的衔接，始终将学习者置身于故事情境之中，作者叙事情境与人物叙事情境的转换，引出新的人物尼莫船长，以"第一人称""外聚焦""展示"的方式，使拯救世界的办法浮出水面，但又迎来了新的问题，如何制作潜水艇，螺与潜水艇是否存在联系？ 活动三：思考并体验展品"鹦鹉螺与鹦鹉螺号潜艇"，探究浮力大小的影响因素，构建并理解潜水艇模型的要素，并运用模型解释现象、解决问题
活动四：拯救世界	（作者叙事情境）凭借小螺勇士们的帮助，尼莫船长终于造出"鹦鹉螺号潜艇"，并且带领它们来到两万里外的海底，找到了宝箱，小螺们打开宝箱，海神突然现身。 （人物叙事情境）海神：部分人类因为一己私欲将地球生态系统推向死亡的深渊，工业的高速发展使环境污染愈演愈烈，你们变成螺，是大自然给予的最后警告，记住"生态本身就是经济，保护生态就是发展生产力，绿水青山就是金山银山"，我只能帮你们扭转一次未来，希望末日不会再重来	故事进入高潮，通过"人物叙事情境""第一人称""零聚焦""展示"的方式，塑造了知晓一切的海神人物，人类变成螺的原因与拯救世界的方法得到解密，学习者保护环境的情感再次得到强化，并达到峰值。 活动四：学习者以小组为单位讨论环境破坏的危害，以及治理环境问题的方法
活动五：森"螺"万象	（第一人称叙事情境）：小螺们回到了它们的世界，向世人分享这段神奇的经历	活动五：学习者经过4个环节的学习，获得了若干认知，在活动最后环节，学习者通过第一人称叙事情境，进行汇报分享，总结自己的学习收获

5 总结与不足

活动"森'螺'万象"沿着两条主线推进教学进程，一是明线，小螺拯救世界的故事；二是暗线，即观察体验—界定问题—建立模型—调查分析—建构解释—交流讨论的探究过程。叙事文本主要采用作者叙事情境与人物叙事情境，较少采用第一人称叙事情境。作者叙事情境的主要意义在于衔接各个活动以及介绍故事背景，人物叙事情境则主要用于塑造关键人物形象，文中多次采用外聚焦，设置悬念，引发思考，界定核心探究问题。活动的最大创新之处在于观众既是学习者又是叙事者还是故事人物，观众以内聚焦的视角全程沉浸在故事体验之中，并通过实践获得直接经验。

活动进行中对于参与者进行无介入式学习行为观察记录，发现大部分参与者的学习投入度，以及师－生交互度、生－生交互度都有很高水平，活动后进行满意度调查，结果也十分理想。但经过作者反思，依然存在若干问题，尤其是故事线与学习者的自由选择把控之间的矛盾。福克曾指出："场馆学习中，当观众自由选择学习内容，并把控自己的学习行为时，学习效果将达到峰值"，但"森'螺'万象"的一大特点是通过故事线串联起藏品、展品与学习任务，在故事剧情的发展下，逐步操作展品，完成学习任务。活动如同学校教学一般，具有一定的程序性，而每位学习者完成阶段任务的效率不同，统一步调会导致部分学习者有"掉队"的情况。活动的程序性无疑会与福克的观点产生矛盾，如何把握活动的自由度值得深思。

参考文献

［1］王恒：《科学中心的展示设计》，科学普及出版社，2018。

［2］Franz Stanzel, Theorie des Erzählens, Vandenhoeck & Ruprecht, 7. A uflage , G oettingen, 2001, S. 71.

［3］刘蓄瑞：《论创作拓展期的中国电视纪录片叙事情境特征》，《绵阳师范学院学报》2015 年第 4 期。

［4］欧阳友权、汤小红：《论网络小说的叙事情境》，《中南大学学报》（社会科学版）2006 年第 4 期。

［5］陈良梅：《论叙事情境理论》，《当代外国文学》2005 年第 4 期。

［6］朱幼文：《科技博物馆展品承载、传播信息特性分析——兼论科技博物馆基于展品的传播/教育产品开发思路》，《科学教育与博物馆》2017 年第 3 期。

［7］朱幼文：《教育学、传播学视角下的展览研究与设计——兼论科技博物馆展览

设计创新的方向与思路》,《博物院》2017 年第 6 期。

[8]〔加〕伯纳德·希尔、〔英〕埃姆林·科斯特:《当代科学中心》,徐善衍等译,中国科学技术出版社,2007。

[9]朱幼文:《基于科学与工程实践的跨学科探究式学习——科技馆 STEM 教育相关重要概念的探讨》,《自然科学博物馆研究》2017 年第 1 期。

5E 教学模式在馆校结合科学教育活动中的应用

——以"太阳能车挑战赛"为例

聂婷华　吴晓雷*

（上海科技馆，上海，200127）

摘　要　近年来，学校和科技馆的馆校结合项目如火如荼地开展，随着合作进程的推进，合作中存在的深度不足、专业性欠缺和课程设计思路不够精准等问题凸显。本文以"太阳能车挑战赛"为例梳理馆校结合背景下科技馆运用 5E 教学模式开发教育活动的思路，探索 5E 教学理念在科技馆科普教育活动中的应用方式和实施路径。

关键词　5E　馆校结合　教育活动开发

科技馆作为非正规教育场所，对于公众科学素养的提升起着积极的推进作用，尤其是对于中小学生拓展与实践教育，起到了至关重要的作用。虽然学校和科技馆的体系、教学方式以及主要的教学载体不同，但它们拥有共同的教育使命。近年来，在中国科协组织的"科技馆活动进校园"项目的推动下，国内掀起了科普场馆和学校合作的馆校结合项目的高潮。然而，学校和科技馆的教学体系、教学方式、教学载体等不同，使得馆校合作中普遍存在合作深度不足、专业性欠缺和课程设计思路不够精准的问题，导致活动效果与预期存在一

---

* 聂婷华，单位：上海科技馆，E-mail：nieth@ sstm. org. cn；吴晓雷，单位：上海科技馆，E-mail：wuxl@ sstm. org. cn。

定的偏差。

2015 年，我国颁布了《博物馆条例》，"教育"成为博物馆的核心功能。经过几年的发展，科技馆的科普教育逐渐专业化、规范化，5E、STEM 等先进、成熟的教育理念的应用功不可没。5E 教学法充分发挥学生的主动性，通过探究和实践引导学生深入理解科学知识，构建新的知识架构，解决实际问题，受到教育界的广泛关注，在我国的中小学教育中应用非常广泛。在馆校结合中，科技馆不仅要依托最有优势、最有特色的展品开展教育活动，也要在教育方式和教育理念上与学校教育衔接。本文梳理了馆校结合背景下科技馆教育活动的开发思路，探索融入 5E 教学理念的科普教育活动的开发和实施策略。

1 5E 教学模式的内涵

5E 教学模式是美国生物科学课程研究所（BSCS）开发出的一种建构主义教学模式，包括吸引（Engagement）、探究（Exploration）、解释（Explanation）、迁移（Elaboration）和评价（Evaluation）5 个环节，该教学模式 5 个环节的首字母都是"E"，因此被称为 5E 教学模式。欧慧[1]、王栋[2]、廖祝英[3]等的研究表明，5E 教学模式能提高学生的探究能力，并明确 5E 教学模式提高学生的探究能力主要是通过提高分析能力、形成结论能力、提出研究假设能力和设计实验能力等要素来实现的。

1.1 吸引

吸引是 5E 教学模式的起始环节。教师提供吸引学生的情境、问题或产生认知冲突的现象等，让学生联系已有的知识和经验，暴露错误的概念，调动其探究的内在动力。

这一环节的教学活动形式多样，教师可创设情境、让学生扮演特定的角色、复盘生活中真实发生的案例或进行一个与学生认知产生冲突的实验等，以此激发学生对学习任务的探究兴趣。

1.2 探究

探究是 5E 教学模式的中心环节。在这一环节，学生根据上一环节产生的认知冲突或情境问题进行探究，教师需提供给学生新的知识、必备的材料、仪器及仪器的使用方法等，鼓励学生操作，扮演聆听者、观察者的角色给予学生适当的提示。

这一环节要根据学生的年龄段设定探究任务，对于低幼学生要进行全流程的指导，鼓励低年级学生进行半开放式探究，鼓励高年级学生进行开放式探究。在探究开始前教师需给学生提供足够的知识、教具准备，同样要让学生清楚地知道为什么要探究、探究什么以及探究方式。这一环节常用的教学策略有观察、手工制作、探究实验、过程再现等。

1.3 解释

解释是 5E 教学模式的关键环节。这一环节学生展示探究过程和结果，给学生提供一个表达其对概念、方法、技能等的理解和掌握情况的机会。教师根据学生的阐述，顺势引导学生将已有经验和探究结果联系起来、推理，传达正确概念、过程或方法。

这一环节常用的教学策略是学生作品展示、学生阐述、教师总结，形式上可借助产品推介会、项目竞标等方式带动学生深入分析，教师可采用视频或动画的形式帮助学生建立新的认知。

1.4 迁移

迁移是在教师引导下加强学生对概念的理解和应用，建立概念间的关系，希望学生能学以致用，用新概念或新方法举一反三地解决问题或解释新现象。

常用的教学策略有开展新的活动，将新概念或新方法应用到实践中，解决实践中的真实问题。若探究环节是实验探究，可通过工程制作应用探究结果；若探究环节是手工制作，可引导学生改进手工作品。

1.5 评价

评价的目的是了解学生对新概念或新方法的理解及应用能力，鼓励学生反思研究过程，教师评估教学过程和效果。

这一环节的常用教学策略有学生自评、互评和前后测，教师在活动过程中对学生进行形成性评测等。在形式上，可采取教师提出开放性问题，学生反思或学生组队辩论赛的形式。

2 活动开发思路

"太阳能车挑战赛"活动源于生活实践问题,依托科技馆的展品展项,在 5E 教学模式的支撑下,以学生为活动的主体,从"引入情境、明确任务""活动对象分析和教学目标设定""内容解析""梳理可提供的教具""设计活动过程""设计评价方案"6 个方面开展活动。[4]

2.1 引入情境、明确任务

因活动设计中知识迁移环节有"太阳能车挑战赛"任务,因此在活动初始阶段给学生设定的身份是能源枯竭、环境恶化背景下的赛车手身份,学生需深入了解目标能源的工作原理、为赛车选定理想的动力来源,以便在比赛中取得好成绩。

2.2 活动对象分析和教学目标设定

2.2.1 活动对象分析

"太阳能车挑战赛"的活动对象为 5~6 年级学生,这个年龄段的学生拥有较多零散、片面的知识,知道太阳能可以转换成电能但对其原理是知其然而不知其所以然,甚至部分学生认为太阳能发电是光热转换;可以很好地完成教师设计好的实验,但当需要自己设计实验时却无从下手;拥有独立思考的能力,但当小组产生分歧时无所适从。

2.2.2 教学目标设定

科学知识:了解能源危机、认识现有的清洁能源;认识到太阳能发电的优势和劣势,认识到能量既不会凭空产生也不会凭空消失,只能从一个物体转移到另一个物体,不同形式的能量可以相互转化;通过动画理解光电效应是使太阳能电池发电的原因。

科学探究:能够利用现有知识形成假设,推测影响太阳能电池发电量的因素,并初步设计实验验证;学习观察实验现象,记录实验数据并分析信息得出结论的方法。

科学态度:在探究活动中愿意与他人合作,积极参与实验设计、交流和讨论;能通过实验数据和现象分析、总结结论,并基于证据和推理发表自己的见解。

科学、技术、社会、环境：通过对能源枯竭和光电效应的认识，体会人类的需求促进了科学技术的不断发展；关注科学技术对社会发展、自然环境及人类生活的影响。

2.3 内容解析

要达成教学目标，学生需了解理想能源和传统能源的区别，了解太阳能的利用形式，知道太阳能发电的原理和影响太阳能发电的因素、太阳能发电的优缺点以及实际应用情况。

2.4 梳理可提供的教具

太阳能探究实验箱、太阳能赛车材料、2 厘米高弧形斜坡、75 瓦手持照射灯等。

太阳能探究实验箱内含万用表、照度计和探究实验台，教师需告知学生这些工具的使用方法及注意事项。

2.5 设计活动过程

根据 5E 教学法，学生完成整个活动要经历"提出问题—展品体验—做出假设—实验探究—分析总结—知识迁移—活动评价"7 个环节。教师提供活动背景，学生作为赛车手要为赛车寻找理想能源，通过科技馆内互动式展品体验、浏览实际案例、原理解释动画等，学生选定太阳能作为赛车动力来源，为更好地利用太阳能、找到影响太阳能发电的因素，学生提出假设通过控制变量法和对比实验得到数据、总结结论，将结果应用到实际案例中。

2.6 设计评价方案

教师结合教学目标、根据学生的学习成果制订形成性评价方案。

3 活动实施流程（见图 1）

3.1 吸引——提出问题

这一阶段的目标是让学生在情境中思考并了解理想能源的特征，引出话

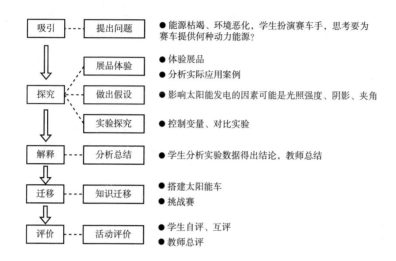

图1　"太阳能车挑战赛"活动实施流程

题——太阳能。

教师创设故事情境，引发学生思考：煤炭、石油等不可再生能源日益枯竭，环境污染加剧，作为一名赛车手，你要为你的赛车提供什么动力？你认为什么样的能源才是我们理想中的能源？理想能源有哪些？

学生充分讨论自己理想中的能源的特征。

教师总结学生的讨论，引导学生了解目前可实际应用并常用的理想能源是太阳能。

3.2　探究

这一阶段教师引导学生体验展品、做出假设、实验探究，促使学生了解太阳能的应用以及探究影响太阳能电池的因素。

3.2.1　展品体验

（1）通过互动式展品体验，了解太阳能可以为汽车提供动力且光照角度会影响发电效率

教师带领学生参观科技馆的"叶子车"展项，通过互动式讲解让学生了解"叶子"车顶的一片巨型叶子是一部高效的光电转换器，可吸收太阳能转化为电能，并且它上面的阳光追踪系统，使太阳能晶体片可随太阳照射方向而

转动，提高太阳能收集效率。

学生了解到太阳能可以转换为电能，并且不同的光照角度可能会影响太阳能电池板的收集效率。

（2）通过图片或视频展示实践案例，让学生了解太阳能电池板常常大面积铺设

教师通过图片或视频展示太阳能的应用案例——世界上最大的太阳能船"图拉诺号"、世界上最大的太阳能飞机"阳光动力二号"以及位于中国山西的熊猫太阳能发电站，让学生了解太阳能广泛的应用领域，细心的学生会自主发现案例中的太阳能电池板的使用量非常大。为后面引入太阳能电池板的缺点做铺垫。

3.2.2　做出假设

（1）请学生思考并总结太阳能发电的优点和缺点

优点：取之不尽、分布广泛、清洁无污染、硅储量丰富、维护方便、零排放……

缺点：不连续、分散性、效率低、成本高……

（2）学生提出影响太阳能发电量因素的假设

请学生根据所知所学提出影响太阳能电池板发电量的因素，学生一般会提出天气、季节、遮盖物等，教师需引导学生找到他们所提出因素的真正影响因素，如光照强度、太阳能电池板与光照角度等。

3.2.3　实验探究

通过实验探究影响太阳能发电量的因素。

教师介绍实验教具的使用方法、解释对比实验的设计原则。学生根据提出的影响太阳能发电的因素（如光照强度、阴影面积、光源和电池板夹角等），自行设计实验记录表格，并在实验过程中记录实验数据。

注意：因实验中会用到光源，教师需提醒学生不要触碰光源，也不要用光源照射自己或他人眼睛。

3.3　解释——分析总结

在这一阶段，学生分享探究实验结果、教师分析总结，使学生了解实验结果和实际应用冲突的原因。

3.3.1　学生探究实验结果分享

学生一般都能将实验数据分享给大家，少数能根据数据得出结论。教师需引导学生根据实验数据结果从横向和纵向总结结论。如光照强度和电流的关系？哪个角度产生的电流最大？阴影会影响太阳能电池发电吗？如果你家要安装太阳能电池板，你会给出哪些建议？

3.3.2　教师总结

教师结合学生实验和发言总结科学实验的一般步骤，即发现问题—提出假设—实验验证（实验过程要严谨）—得出结论。

教师通过动画和图示让学生了解太阳能电池板的发电原理，让学生初步了解太阳能电池板是利用波长小于 1.1 微米的太阳光，将太阳能转换为电能的，大约25%的太阳能无法转换为电能。

教师通过图片或视频向学生展示实际应用中太阳能电池板的放置方式，让学生知道实验得出的理论数据和实际应用有偏差是因为在实际应用时要从经济、天气、技术等各方面综合考量。

3.4　迁移——知识迁移

教师发布搭建太阳能赛车并举办"太阳能车挑战赛"的任务，引导学生将探究实验结果应用到实践中。学生根据探究实验结果搭建太阳能赛车并拟定卤素灯模拟的"太阳"的放置方式。如太阳能车比赛，在室内进行，设置长 8 米、宽 1 米的长方形场地，距起跑线 2 米处设有弧形障碍台，弧顶高 2 厘米。车辆从起跑线发车，赛车手站在赛道外用照射灯照射太阳板驱动赛车前行，并越过障碍台直至通过终点，以太阳能车到达终点的时间长短为挑战赛的评判标准。

3.5　评价——活动评价

活动实施过程中，学生从"科学知识""科学探究""科学态度""科学、技术、社会与环境"4 个方面对自己的行为表现做出客观评价（见表 1）；挑战赛后的分享环节，学生对整个活动中自己和组员的表现互相评价。教师根据教学目标、活动特色和学生在活动中的表现，做出综合评价。

表 1　学生自评表

教学目标	评价要点	具体表现(1 分、3 分、5 分)	自评
科学知识	能说出太阳能的利用形式	A 不能　B 基本做到　C 做得很好	
	能理解太阳能的优势和劣势	A 不理解　B 基本理解　C 完全理解	
	能解释太阳能的发电原理	A 不能　B 基本做到　C 做得很好	
科学探究	能提出影响太阳能发电的因素假设	A 不能　B 基本做到　C 做得很好	
	能制订实验计划	A 不能　B 基本做到　C 做得很好	
	会使用控制变量法	A 不能　B 基本做到　C 做得很好	
	能分析实验数据并得出结论	A 不能　B 基本做到　C 做得很好	
科学态度	积极参与实验设计、交流和讨论	A 不能　B 基本做到　C 做得很好	
	能根据自己的思考发表意见	A 不能　B 基本做到　C 做得很好	
	能倾听组员的想法和建议	A 不能　B 基本做到　C 做得很好	
	遇到问题不气馁	A 不能　B 基本做到　C 做得很好	
	能理解理论与实际应用的偏差	A 不理解　B 基本理解　C 完全理解	
科学、技术、社会与环境	理解科技和环境的现象与发展	A 不理解　B 基本理解　C 完全理解	
	能理解人类行为并能判断行为对后果的影响	A 不理解　B 基本理解　C 完全理解	

4　效果评估

该活动通过前后测、学生行为观察、学生自评表和学生访谈进行综合效果评估。

教师在活动前后分别提出类似的问题进行前后测,了解学生对太阳能的初始认知以及活动后的理解,发现 80% 的学生能理解太阳能的发电原理,97% 的学生能理解太阳能的优势和劣势;在探究实验过程中通过对学生的行为观察,了解学生对内容的理解程度、实践操作、团队合作和举一反三的能力,发现 75% 的学生能自主设计探究实验方案,其他学生在教师提醒后能设计出实验方案,所有小组能通过实验得出数据,86% 的学生能通过实验数据总结结论,80% 的学生能自主将探究实验结果应用到最后的挑战赛中,另外在探究实验过程中能明显感受到学生的兴趣和积极性有极大提升;活动结束后通过访谈了解学生对活动的感受,100% 的学生对活动表示满意,希望还能参加自主探究的活动。

5 结语

科技馆是开展"基于实践的探究式学习"的场所，和学校教育相比，科技馆的教育更具实践性、开放性和挑战性。但教育理念是相通的，5E 教学法已广泛应用于国内外科学教育中，实践证明其是一种有效的教学方法。为了使馆校结合下科普场馆的教育更加专业化和规范化，提高科技馆教育与学校教育的适配度，科技馆教育人员应充分理解 5E、STEM、PBL 等先进教育理念的内涵并将其应用于活动设计中，期待科技馆同行将理论和实践并重，不只满足于增加学生的科学知识，更致力于帮助学生掌握科学方法、感悟科学精神、认识科学技术与社会环境的关系。

参考文献

［1］欧慧：《5E 教学模式应用于农村初中生物实验教学的实践研究》，辽宁师范大学硕士学位论文，2018。
［2］王栋：《基于"5E"教学模式的高一化学概念教学策略实施研究——以贵阳市第 25 中学为例》，贵州师范大学硕士学位论文，2017。
［3］廖祝英：《5E 教学模式在高中生物教学中的实践研究》，广州大学硕士学位论文，2017。
［4］叶兆宁、杨元魁：《构建 STEM 教育的课程观——STEM 教师专业发展的必由之路》，《人民教育》2018 年第 8 期。

科普场馆实验室建设的四重维度

——以北京科学中心脑科学实验室为例

田 园[*]

（北京科学中心，北京，100032）

摘 要 场馆实验室是配合校园科学课程教学推进"馆校结合"开展科普教育的重要载体，具有阵地化开展科普工作的优势。当前各地科普场馆实验室建设力求与校园科学课程教学形成互补，在功能目标、课程内容、教学方法、场景应用四重维度做了有益探索，显示了场馆实验室建设在弘扬科学精神、传播科学知识、倡导科学方法、培养科学思维方面的独特性。对此，北京科学中心实验室建设积累了丰富的经验，本文以北京科学中心脑科学实验室建设为例，为场馆实验室建设提供一个可复制、可推广的样本。

关键词 场馆实验室 建设目标 课程体系 教学方法 场景应用

现代教育是面向综合素质提升的教育，科普教育作为现代教育的一个重点领域，同样要实现科学素质提升的目标，研发符合学生认知特点的课程，采用便于中小学生理解的科普教学方法，建构趣味性、针对性、可参与性应用场景，在功能目标、课程内容、教学方法、场景应用四个维度上要契合现代教育理念。而科普场馆实验室是现代科普教育的重要载体和平台，在科普场馆中，实验室建设具有特殊的功能，实验室建设质量在一定程度上决定了科普场馆效用的发挥。当前，各地科普场馆实验室建设在素质提升培育、助力"馆校结

---

* 田园，单位：北京科学中心展览教育部，E-mail：19177650@qq.com。

合"、弥补校园科普教学不足之处上不断探索创新，如中国科技馆"科普活动实验室"、辽宁科技馆"培训实验室"、上海科技馆"安捷伦科学实验室"等。作为首都科普教育的重要阵地，2014 年筹建的北京科学中心，坚持"展教结合，以教为主"的发展理念，自 2017 年正式启动运营以来，打造了深度体验实验室、信息千里眼远程观测实验室、建筑实验室、气象主题实验室、机器人实验室、逻辑与智能信息技术实验室、脑科学实验室、创客空间等 10 个主题实验室，北京科学中心实验室建设在贯彻现代科普教育理念上做了有益的探索。

1 现代科普教育的四重维度

一是功能目标维度。科普教育目标从增加知识储备转向提升认知能力。认知能力是学生的基本素质之一。"授人以鱼不如授人以渔"，传授既有知识，不如传授学习知识的方法。培育认知能力，可以调动学生自主学习兴趣、激发学生探究精神、增强创新思维意识，主动认知和理解事物的本质。认知事物的本质，才能破解事物内在矛盾、遵循事物发展规律、提出科学合理的解决方案，才能把知识储备转化为生产力。因此，在现代科普教育教学中，首要的科普目标是提升中小学生的认知能力。

二是课程内容维度。科普教育内容从散点、模块式知识转向体系化课程设计。有学者认为，当前科普供给端呈现高度、广度和温度的"三度"特征，在内容上更注重传播科技前沿，更注重为全民提供有关应急安全、健康养老、防骗反邪等方面的科普知识。[1]科普供给端的"三度"面向，一方面表达了科普时效性特点，科普要对热点、急需、应知应会的科学知识有所回应，另一方面科普又不能满足于零星知识的传播，必须进行体系化建设，增强科普供应端的系统性。体系化建设，一是体现在硬件基础上，要"形成数量充足、门类齐全、布局合理、特色鲜明的科普基础设施体系"，[1]二是体现在课程设计软支撑上，要围绕科普知识点构建完备的课程体系，形成囊括基础性理论课程、应用性课程、核心课程、扩展课程等层次化、体系化的课程体系，以拓展科普传播工作的厚度和深度。

三是教学方法维度。科普教育方法从知识传授转向知识建构。"作为非正式学习重要的场所,科技博物馆经历了以自然的猎奇、科技的探索为教育理念的自然博物馆时期,其教学模式为教导解说型;以科技的作用、历史的记忆为教育理念的科学工业博物馆时期,其教学模式为刺激－反应型;到现在以激发公众兴趣的探究性学习法为教育理念的科技中心时期,其教学模式为发现学习型、建构知识型。"[2]知识的获取不再是单向传播的过程,而是作为客体的知识与作为主体的学生之间、师生之间、同学之间基于互动的关系建构,既是认知客体的过程,也是不断改进自我认知和分享彼此主观世界的过程,因此,问题式、项目式、发现式等建构主义教学法得以盛行。比如有的课程采用"布鲁纳发现式"教学模式,通过"引入问题—设置问题情境—提出尝试性假设—推理论证—结论"的结构组织活动。其主要环节包括问题引入、学生体验、小组互动、分享总结。

四是场景应用维度。科普教育途径从展项展陈转向实验室实践。传统科普教育以展项展陈为主,辅之以科普巡展、科普讲座、科技竞赛、科普演出等形式,学生以受众身份存在,参与性不足。而新教育理念带来教学方法、教学模式的改变,"知识获取的场所也从教室扩展到全空间,获取的媒介也从书本拓展到混合现实,获取的途径也从被动接受拓展到主动提取。"[3]这就推动了科普平台的场景再造,场景本身成为"会说话"的科普工具。如果在科普环节注重场景锻造,置身于应用场景中,受众将以亲历者身份而存在,就能很好地将自己代入知识情景中,在边学边问边思考中获得某项具体知识的认知,从而实现知识与能力的双提升。

2 作为现代科普教育重要载体的科普场馆实验室

科普场馆是现代科普教育的重要载体,场馆科普教育与校园科学教育互有优势、各有特长,"'馆校结合'科学教育实践模式,拓展了校外科学教育渠道,更多科技场馆积极发挥科普教育平台功能,为学校科学教育提供有效补充。"[1]科普场馆能否成为校园科普教学的互补资源,很大程度上取决于场馆实验室建设。科普场馆实验室建设的功能目标、课程内容、教学方法、应用场景应与校内科学教育有所区分,以发挥校内科学教育不可替代的作用。

科普场馆实验室是全方位多层次有效传播科学知识的场所。与定型化的、受限于教学计划的校园教学不同，科普场馆在介绍传播前沿科学知识方面具有灵活性、主动性优势，而场馆实验室既可以依托固定载体构建自身的系统性、体系化的课程体系，提供基础性的、常规的科学常识性知识，也可以了解前沿、热点、急需的科普知识。而以激发公众兴趣的探究性学习法为教育理念的科学中心时期的科技馆，具有连接正规教育体系并建立相关实验室来超越传统展览达到科普教育效果等特点。通过精心研发实验室配套课程体系和符合现代教学理念的课程设计，实现以认知能力培养为导向的教学目标。

科普场馆实验室是在知识建构中养成科学方法的场所。科普场馆实验室作为传播科学知识、体验科学探究过程的重要场所，适宜于小群体、体验式、互动型建构主义教学方法，而不同于校园教育的大课堂、传授式、被动型学习模式，通常科普场馆实验室赋予学生在实验、教学、知识获取各个环节的中心地位，让学生在实验室课程教学中自主思考、发现问题、探索规律、提出假设，进而实践验证、解决问题。

科普场馆实验室是置于应用场景中形成科学思维的场所。科普场馆实验室是介于科学实验室与教室之间的一个特殊实验室，是科普工作的载体。有目的地引入或创设具有一定情绪色彩、以形象为主体的生动具体的场景，以引起学生一定的态度体验，从而帮助学生理解脑科学的原理。根据布鲁纳"发现式教学法"理论，学习是发展一种态度，即探索新情境的态度，做出假设，推测关系，并应用自己的能力，以解决新问题或发现新事物的态度。比如，根据儿童踩跷跷板的经验，设计了一个天平，让儿童自行动手调节砝码的数量和砝码离支点的距离，以此让儿童学习乘法的交换律。[4]因此，实验室通过实物模拟操作、小测试、情景剧等，增强学生对相关主题的亲历性和代入感，让学生在体验环节发现解决问题的方案、提出假说并逐一验证。学生在边学边问边思考中获得某项具体知识的认知，实现知识与能力的双提升。

3 北京科学中心脑科学实验室：实验室建设的一种样板

北京科学中心10个实验室，特别强调尊重学生的主体地位，强调教学环节实质是学生不断开动脑筋、自我认知的实践过程，虽然各实验室主题不同，但在教学理念上一致，在教学方法上有章可循。因为脑科学知识的普及教育有助于校园教学质量的提升，通常是校园科普的重点，所以，脑科学实验室也是北京科学中心重点建设的实验室之一。脑科学实验室建设在功能目标、课程设计、教学方法、场景应用方面紧扣现代教育理念，在落实"馆校结合"发挥科普场馆作用方面具有一定代表性。

3.1 功能目标维度：脑科学实验室旨在树立科学用脑观念提高认知能力

脑科学实验室是认知能力提升和锻炼的实践地。脑科学"最关键的应用领域还是在塑造人脑本身"[5]，因为，"基于人脑发育和可塑性规律的学习科技，将发展更加高效和多元的学习方式和学习形态，进而有可能改变人的学习与发展过程。"[1]也就是说，脑科学原理规定了教学规律。尊崇教学规律，才能激发兴趣、有效传播知识、实现学习效用。因此，北京科学中心脑科学实验室的具体教学目标，主要有三点：培养公众特别是青少年家庭对脑科学的兴趣，传播脑科学的基本知识和研究前沿信息，倡导运用脑科学知识促进青少年的学习教育和情绪管理。

脑科学实验室是科学素养形成和科学文化的承载地。科学精神、科学知识、科学方法、科学思维构成公民科学素养和社会科学文化的四个面向，脑科学实验室长期教学目标有四个方面。目标一：普及科学知识。在有限的空间将海量的科学知识展示出来，在有限的时间让中小学生了解关于大脑机能的科学知识及其基本原理。目标二：弘扬科学精神。在师生分享、生生分享讨论中，让学生们积极主动地表达自己观点，乐于分享和表达；在共同协作参与中，体验合作的乐趣；在实验、测试的体验中，不断试错、探索，养成科学探究的热情和兴趣。目标三：传播科学思想。在项目式实验中，加强情感交流，培育学生勇于探索、创新、进取的人文精神，与校园教育一起以文育人，培育价值观，让中小学学生在其中得到共情和共鸣。目标四：倡导科学方法。通过与小伙伴合作完成观察实验、小测验等，在分析与讨论的过程中锻炼学生分析思维能力、动手操作能力，养成正确的用脑方法和学习习惯。

脑科学实验室是配套做好小学科学课程教学的合作地。《义务教育小学科学课程标准》的学习内容里提及"人脑具有高级功能，能够指挥人的行动，产生思想和情感，进行认知和决策"。要求"小学科学教学要创设一种愉快的教学氛围，保护学生的好奇心和求知欲，激发学生学习科学的兴趣"。在校园科学课的教学目标里都将科学能力具化为科学探究能力。但是毕竟受制于校园教学的场地、体系、班级、师资力量、教学计划等，专门性的认知能力提升或脑科学科普工作不可能经常性持续性开展。作为校园科普和科学课的一种补充手段，北京科学中心脑科学实验室，本着"体验为主、贴近生活"的原则，以活泼有趣的脑科学实验活动贯穿实验室的会员常规课程和散客体验项目，通过互动体验、体系课程、应用教育三级逐渐进阶科普服务。不仅可以面向中小学学生，通过前沿科技与贴近百姓的实验室课程设置，通过学习者主导的项目式教学方法，引导学生思考，塑造爱用脑、会用脑的学习习惯，提升学生认知能力，促进学生心智成长。同时，实验室可以弥补校园教育的短板，通过亲子课程，让家长对科学用脑有正确的认知，并在日常家庭教育中贯彻现代教育理念，很好地完成小学科学教学的目标。

3.2 课程内容维度：脑科学实验室建立了系统传播科学知识的课程体系

脑科学实验室共 51 个课程，以完备的课程体系为课程设计的多样式提供支撑。

一是课程设计的知识点覆盖面全。包括开设基础性课程和前沿课程。"脑科学通过在认识脑、解码脑、模拟脑、保护脑、塑造脑等领域的基础研究和产业推进，正在持续推动整个时代的宏大变革。"[1]脑科学广泛推动了人工智能技术的应用，脑科学也是未来生命科学研究的重要方向，[6]脑科学是科学研究的前沿课题。对于一名中小学学生，应当适当了解掌握相关知识，为将来的科学和科技工作奠定基础。基础性课程包括脑的基本结构、脑的基本功能、脑的高级认知功能等，与学生认知能力相匹配，符合学习认知逻辑。前沿课程则包括人工智能技术相关课程、游戏致瘾性成因分析课程，比如开设"奖赏中枢与追求奖励"课程，就是让儿童体验科学实验，并在参与的过程中了解大脑的奖赏中枢和奖励行为。

二是趣味性强。课程主题能激发学生学习兴趣，比如开设"被骗的大脑——视错觉产生原理"，呈现错觉画，当孩子触碰图画中的一部分如"人脸"，该部分就会凸起，触碰"酒杯"则该部分就会凹陷，引导儿童分析、讨论。"注意力控制小实验"主要将脑电波中的信息提取整合，得到表征专注度的指标，并通过玩具小车与体验者互动。其他诸如"注意力测试——魔术的秘密""外表决定心灵还是心灵决定外表"等课程都极受同学们的欢迎。

三是实践性强。比如开设"注意力集中——成绩提高'so easy'""压力管理与分析——压力伴我成长"等课程，注重课程理论与生活实践的结合，把脑科学应用到注意力、执行功能、情绪管理、社会认知、认知风格、情感决策等方面，具有很强的现实意义。

3.3 教学方法维度：脑科学实验室采纳自主探究的教学方法

经过近年来实践经验总结，中心要求课程设计应遵循下述教学规律。

一是问题式引入。趣味性问题的引入可以消减中小学生与专业知识的距离感。因为脑科学是关于记忆力、注意力、情绪管理能力、决策判断力的科学，因此利用热点话题、中小学生身边的事，在中小学生认知范围内选择趣味性话题作为切入点，引发学生的学习兴趣。比如，对于记忆力课程，可以以《最强大脑》中的比赛为引入点；对于注意力课程，可以以魔术回放为切入点；对于情绪管理课程，可以以"小狗能管理自己的情绪吗"为切入点；对于决策能力培养课程，可以以疫情期间购买黄连素的从众心理为切入点。

二是情境化体验。脑科学实验室教学法必须符合低年龄学生"玩中学"的特点，才能有助于提升自主学习能力。比如在记忆力课程教学中，北京科学中心脑科学实验室通过组织学生参加"记数字"小测试，根据课件上给出的数字，让学生观看3秒，关闭图片，提问学生记住了几个数字，数字逐渐增多，看看每个同学最多能记住多少个数字；不断变换学生观察数字的时间，让学生比较短时记忆与长时记忆的不同，通过学生亲身体验沉浸到脑科学的学习中，调动孩子们学习兴趣，启迪孩子们深入探究与思考。

三是项目式互动。设置互动游戏、分组讨论、实验探究、基于不同假设的辩论赛等形式，置学生于教学的中心地位，引导学生自发了解大脑机制。比如记忆力课程中，首先，由同学分享自己的数字记忆方法，让学生们思考生活和学习中哪些事情记忆深刻，哪些事情却很容易忘却？引导学生们进行讨论，并根据学生给出的事件类型和学生一起为其分类，哪些是短时记忆，哪些是长时记忆。再回归到数字小测试，让学生们回答记忆一串数字是属于哪一类记忆？其次，引导学生依据好的记忆方法提出假设。提出假设是布鲁纳"发现式"教学的核心环节，根据学生们的描述，让使用不同记忆方法的同学交叉采用其他方法重新记数字；提出合理假设，对假设做理论讲解，如短期记忆与长期记忆，情景记忆、谐音记忆、关键词记忆等不同方法，大脑对记忆的工作原理等。在学生互动讨论之后，让学生思考彼此观点的差异，形成"问题——假说——验证"的科学探究方法，最后，再由指导老师提炼出最佳用脑方法，并基于最佳方法进行测试验证。互动环节可以深化学生对知识的认知，效果要好于传授式说理，有助于学生树立科学观念，在获得关于大脑机制知识的同时，还能认识到大脑的重要性，进一步科学用脑、护脑。

四是建构法分享。分享环节要通过建构主义学习方法引导学生思考、总结、理论深化。首先，要问题导向，引导学生对未知问题、感兴趣的问题提出自己的假设，并逐步验证或证伪。其次，要深入浅出。对主题涉及的某个知识点，要符合学生认知特点，避免大而全的理论性讲解。再次，要澄清错误认识。比如批驳"我没有学习天赋"的论断、"他可以不动脑筋也能学好"的错误观念。最后，要倡导理性行为。理性行为是建立在对客观知识的全面深入了解上，只有拥有足够多的知识储备，大脑才能做出正确的判断，选择最优方案，实施理性行为。脑科学实验室建设的目的也正在于此，因此，分享环节要让学生确认科学用脑与理性行为之间的关系，认识到学习提升自己之于适应社会的重要性。

3.4 应用场景维度：脑科学实验室营造科学思维的情景环境

北京科学中心脑科学实验室配备了平板电脑、投影仪、幕布、音箱、麦克、大屏幕智能电视、人脑模型等基础设备，还配置了脑电控制遥控轨道车系统、经颅磁刺激演示系统、近红外脑功能成像演示系统等实验设备，用于满足4人同时比赛或测试需求，用于模拟演示经颅磁刺激系统的工作原理和相关实验、模拟演示近红外脑功能成像设备的工作原理和相关实验等需求。实验室在硬件设施和实验器具上除满足实验和训练的需求之外，还配备了繁简不等的文字材料、卡片、言语合成器、言语障碍病理模型，甚至小红花、笑脸贴等，将实验室打造成随时在用脑、随时可以观察脑部机能、随时可以发现脑科学"秘密"的应用场景，实验室老师也随时可以提供个性化精准指导，与小朋友共同完成科普小实验。

其一，简单的道具确保触发儿童学习兴趣。与科学实验室不同，科普实验室应当配备简便易行的实验工具，既要确保使用安全，又要有足够的趣味性。在北京科学中心脑科学实验室里，为参与实验的学生准备了眼罩、耳塞等游戏物品和实验小道具。比如，在单词、数字记忆力训练环节，通过强化短时记忆力训练，让学生戴上眼罩"蒙眼识字"，可以让学生获得会"玩魔术"的成就感，不仅让学生认识到"蒙眼识字"的非科学性，而且通过场景应用教学，提高学生理性辨别能力、树立常识意识、培养敢于质疑的品格，以期在日常生活中自觉筑牢科学精神。

其二，非体验式设备增强参与者代入感。一方面，科普展板、文字介绍、图像影像制品等这些常规的、传统的、非体验式科普材料必不可少；另一方面，置于科普实验室的科普材料，即便是非体验式的，也必须有代入感。比如，在脑科学实验室，配备大脑机能的模拟设备：汽车驾驶装置，"有一个形象的比喻，青春期的大脑发育处于油门发展快但是刹车发展慢的时期"[1]。这个汽车装置的油门代表着性激素，刹车代表着大脑的前额叶，这个装置很好地描述了青少年的大脑发展不平衡性问题：猛踩油门，性激素分泌导致人大脑对奖赏的敏感性增强；慢踩刹车，大脑的前额叶自我控制能力发展相对延迟。刹车和离合配合能力不强，所以青春期的孩子无法用知识来指导自己的行为。[1]根据这个装置，增强青少年调整和控制情绪的代入感，远比单纯的说教更形象生动。通过这个非体验式装置，让青少年学会情绪调节和自我控制，不仅可以提升学习动力和效率，对其长期健康发展也具有重要意义。

其三，布展和设计发挥关于科学用脑的启发作用。实验室设施、仪器、布景看似无心设置，但都是有意为之，目的在于潜移默化地制造出疑问、引发学生主动思考、调动学生探究的好奇心。在场景上，进入实验室就进入了颜色、亮度、空间深度不同的区域，本身就引起不同的人脑反应，从而展示不同颜色感觉之间的关系、展示视觉系统对亮度感觉的时间变化、展示视觉中的错觉现象，从而让学生在实验室中即便不参与动手实验，也激发了追问其中奥秘的好奇心，以探讨颜色、亮度、错觉对自己判断力的影响。在应用上，实验室把前沿的脑科学变成与公众生活紧密相关的话题，增加公众对脑科学实验室的持续黏度。具体执行上，将课程（活动）内容的重点从脑科学实验现象的体验向脑科学的应用拓展，尤其是提供系列亲子课，让公众了解脑科学在认知学习和儿童情绪管理方面的应用，让父母感受到孩子在学习认知、情绪管理上的现状和潜在问题，并对父母与孩子的相处方式提出建设性建议。

4 结论

近年来，科普场馆一直在探索馆校合作模式，科普场馆的实验室正是开展馆校合作的平台和载体之一，在实验室开展教育活动可以兼具展项学习和学校教育的特点，有显著的实践性。基于现代教育的四重维度，北京科学中心脑科学实验室在功能目标、课程内容、教学方法、场景应用等方面进行探索和尝试，期望对其他场馆的实验室建设有借鉴意义。

参考文献

[1] 郑念、王唯滢：《建设高质量科普体系 服务构建新发展格局——中国科协九大以来我国科普事业发展成就巡礼》，《科技导报》2021 年第 10 期。
[2] 郭朝晖：《科普场馆实验室运营及评估框架设计研究》，北京邮电大学硕士学位论文，2017 年。
[3] 薛贵：《脑科学时代的未来教育目标变革》，《人民教育》2020 年第 10 期。
[4] 陈琦、刘儒德：《当代教育心理学》（第 2 版），北京师范大学出版社，2007。
[5] 焦岚、王一帆：《人类认知规律对教育的促进研究》，《社会科学战线》2020 年第 1 期。
[6] 江涛：《类脑智能在脑科学的前沿应用》，《山东大学学报》（医学版）2020 年第 8 期。

科学戏剧在馆校结合活动中的运用

——以"病毒人类攻防战"为例

王柯人　崔乐怡*

（华东师范大学教师教育学院，上海，200062）

摘　要　科学教育是个人科学素养形成的基础，科技场馆开展的科学课程是校内科学教育的有效延伸，学校与科技场馆相结合进行科学教育成为普及科学知识、传播科学思想方法以及弘扬科学精神的重要模式。而科学教育与戏剧表演相结合的新颖教学形式并没有得到广泛的运用和发展，目前仅局限于少数学校的科学教学以及场馆学习中的活动设计。本文将通过介绍科学戏剧的内涵及其理论模型，依托上海科技馆"命运与共，携手抗疫——科技与健康同行"展览的相关资源，设计了"病毒人类攻防战"的科学戏剧，以期拓展科学戏剧在馆校结合活动中的实践。

关键词　科学戏剧　馆校结合　科学教学　科学史

在知识爆炸的信息时代，学校不再是学习者唯一的学习场所，以场馆学习为代表的非正式学习受到越来越多研究者的关注。科技场馆开展的学习活动是校内科学教育的有效延伸，学校与科技场馆相结合进行科学教育成为普及科学知识、传播科学思想方法以及弘扬科学精神的重要模式。2002 年《中华人民共和国科学技术普及法》指出"科技馆、博物馆等文化场所应当发挥科普教育的作用"[1]，这表明了科技场馆承担提升全民科学素养的责任。2017 年《中

---

* 王柯人，单位：华东师范大学教师教育学院，E-mail：370661607@ qq. com；崔乐怡，单位：华东师范大学教师教育学院，E-mail：lycuii@126. com。

小学综合实践活动课程指导纲要》提出，将场馆体验与研学旅行、社团活动等一并列入综合实践活动，以获得有积极意义的价值体验[2]。这使得科技场馆成为中小学生进行实践活动的拓展场所，为馆校结合的学习提供了政策性支持。然而，我国馆校结合活动尚未形成系统的设计思想和方法[3]，大多数学生参观场馆采用走马观花式[4]，互动体验较少，很少能对展品进行深入的学习。由此可见，场馆参观的主动性和自由性使其发挥的科学学习作用存在局限。

科学戏剧以教育戏剧活动的形式，使参与者获得有意义的感觉运动体验，形成深刻的学习认知，并在学习过程中培养学生的创新创造技能、逻辑思维能力、团队协作能力等。[5]利用场馆的情境、展品、场地等优势开展科学戏剧，可以有效激发学生积极主动的学习热情。本文以上海科技馆"命运与共，携手抗疫——科技与健康同行"展览为素材，设计了"病毒人类攻防战"的科学戏剧，教师将场馆的病毒展览资源与学生学习病毒历史有效结合，学生在了解病毒的过程中培养社会责任感，体会科学是一个不断探究的过程，并受社会文化的影响，以期丰富馆校结合中科学戏剧的实践活动。

1 背景

1.1 科学戏剧概述

已有研究表明，从事舞蹈和戏剧等艺术类科目有助于提高人们的普遍认知，从而促进其他科目的学习。[6]将戏剧运用到教育中，最先是受到杜威的教学论启发，旨在通过戏剧的美学和情感特质将学习转变为深刻的教育体验[7]，这样的教育体验在科学教育中有特殊的价值。越来越多的学者提出将戏剧作为一种科学教学方法，促进学生理解科学概念，欣赏科学本质，了解科学与社会的互动。刘宁第一次在国内提出将科学与戏剧相联系，以威尔士大学加的夫学院的科学周活动为例描述了4种戏剧性场面，跨越学科之间的界限，使科学变得更加有趣，促进了学生的学习发展。[8]将科学教育与戏剧相结合，学生通过角色扮演、合作讨论等环节添加有意义的感觉运动体验，呈现创造性戏剧来实现教育目标。[9]

挪威学者 Marianne Ødegaard 认为学生通过戏剧扮演科学家角色演绎科学

故事，或在角色扮演过程中即兴发挥获得深入了解的机会，能促进科学学习。[10]英国学者 Bethan C. Stagg 提出戏剧可以通过叙事、隐喻和情感投入的方式学习科学，也就是通过重现故事发展过程，将抽象事物形象化等方式在一定程度上唤醒情绪的投入，从而实现科学学科的学习。[1]肖燕等提出科学戏剧是戏剧形式与科普内容的结合，主要有科普剧表演、科学表演作品和戏剧教学法3种形式，这3种形式目前处于各自为政的状态。国内外关于科学戏剧还未有统一定义，本文所指的科学戏剧是将戏剧元素与科学教学相结合，即学生在一定的社会情境背景下，通过角色扮演、即兴对话等形式学习科学文化，领悟科学与社会的关系，并在过程中培养学生的科学学习兴趣、创新创造技能、逻辑思维能力和团队协作能力等。

1.2 上海科技馆的病毒展览

上海科技馆"命运与共，携手抗疫——科技与健康同行"展览主要从"病毒是什么"、"病毒从哪里来"和"健康生活"三个模块展开，各模块下有不同的展板单元，其中"病毒人类攻防战"单元涵盖了病毒入侵人类以及人类防御病毒的历史。如表1所示，关于病毒入侵人类的历史以时间轴的形式呈现在展板上，有利于参观者厘清不同时间的历史，但是仅仅通过文字的方式难以起到有效的教育作用。因此，本文将结合"病毒人类攻防战"相关的展览内容，以科学戏剧的形式演绎历史，回顾历史，感受自然的力量，见证人性的光辉。

表1 "病毒人类攻防战"相关展览

展览名称	展览部分图示
病毒入侵人类	

续表

展览名称	展览部分图示
人类防御病毒	
古代中医抗疫	

2 科学戏剧理论模型

英国约克大学的 Martin Braund 博士提出将一个戏剧作为学习科学的模型，旨在解决将戏剧教学作为科学教学方法的理论化问题。如图 1 所示，学习科学是在学习者的认知世界和科学家的认知世界之间进行合理化的过程，学习者的认知世界主要以学校学习、日常生活经验为认知基础，通过科学的学习到达科学家的认知世界，对世界进行科学合理的认识。两个世界之间的认知失调可以通过戏剧类型、戏剧任务设计、教师的信心和技能、学生的效能和态度进行调节。

（1）戏剧类型

Marianne Ødegaard 提出科学戏剧主要有 3 种类型，包括探索性戏剧、半结

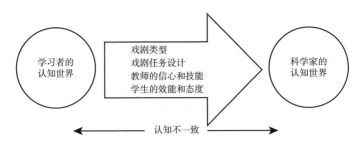

图 1   戏剧作为学习科学的模型

构化戏剧和结构化戏剧[10]。如图 2 所示，科学戏剧主要围绕科学概念、科学本质和社会中的科学展开。在探索性戏剧中，学生需要自主制作一个关于科学概念的戏剧化模型，即科学概念可视化，通过戏剧表演的形式呈现科学概念，加深对科学概念的理解。学生在决策过程中即兴扮演自己所创造的角色，体会科学在社会中的意义。在半结构化戏剧中，学生根据科学探究过程中所涉及的人物角色卡片提示开展半即兴表演，以此学习科学的本质。在结构化戏剧中，教师将科学概念改编成科学戏剧，学生根据剧本进行角色扮演来理解概念。半结构化和结构化戏剧也可以根据当前与科学相关的事件进行改编形成科学戏剧，深切体会科学与社会的关系。

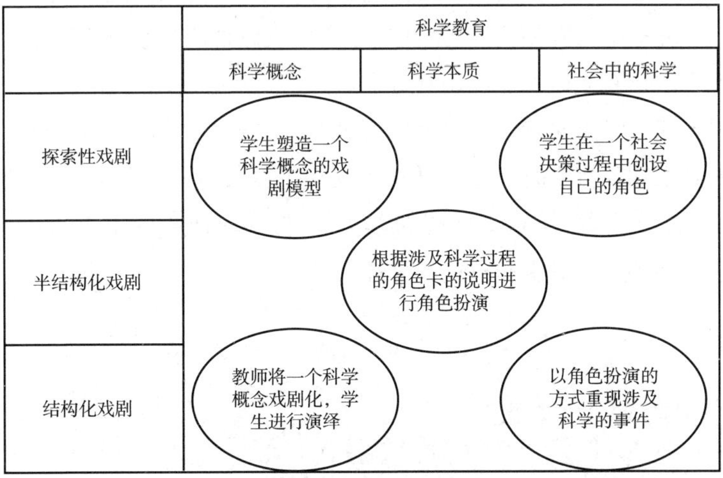

	科学教育		
	科学概念	科学本质	社会中的科学
探索性戏剧	学生塑造一个科学概念的戏剧模型		学生在一个社会决策过程中创设自己的角色
半结构化戏剧		根据涉及科学过程的角色卡的说明进行角色扮演	
结构化戏剧	教师将一个科学概念戏剧化，学生进行演绎		以角色扮演的方式重现涉及科学的事件

图 2   科学戏剧的组织形式

（2）戏剧任务设计

针对不同类型的科学戏剧，任务设计也有所差别。就展示性的科学戏剧而言，扮演者的任务以剧本为主，根据剧本的故事线开展表演，不需要完成未知的特殊任务。展示性的科学戏剧偏向于科学性。对于体验性的科学戏剧来说，将学生带入没有剧本设计或者半开放性的环境中，在已知脚本的基础上，学生从自身所代表的角色出发，以所代表角色的身份完成未知的体验。体验性戏剧具有创造性和挑战性，能在角色扮演过程中学习科学知识和科学方法，在一定程度上培养科学素养。

（3）教师使用戏剧的信心和技巧

将科学戏剧运用到科学教学中，教师起着关键的作用。首先是教师对使用科学戏剧的信心，也就是教师是否认为科学戏剧能促进学生对于科学概念的理解，从而促进科学的学习。其次是教师使用科学戏剧的技巧性问题，即教师在科学戏剧中所扮演的角色，是起主导作用还是在学生遇到关键问题时发挥脚手架的作用。由于较少的科学教师接受过专业的戏剧培训，所以本文所设计的科学戏剧表演主要由科技馆中有相关戏剧经验的人负责，教师起到连接学生和讲解员的作用。

（4）学生效能和态度

在认识论层面，学生的自我效能感及其对待科学戏剧的态度与将科学戏剧成功运用到教学中息息相关。[13]学生对于科学戏剧的态度影响其是否愿意参与其中，学生的自我效能感则影响其参与到科学戏剧的表现。自我效能感越高的学生在遇到问题时更愿意付出努力加以解决，因此在半结构化或探索性的科学戏剧中遇到未知的探险时，他们更愿意以其代表的身份参与其中，解决问题。由此可见，对于参与科学戏剧表演的学生而言，提高他们的自我效能感并激发对于科学戏剧的兴趣具有非常重要的作用。

3 科学戏剧活动设计

3.1 活动主题

疫情全球蔓延的社会背景下，学习病毒的相关知识已成为科学教学中必不可少的一部分。病毒的相关知识包括病毒的结构、病毒的传播途径等。若这些内容仅仅通过普通的课堂教学模式进行讲授或者自主学习，没有进行有机联系，难以激发学生的学习兴趣，并且学生可能只会机械式地记忆学习内容，并没有学习到这些科学知识背后的科学方法和科学思想，更不用谈理解科学本质。

通过学习人类对抗病毒的历史，学生从社会、文化、个人等多维的角度理解科学，而不仅仅从科学知识的单一角度认识科学。科学史与戏剧有机结合的形式，使得学生通过有意义的感觉运动体验、角色扮演、观点阐释等，进一步理解科学本质。本文以人类对抗病毒的历史为素材，设计了"病毒人类攻防战"半结构化科学戏剧，学生根据脚本开展半即兴表演，作为校内病毒课程的延伸。

3.2　活动对象

根据学习内容的复杂程度，不同的科学史内容需要面向不同的学生群体。由于"病毒人类攻防战"需要一定的逻辑思维和科学论证能力，根据皮亚杰的认知发展理论，11 岁以上的学生群体进入形式运算阶段，能够认知命题之间的联系，能够通过逻辑推理、归纳演绎解决问题。由于小学高年级关于病毒的所学知识较简练，难以对病毒历史的发展脉络形成系统、清晰的认识。因此，"病毒人类攻防战"面向已经学习病毒课程的初中学生，一场活动的参与人数在 8 人左右。

3.3　活动目标

"病毒人类攻防战"科学戏剧是在学生已经学习病毒的相关知识后，对其展开的一个馆校结合拓展活动，本活动根据科学戏剧活动组织形式所围绕的三个维度即科学概念、科学本质和社会中的科学展开。

科学概念：学生能描述病毒的定义及其遗传物质。

科学本质：学生通过扮演科学家的过程，体会到科学是一个不断探究的过程，且科学探究受到文化和社会的影响。

社会中的科学：学生能关注社会发展对人类社会的影响，以提高社会责任感。

3.4 活动流程

本活动将戏剧作为学习科学的模型展开设计，主要因素如表2所示。

表2 科学戏剧的主要因素

戏剧类型	半结构化戏剧
戏剧任务设计	学生根据脚本提示进行角色扮演,思考具体的话语表达和逻辑推理,学习科学本质。 主要任务:生动形象地扮演科学家,阐述研究过程及结果;以科学家的身份为新型冠状病毒的现状出谋划策,在该过程中可能出现意见不合、发生辩论的情况,需要学生凭事实说话,和平交流,论证自己的观点
教师的信心和技能	由于较少科学教师具备戏剧表演的指导经验,因此,在该活动中由上海科技馆具有表演经历的工作人员担当指导角色。教师主要协助完成活动准备
学生的效能和态度	在活动进行过程中,通过一些游戏等活动激发学生对于科学戏剧的兴趣,提高学生的自我效能感,促使其能真实且出色地完成角色扮演

科学戏剧主要由暖身活动、主题活动和舒松活动三部分构成，每个部分的具体内容如下。

3.4.1 暖身活动

讲解员扮演跨越各个时空的召唤者，将各个时代在病毒领域有贡献的科学家召集起来，针对当下的新冠病毒探讨解决方案。

讲解员介绍科学家。每位学生携带能代表自己身份的物品一一上台，用简短的语言对自己所扮演的科学家进行介绍。

学生以自己所代表的科学家为代号，参加游戏"萝卜蹲"。学生将通过这个游戏对各个时代科学家的名字有一定的印象，并且通过适当的身体舒展运动，对接下来的科学戏剧表演发挥一定的热身作用。

3.4.2 主题活动

按照时间线，科学家（学生扮演）就自己的研究背景、研究现象、研究方法及其研究结论进行详细的阐释。在此过程中，科学家（学生扮演）要重现某一关键时刻，例如，如何得出"病毒是由蛋白质组成"的结论；为何编写《伤寒杂病论》，它的依据是什么，等等。

科学家（学生扮演）也可以通过身体表演的方式，结合场馆资源，对一段时间的生活进行再现，可以是令自己感触最深的经历、对于研究方法探索的过程、对事物的认识过程等。

通过对科学家不同角度的演绎，每位科学家（学生扮演）对追求真理的过程有了自己的理解和想法。那接下来针对新型冠状病毒，每位科学家（学生扮演）对于如何预防、如何解决、如何提出自己的想法和意见。科学家们（学生扮演）通过质疑、论证的方式不断更新自己的理解，达成共识。

3.4.3 舒松活动

时空召唤者（讲解员扮演）对科学家们（学生扮演）提出的方案进行收尾，并对各位科学家们（学生扮演）提出的建议表示衷心的感谢，演员集体谢幕。

学生出戏。学生通过对不同时代科学家的演绎，以及从他们的认识角度出发思考事物的发展变化，对自己的思维发展有一定的影响。学生通过口述、绘画、姿势等方式来分享"病毒人类攻防战"这一科学戏剧对自己的影响。

观众以及表演者相互投票，自主选取"印象最深科学家"，并由获奖者分享自己的扮演历程。

3.5 活动实施

3.5.1 教学建议

在科学戏剧开展前，需要做好以下准备工作。

教师通过视频片段等形式生动形象地向学生展示国内外对抗病毒的科学家，如德米特里·伊凡诺夫斯基、马丁乌斯·拜耶林克、弗雷德里克·图尔特、温德尔·斯坦利、霍华德·特明、张仲景、葛洪、孙思邈、吴又可，激发学生的学习热情。

学生各选择一名感兴趣的科学家进行深入了解，包括科学家所处的时代背景、生活条件以及文化背景等，厘清并能够阐述他们对于病毒这一领域的贡献。

教师介绍每一位科学家的标志性物品，可以是相关的病毒模型代表其身份或所处年代。例如张仲景所处的东汉时代，服饰较为宽大；而孙思邈所处的唐朝，服饰相较东汉而言更为宽松。从服饰入手，既可以区分两位科学家的所处朝代，也可以从中对当时的社会文化窥探一二。

教师确定科学戏剧的展示时间和地点以及在表演过程中应当遵循的原则，

即大胆演绎、有理有据、和平交流、相互尊重。

上海科技馆的讲解员布置场景以及准备相应的标志性物品及服饰道具。

讲解员与学生排练一遍出场流程以及相应的站位。

3.5.2 评价建议

科学戏剧作为学生学习科学的一种手段，尽管是在非正式情境下进行学习，但总体上是系统性学习。因此，以《新一代科学教育标准》（NGSS）为理论基础，结合活动目标设计学生科学学习的评价量表，如表3所示。

表3　学生自评量表

评价维度	评价标准	评价方法
理解和使用科学概念	①准确描述科学概念；②在辩论过程中准确使用科学概念；③厘清各个科学概念之间的联系	学生在科学戏剧结束之后进行自评。每一项评价标准为1分，达到标准得1分，没有达到标准得0分,总分为10分
学习科学的兴趣	①科学家的研究方法很有趣；②学习科学的过程让我兴奋；③人类在科学上的进步令我惊喜	
培养科学学习者的身份	①体会科学是一个不断探究、不断更新的过程；②学会整理并分析资料；③学会用证据论证自己的观点；④想要尽自己所能为社会做贡献	

4　活动意义

4.1　深入学习科学史

科学戏剧通过学习研究方法、拓宽研究思路、文化浸润等方式促进跨学科学习。[14]学生通过夸张的表演模式对自己所扮演的科学家进行了一定意义的阐述，对其所处的生活环境、思维方式、文化背景等进行梳理，使得科学史的学习不仅仅停留于浅层的了解复述，而是能够从更深层的角度对科学家的行为进行分析学习。科学史通过科学戏剧加以呈现，不再是一段冰冷的文字，而是生动形象的画面，一种思维方法、文化背景和社会情感的唤醒。

4.2　促进学生理解科学本质

学生从科学家的角度出发，对问题的关键之处进行逻辑性分析，运用可选择的工具和可操作性的方案解决问题，这符合学生的认知发展规律。这种从科学家角度出发的科学戏剧有利于帮助学生突破病毒教学内容上的重难点，运用新颖的思维方式思考问题，制定翔实的计划加以实施，认识每个角色的社会责任，进一步理解科学的本质。

5　小结

科学史是科学家了解世界的历史过程，涵盖了科学知识的产生、科学方法的运用以及在不同社会文化环境下科学态度的变化等，具有丰富的内涵值得学生深入学习。然而，学生在学校中学习病毒知识，仅仅通过文字或者视频的方式并不能感同身受，对"病毒人类攻防战"的了解浮于文字表面，并未进行深入的理解，也不能有效提升自身科学素养。科学教育与戏剧表演相结合是一种新颖的学习方式，学生以教师所提供的线索为学习基础，在场馆中以科学戏剧的形式表演"病毒人类攻防战"，浸润在场馆情境中，结合展品和道具以及专业人士的指导，通过有意义的感觉运动体验理解科学概念，体会科学是一个不断发展的过程，学习科学思考问题的方式，培养科学与社会的情感态度，丰富了科学戏剧在馆校结合活动中的运用。

参考文献

［1］《中华人民共和国科学技术普及法》，《中华人民共和国国务院公报》2002 年 6 月 29 日，http：//www. npc. gov. cn/wxzl/wxzl/2002 – 07/10/content_ 297301. htm。

［2］中华人民共和国教育部：《关于印发〈中小学综合实践活动课程指导纲要〉的通知》，http：//www. moe. gov. cn/srcsite/A26/s8001/201710/t20171017_ 316616. html，2017 年 9 月 27 日。

［3］吴珊：《馆校结合背景下场馆学习活动模型的构建研究》，内蒙古师范大学硕士学位论文，2019。

［4］陆颉:《基于地理场馆学习的学习单的开发设计与应用研究》,西北师范大学硕士学位论文,2020。

［5］Stagg,"Eting Linnaeus:Improving Comprehension of Biological Classification and Attitudes to Plants Using Drama in Primary Science Education", *Research in Science & Technological Education*,2020,38(3).

［6］Deasy R. J. , *Critical Links:Learning in the Arts and Student Academic and Social Development*, Arts Education Partnership, One Massachusetts Ave. NW, Suite 700, Washington, DC 20001 – 1431. 2007.

［7］Osama H. Abed, "Drama-Based Science Teaching and Its Effect on Students' Understanding of Scientific Concepts and Their Attitudes towards Science Learning", *International Education Studies*,2016,9(10).

［8］约翰·比特尔斯、查尔斯·泰勒、刘宁:《在学校里把科学和戏剧联系起来》,《科学对社会的影响》1982年第4期。

［9］李婴宁:《"教育性戏剧"在中国》,《艺术评论》2013年第9期。

［10］Marianne Ødegaard, "Dramatic Science:A Critical Review of Drama in Science Education", *Studies in Science Education*,2003,39(1).

［11］Stagg B. C. , Verde M. F. ,"Story of a Seed:Educational Theatre Improves Students' Comprehension of Plant Reproduction and Attitudes to Plants in Primary Science Education", *Research in Science and Technological Education*,2018.

［12］肖燕、孙华:《馆校合作开创科教戏剧新局面》,载《面向新时代的馆校结合·科学教育——第十届馆校结合科学教育论坛论文集》,2018。

［13］Martin Braund, "Drama and Learning Science:an Empty Space?", *British Educational Research Journal*,2015,41(1).

［14］庞晓莹、张际家:《科学与戏剧的结合——科普情景剧应用于大学物理实验教学》,《艺术教育》2019年第9期。

馆校结合活动的设计与开发

——以"生命科学实验"科学教育活动为例

吴燕楠*

（郑州科学技术馆，郑州，450052）

摘　要　馆校结合活动是郑州科学技术馆和郑州教育局联合开展的科学教育活动，本文以"生命科学实验"科学教育活动为例，介绍郑州科学技术馆实物展示展品"生命科学实验"，利用这一特色资源开展深度看展品的教学活动，在设计初衷和教学理念、学情及教学策略、实施情况与效果评估等方面进行了分析，为更好地开展馆校结合活动提供了参考。

关键词　生命科学实验　馆校结合　科学教育活动

1　活动概述

郑州科学技术馆作为郑州市馆校结合工作实施的重要场馆，自2008年以来，每年开展活动500余场，接待了69所小学的20000余名学生，每周周三到周五学校会有计划地组织学生团体前来郑州科学技术馆，场馆的辅导员老师会根据展品研发科学课，并在展品前开展深度看展品的课程活动，课程采用小班教学模式，每堂课参与人数不超过25人，学生积极参与到课程活动中，进一步了解展品所蕴含的原理，提高了学习科学的兴趣，启发广大青少年群体学科学、爱科学、用科学的意识。郑州科学技术馆为丰富生命展区的展示内涵，提高展区的参

---
* 吴燕楠，单位：郑州科学技术馆，E-mail：292484196@qq.com。

与性、趣味性和探究性，提出了生命实验室小鸡孵化展项的创意。科技馆在2017年生命科学展区改造过程中，增设生命科学实验小鸡孵化展项，与其他表现形式相比，小鸡孵化实验通过实物展示形式更为形象生动、新颖独特。在此期间，为了解决小鸡无壳孵化技术难题，科技馆向国内相关专家请教，多次对小鸡孵化展项的展示方式、展品结构和技术参数等提出整改意见，也与制作厂家一起对此展项进行多次完善和整改。为展项的运行提供了稳定、可持续的技术保障，还提出建立实验室和养殖区域。目前，实物展示形式效果非常好，展项运行非常稳定。为了拓展展项内涵，丰富展教功能，联合活动部、展教部研发系列教育活动，本活动是以科技馆生命科学展区展品生命科学实验实物展示形式为依托所研发的课程，设计初衷是让学生在学习过程中感悟生命的神奇与美妙。"兴趣是最好的老师"，学生对生命科学实验产生兴趣就会主动去探求其中的奥秘。本活动采用丰富多样的教学形式、生动有趣的展板展示，激发学生的好奇心和求知欲，将科学与艺术完美融合，真正意义上践行"玩中学，学中玩"的课程理念。

2　活动设计与开发

2.1　教学对象与教学对象的学情分析

（1）教学对象

三、四年级在校学生。

（2）教学对象的学情分析

三、四年级学生好奇心强，专注力不足，学习主动性较差，习惯跟着老师思路走，缺乏学习主动性，学生对知识的掌握只停留在理解层面，主动获取知识并灵活运用知识能力较差，受到条件限制因而探究意识不强。

2.2　教学目标

知识与技能：①通过了解人工孵化的条件和意义，培养学生观察能力。②通过了解鸡蛋的基本结构和作用，培养学生总结概括的能力。③通过学习无壳孵化的过程和意义，培养学生实物观察和实物探究的能力。④通过学习影响蛋壳色素形成的原因，培养学生逻辑思维和总结归纳的能力。⑤通过绘制蛋壳创作，培养学生创新思维和实践能力。

过程与方法：首先，运用观察法和讨论法，引导学生学习人工孵化的条件和意义，以及无壳孵化的过程和意义。其次，运用观察法和讨论法，引导学生总结影响蛋壳色素形成的因素；运用观察法，引导学生辨别胎生动物和卵生动物的区别。最后，为调动学生学习的积极性和创造性，让学生发挥创意对蛋壳进行创作。

情感、态度、价值观：培养学生的创新精神和实践能力，提高学生的科学素养，形成科学的价值观，保持好奇心和求知欲，发现生命科学世界的奥秘。认识生命多样性，感受生命的魅力，感悟生命的美好。

2.3 教学重难点

（1）教学重点

引导学生了解 21 天小鸡孵化的整个过程，明白无壳孵化的条件和意义，让学生感悟生命的神奇和宝贵。

（2）教学难点

引导启发学生在蛋壳上绘制独一无二的作品——"彩色的蛋壳"，让学生对生命有更深层次的理解。

2.4 教学场地与教学准备

教学场地：三楼生命科学展区。

材料准备：铅笔、马克笔、橡皮、展板、蛋壳、桌子、白板。

教学时间：40 分钟。

2.5 教学过程与分析

2.5.1 第一阶段：人工孵化方式的条件和意义

（1）阶段目标

了解人工孵化所需要的条件和意义。

（2）设计意图

为了调动学生的积极性，使课程更丰富有趣，本阶段使用实物展品——孵化实验箱，生动形象地展示人工孵化方式所需要的条件和意义。首先，为了调动学生的积极性和提高参与度以及了解学生的知识储备情况，先询问学生已知的孵化方式，也为下一阶段知识教授做铺垫。

（3）学情分析

三、四年级的学生对于自然孵化已有了解，对于人工孵化部分学生有了解，但仍有部分学生对人工孵化不是很了解，所以这一阶段内容用生动形象的语言和教具来讲授，难易程度适中。

（4）教学策略

启发式教学策略：本阶段会采用启发式教学，充分激发学生的内在积极性，促进学生学习思维的主动性，培养学生独立思考和逻辑思维的能力，以及独立解决问题的能力。

先行组织策略：本阶段还会准备预备性教具并设想演练学习过程，从预备性教具和不断演练中提炼出新信息，总结经验修改活动并加以强化。

（5）活动脚本

教师活动：充分利用保温箱的演示作用（见图1），引导学生观察保温箱中的小鸡并询问学生已知的孵化方式。

学生活动：通过观察，讨论和思考学习人工孵化小鸡的条件和意义。

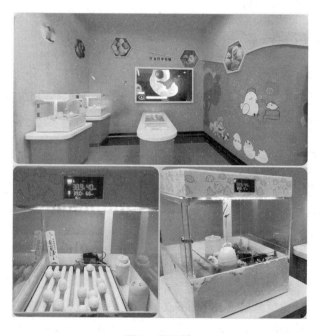

图1 保温箱

2.5.2 第二阶段：观察鸡蛋的结构及作用和无壳孵化小鸡的过程和意义

（1）阶段目标

基本理解鸡蛋的结构及作用，初步理解 21 天小鸡孵化过程，深入理解前 7 天小鸡孵化过程。

（2）设计意图

本阶段创设生动有趣的教学情境，教授过程中加入生动形象的展板和教具以及展品演示，让学生由感性认识到理性认知，进而让学生对鸡蛋的结构及意义、1~7 天无壳孵化小鸡过程有更为深刻的理解，对 21 天小鸡孵化的过程有大致了解（见图2、图3、图4）。

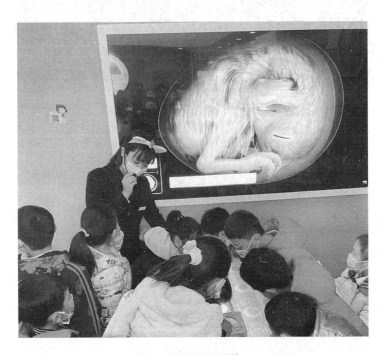

图2　活动现场照片1

（3）学情分析

本阶段知识点内容有些枯燥，但是，学生在生活中已经对鸡蛋有所认知，为本阶段所授内容提供认知上的帮助，但是这个阶段的学生感知到的知识要领比较笼统，所以容易混淆概念。

图 3　活动现场照片 2

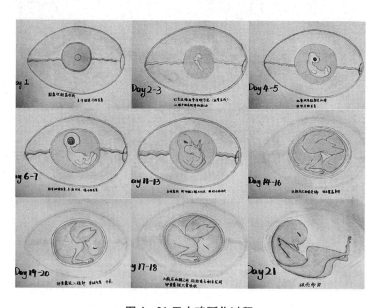

图 4　21 天小鸡孵化过程

（4）教学策略

先行组织策略：准备预备性教具如无壳孵化实验展品，通过手绘展板教具等多种形式，活动开展前会加强并设想预演学习进程。

概念形成策略：呈现展板教具，实例学习鸡蛋的结构及作用的基本概念。

（5）活动脚本

教师活动：运用观察法和提问法对鸡蛋的结构和作用以及 21 天小鸡孵化过程进行讲授。

学生活动：观察小鸡孵化实验，学习过程中感受生命的神奇。

2.5.3　第三阶段：影响蛋壳色素形成的因素以及胎生动物和卵生动物的区别

（1）阶段目标

了解不同品种小鸡蛋壳色素形成的因素，了解胎生动物和卵生动物的区别。

（2）设计意图

本阶段内容使用生动形象的教具，让学生更形象地理解影响蛋壳色素形成的因素以及辨别胎生动物和卵生动物之间的区别。

（3）学情分析

三、四年级学生处于认知能力转型期，开始有独立思考的能力，这一阶段可以锻炼学生的逻辑推理和独立思考的能力，难度中等，并且通过对蛋壳的创作可以增加孩子的兴趣，培养孩子创新思维。学生对不同品种小鸡的外部特征以及蛋壳特征有基本了解，但由于对不同品种小鸡的外部特征和蛋壳特征之间的联系不了解，以至于理解本阶段授课内容有一定困难。但是学生接受度较高，学习本阶段内容后，对影响蛋壳色素形成的因素有更深层次的理解，对胎生动物和卵生动物的区别有更形象的认识。

（4）教学策略

行为联系策略：建立一系列模式化的教学环节，明确本阶段课程目的、环节和内容；使用一种更新颖的形式并运用逻辑思维推导出本阶段知识点，目的是让学生更好地理解本阶段知识点，培养学生逻辑推理的能力。

先行组织策略：准备预备性教具如实物和图片，并设想演练学习过程，从预备性教具和不断演练中提炼新信息、总结经验、修改活动并加以强化。

（5）活动脚本

教师活动：展示不同品种小鸡蛋壳。

学生活动：观察不同品种小鸡蛋壳的特征。

教师活动：引导学生总结归纳影响蛋壳色素形成的因素，引导学生辨别胎生动物和卵生动物的区别。

学生活动：归纳总结影响蛋壳色素形成的因素，辨别胎生动物和卵生动物的区别。

2.5.4　第四阶段：创意拓展

（1）阶段目标

学生发挥创意对蛋壳模型进行绘画创作。

（2）设计意图

通过对蛋壳象征意义进行学习，在总结"生命科学实验"的课程意义中，加深学生对生命的理解。绘制蛋壳前欣赏蛋壳的绘制形式和方法，一是为了拓展学生的思维方式，二是为下一阶段创作做铺垫。

（3）学情分析

本阶段学生处于小学阶段的关键时期，思维能力既有低年级的活跃性，又有高年级的广泛性，自制力薄弱，创意拓展实践过程中可以培养学生良好的行为习惯，激发创造思维，体验活动的乐趣。

（4）教学策略

认知发现策略：学生是教育和实践活动的主体，教学是个别化的，让学生在欣赏和参与中感悟生命的神奇，在创作实践活动中深刻理解生命的意义。

（5）活动脚本

教师活动：使用探究式教学方式让学生明白鸡蛋的象征意义，带领学生欣赏蛋壳绘画形式。

学生活动：学生在蛋壳上绘制各种各样的图案和形状，并尝试加入不同元素绘制独一无二的蛋壳作为纪念。

2.5.5　科学课程设计与研发的意义

科学课能够开阔视野，培养孩子形成正确的、科学的思维方式，思维方式和习惯是从小养成的，而一旦养成，孩子将终身受益，让他们今后的学习工作更有效率，头脑更加灵活。其实，很多时候，我们缺的不是知识，而是一种思维方式。学习科学能够让孩子养成正确的学习习惯。孩子亲自动手实验可以在实验的"观察—假设—实验—结论"这一完整过程中，养成正确的学习习惯。

孩子在探究自然世界方面有天生的兴趣，在科学学习中，孩子能够学习自然知识，接触大千世界；老师允许并鼓励孩子发现问题、提出问题、分析问题、解决问题，与此同时，学习科学还可以满足孩子与生俱来的好奇心。

2.5.6 拓展延伸

通过展板展示的形式，向学生展示昆虫、鸟类、两栖动物等不同生物类别的繁育方式，学习过程中发现不同类别生物繁育方式的区别，了解生物繁育的特点，进而使学生构建生物多样性的概念。

3 实施情况与效果评估

"深度看展品"馆校结合活动是充分结合馆内特色展品生命科学实验，以实物展示形式进行展示对学生开展的科普教育活动，课程结合小学课标，与学校教育相衔接，把枯燥乏味的课程内容以生动有趣的方式进行展示，学生既可以在轻松有趣的氛围中学习生命科学知识，又可以使课本上的知识在活动中得到实践和应用，取得了学校教育难以达到的效果。

课程实施过程中发现，因为教学对象是小学生，所以课程教授过程中，音调起伏有律动感，更容易调动学生的积极性，并且各环节之间衔接自然流畅，从实际生活出发可以调动学生的积极性。科技馆馆校结合课程开发与实践是一个探索发现和摸索的过程，生命科学实验还存在需要改进的地方，如应根据活动规模合理规划教学环节和内容，充分发挥场馆资源优势，推陈出新，创新发展教育过程，在接下来馆校结合的课程实践中不断完善课程内容，将课程饱和度和完整度设计得更丰富多彩、更有趣味性，让学生有更好的课程体验。

教育研究者主导的馆校合作方式初探[*]

——以"蝴蝶探秘"馆校合作课程为例

魏忠民　张秀春^{**}

（吉林省暨东北师范大学自然博物馆，长春，130117）

摘　要　本文通过对"蝴蝶探秘"馆校合作课程的介绍和分析，展示了教育研究者主导的馆校合作模式在博物馆课程资源开发与利用中的成功运用，并对该种馆校合作模式的评价方式进行初步探索，为以后陆续开发其他博物馆课程，从而形成具有特色的课程资源菜单奠定基础。

关键词　教育研究者　馆校合作

博物馆界流行这样一句话，如果说藏品是博物馆的心脏，那么教育则是它的灵魂。为了彰显教育在博物馆工作中的重要地位，2007 年 8 月 24 日，国际博协把博物馆的定义修订为：博物馆是一个为社会及其发展服务的、向公众开放的非营利性常设机构，为教育、研究、欣赏的目的征集、保护、研究、传播并展出人类及人类环境的物质及非物质遗产。在这个定义中，首次将"教育"排在研究之前，作为其他博物馆基本业务的共同目的。2014 年，美国博物馆联盟发布《构建教育的未来：博物馆与学习生态系统》白皮书。博物馆未来中心创始董事伊丽莎白·梅里特认为，在未来的美国，作为浸入式、体验式、自我引导式、动手学习方面的专家，博物馆将成为教育的主流模式，而不再只是补充角色。以教师、实体教室、按年龄分级和核心课程为特征的正式教育时代将走向尾声。2020

＊　本研究由吉林省科协科技创新智库专项课题资助。
＊＊　魏忠民，单位：吉林省暨东北师范大学自然博物馆，E-mail：weizm372@ nenu. edu. cn；张秀春，单位：吉林省暨东北师范大学自然博物馆，E-mail：zhangxc405@ nenu. edu. cn。

年9月，教育部、国家文物局联合发布《关于利用博物馆资源开展中小学教育教学的意见》，文件中对推动博物馆的教育资源开发利用，拓展博物馆教育方式途径，建立馆校合作的长效机制，加强博物馆教育组织保障等提出了非常具体的指导和建议。短短的十几年，博物馆教育不再是学校教育的辅助手段，而是个人和社会在发展过程中实现自身成长的重要手段。大力发展馆校合作是博物馆资源通过相对规范的机制进入国民教育体系的主要方式。

1 教育研究者主导的馆校合作

馆校合作指博物馆与学校为实现共同教育目的，相互配合而开展的一种教学活动。从本质上来说，馆校合作是把博物馆资源开发并利用在教学活动上。刘婉珍（2002）认为馆校合作有6种模式：提供者与接受者模式、博物馆主导的互动模式、学校主导的互动模式、社区博物馆学校、博物馆附属学校、中介者互动模式。前5种模式或是博物馆主导，或是学校主导，或是双方共同主导，第6种模式是由博物馆与学校之外的第三方机构扮演主导角色。例如在美国，盖蒂艺术教育研究中心于1987年起陆续支持各州成立6个艺术教育研究推广组织，致力于发展艺术教育理论与实物。成立于1980年的美国"佛罗里达艺术教育机构"也因结合社区内相关组织，为佛罗里达州境内中小学艺术教育努力而声名远扬。美国史密森协会的中小学校部门更是推广全美国博物馆与中小学校合作发展的一个重要机构。在国内，诸多关于馆校合作的研究比如博硕士论文、各类研究课题项目等基本上不自觉地在利用这种模式。

"蝴蝶探秘"课程也是由中介者主导的，博物馆工作者和小学科学教师联合组成的研究共同体精心策划的馆校合作案例。这里的中介者为教育研究者，具体来讲是一位专门研究博物馆课程资源开发的师范大学教育学部教师来担任。这些研究教育的学者作为馆校合作的主导者具有非常大的优势。首先，他们的学生是未来的中小学一线教师，这些准一线教师在学生时代就能接触到博物馆资源的开发利用，无疑能成为馆校合作的生力军。再者，教育研究者一般都有研究项目，要撰写研究论文或者指导学生写毕业论文，能促进博物馆资源转化为教育素材，还能在馆校合作的案例实施中提供志愿者服务和资金支持。博物馆工作者一般是指博物馆中从事教育活动开发的人员，目前有向专业人员过渡的趋势，"一专多能"是博物馆工作者发展的必然趋势。本案例的博物馆工作者就是一位从事昆虫教学多年的专家。教师是指中小学与博物馆相关课程的教师，本案例为一位资深的小学科学教师。

2 "蝴蝶探秘"馆校合作课程

教育研究者主导的馆校合作模式流程分为准备、实施、评价和总结4个阶段（见图1）。准备阶段的第一步是由教育研究者在充分研究小学《科学》课

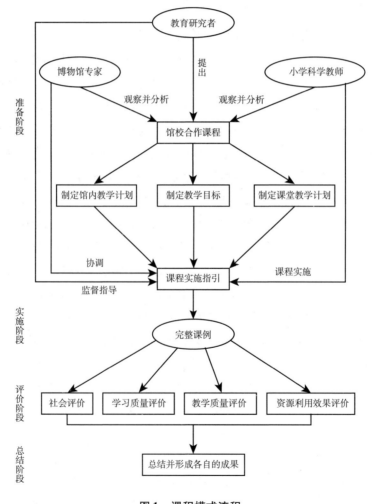

图1 课程模式流程

本和《义务教育小学科学课程标准》的前提下检视合作博物馆的资源，筛选并提出馆校合作课程。第二步是三方共同研究这一博物馆资源。博物馆工作者详细介绍该资源，并制定馆内课程计划、准备教具和场地，教育研究者制定教学目标和教学方法，科学教师制定教学计划和教学方案。第三步是三方讨论并制定课程实施指引，从而形成一个完整课例。实施阶段是由科学教师主持，在博物馆的教学内容由博物馆工作者和志愿者进行配合，整个过程中教育研究者起到监督目标执行，并提供理论指导的作用。评价阶段是由三方共同评价目标完成情况，评价方式包括社会评价、学习质量评价、教学质量评价和资源利用效果评价等。总结阶段是各方总结经验教训并形成各自的研究成果。

3　课程开发的流程

3.1　参与部门

"蝴蝶探秘"馆校合作课程由东北师大自然博物馆、东北师大中信实验学校和东北师大教育学部合作完成，目的是整合博物馆资源，开发馆校合作课程范例，最后形成由学校自主选择的课程菜单，其他学校的相关教师也能按照这个课例来讲授这节课。

3.2　素材

依托东北师范大学自然博物馆"蝴蝶谷"展览，我们筹划并实施了"蝴蝶探秘"课程。这项课程结合了小学《科学》课本中"生物的多样性"、"微小世界"、"生物与环境"、"新的生命"、"动物的一生"和"动物"等6个单元的课程内容设计。

3.3　参与学生

全日制小学四年级到六年级，以班级为单位组织教学。

3.4 课程目标

3.4.1 认知目标

初步了解蝴蝶的形态构造、生活史、生活习性及物种多样性等方面的知识。

3.4.2 能力目标

学会使用体视镜观察微小物体；学会制作蝴蝶标本。通过查阅资料，学会加工、整理信息的方法；学会写调查报告和参观体验日记。

3.4.3 情感目标

通过以小组为单位的合作学习及小组间的分享交流讨论，培养学生的合作学习能力和表达交流能力；在实际参观访问过程中，掌握调查、参观的基本方法和礼仪；培养学生热爱自然、勇于探索、崇尚科学和团结友爱的思想感情。

3.5 教学形式

参观、动手制作、分组学习、知识竞赛、诗词歌赋会、展览制作。

3.6 教学内容

蝴蝶的物种多样性，蝴蝶和蛾子的区别，蝴蝶的形态构造，蝴蝶的防御，蝴蝶的生活史及标本制作，蝴蝶文化及蝴蝶展览。

3.7 博物馆资源目录

东北师范大学自然博物馆"蝴蝶谷"展览、"蝴蝶的一生"幻象仪、《蝴蝶探秘》课程手册、蝴蝶标本和蝴蝶图片等。

3.8 活动特色

此次活动不是仅仅停留在科普活动的层面，而是找到一个结合点把博物馆展示及教育活动与小学科学课程有机地联系起来，既解决了学校教学缺乏课程资源的问题，又解决了博物馆资源利用率不高的问题。

3.9 实施步骤

表1 "蝴蝶探秘"馆校合作课程实施步骤

实施步骤	学习过程	学习内容	学习地点
蝴蝶知识启蒙	激发兴趣,产生问题	制作蝴蝶图片的幻灯片,让学生们一般性了解蝴蝶,对蝴蝶研究产生兴趣,并发放学习单,让学生们填写想要了解哪方面的蝴蝶知识	课堂
	分组,梳理问题	整理学习单,对问题进行分类整理,归纳出五类问题,分别属于蝴蝶的种类、蝴蝶的构造、蝴蝶的饮食、蝴蝶的防御、蝶翅的色彩	课后
探究蝴蝶	分组活动,填写调查报告	利用标本、图片和展览内容分组开展主题探究学习。第一组浏览蝴蝶长廊,了解蝴蝶趣闻及多样性;第二组研究蝴蝶的构造,并通过视体镜观察蝴蝶翅膀的鳞片;第三区分几组蝴蝶以及蝴蝶和蛾子;第四组观看"蝴蝶的一生"幻象仪;第五组观看蝴蝶的防御。然后进行顺次调换。学生填写调查报告,并于课后写参观体验日记	东北师大自然博物馆蝴蝶谷展厅
	集体活动	动手制作标本,并将不同种类的蝴蝶标本放入标本盒中进行展示	
	整理课堂笔记和体验日记	对学生们的任务单和体验日记进行整理归纳,检查学生们的学习效果,对此次活动进行评价	课后
效果评价	蝴蝶知识大比拼	出17道选择题,安排蝴蝶专家和学生们进行知识比拼	课堂
	蝴蝶歌赋会	让同学们搜集赞美蝴蝶的诗句、歌曲和成语典故,在课上交流	课堂
	制作蝴蝶展览	同学们自己设计展板和图片,博物馆方面提供蝴蝶标本,制作一个校园蝴蝶展,让学生们把蝴蝶知识传播给更多的同学	课后
	组织研究社团	在学校高年级同学中挑选喜爱蝴蝶的同学组成研究社团,进行一些简单的蝴蝶研究工作	社团活动

3.10 课程效果

我们通过对任务单和体验日记的归纳整理,发现学生们的理解能力很强,基本都能抓住本质性的东西,并对在博物馆上科学课非常感兴趣,有的同学甚至希望每节课都在博物馆上。

这次活动之后，我们出了 17 道选择题，安排蝴蝶专家和学生们进行知识大比拼，前 16 道题 80% 的同学都顺利通过测试，最后 1 题是有难度的附加题，结果仍有 5 名同学和专家一同胜出，从这个结果可看出，学生们的学习效果相当不错。

通过调查发现，家长们反映孩子们从课程准备工作开始时就非常热衷于蝴蝶话题，简直成了蝴蝶迷，到了课程后期，经常上网寻找蝴蝶方面的知识，并且加入了自然博物馆的"酷虫研传社"微信群，学习蝴蝶知识，探索昆虫奥秘。学校老师也反映同学们经过这次活动后，学会了提出问题，增强了团队意识，培养了学科学、爱科学的思想品质。

4　案例分析和评价

4.1　从博物馆教育目标来分析

博物馆教育应以引发观众探索问题产生新的兴趣为主要目标，而不是让观众仅仅从展示中获得一些知识。在认知、技能和情感这 3 个方面教育目的的选择上，应以情感为主，认知次之，技能再次之，因为情感方面的学习对观众的影响比较大而且比较长远，也比较适合博物馆教育的特性。本案例也把重点内容放在情感目标上，激发同学们的学习兴趣，通过对蝴蝶的美丽色彩、精巧结构和丰富文化蕴涵进行充分渲染，调动起同学们的积极性，使同学们在学习过程中相互交流，分享讨论，把知识的要点转化为自己的记忆。最后通过自己的语言以校园展览等形式传递给更多的同学，这个课程表面上是给一个班级做，但受益的可能是一个年级或整个学校。

4.2　从案例的素材来分析

东北师大自然博物馆的固定陈列共有 5 个，我们仅仅选择"蝴蝶谷"展览进行课程开发，而没有像其他博物馆那样，把同学们分散到不同展区，进行不同课程内容的教学。这样做的好处是能集中精力，避免课程内容和关注焦点的分散，又便于管理，不需要太多人维持秩序，另外各组之间的交流也比较方便。这也和集体参观有很大区别，同学们在较短的时间内集中学习一个展区的内容，容易理解和记忆，而其他展区的内容可以另题开发，最终形成由学校自主选择的课程菜单。

4.3　从团队组成来分析

博物馆方面由研究蝴蝶10余年的专家参与，挑选的蝴蝶学名准确，形态和构造特征明显，学校教师方面由一位小学资深科学教师担任，讲课生动有趣，与学生的亲和力特别强，教育研究者由一位专门研究课程资源开发的讲师担任，她的治学态度严谨，工作一丝不苟，在整个案例中严格掌握课程进展和效果。

4.4　从课程的知识性和趣味性来分析

整个案例中运用了展板、图片、模型、标本、幻象仪、视体镜和标本制作工具等多种手段，从视觉、听觉、触觉和动手操作等几个方面共同发挥作用，使学生消除疲劳，轻松愉悦，最后达到教学目的。

4.5　从评价方式来分析

博物馆教育活动的评价包括前置评价、形成评价和总结评价。前置评价是在课程执行之前的规划评价，形成评价是对正在进行的课程进行效果测验，总结评价是课程完成后进行的评价，目的是要发现课程是否成功，以及是否实现设计人员的目标。

本案例在对博物馆资源进行筛选的时候就做过资源评价。自然博物馆可供选择的展览有"化石世界"、"长白山植物垂直分布带及长白山鸟兽"、"鸟之灵"、"兽之趣"和"蝴蝶谷"5个展览，历年对广大师生的问卷调查结果显示，"化石世界"和"蝴蝶谷"两个展览是最受欢迎的，"化石世界"展示的是化石与恐龙，主题非常清晰，但缺乏板块结构，不容易进行分组学习，而"蝴蝶谷"展览条理清晰，板块分明，因此最终选择了对"蝴蝶谷"进行课程开发。另外，课程实施前对学生进行过问卷调查，结果显示学生们都很愿意到博物馆上科学课；同时征求过学生家长的意见，家长们也很支持孩子们在博物馆上科学课。

在课程进行中，同学们的热情最高涨，他们仔细观察、认真思考、积极提问，显示出前所未有的主动性。我们还对家长进行问卷调查，询问孩子在家中是否关注蝴蝶和谈论蝴蝶？家长对孩子的学习热情和专注程度表示极大的肯定。很多参与课程观摩的教师也纷纷表示这种教学方式既新颖又能调动同学们学习的积极性，完全是与学校课堂不一样的体验。

在课程完成后，我们又组织了知识竞赛、歌赋会、蝴蝶展览和社团活动等，这也是对课程的一种充满趣味性的评价方式。馆校合作课程的评价不像学校课程的评价那样，有现成的评价表可以使用，于是我们想出一个办法，把这次单元性质的课程改编为一节正式的课堂课——"蝴蝶身体结构探秘"，并报名参加了中央教育科学研究所举办的"第四届全国小学科学优秀课评比"活动，获得了一等奖的好成绩。这节课充分得到教育专家和同行们的肯定，这从侧面反映出"蝴蝶探秘"馆校合作课程的教学效果相当不错。

5　"蝴蝶探秘"馆校合作课程在策划实施中的问题和建议

本案例实现了课程目标，鼓励学生们发挥自主性开展探究式学习，并通过各项衍生活动，丰富了同学们的业余文化生活。然而在课程实施过程中，还有一些不足之处，比如整个教学计划的执行时间过长，这样会使学生们兴趣降低或造成知识遗忘。再者，由于第一次在博物馆上课，组织学生的教师过多，显得拥挤。蝴蝶谷展区的灯光较暗，各个部分的分界线不是很明显，对教学效果有一定的影响，这些缺陷会在以后的活动中尽量改善。

总之，馆校合作课程的开发说起来容易，但做起来很难，这是一个极富有创造性的领域，需要极大的耐心和丰富的经验。怎样把博物馆教育和学校教育有效地结合起来，是国家政策大力支持的教育创新点，也是博物馆人和教师们多年的夙愿。我们怀着极大的热忱制作了"蝴蝶探秘"馆校合作课程，就是要把博物馆的教育资源拿到学校，拿到课堂，拿到同学们的业余生活中，采用灵活多样的方式，实现博物馆教育和学校教育的协调发展。

参考文献

［1］施明发：《如何规划博物馆教育活动》，行政院文化建设委员会，2000。

［2］徐纯：《如何实施博物馆教育评量》，行政院文化建设委员会，2000。

［3］刘婉珍：《美术馆教育理念与实务》，南天书局，2002。

［4］〔英〕葛兰恩·塔柏伊：《博物馆教育人员手册：新世纪博物馆教育工作再出发》，林洁盈译，五观艺术管理公司，2004。

［5］于瑞珍：《科学博物馆与中小学校互动关系——台美两个案之研究》，《科学教育学刊》2005 年第 2 期。

［6］宋向光：《国际博协"博物馆"定义调整的解读》，《中国文物报》2009 年 3 月 20 日。

［7］李君：《博物馆课程资源的开发与利用研究》，东北师范大学出版社，2013。

［8］American Alliance of Museums, *Building the Future of Education*, *Museums and the Learning Ecosystem*, Washington：American Alliance of Museums, 2014.

［9］郑奕：《博物馆教育活动研究》，复旦大学出版社，2015。

［10］王乐：《馆校合作的理论与实践》，科学出版社，2018。

［11］宋娴：《博物馆与学校的合作机制研究》，复旦大学出版社，2019。

［12］郑奕：《博物馆与中小学教育结合制度设计研究》，复旦大学出版社，2020。

科技馆青少年科学创新实践项目策略研究

徐瑞芳*

（上海科技馆，上海，200127）

摘　要　青少年阶段是人生的"拔节孕穗期"，最需要"精准滴灌"。科学技术博物馆在传播科学知识的同时，注重科学思想的传播、科学方法的培养、科学素养的提升，是青少年素质教育的全新舞台。本文拟取鉴国内外优秀场馆青少年教育项目，并以上海科技馆青少年创新实践项目为例进行大致归结，研究"馆—学—研"等多元合作模式下青少年教育项目的实施策略，略陈刍荛之见。

关键词　科技馆　青少年　馆学研　核心素养

眼下我国正进入高速发展时期，对于人才的需求呈现多元化的发展趋势。核心素养是 21 世纪的学生们应该具备的、能够适应终身发展和社会发展需要的必备品格和关键能力，突出强调个人修养、社会关爱、家国情怀，更加注重自主发展、合作参与、创新实践。近年来，国家高度重视博物馆青少年教育工作，着力推动青少年核心素养提升，并出台了一系列政策措施，推进中小学生利用博物馆开展学习，促进博物馆资源与课堂教学、综合实践活动有机结合。2020 年 9 月，教育部和国家文物局联合印发了《关于利用博物馆资源开展中小学教育教学的意见》，对博物馆教育资源开发、拓展博物馆教育方式的途径等问题做出明确的指示，要求着力推动博物馆教育资源开发应用，着力拓展博物馆教育方式途径，着力建立馆校合作长效机制。[1]

国内各大科普场馆的青少年教育项目基本走过从无到有、从单纯参观到全

---

* 徐瑞芳，单位：上海科技馆展教中心，E-mail：xurf@ sstm. org. cn。

面开花的历程。本文结合青少年身心发展特点，重点以上海科技馆开展的各类青少年科学创新实践项目为例，研究"馆—学—研"等多元合作模式下青少年教育项目的实施策略。

1 国内外场馆青少年项目发展及现状

通过查阅资料发现我国场馆青少年教育项目较国外尚有较大差距。首先，由于应试教育影响，学生走入场馆参观学习机会较少。有数据显示，国内青少年参观博物馆次数人均为每年 0.15 次，而欧美国家青少年每年参观博物馆次数人均为 2~3 次。[2]美国博物馆在儿童学习和创新精神的培养方面发挥了极其重要的作用。作为全球最富创新力的国家，美国非常重视利用博物馆进行儿童教育，从小培育其创新精神。作为世界五大博物馆之一的大都会艺术博物馆（Metropolitan Museum of Art），每年接待青少年超过百万，更是开辟了儿童教育专区，面积达 6000 平方米。青少年教育项目更是种类繁多且分众清晰。

其次，国内场馆虽然也日益重视青少年创新实践项目，但是往往同质化严重，如寒暑假各大场馆必备项目"小小讲解员"等。项目较少关注培养学生发展具象思维，较少引导学生开展科学研究方法，对于团队协作要求不高。这些恰恰都是中学生阶段的青少年特别缺乏的素养和品质。青少年项目的创意之源，便在于前期研究就场馆资源进行深度挖掘和全面解释，将馆外资源吸收整合并加以利用，尊重青少年认知发展水平，做好前置项目评估等，国内场馆在以上方面仍有待提高。

此外，由于馆校双方尚未深度结合，学生很难利用上课时间参与周期性较长的教育项目，很难开展如美国高等艺术博物馆开发的"青少年团队项目"。该项目的青少年团队由高中生组成，他们有机会走进博物馆幕后，策划青少年之夜和青少年活动，协助夏令营项目，并且学习博物馆展览和典藏。该团队每年还会为博物馆举办一个大型项目，这些都非短期项目可以完成。

2 上海科技馆青少年创新实践项目的策划实施情况

一直以来，上海科技馆将青少年作为科学普及工作的重要目标群体之一，开展了展览教育、拓展教育、线上教育三位一体的多元化品牌教育项目，以工程探究、达人讲座、创意编程、科学表演等多种形式，吸引了众多受众。在此基础上，上海科技馆不断寻求青少年场馆教育新突破，积极寻找学校、科学院所、行业知名企业开展项目合作研究，本文将重点选取涉及中学生阶段的青少年项目进行大致归结。

项目目标基本都是致力于让青少年全身心投入，享受与同龄人一起探索场馆的过程，充分利用展品资源来引导体验、激发兴趣、理解科学、培育能力、启迪观念。项目形式多元，过程中涵盖了参观导览、专题讲座、动手操作、课题研究、社会调查、展览策划等。通过梳理（见表1）发现参与对象主要涵盖了9~18岁年龄段的青少年。

表1　上海科技馆青少年创新实践项目整理分析

项目名称	项目时间	项目主题方向	活动年龄	项目分析
创客营	暑假，5个半天集中培训，公开展示1周	结合社会热点推出创新主题，如2019年度——智能垃圾分类回收系统	9~13岁	场馆自主项目 参与方式：青少年自主报名 培训人员：场馆馆员、外部机构专家、中学高级教师或高校教授
上海市青少年科学创新实践工作站	暑假，20个课时/主题，3个主题共计60课时，公开展示1周	微课题研究，同期有3个选题方向，学生可自主选择，如2019年度——"地球卫士"卫星概念设计；走近人工智能的世界；小小工匠养成记	12~15岁	馆－学－研联合项目 参与方式：由教委和学校推荐青少年参与 培训人员：场馆馆员和研究员、科研院所专家、外部机构专家
青少年科学诠释者	暑假，5个半天集中培训，公开展示1周	基于场馆资源进行项目制培训，如2018年度——海洋传奇：今天我是策展人	12~18岁	馆校合作项目 参与方式：学校教师带领青少年团队报名参与，共建学校优先 培训人员：场馆馆员和研究员、高校及科研院所专家

场馆策划实施上述青少年创新实践项目时，主要策略包括以下几个方面。

2.1　紧密结合场馆资源，打造非正式教育环境下的情境学习

博物馆"情境学习模型"理论的提出者Falk和Dierking，将博物馆展览参

观的学习效果分为 8 种类型，知识、技能、兴趣、价值观、博物馆文化、社会学习、创造力、意识；并将其分为 4 个维度，知识和技能、观念和意识、动机和兴趣、社会学习。[3]展览、展品是科技馆的心脏，也是各类科普教育活动的血脉所在。

上海科技馆发挥展厅资源优势，开展的各类青少年创新实践项目都涵盖了场馆的探索学习部分。例如"青少年科学诠释者"项目立足场馆资源进行项目制培训，其中 2018 年度开展的"海洋传奇：今天我是策展人"鼓励青少年完全置身于展厅开展探究式学习，转变角色。项目过程中，馆校双方指导老师担任学习支架的角色，引发学生思考并逐步探索展览设计的思路方法。通过实践发现，青少年利用展厅资源进行学习，对于激发他们的个性化学习和体验型学习产生了积极的正面推动效果，也逐步建立他们与科技馆的情感和认知联系，这也是新博物馆学倡导的"自由选择学习"（Free-choice learning）理论[4]。

2.2 坚持以学生为中心，强调从内驱出发提升学生的核心素养

美国国家研究理事会将非正式科学学习成果分为六大类：学习者产生兴趣与学习动机、理解科学知识、从事科学推理的能力、在学习过程中能够积极反思科学、参与科学活动，并具有使用科学工具的能力、发展科学学习者的自我认同能力。[5]根据瑞士心理学家皮亚杰的理论，儿童对客观世界的认识是以活动，特别是探究式的活动为中介的，儿童教育要顺应孩子的好奇心，鼓励孩子去思考和探索。[6]因此，场馆在策划青少年教育项目时充分考虑以青少年为中心，通常采用半结构化设计，引导学生有目的地进行自主探索，不过多干预，可以由学生根据兴趣自己选题、自己找资料、自己做研究、自己出结论、自己把成果展现给大家，馆方给予的是方法和过程的必要支撑。如上海科技馆"上海市青少年科学创新实践工作站"项目策划前期采取以学定教的思路，先对初中生阶段的学生进行了初步调研，从而确定瞄准航天工程、人工智能和机械工程 3 个热门方向策划学生微课题。学生参与初期可以从自身兴趣出发自主选择其中 1 项开展研究，学习动机更加稳定，学习目标明确。通过学习专业课程、对话权威专家、动手实验探究、实地走访调研、撰写课题论文、现场汇报答辩等环节，学生们都较为出色地完成了微课题研究。

2.3 增创资源集聚优势，实现馆—学—研科学教育资源共享

缺乏社会合作，一直是国内场馆青少年项目的软肋。青少年教育项目的开展，不能也无法仅靠自身力量，应在自有资源的基础上整合外部资源，主动与学校、家庭、社区、企业等机构开展合作，形成新型的教育合作模式，完成粗放型向精细型的转变，共同构建青少年教育服务体系，形成馆内与馆外两大教育阵地。

从"馆舍天下"到"大千世界"，科技馆厘清社会渠道至关重要。上海科技馆在策划项目时，尝试与周边学校、科研院所合作开辟新路径。如 2015 年底起，上海科技馆联合教委启动"利用场馆资源提升教师和学生能力的馆校合作项目"，"青少年科学诠释者"就是其子项目之一。2019 年起，上海科技馆正式加入"上海市青少年科学创新实践工作站"，成为全市仅有的 3 个面向初中学生的创新实践工作站之一。该项目由上海市教育委员会、上海市科学技术委员会携手创办，共有复旦计算机、交大网络空间安全、同济物理、华师大地理、上海天文台天文学等 29 个实践工作站；每个实践站下设由市区级实验性示范高中、青少年活动中心（少科站）、科普场馆、科研院所等单位组成的 4 个实践点。上海科技馆在项目实施环节根据项目需求，带领青少年实地走访航天八院空间对接实验室及中国电子科技集团第 32 研究所等进行调研，了解相关行业最前沿的技术、相关科研人员的工作环境及工作方法，充分实现"馆—学—研"科学教育资源共享。

3 上海科技馆青少年科学创新实践项目存在的问题及优化策略

通过对上海科技馆各类青少年创新实践项目进行参与者访谈，青少年普遍表示参与项目后能学习到全新的科学知识，掌握一定的研究方法，团队协作、科学诠释能力有一定的提升。部分项目团队成果参与全国、地方青少年赛事取得了优秀成果，但是项目尚存在较多不足亟待优化，具体如下。

3.1 问题 1：目标对象未精细分众

相对成年人而言，青少年教育心理发展有着独特的阶段性特征，一旦划分

不当，由于分属不同教育心理发展阶段，青少年对项目的理解认识不同，项目效益也会有折扣。比如"创客营"项目的参与对象为9~13岁的青少年（包括小学段和初中段学生），策划方案时虽然考虑设计了开放式主题，但是同一个科学概念，从小学生到中学生的理解跨度相差非常大，不同语言发展、动作与活动发展、认知发展、情感与社会性发展水平的青少年被圈定参与同一项目，这一做法太过粗放，当然年龄也不是唯一划分标准，建议策划前就青少年认知发展水平做好前期评估，再进行精细化分众。

优化策略：顺应青少年身心发展规律，精准确定参与对象。

项目实施前，项目组可以邀请专家共同评估项目难度，尤其需要考虑青少年身心发展规律。复旦大学周婧景在《博物馆儿童教育——儿童展览与教育项目的双重视角》一书中就儿童学习特点进行了科学划分和归纳，本文重点就中学生阶段青少年举例说明（见表2）。

表2　12~18岁青少年学习特点及场馆教育策略[7]

发展指标	对象特点	场馆教育策略
语言发展	趋于成熟,习惯使用网络语言	· 项目实施环节中多设计讨论环节、辩论环节等 · 鼓励青少年自行确认主题、组织观点进行阐述
动作与活动发展	行为日趋成人化,自控能力较弱;学习动机趋于深刻、自觉、稳定	· 创新学习方法,培养青少年独立思考和创造能力 · 从知识技能维度逐步拓展到社会、人文、经济、政策等多元维度
认知发展	观察力提升、注意力集中、记忆力增强;抽象逻辑显著增强	· 鼓励青少年理解抽象的概念,如引入具有假设成分、元认知性、多维性和相对性的教育项目 · 鼓励质疑,采用启发式教育
情感与社会性发展	注重交往、渴望得到尊重和认可;求知欲提高;情感容易过激	· 提供社交机会,鼓励青少年合作开展项目研究并注重角色分工,认识自身价值 · 充分满足求知需求,鼓励青少年培养兴趣、稳定兴趣

3.2　问题2：项目周期未科学规划

鉴于青少年处于学习阶段，目前场馆多在暑期开展青少年群体的创新实践项目，周末假期会进行成果展示和汇报演出。例如上海科技馆"创客营"项目就是一项场馆原创策划的，旨在培养青少年创新思维，鼓励青少年以"解决生活中的实际问题"为出发点，借助工具，运用创新的方法完成任务的实践项目。2019年度，项目着眼于当年的热门社会话题"垃圾分类"，以"智能垃圾分类回收系统"为主题，培养学生在项目化思维的引导下，利用创客材料以及scratch编程语言搭建智能垃圾分类收集系统，提升青少年学生利用场馆资源拓展学习的能力。由于暑期时间段项目太过密集，此项目仅仅设计为2周的短期项目，但是学生任务涵盖社区垃圾分类的情况调研、馆内"塑料记"展览的探索学习（此展览内很多展品也是馆校合作的成果，很多学生参与制作展品、提供材料、写下心得体会等）、专家对话、编程创意设计制作、成果展示等环节。

优化策略：基于青少年教育项目需求，合理设定项目周期。

在上海科技馆对100多所共建学校开展的一项调查中显示，不少学校希望和科技馆开展贯穿整个学期甚至学年的长期性学生创新实践项目。特别是能够贴合学生生活实际的主题，可以覆盖到学校教育、场馆教育甚至是家庭教育。如2019年度上海科技馆"创客营"项目涉及的垃圾分类主题。垃圾分类不仅仅是改变的我们的生活方式，更是现代城市化进程中必经环节。青少年是未来的希望，应该具备社会感、责任感、使命感，关注社会发展，提升创新能力，为人类进步做出贡献。这个项目完全可以成为长期项目和学校及其他社会机构进行长期合作。因此，项目周期可以根据青少年校内外活动需求和项目实际需要达到的培养目标进行合理设定，不必局限于寒暑假完成。

3.3 问题3：评估制度未全面建立

国内场馆青少年教育项目缺少规范科学的制度建设。目前国内场馆青少年教育项目也是遍地开花，但是花期长久、开花结果、年年再开的情况并不多见。国内教育项目较少设立有效的评估机制，虽然尝试开展项目评估，但是问卷调查和部分访谈的形式缺乏规范的评估指标、方法和流程。如上海科技馆在开展"上海市青少年科学创新实践工作站"项目时，虽然设置了学生访谈、专家点评、教育部员工的内部反省与总结，但是整体规划不足，导致预先要求学生完成的自我过程性记录未产生应有价值。其实对于实践过程记录表的填写，可在每次课程结束后预留一定的时间让学生填写，要求实践记录表详细记录本次活动中的收获、困惑、反思和自我评价，避免某些学生只简单记录了活动的流程，此内容原本可以作为宝贵的过程性评估材料，项目评估缺乏这一环节委实可惜。

优化策略：重视青少年教育项目评估，科学建立评估制度。

制度建设是项目成熟的一大标志，特别是执行过程中，项目如无完善的策划方案往往会导致实施过程不顺畅，实施效果不达标。目前国内很多儿童教育项目的评估工作缺乏科学规划，往往在收尾时才想到做一些项目评估工作，这对于项目的改进和优化作用不突出，也无法进行对比分析。国外博物馆对于新项目或重点项目一般都会设立前置和过程评估。从青少年立场出发，就各项内容展开前期研究。前期研究的目的是预先消弭各种困难与障碍，使得项目执行过程让青少年感受到愉悦舒适。采用前置评估可以预先让青少年对项目各项内容做出反馈并不断修正，发掘潜在兴趣，提升核心素养。

4 结论

在当今时代，边界和围墙的作用一再被强调，无论是实体的还是隐喻层面的，都越发强调边界和围墙是实现"自我防卫"的唯一方式，但这种形式的"自我防卫"却是一种误解。在这种情况下，博物馆可以起到更好地促进跨文化理解、跨学科学习的作用，从而设计出更好、更具相关性的项目实践活动。科技馆青少年教育项目完全可借助极特殊的资源和教育环境，从青少年需求和兴趣出发开展探究式的项目制学习，并且在此基础上整合学校、科研院所优质资源，通过联通馆内外各领域科创载体，贯通课内课外跨学科多元课程，融通线上线下科学探究课题多维度评价，使青少年在项目实践中拓宽科学视域，训练思维方式，丰富学习经历，培养创新精神，提升实践能力，积淀科学素养，塑造人文情怀。

参考文献

[1] 中华人民共和国教育部、国家文物局：《关于利用博物馆资源开展中小学教育

教学的意见》，2020 年 9 月 30 日。

［2］张炯强：《复旦博物馆系专家呼吁：参观博物馆应为中小学生必修课》，《新民晚报》2012 年 5 月 18 日。

［3］李秀菊：《学生集体参观科技类博物馆的学习效果研究》，《自然科学博物馆研究》2019 年第 3 期。

［4］张昱：《探索博物馆"展教结合"新形态——美国史密森尼国家自然史博物馆案例研究》，《自然科学博物馆研究》2018 年第 3 期。

［5］〔美〕菲利普·贝尔、布鲁斯·列文斯坦、安得鲁·绍斯、米歇尔·费得：《非正式环境下的科学学习：人、场所与活动》，赵健、王茹译，科学普及出版社，2015。

［6］刘长城、张向东：《皮亚杰儿童认知发展理论及对当代教育的启示》，《当代教育科学》2003 年第 1 期。

［7］周婧景：《博物馆儿童教育——儿童展览与教育项目的双重视角》，浙江大学出版社，2017。

基于初中科学课程标准的科技馆
天文实践活动策略

许　文[*]

（天津科学技术馆，天津，300201）

摘　要　作为六大自然基础学科的天文学是唯一没有纳入中小学必修课的自然学科，中学阶段的天文学基础呈现碎片化特征，分布于物理、地理、科学等学科中，系统化天文科普教育的缺失不仅影响着国民科学素质，也对我国天文人才的培养影响深远。在全面提倡中学学科核心素养的教育背景下，天津科技馆联合天津市天文学会以展厅展项为依托，以多年积累的天文特别活动为载体，根据《义务教育初中科学课程标准（2011年版）》，以天文实践活动为手段，近年来取得了良好的天文教育成果。本文以天津科技馆特色天文实践活动为案例，对比小学科学课程标准，对课程体系、课程内容及课程目标进一步剖析，并对实践活动进一步深化创新，旨在为天文科普教育事业提供一个新的思路和案例。

关键词　科技馆　初中课程标准　天文

1　中小学科学课程标准对比

初中科学课程在小学科学课程的基础上，引导学生进一步深化对自然和科学的认识，提高学生的科学素养。初中阶段是学生科学素养发展的关键时期，具备基本的科学素养是现代社会合格公民的必要条件，是学生终身发展的必备

---

[*]　许文，单位：天津科学技术馆，E-mail：550341389@qq.com。

基础。与小学科学课程相比，初中科学课程在课程体系、课程内容和课程目标上都有着明显的差异。

1.1 课程体系方面对比

小学科学课程标准（以下简称小学课标）将天文相关知识零散地分布在物质科学领域、地球与宇宙科学领域的课程目标中，知识点浅显，覆盖的天文知识面较窄，只涉及地球、太阳等简单易懂的固定知识，需要达到的目标是知道和了解，如小学科学课程标准中要求"知道太阳是太阳系的中心；知道太阳系中有八颗行星，描述它们在太阳系中的相对位置"。

初中科学课程标准（以下简称初中课标）将天文相关知识单独列举，分为地球和宇宙领域，在这一模块中，设置了两个主题：地球在宇宙中的位置和人类生存的地球，相较于小学科学课程标准，初中从地球向外延伸，拓展到宇宙范围，所需达到的目标则是知道相关知识并初步形成科学的宇宙观。

对比发现，小学课标和初中课标有着明显的差异，对天文知识的广度和深度都有着明显的不同之处，在认识宇宙方面，小学课标只要求到太阳系八颗行星领域，而初中课标则要求得更为广泛，包括太阳系与星际航行、银河系和宇宙等，即在人类的认知广度上增大了。除此之外，小学课标要求知道太阳系八颗行星，初中课标则要求知道行星的卫星及小行星带，并提出"光年"的距离单位，即细化了我们对宇宙的认识。初中课标从纵向和横向上都是对小学课标的补充、细化和深入。并且小学课标中天文知识比较分散，大多与其他科学知识穿插，初中课标中则将地球和宇宙领域单独列出，使得天文知识更系统完善，产生这种差别的根本原因在于不同年级的学生对知识的理解能力及认知程度不同，而课标则是基于多年来对学生接受能力、认识能力、思维能力等的细心研究编纂而来，符合中小学生的接受过程。

1.2 课程内容方面对比

小学课标中，关于天文的知识内容涵盖空气、光谱、地球的运动和太阳系行星等，分布比较广，且知识比较浅显，在日常生活中比较容易常见，更容易被小学生接受；其次，在小学课标中要求，了解太阳系和一些星座，知道太阳系有 8 颗行星，这些内容都偏向于二维空间，相对容易被小学生接受。而初中课标，在主题地球在宇宙中的位置中，清晰地分为星空、太阳系与星际航行、银河系和宇宙，并对每一分主题下的课程内容都有细致的划分，如"需要知道阴历与月相的关系，知道朔、望、上弦、下弦的月相"；了解日地与月地的距离及运动，相对小学课标要求呈现立体化模拟展示。

在课程内容上，小学科学课程标准所要求的知识较为分散不集中，往往穿插在其他科学知识中，对所涉及的天文知识要求也较低，大部分都在知道了解层面；而初中课标，则对地球的运动、太阳系、宇宙等相关知识进行系统分类，其中所涉及的知识点逻辑性更强，关联性更大，课标中所要求的也更为深入，从平面向立体引申过渡，让学生在广袤的宇宙空间中建立起三维的立体模型，对其他学科相关知识的理解和应用也起到了积极的促进作用。此外，在每个主题下的知识点，最终都让学生更深入地自主探究其中的人文精神。

1.3 课程目标方面对比

小学课标中，学习目标大多锁定在对已有的科学现象或科学原理进行验证性实验或验证性分析上，如"描述太阳每天在天空中东升西落的位置变化"，"知道地球自西向东围绕地轴自转"等，所要求的课程目标在描述和验证事实层面。初中课标中，则要求"说出阴历和地球公转的关系，知道冬至、夏至、春分、秋分四个节气"，"知道日食和月食的成因"等，课程目标要求更加具体深入，并从描述上升到知道并可以说出层面，并从身边的生活现象出发，让学生自主关注身边的天文知识，激发对天文现象的兴趣与求知欲。

从课程目标分析看，小学课标则以知道了解为主，让小学生更多地接触大自然的天文现象，并可以用语言描述出来，而中学则需要中学生以自身已有的天文物理等相关知识，对身边的天文现象进行进一步的分析论证，并对某些可以观测到的现象，如日食、月食、彗星、流星等有自我实践的过程，更加注重的是自我认知、自我发现、自我更新的过程，自主查找相关科学资料，了解天文知识的历史背景，进而从人文精神上实现自我价值。

2 对接课标与科技馆天文实践活动策略

在我国实行新课程改革的今天，科技馆行业深度挖掘展教资源、围绕课程标准对标分析、开展馆校结合的深层次研究、开发和规范基于新课标的科技馆特色活动，是贯彻落实党的十九大精神、《中国科协事业"十三五"发展规划》和《全民科学素质行动计划纲要（2021－2035年）》中大力发展青少年科学教育、引领和促进学校教育内容变革、优化重组科学课程实践的重要抓手和契机。

科技馆天文展教活动与学校天文社团实践活动或天文校本课程的不同之处，一是教学对象不同。在校内，往往基于固定的班级、固定的学生及固定的教室；而在科技馆，往往接触到的是拥有同一兴趣爱好的志同道合的同学，活动场所也从常规教室转变为科技馆的展厅或活动教室。二是教学形式不同。学校多以教材为载体，有明确的课程目标，参照统一的课程目标进行授课，在学校内，教师是以语言、文字等符号的形式来表达原理、定律、公式及说明等教学信息；而在科技馆中，学生可通过展品呈现的科学现象，并通过对展品产生的科学现象，包括外观形态、运行状态、亮度、声音等外在感触，联系学校内的课标及科技馆内的展品展项进行体验式互动及探究式学习，通过科技馆展品衍生出的科普活动，恰恰能弥补校内课标难以动手实践的部分。科学探究活动是培养科学观念与能力的重要途径，也是培养创新精神与实践能力的有效手段。三是教学内容上的不同。学校教材上的信息是关于科学的原理、定律，是科学家们经过科学观测、科学研究之后得出的结论，并且是经过其他科学家验证、得到普遍认可的结论，是科研过程中的"完成时"信息；而科技馆展品呈现的是科学现象，是科学观测、科学研究的对象，是科研过程中的"进行时"信息，而不是结论，尚须进一步研究、分析。利用科技馆校外科普阵地资源，通过对展品的理解、展教活动的参与，利用身边现有的简单材料可以直观地将最原始的科学原理展示出来，并可进行多学科的交叉式学习，达到科学知识的融会贯通，摆脱了校内枯燥抽象的教学模式，这种通过亲自动手实践展现科学原理的形式，可以让学生对科学知识的理解更深刻，提高对科学的兴趣，深化对科学的认识，促进学生关心科学和技术发展，形成尊重科学的态度，通过亲手操作展品或天文设备，促使学生具备探究与创新的初步意识，敢于依据客观事实提出和坚持自己的见解，初步养成善于与人交流、分享与协作的习惯，形成良好的相互尊重的人际关系。

2.1 星空主题下的天文实践活动案例

天津科技馆结合自身展品特色并根据初中课标，从学习内容和学习目标上深入理解内涵，丰富学生眼界，带领学生利用身边简单易取的材料开展活动，培养学生分析问题、动手探究的能力和综合利用多学科知识解决实际问题的能力，加深其对天文学科的理解和认知。

2.1.1 认识月相

初中课标中的课程内容要求"知道阴历与月相的关系，知道朔、望、上弦、下弦的月相"，结合该知识点及科技馆穹幕影院的外部建筑，可以很好地展示相应的科学原理。在科技馆整体建筑上，一个 23 米的球形影院树立其上，利用科技馆独有的地理优势，正东正西走向，可以在上午清晰地看到球形建筑被太阳照射的阴暗面，当学生站在不同的角度，看到的阴暗面的面积是不同的，与月相的成因类似。

从室外走向室内，针对月相相关知识，我们还设计完成了可以在教室内易于操作的实践活动。利用月相演示仪小制作，使用黑白球旋转，可发现黑白球可观测到的面积不同，让学生自主发觉月相产生的根本原因；针对此实验，教师可选择 1 个大型手电筒及 1 个大型泡沫球，将泡沫球一半涂为黑色，教师手持黑白泡沫球，利用大型手电筒的照射模拟太阳，围绕手电筒旋转，学生充当地球上的人类，即可模拟宇宙中太阳、月球、地球三者的位置关系，产生月相的基本科学原理。此外，由此实验还可引发关于月球的其他相关知识，如地球上为什么始终看到的是月球的一面，另外一面永远看不到，进而引申月球的探测史。根据天津科技馆"中国探月工程"展品，讲解月球探测的相关历史，对月球的探测进行国内外对比，也契合了初中课标中要求的关注我国航天事业的成就这一课程内容。

该实践课程可以完美地对接初中课标中对于月相相关知识的理解和运用，在验证原理的同时，可以极大地拓展学生对月相其他相关知识的思路，让学生建立三维的立体感，对动手实践能力也有一定的提高。通过对身边习以为常的现象的认识，让学生建立人与自然和谐相处的观念，并让学生具有观察、实验、收集和处理信息的初步技能，以及用科学语言表达和交流的初步技能。

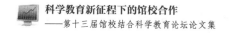
2.1.2 认识星座

天文作为一门观测学科，室外观测是必不可少的，在初中课标中，课程内容要求"通过观测识别若干著名星座"，"了解八大行星、卫星及小行星带"，也让学生走出教室，观察一下野外的星空。因此，天津科技馆组织天文科技夏令营、天文讲堂等活动，让学生利用专业的天文望远镜观察到美丽的星座。例如，我们会在8月英仙座流星雨时期组织天文夏令营活动，让学生亲身体验观察银河，并指导学生利用北斗七星辨别方向，寻找夏季大三角等，并指导学生通过亮星辨识所在星座。在观测条件一般的市内，我们会结合有关天象组织天文讲堂活动，从知识的了解，到亲身观测亮星、星座，对学生来讲是一次很好的体验。

通过组织相应的观测活动，可以提高学生对星空的认识，亲身观测可加深学生对星空的理解，突破校内传统课堂模式，可提高学生兴趣。以活动的形式带动知识点，让学生自主认识星空，达到学思用贯通的良好效果。

2.2 太阳系主题下的天文实践活动案例

在该领域中，太阳系内行星运动的立体知识较多，涉及更多的天体运转等相关知识，建立三维立体模型对中学生来讲，是一个必不可少的活动，不仅运用在对天文学相关知识的理解方面，还可运用到其他物理、地理等相关学科中，做到多学科的交叉融合。

初中课标中的课程内容"了解日地与月地的距离及运动"，结合天津科技馆自主开发的"日影观测"活动，可以带领学生对全年的日地运动有更为深刻的认识。该活动是小学辨别方向的进阶版，在利用展品——日晷初步认识太阳运动后，利用简单易取的材料（包括1个笔直的立杆、固定场地、皮尺等），通过间隔固定一段时间，在固定地点描绘通过太阳的照射，立杆上端物品（物品要足够小）的影子，观察太阳的周日视运动和周年视运动，以及特殊日期（二分二至节气），可将太阳1年的轨迹绘制成日行迹，对太阳1天和1年的走向进行量化分析，实地观测判断出东南西北方向，理解太阳1年中运行的规律，最终让学生自主得出结论，验证科学真理。

通过此活动，可以让学生回顾古代科学家如何通过天文观测得出我们现在认知到的科学道理，自主通过太阳影子的长短、位置判定时间和方向，并理解产生此现象的成因，找出科学规律。以此引发学生思考其他天体的运行规律，从而更好地认识太阳系内日地的运行规律。该活动不仅是验证科学真理，也让学生通过对自然界事物的认知，认识到人类发现科学真理采用的手段在不断更新，培养学生具有应用科学知识描述和解释周围世界的初步能力，以及运用科学知识和技能解决实际问题的初步能力。

2.3 银河系宇宙主题下的天文实践活动案例

对比初中课标中课程内容"知道宇宙是有起源的、膨胀的、演化的"相关知识，对接天津科技馆"宇宙膨胀"实践活动，通过简单易取的材料，将科学原理形象地展示在学生面前。在此活动中，分两步展示，第一步用皮筋验证著名的哈勃定律，通过在皮筋上标注距离，然后拉伸皮筋，观察不同距离处伸张的距离不同，模拟宇宙膨胀的原理，通过计算机上的散点图重合实验，可以验证我们并不是处于宇宙的中心；第二步利用粘有泡沫的气球，将气球吹大后，让学生自主探究泡沫之间远离的现象与宇宙膨胀的相同点和不同点，验证"星系间的空间在不断膨胀而星系本身由于引力的作用并不膨胀"的现象。通过宇宙膨胀的模拟实验演示，也可挖掘宇宙起源的历史，领会科学家追求真理的精神。

通过此活动，可以将深奥的宇宙奥秘简单地体现出来，教师可通过身边简单易取的材料轻松地带领同学演示出来，通过现象的产生，让学生自主探究理解科学道理。此活动趣味性强，可操作性强，可吸引学生课后进一步探寻宇宙的相关知识。

3 对场馆内外天文科普活动的思考

针对天津科技馆天文科普展教资源活动案例的分析，可以发现，将课堂引入校外科普阵地对巩固课程内容起到了积极的推进作用，通过一系列活动可以突破校内传统模式的学习，以探究式的方式让学生了解科学知识的内涵。但作为市级场馆的天文科普工作，也存在不足之处。

3.1 场馆内天文科普展品不够丰富

以天津科技馆为例，虽然以天文为特色，但作为综合性场馆，场馆内天文展品种类有所局限，因此对接课标有所不足。此外，展品反映的天文科学知识需进一步完善，进而带动更多的校内学习转向校外实践，增强学生自主学习能力。

3.2　天文活动有待进一步开发

针对科技馆内天文展品，对接课标，开发了一系列天文活动，但是活动内容及形式有待进一步完善和丰富。在学科交叉上，也需联系其他学科，将科学知识有效合理地连接起来，不仅巩固学生课标内知识，还提高学生自主探究的能力，从而达到弘扬科学精神，提升科学素养的目标。

参考文献

［1］中华人民共和国教育部：《义务教育初中科学课程标准（2011 年版）》，北京师范大学出版社，2012。

［2］周文婷：《基于展品资源，引进 STEM 教育理念，对接课标——科技馆"馆校结合"项目开发的思考与实践》，《自然科学博物馆研究》2019 年第 1 期。

［3］许文：《天津科技馆天文科普活动中的探索与实践》，《自然科学博物馆研究》2018 年第 S1 期。

校外实践课课堂教学与校内比较研究

——以北京教学植物园中小学生传统植物文化实践课为例

于志水　左小珊　辛蓓*

（北京教学植物园，北京，100061）

摘　要　校外科普场馆是青少年素养教育的重要场所，以活动体验为主要学习方式的课程是场馆教育的重要方式。本文以北京教学植物园中小学生传统植物文化实践课为例，从教学方法与形式、环节与环境及课堂评估3个方面，与校内进行对比分析。植物文化实践课在教学方法上，以直观感知为主，任务体验或手工制作为主要形式，游戏类实践中采用较少，却是学生喜欢的教学形式；不同的教学模块，教学形式有一定偏好；教学环节逻辑与校内直接教学并无本质区别，形式表现差异，校外侧重做中学；课堂评估为表现型评估，作品创作和结构性任务为常采用的评估类型；场馆课程建设优势在于真实的学习环境、资源和专业师资的建设。

关键词　课堂教学　植物文化　场馆教育　实践课程

校外教育在学生核心素养培养方面，有着独特的价值。这里的校外教育是指资源型场馆教育，即博物馆或活动场馆教育[1]。校外教育课程，以实践学习为主要特色，有别于校内课程。在具体教学过程中，校内外课程有哪些特点可以相互借鉴和参考的呢？本文以北京教学植物园中小学生传统植物文化实践课程为例，从教学方法与形式、环节与环境及课堂评估主要影响教学效率和质量

---

*　于志水，单位：北京教学植物园，E-mail：hydroyu@163.com；左小珊、辛蓓，单位：北京教学植物园。致谢北京教学植物园刘鹏进、龙磊、魏红艳、赵芳、纪东参与具体案例提供。

的 3 个方面，选择 5 个模块 8 位教师的 29 个案例，与校内课堂教学进行比对和归纳分析，以便一线教师参考。从应用角度，文化可以理解为生活，课程理解为经验载体，植物文化可理解为人与植物的相互作用[2]。

中小学生传统植物文化实践课程，是依托北京教学植物园植物资源开发的，与校内学科内容相衔接，强调从学生生活和情趣出发，围绕模块和主题进行单元设计和课时开发。课程框架分为品性修养、家国情怀、道德文章 3 个教育层次，共设计饮食、服饰、文字、习俗和文艺 5 个模块，以人文积淀、审美情趣、理性思维、国家认同为主要培养方向[3]。课程体系覆盖了小学和初中两个学段，采用 16 人小班化教学，小学课时 90 分钟，初中课时 120 分钟。保持趣味性、侧重实践体验是植物文化课程教学实施过程中的基本要求，课程设计时采用逆向设计[4]。

1 校外实践课教学方法与形式

1.1 教学方法选择

教学方法的选择，与教学内容、目的任务、学情及教师的素养等有关，影响着教学效率和质量。在我国中小学生常见教学方法中，按照外部形态和学生认识活动分为 5 类[5]（见表 1）。根据教学方法外部表现形式来区别，实际教学中方便实用，有利于一线教师体会到教学背后的教育目的。

最常采用的教学方法是以直接感知为主。直观感知的教学方法主要受课程的性质及教学内容的影响（与教学传统可能也有关）。植物文化中，人类衣食住行是第一需求，直观感知方法的选择有其必然性。校内以实际训练为主的教学方法，实践课很少使用；以引导探究为主的教学方法，没有使用。实际训练或练习，实际教学中会发生，如对竹类植物的认识，会重复让学生辨别，但其仅用来检测学生是否已经理解竹类的关键特征，纯粹是用来检测教学效果的，跟观察训练或竹类植物识别是两个不同的目的，当然有巩固知识的作用。引导探究类，是一种以问题为导向，教师引导学生独自探究的教学方法或学习方法，学习时间周期长，对普及性实践课来说，是不经济的，实践中没有采用。同样的教学形式，校内外对应的教学方法可能会不一样，如实验法，校内的教学目的可能是实际训练或探究问题，校外的教学目的是建立个人的直接经验感知。

表 1　校内外教学方法与形式

常见教学方法	校内常见教学形式	校外实践课常见教学形式（植物文化实践课）
以语言传递为主	讲授、谈话、讨论	讲授、讨论（分组合作）、文献
以直接感知为主	演示、参观（观察）	观察、实验、游戏、任务（活动体验、劳作）、手工
以欣赏活动为主	观察、阅读（聆听）	观察、阅读（聆听）
以实际训练为主	练习、实验、实习	练习（教学目的更多是一种教学检测）
以引导探究为主	调查、实验、文献	—

注：手工通常是包含任务环节的，本质差别不大。如茶、剥麻或制绳，不归于手工。

1.2　教学形式分析

植物文化实践课，教学内容中存在陈述性知识，也有大量程序性知识，教学形式呈现多样化。以直接感知为主的教学方法中，观察和手工制作形式是当前多数教师主要采用的，以语言传递为主的近60%（见表2）。不同模块在教学形式上，是有一定偏好的，06编码代表初中，01～05代表各自模块。语言传递类教学，包含讲授、阅读或聆听故事诗词及学生讨论形式，不仅是校内，校外仍然被广泛采用。有时以这种直接的教学方式来教授信息、技能和概念是最有效的，至少非常节省时间。文字和文学艺术模块占比高，一些意境的品味不借鉴古人的经验智慧，学生是无法直观感知的；文字和艺术内容继承性强，实际教学中，需要古人的诗词书画等经典作品的引入。欣赏类，实际是非语言类的信息传递，明显集中于服饰和文学艺术模块。孩子们格外欢迎游戏形式，如"一叶知春秋"的小鸟与大树，"木之初－木"的植物起源，游戏类在传递知识情感、深度理解、价值培养等方面是非常有效的（概念类的要及时巩固）。即使带有游戏成分的活动，如"赏梅"的吹墨梅活动，"柳意"的晨嚼齿木，也都受孩子喜欢。任务体验、游戏、手工，是孩子心底盼望的活动，表现出对下次课的好奇和兴趣，玩中学、做中学应该是实践课遵循的生命理念。

表2　各课时主要教学方法与形式

课时	语言传递（讲授、文献、讨论）	直观感知			欣赏
		观察、实验	任务体验、游戏	手工	
01-01 五谷寻踪		+	+	+	
01-02 古法制糖	+			+	
01-03 五味调和		+		+	
01-04 熬茶	+	+（实验）	+		
06-01 舂谷		+（实验）	+	+	
02-01 植物纹样		+		+	+
02-02 五彩彰施		+		+	+
02-03 植物染黄		+		+	
06-02 梨花纹设计和蜡染		+		+	+
03-01 松杉桧柏	+	+	+	+	
03-02 一叶知春秋	+	+	+（游戏）	+	
03-03 朩	+	+		+	
03-04 书简作册	+			+	
03-05 木之初-积	+	+			
03-06 木之初-木	+	+	+（游戏）		
06-03 拨楞绳		+		+	
04-01 端午拾趣	+	+		+	
04-02 柳意	+	+	+		
06-04 九九针黹延寿客	+	+	+	+	
06-05 剪花影		+		+	
06-06 做个艾囊好过夏		+	+	+	
06-07 草木情胭脂红		+		+	
05-01 品赏梅花	+	+	+	+	+
05-02 赏竹	+	+			+
05-03 苔诗·识苔	+	+（实验观察）		+	+
05-04 落叶落		+		+	
06-08 荷田田	+	+	+	+	+
06-09 采莲		+		+	
06-10 墨竹	+	+		+	+
合计	17	27	12	24	9

2 课堂教学环节、环境分析

2.1 教学环节分析

从教育目的的角度看，校内外（馆校）是不应有差异的。教学形式的差异通常会掩盖教学逻辑的一致性，教学环节更能准确反映教学背后的逻辑，更有利于提高教学的效率，尤其是在学习理论指导下的改进。教学环节上，我们以校内讲授法为参照标尺，教师直接将教学内容信息传递给学生，就要尽可能有效地分配课堂时间，以实现明确界定的目标，特别适用良好结构（陈述性）的知识或技能。基本逻辑如下：从激发学生兴趣到呈现新信息，然后让学生练习新知识或技能，最后进行评价[6]。我们分别选取文字、文艺、饮食模块的3个课时（见表3），与校内直接教学法相比，也可以分为相对应的5个基本环节。逻辑本质没有差异，更多的变化表现在各环节的形式上。比如第一环节，阐述教学目标，建立学生心理定势时，分别采用模仿、名家作品、五谷品尝等形式，引发兴趣。第二环节在校外教学中格外重要，因为社会学员不仅存在年龄差异，也存在背景差异，需要教师提供必要的教育内容进行学情一致化，认知同构。从教学理论的角度，可以看成构建主义对校外教育的指导。讲授法在提高教学效率时，通常给予练习，实践课时间上是不会给予练习的（技能培养作为目标时才需要反复的练习），仍然是一种活动。讲授法在作为教学评估时，也会提供独立练习，常采用活动表现或交流分享的形式。所以实践课中的活动很多，但教学目的是孑然不同的，至少会有两类活动，学习活动和评估活动，两者不能合一，否则教学环节就会缺失。

表 3 教学环节对照

直接教学	松杉桧柏(文字)	墨竹(文艺)	五谷寻踪(饮食)	差异处
阐明学习目标,建立学习心理定势、唤起兴趣	模仿大树	名家作品点题	设疑导入,五谷食物品尝分享	直接教学,语言讲述为主,实践课以活动、故事或作品为起点,达到破冰的目的

续表

直接教学	松杉桧柏(文字)	墨竹(文艺)	五谷寻踪(饮食)	差异处
复兴先前知识 构建相同学习起点	椿木故事(情感 和方法统一)	水墨画知识(知 识统一)	(应该设计谷类 起点概念统一)	实践课会构建统一 的认知情感或知识
呈现新内容 ABC	松杉桧柏	欣赏水墨画、识 墨竹	分组寻找(探究 式)	教学环境,实践课为 真实环境;学习方式 实践课多样
学习检测 ABC	松柏连连看	画墨竹叶、枝、竿	分组合作完成	实践课需要动手、 口、脚
独立练习 D	松塔制作	整体临摹	汇报活动成果	实践课活动反馈

2.2 教学环境分析

在所有的教学环节背后还有个教学环境的本质差别，实践课在呈现新内容时，会提供一个真实或比较真实的学习环境，营造一个有利学习的环境，这可能是校内最难提供的。如"木之初——积"，核心问题是积为何读为积，核心概念为积字源于植物刺的状态，核心任务是观察到植物刺并感受到刺的状态，如果没有刺的现场观察，体会刺的生态学意义（保护，数量越多越有利），理解的深度就会有折扣。校外场馆教育，能提供一个真实的学习环境，是教育教学中的最大优势，这种学习环境的营造本质是教育资源的建设。

相近学科的差异，以初中的"墨竹"为例，内容与校内美术最为接近，但校内仍难模仿实施。除了真实的紫竹林环境以外，授课为两类专业教师，把控各自专业特点。所以说，校外实践课师资的专业技能投入是比较大的。在课时时长上，校外具有灵活性，方便进行学科融合和授课。

实践课课堂带有自然教室和专业教室互动的性质，在课堂时段上也有直观的表现，通常分为两个部分，室外和室内，甚至三、四部分，再回到室内或室外，如初中的"拨楞绳"，室内观察绳、纸绳制作、室外跳绳感受绳文化、认识葛麻、室内剥麻纺锤绩麻；"木之初——木"，室外游戏了解植物起源，室内完成任务单、观察香蕉、室内总结木的表达。场馆学习环境如果能围绕课程进行建设，能节省转场时间，提高学习效率。好的课程设计，也会从教学角度提出建设要求，这需要课程建设和场馆建设有个互动的体制和过程保障。

3 教学评估形式与特点

3.1 教学评估选择

教学是高效率地传播人类经验，教学评估检测教学效率，是教学实施中必不可少的环节。校外实践课程的性质和特点，影响评估的方法，表现性评估最为方便。为了解决总结性评估困难的问题，植物文化课实施中把教学评估放到活动中去，通过活动完成教学评估，所以教学实施过程中通常需要有两种教学目的的活动，一个是学习目的，一个是评估目的。如"松杉桧柏"，先室外进行植物特征和文字特点观察学习，再通过松塔制作，来评估教学效果和学生学习情况。评估环节的表现性行为的设计，成为课程设计的出发点之一，也是最体现教学智慧的地方。形成性评估应为校外教育的主要评估方式，通过控制每一课时或单元、主题的教学质量，而达到总体课程的教学目标。

课程教学评估，是分层次的，中小学生传统植物文化实践课程研究各模块的单元还不完善，还不能从课程或单元的层次进行教学质量的评估。根据校外学生特点，进行总结性评估，对整个课程进行评估可能是不现实的，也可能没有必要。学生是按教学模块或主题的兴趣来选择的，而不是整个课程。课程组织实施的根基在主题，也是一个主题一个主题的实施。把终结性评估落在主题阶段，形成性评价落在单元层次，应当是最理想的。

3.2 课堂评估形式

传统评估方法，练习法、测验法、评分法，在实践课中偶有采用，如墨竹示范后，学生练习体验竹枝、竹叶的画法，主体中采用的比较少，更多为表现性评估。表现性评估，是在现实生活中对学生知识和技能的表现进行的评估，评估的对象为学生的活动或作品，通常有 6 个类型[7]，我们把结构性表现任务和模拟情境设立归为一类，进行对比分析。

最常采用的是结构性表现任务（模拟情境任务），其次是作品创作，这两类表现性评估实际在文化课中，是相通的，如"古法制糖"，制作工程是模拟古法情景，而棒棒糖是成品，又可归为作品创作；再如熬茶制作，成品是各种品味的茶，归为作品创作也是可以的。50%的课时采用口头表达和完成指定性任务，比例相近，文学类课时中口头表达所占比例高。实验法是比较少的，只有三例"熬茶""春谷""落叶落"，一个是探究味道差异的，一个是探究春谷方法的，"落叶落"设计叶片结构观察科技教学内容。科技类内容是比较容易整合具体文化教学内容的，受课程的总体目标影响，很少进行整合。文化课中的实验类，实际上也可归为情境模拟任务。项目研究式评估的方法，植物文化实践课没有采用。

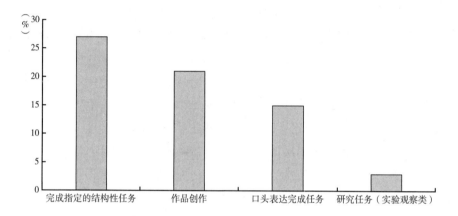

图1 植物文化实践课课堂评估形式表现

4 结论

教学方法和形式选择影响着教学的效率和质量，也最容易借鉴，实践中最常选用的是以直观感知为主的教学方法，观察、手工是一线教师喜欢采用的教学形式。以引导探究为主的教学方法，没有被采用。不同模块在教学形式上，是有一定偏好的。语言传递类教学，校外仍然被广泛采用，文字和文学艺术模块占比高；欣赏类，明显集中于服饰和文学艺术模块。孩子们格外欢迎游戏形式和带有游戏成分的活动。玩中学、做中学应该是实践课遵循的生命理念。

教学环节更能反映教学逻辑的本质，与校内直接教学法相比，5个基本环节基本相同，逻辑本质没有差异，更多的变化表现在各环节的形式上。真实或比较真实情景，有利于营造一个学习的环境。植物文化实践课课堂带有自然教室和专业教室互动的性质。校外课程建设的优势在于真实学习环境、资源和专业师资的建设。

教学评估是检测教学效率的，也是校外教学实施中不可缺少的环节。校外的教学活动按教学目的，分为学习活动和评估活动，要保证教学评估活动的独立性。评估环节的表现性行为的设计，是最体现教学智慧的地方，形成性评估是主要评估方式。最常采用的表现性评估形式是结构性表现任务（模拟情境任务），其次是作品创作。研究任务（实验观察类），采用较少，探究类实践中没有采用。

参考文献

［1］康丽颖：《校外教育的概念和理念》，《河北师范大学学报》（教育科学版）2002 年第 3 期。

［2］冯广平：《植物文化研究的回顾与展望》，《科学通报》2013 年第 58 期。

［3］于志水：《资源型校外教育机构课程建设——以北京教学植物园中小学生传统植物文化实践课程为例》，《中国校外教育》2020 年第 6 期。

［4］〔美〕格兰特·威金斯、杰伊·麦克泰格：《追求理解的教学设计》，闫寒冰等译，华东师范大学出版社，2017。

［5］李秉德：《教学论》，人民教育出版社，1991。

［6］〔美〕罗伯特·斯莱文：《教学心理学——理论与实践（第 7 版）》，姚梅林译，人民邮电出版社，2010。

［7］林德全、徐秀华：《课程关键词》，科学出版社，2016。

馆校结合开展水环境教育

——以走进北京自来水博物馆活动为例

赵　茜*

（北京学生活动管理中心，北京，100061）

摘　要　本文基于 STEM 教育理念，以科学课标为基准，结合北京自来水博物馆资源优势和世界水日主题，开展探究实践。通过了解世界水日，自来水生产、水净化基本过程和原理，运用创造性思维模拟净水装置的设计制作以解决日常生活中水质不佳的问题，解决水资源现实问题。从而，培养学生关注人类、水资源、环境与发展问题，人与自然界和谐共处的生活态度，提高保护水资源的意识，增强社会责任感。

关键词　STEM　馆校结合　世界水日

水是维持生命所需的基本要素之一，水资源是人类赖以生存的重要资源。在漫漫历史长河中，城市择水而居，足可见，水对生产生活的重要作用。水资源并非取之不尽，用之不竭。我国的水资源总量 2.8 万亿立方米，但人均水资源量仅为世界人均占有量的 28%，而且分配不平衡。为数不多的淡水资源还遭受着污染，水资源日益紧缺。为了解决全球水危机，为了引起人类对水资源的重视，为了人类的可持续发展，设立了"世界水日"。本次活动依托科学课标及北京自来水博物馆资源优势，以 STEM 教育理念，开展"世界水日"主题活动，旨在培养学生的水意识，了解水危机，进而保护水资源。

---

* 赵茜，单位：北京学生活动管理中心，E-mail：zhaoqianwinter@126.com。

1 馆校结合开展水环境教育活动的背景依据

1.1 STEM 教育与课程标准

各学科课标中对水的内容侧重有所不同：科学课上学生了解到水作为人类生存最重要的物质之一，保护水资源、防止水土流失具有极为重要的社会意义。地理学科学习水的循环与分布，生物学科侧重于讲解水与生命的关系，化学强调水的溶解度与悬浊液，物理学科关注水的压强与浮力，而对水资源的净化与保护则是一个跨学科的综合性课题，STEM 教育理念恰到好处发挥其作用[1]。

STEM 是科学（Science）、技术（Technology）、工程（Engineering）、数学（Mathematics）四学科缩写，它融合了多学科知识，并将知识获得、方法应用和工具利用以及创新过程进行了有机的统一。[2]基于 STEM 教育的教学方法可描述为基于问题或主题的项目式学科融合的研究性学习与探究。该学习过程是以教师引导和学习者饶富兴趣的主动参与为特征的。STEM 教育的教学法可概括为九步法：选定问题和主题，确定目标与预期，展开预学与预备，形成假设和预判，形成设计和规划，提出方案和计划，实施研究和探究，分析结果和归纳，延展学习与反思（见表 1）。[3]

表 1　STEM 九步教学法的活动内容

活动步骤	活动内容设计	关注点
1. 选定问题和主题	通过世界水日导入、参观自来水博物馆了解自来水历史及生产过程。对生活中现实水净化问题进行思考，启发学生兴趣,确定制作净水装置的主题	通过日常生活中观察和了解自来水博物馆中自来水的生产过程,建立制作净水装置的兴趣
2. 确定目标与预期	建立目标制作的要求，准备净水装置制作所需的知识、技能、材料、工具、方法,设计出初步的形状与结构	基于现实自来水生产流程的观察和思考，了解净水的原理，设计净水装置的结构。强调建立解决问题思维以及技能
3. 展开预学与预备	引导学生对自来水净化过程、净化装置的结构、材料、制作、净化流程等方面进行观察思考	在原知识技能的基础上，利用现场考察和资料查阅，进行初步的设计和思考

活动步骤	活动内容设计	关注点
4. 形成假设和预判	以给定材料(塑料瓶、明矾、活性炭、碎石、海绵等)引导学生形成制作设计假设和预判	引导学生在设计前,弄明白应考虑的设计元素与要求,比如材料摆放的顺序和数量
5. 形成设计和规划	学生设计自己的制作方案,并思考怎样制作更好,规划总体过程和实施计划	教师随时对方案进行追踪和引导,注意设计思路和结果可变通性
6. 提出方案和计划	学生提出具体制作方案和制作过程的各种要求	对于学生净水装置设计制作的合理性、可行性、材料工具等方面进行沟通和指导
7. 实施研究和探究	学生按照方案制作,对净水前后水质进行对比,达成对方案设计思路和结果的反思	对制作成果进行测试,多轮多次比较改进。促使学生自我探究判断并迭代优化
8. 分析结果和归纳	展示交流,与学生一起分析评价完成的净水装置是否达成设计目标,以必要的讲解来引导学生进行改善和提升	强调引导学生重复修正的过程,加深对核心知识、方法和技能的掌握与感悟
9. 延展学习与反思	由学生自我确定延展学习的内容(如由知水、净水、节水到护水)	教师给予能力水平延伸适度界定,可灵活设计
	教师反思预总结:对整体教学反思与总结	思考 STEM 教育理念与净水装置过程的能力构建效果

1.2 理论依据

活动以习近平新时代中国特色社会主义思想为指导,全面贯彻党的十九大精神,贯彻落实环保部、中共中央宣传部、教育部《关于做好新形势下环境宣传教育工作的意见》及教育部颁布的《中小学环境教育实施指南(试行)》的精神,坚持节水优先方针,按照"以水定城、以水定地、以水定人、以水定产"的城市发展原则,认真落实《北京城市总体规划(2016 年—2035 年)》。加强节水教育引导,强化校园节水文化培育,创新学校综合节水模式。全面发展学生核心素养、落实立德树人的根本任务。

1.3 资源背景

2021 年 3 月 22 日是第二十九个"世界水日",3 月 22 ~ 28 日是第三十四届"中国水周"。2021 年"世界水日"的主题为"Valuing Water"（珍惜水、爱护水），水利部确定"中国水周"活动的主题为"深入贯彻新发展理念，推进水资源集约安全利用"。

北京自来水博物馆成立于 2000 年，所在地是北京历史上第一座水厂——东直门水厂，通过实物展览介绍了自来水发展的历史，同时展示了科学技术的发展推动自来水事业产生的巨变。馆内的展教内容借助声、光、电等技术演示了自来水的生产过程、地下水管网的分布、水质监测方法等。

2 活动目标及学情分析

2.1 活动目标

科学探究：通过观察、收集信息、实验等多种方式，发现水资源问题，设计对比实验，分析处理数据，得出实验结论并评价交流。通过多途径寻求保护水资源方法，运用创造性思维解决问题。

科学知识与技能：了解世界水日、自来水生产过程。知道水净化基本原理，会运用所学到的知识设计制作水净化简易装置。具有观察、实验、收集和处理信息以及科学表达和交流的初步技能。

科学态度、情感与价值观：培养人与自然界和谐共处的生活态度，提高环境保护的意识，增强社会责任感。具备探究和创新的初步意识，初步养成善于与人交流、分享、协作的习惯，形成良好的互相尊重的人际关系。

科学、技术、社会与环境：了解水资源在日常生产、生活和社会中的应用，了解人类生存的地球环境中水资源的重要性，关注人类、水资源、环境与发展问题，初步懂得实施可持续发展战略的意义。

2.2 学情分析

参加本次活动的学生来自七年级，此学龄段学生身心发展处于青春期快速适应阶段，独立性得到很大发展，自尊心强，重视沟通，具备观察、分析、总结的能力，善于提问，有竞争意识，乐于迎接挑战、组织及参与活动，渴望得到同伴支持。

学生在课内已学习过水的三态变化，知道水的组成和基本物理属性，了解部分材料的净水作用，讨论过水质对健康的影响。本次活动结合"世界水日"主题开展拓展活动，通过模拟自来水厂净水装置的设计制作来解决日常生活中水质不佳的问题，使学生不仅对水资源现状有所了解，而且增强其节约用水的意识和防止水污染的责任感。

3 活动实施

3.1 活动内容

活动通过"世界水日"主题，结合北京自来水博物馆展教资源，引入自来水的前世今生、自来水生产过程等，引发学生对模拟净水过程的兴趣。以科学课内知识为基础，建立制作净水装置所需知识、技能、材料、方法等准备。培养创造性思维和技能，制作净水装置并设计对比实验，进行检测。在不断的实验、观察、交流、思考中，进行优化，改进净水装置，最终展示交流，反思并完成延展学习。

3.2 活动实施过程

通过活动的实施将水环境教育中水意识、水危机、水资源的理念贯彻始终。

表 2　自来水博物馆水环境教育活动实施过程

环节	教师活动	学生活动	设计意图	参考时长
导入	结合学习单和自来水博物馆展教资源，导入活动主题。 1. 水资源现状 2. 世界水日 询问学生家中是否有水质不佳，浑浊，使用滤水壶、净水器的情况	了解水资源现状，知道世界水日，进入活动情境。 由现实问题引入，激发学生制作净水装置的兴趣	通过场馆资源和活动主题的引入，营造活动氛围	5分钟

续表

环节	教师活动	学生活动	设计意图	参考时长
自来水的前世今生	通过任务引导学生,学习自来水的发展沿革,以自来水产业的今昔对比,对学生进行传承红色基因,实践教育	合理利用馆内资源,学习了解自来水的发展历程,完成学习任务单相关内容	通过任务驱动,培养学生自主探究能力,自来水行业的发展变迁,激发学生民族自豪感	10分钟
自来水制作工艺	1. 播放自来水制作工艺视频材料。 2. 讲解说明自来水厂的生产流程,提示关键环节,指导学生明确水源地的水经过哪些流程,最后变成可以使用的自来水。 3. 指导学生完成自来水制作流程图	1. 了解自来水的制作工艺。 2. 熟悉自来水厂的工作流程,正确排序并绘制自来水制作流程图。 3. 整理搜集的文字和视频资料,展示交流本组的学习成果	通过观察探究,完成自来水生产的基本流程学习任务。培养学生逻辑思维能力和分析总结能力	15分钟
我的净水装置	1. 呈现给定材料,并提出设计制作净水装置的要求。 2. 鼓励学生积极参与任务和活动,设计制作方案,给予学生指导,提示学生考虑设计元素和要求。 3. 关注学生制作全过程,引导学生对制作成果进行多轮多次测试、改进,对净化装置进行优化。 4. 引导学生合理设计实验方案,进行改善和提升	1. 设计、讨论并优化方案净水装置方案。 2. 根据方案,小组合作,制作出净水装置。 3. 设计净水装置对比实验方案,陈述设计思路和可能的实验结果。 4. 水样水质对比,验证装置的净水效果。 5. 多次监测,修正,完善净化装置,完成水质监测	培养学生有计划地设计、实施方案和高效的行动能力。养成善于与人交流、分享与协作的习惯。加深学生对相关知识、方法和技能的掌握与感悟。提高学生对水净化的认识和保护水资源的意识	35分钟
总结提升	引导学生把净水装置的设计制作结果,以小组为单位展示交流。 与学生一起分析制作成果与设计方案和实验方案的要求是否一致	学生根据整个活动过程,把相关的内容和结论通过实物、绘制海报等方式呈现出来,达成对自己设计方案完成制作和反思结果	通过展示交流的方式,促使学生自我探究判断,提高学生反思和科学思辨的能力	25分钟
学习延伸	灵活设计,对整体教学反思与总结。思考STEM教学方式与净水装置制作过程与能力构建的效果	由学生自我确定延展学习的内容,如:创意节水方案;海水净化等	将水环境环保意识迁移到日常生活中,促使学生关注实施可持续发展战略的意义	—

3.3 活动效果检测

通过任务单和展示交流环节的完成情况，检测学生对自来水净化知识的掌握程度，制作成果对设计方案和实验方案的要求完成程度。通过评价表，检测学生对参与活动各环节的态度、收获和满意度。通过访谈，检测学生对活动内容设置及教师教学的意见和建议。通过观察与倾听，检测学生在活动合作交流过程中的感想和体会。

4 活动的启示

4.1 亲近水、热爱水、保护水

因为亲近，所以热爱；因为热爱，所以保护。馆校结合走进自来水博物馆开展水环境教育活动，从学生日常生活中最为常见的自来水入手，让学生对探究主题产生亲切感，从使用自来水过程中产生的问题生发出研究问题，极具实际意义。通过自来水发展的百年历史沿革，今昔对比，对打开水笼头就有的自来水，产生来之不易的感慨，激发学生对自来水的热爱；使学生自然而然地产生对今日美好生活的热爱，达到教育目的。增强学生对水环境主题的认同感和作为地球家园普通一员的归属感，进而对身边环境产生关注，对水资源现状产生关注，对水环境保护产生为己任的责任感。完成亲近水、热爱水、保护水的教育闭环，形成生态文明的教育成效。

4.2 任务驱动，发展核心素养

以制作净水装置为导向，将复杂的问题逐步分解，培养学生提出问题、分析问题、解决问题的能力。探究强调的是学生的直接体验，学生从各种渠道搜集资料，对其进行分析、思考，提出自己的观点。[4]北京自来水博物馆专业资源的呈现，学生通过探究得以完成答疑解惑的过程，具备必要的知识和技能。为了完成净水装置的设计制作任务，学生在真实情境下，主动参与、主动获取知识、主动思考交流，合作完成方案的制定。通过反复讨论分析，将设计方案转化为实物作品并不断改进，逐步递进式地优化自己的设想，培养批判精神和思辨能力。而设计水质检测的对比实验时，学生自主观察、测量、实验、记录、统计与做图表，体验探究过程，获得探究经验，激发其解决问题的兴趣和热情。[5]注重学生的科学发现过程和探究方法，学习掌握解决问题的技术和工程思维，在任务驱动过程中，提高其对科学技术的应用和理解，培养核心素养。

4.3 可持续发展，人类与自然和谐相处

水无处不在，水至关重要。水环境科学是一门集地理学、生态学、物理学、社会学等于一体的交叉学科，水环境教育的目标对于中小学生来说，不仅仅是让他们学会一系列知识和理论，而是要激发他们潜在的学习动力和联通现实生活的路径，培养他们解决现实问题的能力。[6]通过整合科学、技术、社会和环境四个要素，在学生周围编织一个关于自然环境、人工构建环境和社会环境的大网。在探究实践中，找到一个问题或主题；利用资源得到信息，使用一些场馆资源获取信息；分析、综合、创造等；采取行动。[7]学生了解地球上的水资源是有限的，了解水资源严重匮乏是当今世界面临的共同问题，让学生知道水资源的珍贵，养成保护水资源的好习惯。培养学生意识到人类与环境相互影响、相互依存，认识到可持续发展、人类与自然和谐相处的必要性。

5 结论

"世界水日"走进北京自来水博物馆开展活动，以科学课标为基准，基于STEM教育理念，结合北京自来水博物馆资源优势，以制作净水装置为任务驱动，创造性地解决现实情境中的问题。活动充分利用场馆展教资源，将科学、技术、社会与环境目标融为一体。任务驱动，化繁为简，在真实问题情境下，注重学生参与，注重学生的科学发现过程和科学探究方法。在实际问题情境中强化学生对科学技术的应用和理解，提高其核心素养。通过净水装置的设计制作和水质检测探究活动，让学生能够反思自己的生活习惯，培养学生与自然和谐相处的意识，培养学生解决问题及合作学习的能力，促进其关注水资源保护并自觉采取保护水环境行动，增强社会责任感。

参考文献

[1] 李世锋：《STEM 教育理念的初中科学教学案例——以生活中的水为例》，载《2020 年现代教育技术研讨会论文集（二）》，2020。

[2] 张彩霞：《STEM 教育核心理念与科技馆教育活动的结合和启示》，《自然科学博物馆研究》2017 年第 1 期。

[3] 向世清：《STEM 教育的基本方式与过程（一）》，《中国科技教育》2019 年第 8 期。

[4] 楚行军：《美国中小学水教育对我国水文化教育的启发——以"全球水供给课程"教育项目为例》，《现代中小学教育》2015 年第 9 期。

[5] 李雪梅：《中外 STSE 教育理念的比较及我国高中生物教学中 STSE 教育的初探》，上海师范大学硕士学位论文，2016。

[6] 刘智勇、魏丹：《将学科大概念的核心元素融入青少年水环境科学教育》，《中国科技教育》2020 年第 12 期。

[7] 孙海月：《STEM 课程之〈水的净化〉》，《湖北教育（科学课）》2019 年第 3 期。

基于问题式学习的馆校结合实践活动

——以垃圾分类实践营为例

赵　茜[*]

（北京学生活动管理中心，北京，100061）

摘　要　本文通过 PBL 模式设计，以科学课标为基准，结合馆校资源云游博物馆，开展垃圾分类实践营活动。问题来自生活实际，以小组为单位，通过学生自主探究，发现问题、分析问题，解决日常生活中垃圾分类的现实问题。活动立足于培养学生跨学科能力和工程思维，将知识技能融合在活动中，引发学生反思自己的行为习惯，培养学生问题解决能力和环保意识。

关键词　垃圾分类　PBL　馆校结合　环境教育

伴随人类社会的形成发展，生活垃圾处理问题应运而生。[1]面对日益增长的垃圾量和环境状况的恶化，如何最大限度实现垃圾的回收再利用，减少垃圾处置量，改善人类生存环境质量，是当前世界各国共同面临的迫切问题之一。

1　活动背景及理论依据

1.1　以问题为导向的学习

PBL 是以学生为主体，以问题为中心的"基于问题的学习"（Problem-

---

* 赵茜，单位：北京学生活动管理中心，E-mail：zhaoqianwinter@126.com。

based learning）。PBL 是将学习者放置在特定的情境中，给他们一个学习任务和挑战，并提供给其资源的一种学习方法。[2] PBL 的概念核心体现在：以问题为导向，以项目为基础。学习内容跨越多学科知识。强调以小组为单位的学习形式，通过相互合作、相互交流来解决问题，分享知识，以培养学生的自主管理以及合作交流的能力。以学生为中心，学生自行选题，设置目标，自主研究，作为独立的思考者与学习者，教师仅作为教练、支撑和引导者。[3]

1.2　垃圾分类

垃圾分类处理是对垃圾进行有效处置的一种科学管理方法，指按一定规定或标准将垃圾分类储存、投放和搬运，从而转变成公共资源的一系列活动的总称。垃圾分类各国的普遍做法是按垃圾成分构成、产生量、结合本国本地区垃圾资源利用和处理方式进行分类。目前，北京市将垃圾分为：可回收物、有害垃圾、其他垃圾和厨余垃圾。分类后对垃圾进行处理，目前厨余垃圾的普遍处理方法有粉碎直排、填埋、堆肥处理、生物处理和垃圾再利用。堆肥处理是利用微生物分解垃圾有机成分的生物化学过程，在生物化学反应中有机物、氧气和细菌相互作用，析出二氧化碳、水和热，同时生成腐殖质。生物处理依赖于微生物对物质的分解。[4] 日本微生物研究主要是筛选出高效降解生活垃圾的菌群，将高效的微生物菌群接种到生活垃圾中，通过好氧和厌氧的综合处理降解生活垃圾，是垃圾生物处理的发展趋势。通过综合处理回收利用，减少垃圾污染，节省资源。

1.3　活动依据

活动以习近平新时代中国特色社会主义思想为指导，全面贯彻党的十九大精神，深入贯彻落实习近平总书记关于垃圾分类工作的重要指示精神，遵循减量化、资源化、无害化的原则，全力推动落实垃圾强制分类处理措施，将生活垃圾分类作为推进绿色发展的重要举措，建立生活垃圾分类的常态化长效机制。《北京市生活垃圾管理条例》自 2020 年 5 月 1 日起正式实施，到 2020 年底，学校垃圾分类知识普及率要达到 100%。为推动《北京市生活垃圾管理条例》的落实，提高中小学生垃圾分类知晓率、参与率和正确投放率，切实发挥中小学、校外教育机构的示范引领作用，结合学生教育实际情况，设计本活动。

2 活动目标

2.1 知识与技能

认识垃圾分类的必要性，了解垃圾分类处理相关的知识，知道垃圾处理的方法，了解不同垃圾袋材质的差异。

2.2 过程与方法

学生以小组探究方式学习垃圾分类处理知识，发现垃圾分类处理中遇到的问题。培养学生自主探究、信息加工、主动表达的能力和团队合作能力。

2.3 情感态度与价值观

反思自己处理垃圾的方式，引发对生活方式和节约资源的思考，激发学生对绿色生活方式的思考和畅想。

3 活动对象及学情依据

参加本次活动的学生来自小学 6 年级，年龄在 11～12 岁。此年龄段学生处于从具体形象思维向抽象逻辑思维过渡的阶段，注意力广度进一步扩展，稳定性较强，初步具备观察、分析、总结的能力，善于提问，有竞争意识，可塑性强。

4 设计实施

4.1 设计思路

通过云游垃圾博物馆导入，结合北京科学中心中垃圾的分类、垃圾处理的过程和方法、垃圾的资源属性、垃圾减量化措施等展教资源，使学生了解垃圾分类和垃圾处理的基本知识。通过问卷调查和组内访谈，查找垃圾分类过程中

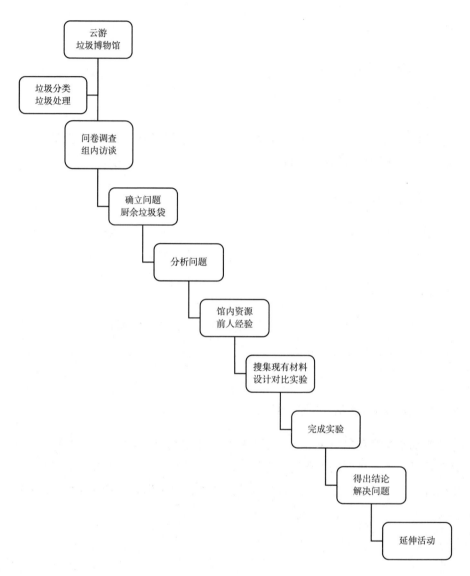

图1 垃圾分类实践营设计思路示意

遇到的困难，发现问题，思考并提出问题的解决方法。聚焦到其中一个问题：
处理厨余垃圾时垃圾袋与垃圾一同进入厨余垃圾箱，造成二次污染。以小组为
单位，分析存在的问题（易腐败变质，二次污染，分拣难度大，垃圾袋分离
不完全，影响厨余垃圾再利用效率）。通过场馆内探究、查找资料，学习前人

成功经验以及目前的做法。深入思考问题——现有方法为什么治标不治本。引导学生解决问题：从源头上解决厨余垃圾袋的问题。选取相关（常见的、具有防水性、可降解利于分解、和厨余垃圾成分类似）实验材料，设计对比并完成对比实验。通过实验结论比较，最终解决问题（哪种材料适宜作为垃圾袋使用，思考未来垃圾袋材质的发展方向）。

4.2 活动过程

启发学生思考生活中观察到的垃圾分类中存在的问题，并提出相应的解决方法。从诸多问题中聚焦一个具体的可操作性问题，设计对比实验进行研究。通过实验结果的呈现，引导学生得出结论，并生发出垃圾资源化、减量化的建议，培养学生养成正确的垃圾分类观和分类习惯。

表1 基于 PBL 的垃圾分类实践营活动内容

环节	教师活动	学生活动	设计意图
导入	呈现资源列表，发放学习单，引入活动情境	云游垃圾博物馆，融入活动情境	创设活动情境
问卷调查及访谈	指导学生以小组为单位，完成问卷调查和访谈提纲的制定，引导学生发现问题并寻找解决方法	以小组为单位，问卷调查或组内访谈的方式，查找垃圾分类开展过程中遇到的问题，并思考解决方法	通过调查和访谈，发现垃圾分类中存在的问题
小组展示汇报	帮助学生梳理发现的问题，启发学生找到问题的对应解决方案，鼓励学生主动表达	汇报组内发现的问题，制作示意图，进行展示汇报	展示交流，培养学生自主探究的能力
聚焦具体问题	引导学生聚焦到具体问题并深入分析	选择具体问题:厨余垃圾袋二次污染问题，并深入分析	培养学生主动思考，激发学生探究兴趣
寻找解决问题的途径	1. 引导学生利用馆内资源，收集材料并自主探究解决问题的路径。 2. 指导学生设计对比实验。提醒学生考虑实验的元素、步骤和方法、排除无关因素。沟通指导实验设计的合理性和可行性，跟踪实验过程。 3. 引导学生通过实验结果，得出相应的结论，对实验结果做合理的解释	1. 通过收集资料，了解厨余垃圾的处理方法和用途，自主探究厨余垃圾袋材质特点。 2. 利用现有材料，设计对比实验。考虑实验条件:如垃圾袋材料的材质、尺寸、透水性、可降解条件等。注意实验条件同质化和实验步骤的严谨性。 3. 完成对比实验，收集现有厨余垃圾袋实验数据，记录并对比，得出实验结论	培养学生自主探究、解决问题的能力。结合课内实验方法，科学地设计、记录、表达实验。通过对比实验使学生清晰地意识到材料的差异性，并得出科学实验结论

续表

环节	教师活动	学生活动	设计意图
总结提升	总结并引导学生由现有研究结果,引申到对垃圾资源化、减量化的思考,提升活动效果	得出研究结论并提出垃圾处理的建议,引发思考,节约资源,保护环境	培养学生反思、总结能力,培养环境责任感
延伸活动	垃圾分类创意金点子海报设计	设计并绘制创意金点子海报	拓展活动效果,促进学生习惯养成

表 2　垃圾分类存在问题及解决方法

存在问题	具体描述	解决方法
分类不明	垃圾袋与厨余垃圾混入垃圾桶	加大宣传力度,改进厨余垃圾袋
意识淡薄	知道垃圾要分类,但懒得分类	制定奖惩措施,制定相关法律
设施欠佳	垃圾桶数量不够,种类不全	增加分类垃圾桶种类及数量
管理不善	缺乏垃圾引导员,缺少监督	增加指导员数量,发挥社区力量

表 3　厨余垃圾袋对比实验单

研究问题	不同材质厨余垃圾袋的使用效果
实验假设/设想	(纸袋、可降解塑料袋、淀粉袋)较为适合作为厨余垃圾袋使用
实验材料	纸袋、可降解塑料袋、淀粉袋、吸水棉、滴管、白纸,厨余垃圾,镊子、计时器,放大镜等
相同实验条件(打"√") 不同实验条件(打"×") 无关条件(打"——")	实验材料大小(　　)实验时间(　　) 厨余垃圾成分组合(　　)厨余垃圾质量(　　) 实验材料透水性(　　)实验材料降解速度(　　)
实验设计	采用不同材质的垃圾袋(纸袋、塑料袋、淀粉袋)与时间(5分钟、10分钟)作为自变量,相同材料大小、相同厨余垃圾构成及质量,对实验材料透水性和可降解速度进行 2×3 对比实验设计
实验现象	观察不同材质的透水性和实验材料的可降解情况
实验结论	我发现＿＿＿＿＿较为适合作为厨余垃圾袋使用

5　活动经验及反思

5.1　基于现实问题,引发学生解决问题的共鸣

从日常生活垃圾分类时产生的实际问题,引发学生思考。在问题形成和解决过程中,教师引导研究小组贯穿整个 PBL。在 STEM 理念和探究式学习的指

导下，学生通过实验探究，以问题串的形式将垃圾处理问题紧密联系起来，环环相扣，让课内与馆内知识资源间松散的联系日益紧密。[5]随着对问题的理解和诠释不断加深，小组研究解决方案也在不断完善和优化，形成当前最优解决方案，并在今后解决类似日常生活问题时作为参考。

5.2 引导学生反思，延伸能力培养和习惯养成

通过解决厨余垃圾袋问题的过程，引导学生在特定主题研究中产生经验：如对垃圾袋材料的研究、对垃圾分拣设备的研究、对分拣工艺的进一步研究等，内在兴趣、经验教训、元认知策略等都将迁移到学生未来的学习中。鼓励和引导学生在未来进行同一领域或相近课题的学习研究，培养相关的能力技能、养成习惯，形成顺利解决问题的满足感等。同时，以小组合作的形式，提高学生自主学习、人际交往能力，培养合作精神。

5.3 立足工程思维，培养学生自主深度学习

基于问题式学习，将垃圾分类知识和垃圾袋材料实验相结合，构建工程技术思维方式。在一定要求下，建立定量关系，灵活变通完成设计制作和对比实验。建立解决问题、实现制作的思维与技能流程，培养学生的动手实践能力和逻辑思维能力，将科学、工程、数学、技术各科目融会贯通，学生自主构建知识网络，促进深度学习。

5.4 采用多元化方式，科学评价学生学习成果

由于学生学习方式的转变，PBL评价的不仅是最终问题的答案，更重要的是学习者对问题的理解和知识构建的过程。[6]因此，对学生学习成果的评价应采取多样化方式，评价学生成果与学习目标是否相结合，评估学生成果与实际情景是否相一致，采用过程性评价与结果性评价相结合的方式更为重要。情境评估法、同伴与自我评估法、学习日志法、团队陈述法、电子学习档案法、概念地图法等都是可以采用的方法。

6 结论

基于问题的学习开展垃圾分类实践营活动，以科学课标为基准，结合馆校

资源，云游博物馆开展探究，完成任务单学习，学生通过日常生活自主发现问题。以小组为单位，通过学生自主探究实验，解决垃圾分类中的现实问题。活动立足于培养学生跨学科能力，以科学思维将知识技能培养融合在活动中，引发学生反思自己行为习惯，注重学生问题解决能力的培养和环保意识的养成。通过过程性评价和结果性评价相结合的方式，多元化评价学生学习成果，对学生的学习有实际的教育意义。

参考文献

［1］方圆：《城市生活垃圾的分类和处理研究》，复旦大学硕士学位论文，2012。

［2］吴刚：《基于问题式学习模式（PBL）的述评》，《陕西教育》（高教版）2012年第4期。

［3］丁晓蔚、顾红：《"基于问题的学习（PBL）"实施模型述评》，《高等教育研究学报》2011年第1期。

［4］上海市师资培训中心：《气候变化与环境保护》，上海教育出版社，2020。

［5］常鸿茹、叶佳慧、李娜、张秀红：《基于PBL教学法的科学史馆本课程体系设计》，载《无处不在的科学学习——第十二届馆校结合科学教育论坛论文集》，社会科学文献出版社，2020。

［6］陈丽虹、周莉、吴清泉、邓安富、胡志强：《PBL教学模式效果评价及思考》，《中国远程教育》2013年第1期。

馆校结合，线上线下有效衔接
助力学生创新能力发展

崔云鹤*

（北京市东城区青少年科技馆，北京，100011）

摘　要　在教育深度改革的背景下，对于青少年的创新教育尤为重要，本文通过了解学生创新思维能力的现状、问题和不足，将科技馆项目与学校科技教育有机结合，线上、线下活动方式有效衔接，通过行动研究法，探究学生创新思维发展所应包含的主要内容，以发散思维训练——聚合思维训练——创新成果表达 3 个步骤进行推进，深入挖掘科技项目中用于培养学生创新思维的教学实践的策略和模式。

关键词　科学教育　学生创新思维能力

近年来，增强学生创新思维能力在理论和实践方面都进入教育研究者的视线。科技馆作为基础教育的重要组成部分，如何通过与学校科技教育有机结合利用线上线下相融合的活动方式，以"翻转课堂"模式，探讨培养学生创新思维的方式。特别是在目前这种疫情防控常态化的背景下，稳步推进科技教育的发展，是实施素质教育的重要途径，也是开展创新教育、培养创新型人才的重要平台。

在与学校密切合作的基础上，我们以"科技微课"、"主题性思维导图"和"创新项目的策划与实施" 3 个项目为载体，将线上、线下活动相融合，利用"翻转课堂"的模式，对学生培养创新思维的方式和途径进行初探。

---

* 崔云鹤，单位：北京市东城区青少年科技馆，E-mail：cuiyunhe@126.com。

1 研究目标

在教育深度改革的背景下，对于青少年的创新教育尤为重要，如何探索一个培养学生会思维、会创新、会应用的教育模式，尤为重要。

探索如何将科技馆项目与学校科技教育有机结合，通过"翻转课堂"模式将科技馆项目推陈出新，让学生更多地参与到项目中来，充分交流和发散，从而培养学生的创新思维能力。以规范的翻转课堂模式，有效地促进学生的正式与非正式学习，开展一个综合全面且具有指导借鉴意义的教学模式创新研究。

①探索科技馆项目与学校科技教育（即校内与校外教育）有机结合的方式、方法。

②探索如何将科技馆项目的翻转课堂模式与线上线下教学方式巧妙融合，促进学生创新思维能力提升。

③探究翻转课堂模式在科技馆项目中的设计与开发。

④探索学生通过翻转课堂学习从哪些方面发展其创新思维。

⑤初步探索一个有利于学生创新思维培养的、线上线下相融合的、馆校结合的活动方式。

2 研究内容

①了解学生创新思维能力的现状、问题和不足是什么？

对学生进行创造力测试，了解学生的创新思维在生活中的应用情况，以及发现问题、解决问题的途径。通过此测试了解创新思维培养在现实生活中的必要性和重要性。

②基于学生创新思维能力发展所应包含的主要内容，研究科技馆项目的线上线下教学模式如何与翻转课堂模式巧妙地结合，结合后的翻转课堂活动模式设计的方法和路径是什么？

通过鼓励学生观察生活，发现身边困难，进行发散思维的训练，思考解决问题的方式方法，通过教师的引导聚合到一个思考点，深入研究解决问题的具体方法。

③科技馆项目中用翻转课堂模式培养学生创新思维能力的实践策略和模式是什么？

在科技馆项目中，我们选取了"科技微课""创新项目的策划与实施""主题性思维导图"作为载体进行实施。

教育深度改革的背景下，教师通过"主题性思维导图"活动的推进，尝试进行教育方式和学生学习方式的创设和改变；通过学案助学和微课导学，以教学内容为中心引导学习者进行深入学习；通过互联网让学生将自己的想法或作品展示出来，使学生自主地参与到翻转课堂当中，将学生的分享作为翻转课堂内容的主体。

在"创新项目的策划与实施"项目中，致力于引导学生创新性地解决身边的问题，集合团体的智慧共享，集成大家的成果共研，逐步形成学生们自己的学习社区，缔造一个拥有丰厚的学习资源，使学生可以分享、交流、研讨、再提升的乐园。

④科技馆项目与学校科技教育结合应如何推进？方式方法是什么？

科技馆项目希望通过活动策划、过程设计、成果展示等环节，与学校科技教育工作进行互补式的配合，我们通过引用翻转课堂的理念，利用互联网这个载体，以主题性思维导图的教学，"我身边的困难"创新项目的策划与实施为主要内容。实践一个学生在学习中创新，在思考中发散，在改进中提升，充分发挥馆校双方优势的学习模式，实现对学生创新思维的有效培养。

3　研究方法

采用行动研究的方法，同时运用文献法、调查法、实验法等方法，注重理论研究与个案试验相结合，对试点学校进行研究。在教学研究过程中，对师生利用微课及翻转课堂模式进行教学的过程进行观察、记录、调查、分析，及时总结。并以问卷、访谈的形式了解利用翻转课堂模式的科技馆项目对学生个体的认知、情感、意志等方面的作用，加以分类和个案性的研究。

3.1　问卷调查法

了解中小学生创新思维能力现状，发现问题与不足。课题对 500 名学生进行了创造力测试，调查显示，学生具有一定的创新思维意识去解决生活中的问题，但以创新思维的角度观察生活的意识不是很强。未来，需要引导学生用创新思维的方式方法思考问题，提高学生创新思维的意识。

3.2　行动研究法

选取三个项目作为实施载体，进行行动研究。

第一轮行动研究，以培养学生的发散思维为主题，在"主题性思维导图"项目中开展研究。

第二轮行动研究，以培养学生聚合思考为主题，在"创新项目的策划与实施"项目中开展研究。

第三轮行动研究，以创新思维成果的表达和展示为主题，在"科技微课"项目、"主题性思维导图"项目、"创新项目的策划与实施"项目中开展研究。

3.3　案例研究法

在课题研究中对典型的课程活动、典型项目的推进等进行分析，获得研究资料，为行动研究提供资料支撑。

4　研究过程

4.1　学生创新思维培养现状的调查

本课题采用问卷调查法对北京市四年级至六年级小学生的创新思维进行调查，并对回收的 500 份问卷进行分析。结果显示：①小学生从创新思维角度观察生活的意识不是很强；②小学生具有一定的创新意识去解决生活中的问题。基于此，未来的教育教学需要更多地开展与生活有关的创造活动，加强小学生运用创新思维观察生活的意识；对善于运用创新思维观察、思考和解决问题的小学生给予奖励，为其他小学生树立学习榜样，引导小学生用创新思维的方式方法观察、思考和解决生活中的问题。

4.2　基于学生创新思维能力培养的行动研究实施

科技馆项目通过线上、线下活动对翻转课堂模式进行了尝试和运用。

课前——知识传递——线上。

课中——内化拓展——线下。

课后——成果固化——线上、线下。

4.2.1　以培养学生发散思维为主题的行动研究

通过"主题性思维导图"项目进行实施。

思维导图是培养学生发散思维的很好的工具，通过翻转课堂模式引导学生通过主题性思维导图绘制培养学生的发散思维能力。并通过 5W——who 谁用、when 什么时候用、where 在哪里用、what 做什么用和 why 为什么用、1H——how 的设计构思引导学生发散式地构思、绘制思维导图。

通过各个项目的推进，逐渐探索尝试建立一种校内外相结合、利用翻转课堂模式、培养学生创新思维的方式，流程为：课前学习思考——课上讨论方向——分享成果——创新思维碰撞——互评完善——成果呈现——碰撞交流——再次完善——学习反思。

4.2.2　以培养学生聚合思考为主题的行动研究

通过"创新项目的策划与实施"项目进行实施。

学生通过思维导图的发散性思维，找到智慧的切入点，和实际生活紧密相连的创意，通过动手实践或者科研探究等方式进行深入的研究，解决生活中的困难和问题。通过科研探究"六步法"进行具体实施（见图1）。

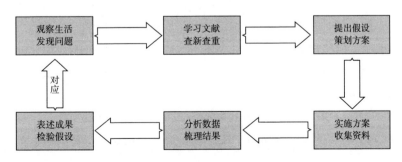

图1　"六步法"具体步骤

5 研究结果与结论

5.1 科技馆项目将线上、线下的活动方式与翻转课堂模式相结合的方式方法

（1）课前——知识传递（知识点转化为问题）

第一步，教师了解学情（线下）。

第二步，教师创建教学视频（线下）。

第三步，学生自主预习（线上）。

第四步，学生反馈问题（线上）。

第五步，教师根据学生问题调整课堂讲授内容（线下）。

（2）课中——内化拓展（问题转化为任务单）

第一步，设计学生体验活动（线下）。

第二步，引导学生实践练习（线下）。

第三步，学生学习总结，再提出新的问题，师生评价（线下）。

（3）课后——成果固化（问题解决，补充成为微课）

第一步，学生的问题最终解决（线下）。

第二步，难点补充微课的内容（线上）。

5.2 基于培养学生创新思维能力的翻转课堂要素与活动开发策略

在查阅文献研究的基础上，通过研究组成员的头脑风暴、专家指导等方式方法，明确了以科技馆项目为载体，基于培养学生创新思维能力的翻转课堂的基本要素和活动开发基本策略。基本要素和活动开发的策略为行动研究设计与实施的基本依据。

（1）翻转课堂培养学生创新思维能力所必需的四个要素

通过各个项目的推进和探索，课题组老师们结合自己工作实际，共同提出了有效实施翻转课堂的四大要素。

①具有专业素养的教师：在翻转课堂的实施中，教师需要向学生提供

优质的微课或其他学习资源，需要为学生设计启发式问题，有针对性的练习。需要在上课前整理学生课前的疑问，需要精心设计课堂活动以促成问题的解决。

②优质的微课开发或学习资源的提供：如何设计高质量的微课，提供有效的学习资源，深入浅出地把知识点讲透，是实施翻转课堂的关键。

③便捷配套的学习环境：互联网环境是实施翻转课堂的技术基础，在互联网环境下易于学生的交流与分享，促进学生思维的发散，培养学生创新性解决问题。

④优质的课堂活动设计：如何通过课堂活动的设计与实施，完成知识内化是翻转课堂的关键；课堂活动设计需要教师根据课前学生学习情况有针对性的设计，让学生在活动中亲历问题的解决，达成知识的内化。

（2）基于培养学生创新思维的翻转课堂活动开发策略

①创设一种方式：教师教育方式和学生学习方式的创设和改变，引发学生主动学习，加强对知识的兴趣，提升创新思维能力。

②开发一种资源：学生做出的属于自己的学习成果分享给大家，同学们互相学习，分享成果展示资源。

③借助一种手段：在翻转课堂模式下，借助互联网手段，让学生广泛参与，探索培养学生的创新思维；让学生将自己的想法或作品展示出来，使学生自主地参与到翻转课堂当中，将学生的分享作为翻转课堂内容的主体。

④建立一种模式：学生将学习成果在课堂中以互联网为载体与大家分享，翻转课堂内容的主体和内容多为学生自己创造的，学生互评完善，老师指导评价，对学生进行创新思维的培养，由此探讨一个教学过程的模型。

5.3　校内外结合，科技馆项目以翻转课堂模式培养学生创新思维能力的步骤

以发散思维训练——聚合思维训练——创新成果表达 3 个步骤进行推进。

5.4 校内外结合，基于培养学生创新思维能力的翻转课堂活动模型

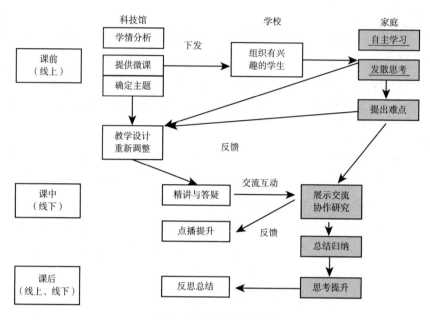

图 2　翻转课堂活动模型

注：灰色底纹标识为学生活动。

5.5 校内外结合，有效培养学生创新思维能力的方式方法

①科技馆人员把最新鲜、最经典的科技知识和科技载体经过梳理、消化后传播给学生，引发学生的学习兴趣。

②科技馆、学校适合结合开展实践性（探究式）＋学习型的教育活动。

③科技馆的活动汇集来自各个学校的学生，有益于学生进行思维的碰撞，学会使用发散思维思考问题。

参考文献

［1］陶西平：《"翻转课堂"与"生成课程"》，《中小学管理》2014 年第 4 期。

［2］何世忠、张渝江：《再谈"可汗学院"》，《中小学信息技术教育》2014 年第 2 期。

［3］顾小清、胡艺龄、蔡慧英：《MOOCs 的本土化诉求及其应对》，《远程教育杂志》2013 年第 5 期。

［4］刘震、曹泽熙：《"翻转课堂"教学模式在思想政治理论课上的实践与思考》，《现代教育技术》2013 年第 8 期。

［5］王红、赵蔚、孙立会、刘红霞：《翻转课堂教学模型的设计——基于国内外典型案例分析》，《现代教育技术》2013 年第 8 期。

［6］张新明、何文涛：《支持翻转课堂的网络教学系统模型探究》，《现代教育技术》2013 年第 8 期。

［7］胡铁生：《区域教育信息资源发展的新趋势》，《电化教育研究》2011 年第 10 期。

［8］王树生：《微课在初中信息科技教学中的应用》，《新课程（小学）》2019 年第 8 期。

［9］宋颖：《微课视频制作技术的研究与探讨》，《科技风》2019 年第 33 期。

［10］周贤波：《基于微课的翻转课堂再项目课程中的教学模式研究》，《电化教育研究》2016 年第 1 期。

科学家精神点亮好奇心

——基于"科学家精神对中小学生好奇心发展影响情况的调查"的思考

陈宏程*

（北京市育才学校，北京，100050）

摘　要　针对北京市育才学校 12 个年级进行问卷调查，了解中小学生的职业梦想、对科学家和科学事件的了解情况、了解的方式和途径，以及对科学家精神的认识。对各种媒介面向中小学生弘扬科学家精神的情况进行调查，又实地探访多个科技场馆，并对科学工作者和科学家后代、学生代表进行访谈。结果表明，科学家精神对中小学生的好奇心发展有着积极、正向的影响。在弘扬科学家精神方面，国家和社会各界开展了大量工作，课本、课外书籍、宣传报道、科技场馆是中小学生获取科学知识、了解科学家精神的主要渠道。在此基础上，就如何更好地向中小学生弘扬科学家精神给出建议。

关键词　科学家精神　中小学生

著名教育实践家和教育理论家苏霍姆林斯基说过："每个人内心都有好奇心和求知欲，并且孩子的好奇心是最为强烈的，家长需要给予正确的引导，要让孩子感受到认知的乐趣，积极地接触事实和现象，这样才能让孩子的好奇心得到好的发展。"

所谓科学家精神，其内涵就是胸怀祖国、服务人民的爱国精神，勇攀高

＊ 陈宏程，单位：北京市育才学校，E-mail：13683169768@163.com。

峰、敢为人先的创新精神，追求真理、严谨治学的求实精神，淡泊名利、潜心研究的奉献精神，集智攻关、团结协作的协同精神，甘为人梯、奖掖后学的育人精神。

2018 年 5 月 28 日，在两院院士大会上，习近平总书记说："当科学家是无数中国孩子的梦想，我们要让科技工作成为富有吸引力的工作、成为孩子们尊崇向往的职业，给孩子们的梦想插上科技的翅膀，让未来祖国的科技天地群英荟萃，让未来科学的浩瀚星空群星闪耀。"2020 年 9 月 11 日，在科学家座谈会上，习近平总书记多次提到"好奇心"。他指出："科学研究特别是基础研究的出发点往往是科学家探究自然奥秘的好奇心。""好奇心是人的天性，对科学兴趣的引导和培养要从娃娃抓起，使他们更多了解科学知识，掌握科学方法，形成一大批具备科学家潜质的青少年群体。"

现在的中小学生都有哪些好奇心？都关注哪些科学事件？最崇拜的人是谁、对科学家和科学事件的了解情况、了解的方式和途径，以及对科学家精神有何认识？本研究选取十二年一贯制学校——北京市育才学校 1～12 年级各一个班，进行问卷调查和访谈，到北京市主要的科普场馆实地调查等，以期得到科学家精神对青少年好奇心的影响，就馆校结合中推进弘扬科学家精神，点亮中小学生好奇心提出对策建议。

1　研究方法和过程

1.1　问卷调查

调查问卷分为中学生版和小学生版两种，内容大致相同，小学生版的选项和文字表述较为简单。题目包括单选、多选和填空题，选择题包括：最崇拜的人、长大后想干什么、对古今中外科学家及重大科学事件的了解情况、了解科学和科学家的主要途径、对科学家精神的理解、对科学家精神传播途径的喜好等。填空题包括：对什么最好奇、最崇拜的人姓名、读过的科学家书籍、听过的科学家讲座或报告会、用 3 个词描述科学家。

发放和收集：共发放纸质调查问卷 450 余份，小学部 1～6 年级回收有效问卷共 187 份；中学部回收有效问卷 203 份。

1.2 传播媒介调查

1.2.1 课本调查

对学习过的 1~9 年级所有教材进行调查，统计其中有关科学家的内容。课本除地理为中图出版社之外，其他各科均为人教出版社。

1.2.2 图书渠道调查

选取有代表性的图书馆 1 家（国家图书馆）、实体书店 1 家（北京图书大厦）和售书网站 1 个（当当网）进行调查，了解现有科学家书籍状况。

1.2.3 传播方式调查

通过互联网报道和微信等媒介，了解科学家们做科普的情况，科学家精神进校园、进课堂活动的开展情况。

1.3 科普场馆实地探访

先后探访北京科学中心、中国科技馆、国家动物博物馆、中国古动物馆、中国天文馆、古观象台、自然博物馆、中国地质博物馆 8 个标志性科技场馆，李四光纪念馆、郭守敬纪念馆 2 个科学家纪念馆，和网上钱学森纪念馆（http：//baike. chinaso. com/wiki/doc－view－116627. html，实体纪念馆位于北京师范大学附属中学校内，不对外开放）。重点调查各场馆有没有介绍科学家和科学家精神的图片、文字、塑像或视频等展品，纪念品商店内有没有关于科学家的书籍、图片或其他纪念品出售。

1.4 对象访谈

在老师帮助下，对 8 位科研工作者进行访谈，他们是：张文增（清华大学机械工程系副教授）、苏德辰（中国地质科学院地质研究所研究员）、郭耕（北京南海子麋鹿苑博物馆、北京生物多样性保护研究中心副主任）、郑永春（中国科学院国家天文台研究员，热门科普博主"火星叔叔郑永春"）、金淼（北京自然博物馆副研究员）、李建军（北京自然博物馆研究员，博士，恐龙足迹专家）、王学江（首都医科大学教授，博士生导师）、张劲硕（国家动物博物馆策划总监，博士，热门科普博主）。受疫情影响，访谈通过微信进行。访谈主要了解科研工作者们小时候对什么好奇，现在从事的科研工作和小时候的好奇心是否有关，有关或无关受什么影响，科学家精神对孩子好奇心发展的影响，对保护孩子的好奇心有什么建议，以及推荐孩子们读的书。

对著名科学家李四光的外孙女邹宗平进行当面访谈，了解李四光一生经历，科研工作和小时候的好奇心是否有关，取得重大科学成就的动力是什么，对保护孩子的好奇心有什么建议。

在科技场馆随机对参观学生进行访谈，了解其为何对科学活动感兴趣，将来是否想从事科学工作。

对同班同学进行访谈，了解其参加的科学活动为何有吸引力，将来是否想从事科学工作。

2 调查结果

2.1 问卷调查研究结果

2.1.1 最崇拜的人

中学生最崇拜的人位列前三的是（见图1）：影视明星、歌星42人，占20.6%；科学家37人，占18.2%；运动员/体育明星33人，占16.2%。崇拜的影视明星、歌星中，多为中、日、韩年轻一代的影星、歌星，最年轻的仅20岁，同为"00后"。科学家中最崇拜的有：钟南山、爱因斯坦、哥白尼，以及牛顿、居里夫人、霍金、特斯拉、黄旭华、顾方舟、袁隆平、屠呦呦等。

2.1.2 以后最想干什么

在被调查的中学生中，位列前五的是：经商或到企业工作29人，占14.3%；自由职业者27人，占13.3%；老师21人，占10.3%；科研工作者18人，占8.9%；医生16人，占7.9%。虽然崇拜运动员的人多，但想成为运动员、体育明星的仅5人，占2.5%；想成为影视明星、歌星的12人，占5.9%。小学生中，位列崇拜前五的分别是科学家40人、老师31人、明星歌星27人、医生23人、网红主播22人，分别占比19.7%、15.2%、13.3%、11.3%、10.8%。

2.1.3 小时候和现在对什么最好奇

小时候集中在：宇宙是什么样的、人从哪里来、人体的秘密、动植物等自

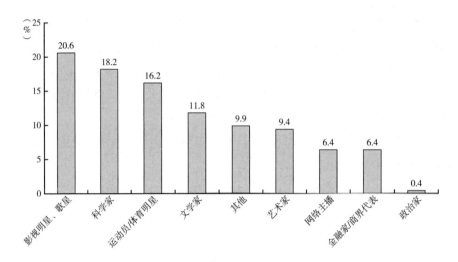

图1 "最崇拜的人"占比情况

然探索方面；到了中学，除了继续对世界、宇宙感到好奇外，还增加了对暗物质的利用、黄金分割率、环境与生物的关系、大脑的思维方式、基因对智商的影响、物理化学生物知识的探索，以及如何考上好大学、未来的房价等内容，甚至还有同学填的是"没有好奇心了"，逐渐变得更专业、更理性或更现实。

2.1.4 对科学家了解情况

小学生最熟悉的中国科学家有钟南山、钱学森、屠呦呦、袁隆平，分别占比87.7%、55.6%、55.6%、53.5%；最熟悉的外国科学家有爱迪生、爱因斯坦、牛顿，分别占比91.4%、86.1%、84%。中学生最熟悉的中国科学家古代有祖冲之、张衡、沈括，占比85.7%、85.2%、59.1%，现代有袁隆平、钟南山、钱学森、屠呦呦，分别占比98.5%、96.1%、95.6%、94.1%；外国科学家古代有阿基米德、达·芬奇、达尔文，分别占比91.6%、91.1%、89.2%；现代有爱因斯坦、牛顿、诺贝尔、居里夫人、霍金，分别占比98%、96.6%、94.1%、93.6%、93.6%。

2.1.5 对科学事件了解情况

中学生了解最多的前四位是：杂交水稻、新冠疫苗、神舟载人飞天、"两弹一星"，占比分别为96.1%、90.1%、88.7%、87.7%。对"两弹一星"精神产生的历史背景和主要人物，有19.2%表示十分了解，54.7%的同学表示比较熟悉，还有 23.2% 表示不太了解。对袁隆平杂交水稻研究带给中国粮食安全的意义，和我国首位获得诺贝尔科学奖项的科学家屠呦呦的事迹，约 1/3（分别是 36.5%、31%）的同学表示十分了解，52.7% 的同学表示比较熟悉。此外，90% 的人知道钟南山获得"共和国勋章"称号。小学生了解较多的是新冠疫苗、神舟载人飞天，占比分别为 85.6%、62%。对我国首位获得诺贝尔科学奖项的科学家屠呦呦的事迹，10.7% 的同学表示十分了解，39% 的同学表示比较熟悉。此外，89.8% 的人知道钟南山获得"共和国勋章"称号。

2.1.6　了解科学家精神的途径

中学生方面（见图 2）：主要通过课本、课外书籍、宣传报道、参观科技场馆、参加科技活动以及科学家讲座或报告等途径了解，分别占比 66%、60%、86.7%、37.4%、26.6%、24.1%。宣传报道方面以网站宣传、电视报道、微信为主要渠道，分别占 65.5%、66%、57.1%。科技场馆方面，去过科技馆的占 84.2%，科学中心占 27.6%，动物博物馆占 63.1%，教学植物园占 41.4%，地质博物馆占 46.8%，自然博物馆占 71%，天文馆占 82.8%，航空航天博物馆占 55.7%，都没去过的占 3%。参加科技活动方面，以参加校内科技活动、教委要求的校外科学实践活动、科技馆博物馆活动为主，分别占 63.5%、55.7%、61.6%。

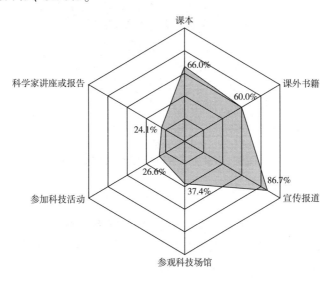

图 2　中学生了解科学家精神的途径

小学生方面（见图3）：主要通过课本、课外书籍、宣传报道、参观科技场馆、参加科技活动以及科学家讲座或报告等途径，分别占比30.5%、65.8%、51.3%、32.6%、28.3%、19.3%。宣传报道方面以网站宣传、电视报道、微信为主要渠道，分别占65.5%、66%、57.1%。科技场馆方面，去过科技馆的占50.8%，科学中心占16%，动物博物馆占48.7%，教学植物园占25.7%，地质博物馆23%，自然博物馆占77.5%，天文馆占60.4%，航空航天博物馆占42.2%，都没去过的占3.7%。参加科技活动方面，以参加校内科技活动、教委要求的校外科学实践活动、科技馆博物馆活动为主，分别占48.7%、56.7%、40.6%。

综合而言，社会宣传、校内学习、课外书籍和科技场馆，是中小学生了解科学家精神最主要的4种途径。

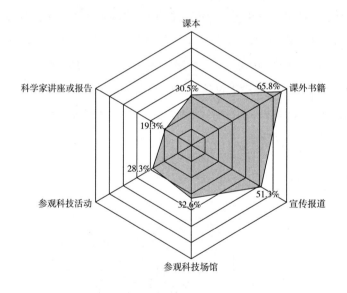

图3　小学生了解科学家精神的途径

2.1.7　知道一些科学家事迹后，对科学研究产生兴趣情况

10.7%的小学生、17.2%的中学生表示没有兴趣；60.4%的小学生、67.5%的中学生表示有一些兴趣和好奇心；还有28.9%的小学生、15.3%的中学生表示有强烈的兴趣和好奇心，希望今后自己也能开展科学研究（见图4）。

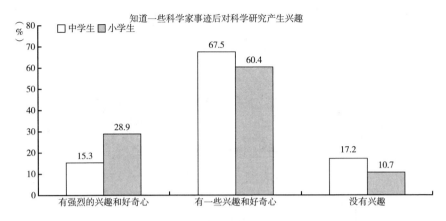

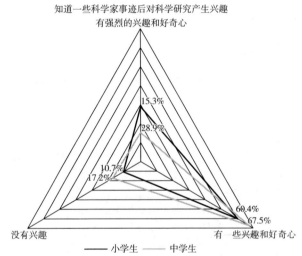

图4 中小学生对科学研究的兴趣情况

2.1.8 对科学家精神的理解

小学生心目中，认为最突出的科学家精神有热爱祖国、不怕失败、专心研究，分别占比91.7%、85%、85.6%。中学生心目中，认为最突出的科学家精神有保持好奇心、不断创新，求真求实、严谨理性，不怕失败、坚持不懈，分别占比87.2%、86.2%、88.2%（见图5）。

2.1.9 请同学们尝试给心目中的科学家画个像

小学生更善于用图画形式来描述科学家的形象，普遍比中学生画得好（见图6）。

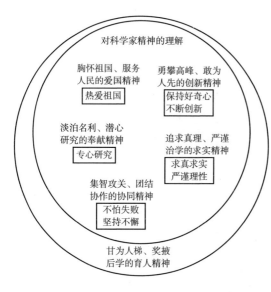

图5　中小学生对科学家精神的理解与文件规定相比较

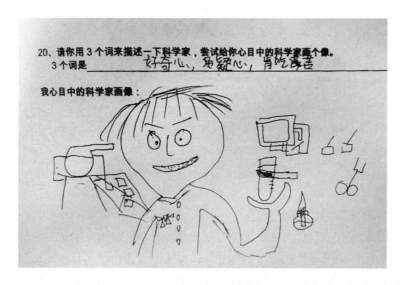

图6　小学生给心目中的科学家画像

2.1.10　喜欢传承中国科学家精神的方式

42.8%的小学生、69.5%的中学生选择科学家讲故事，让科学家精神进校园；73.2%的小学生、53.7%的中学生选择看介绍科学家的书、电影或动画片；61.5%的小学生、57.1%的中学生选择参加科技活动；26.7%的小学生、56.2%的中学生选择购买科学家书籍、图片及文创产品。

2.2 媒介传播研究结果

2.2.1 课本调查结果

经统计北京育才学校1~9年级各科教材中关于科学家的内容，结果如表1所示。

表1 课本上的科学家

年级	科目	有关科学家的内容
二年级（上）	1. 语文	1. 第30课《爱迪生救妈妈》（介绍爱迪生小时候用镜子折射光照明，帮助医生手术）
三年级（上）	1. 语文	1. 第7课《奇怪的大石头》（介绍李四光事迹）
		2. 第15课《玩出了名堂》（介绍列文虎克研究放大镜）
		3. 第19课《赵州桥》（介绍李春设计、建造桥梁）
三年级（下）	1. 语文	"资料袋"：介绍月球知识时，指出我国有4位古代科学家的名字被用来命名大环形山，分别是石申、张衡、祖冲之、郭守敬
四年级（上）	1. 语文	"宽带网"：介绍我国科技新成就，载人航天器、袁隆平的杂交水稻"超级稻"
四年级（下）	1. 语文	第25课《两个铁球同时着地》（介绍伽利略）
六年级（上）	1. 语文	第5课《詹天佑》
六年级（下）	1. 语文	第18课《跨越百年的美丽》（介绍居里夫人） 第19课《千年梦圆在今朝》（介绍载人航天工程）
七年级（上）	1. 道德与法治	1. 第9课《珍视生命》中，讲到爱迪生研究灯丝失败1000多次的故事，鼓励同学正确对待挫折
		2. 第四单元《生命的思考》中，举例李时珍撰写《本草纲目》、瓦特发明蒸汽机，说明伟大在于创造和贡献
	2. 中国历史	1. 第15课《两汉的科技和文化》，讲述了造纸术的发明，张仲景和华佗对医学的贡献
		2. 第20课《魏晋南北朝的科技与文化》，介绍贾思勰对农业技术的贡献；科学家祖冲之在数学、天文历法、机械制造方面的贡献
	3. 生物	在《科学家的故事》专栏里，介绍生物学家施莱登、施旺与细胞学说
七年级（下）	1. 语文	第1课《邓稼先》
		2. 扩展阅读《我看到了什么》《神秘的敲击声》《归途如此惊心动魄》（杨利伟介绍第一次载人飞船上天的经历）

续表

年级	科目	有关科学家的内容
七年级(下)	2. 数学	在数据分组练习题旁,介绍了数学大奖费尔兹奖,及获奖的数学家美籍华人丘成桐
	3. 中国历史	1. 第13课《宋元时期的科技与中外交通》中,介绍了毕昇发明的活字印刷术;指南针、火药的发明;沈括的"十二历法";天文学家和水利学家郭守敬的贡献
		2. 第16课《明朝的科技建筑与文学》,介绍了李时珍的《本草纲目》、宋应星的《天工开物》、徐光启的《农政全书》三部科学巨著
	4. 生物	在《科学家的故事》专栏里,介绍"试管婴儿之父"罗伯特爱德兹荣获诺贝尔生理学或医学奖
八年级(上)	1. 语文	1. 第2课《首届诺贝尔奖颁发》(介绍诺贝尔奖的由来和首次获奖人员)
		2. 第9课《美丽的颜色》(介绍物理学家居里夫妇)
	2. 道德与法治	第8课《国家利益至上》中,介绍物理学家钱伟长如何处理国家利益与个人利益
	3. 物理	介绍物理学的意义时,讲到牛顿的万有引力定律、伽利略对摆动的研究
	4. 生物	《科学家的故事》专栏里,介绍珍妮古道尔和黑猩猩交朋友
	5. 地理	介绍魏格纳和"大陆漂移学说"
八年级(下)	1. 物理	1. 扩展阅读《飞出地球》一文,介绍美国、苏联、中国载人航天的历史
		2. 第二节《阿基米德原理》,介绍阿基米德发现这一原理的过程
	2. 中国历史	第18课《科技文化成就》(内容包括"从两弹一星到太空漫步","杂交水稻与青蒿素",分别介绍了钱学森、邓稼先、袁隆平、屠呦呦的成就)
	3. 生物	在《科学家的故事》专栏里,介绍袁隆平与杂交水稻,以及达尔文和他的进化思想
九年级(上)	1. 数学	1. 第24章《圆》中,介绍了古希腊数学家阿基米德、我国数学家刘徽、祖冲之的贡献
		2. 第25章《概率同步》中,介绍雅各布努利的概率论
	2. 化学	1. 序言中,介绍门捷列夫发现了元素周期律,并编制出元素周期表
		2. 课题2《化学是一门以实验为基础的科学》,介绍拉瓦锡通过实验弄清燃烧的本质
	3. 物理	电学一章,介绍了物理学家欧姆、焦耳、法拉第分别发现的欧姆定律、焦耳定律、电磁感应

续表

年级	科目	有关科学家的内容
九年级（上）	4. 历史	第20课《第一次工业革命》中，介绍哈格里夫斯发明纺织机，瓦特发明蒸汽机
九年级（下）	1. 数学	1. 第26章《反比例函数》中，介绍古希腊科学家阿基米德的杠杆原理
		2. 第28章《锐角三角函数》中，介绍古希腊天文学家、数学家、地理学家托勒密的贡献
	2. 化学	第11单元《盐化肥》介绍侯德榜为我国制碱技术做出的贡献
	3. 历史	第7课《近代科学与文化》中，介绍了牛顿、达尔文、居里夫人的贡献

由表1分析可知，以上教材共选用古今中外科学家素材61人次，其中祖冲之、袁隆平、居里夫人各出现3次，李时珍、郭守敬、邓稼先、伽利略、阿基米德、牛顿、爱迪生、瓦特各出现2次。从国别看，中国科学家共出现30次，外国科学家共出现31次。此外，教材还选用科学事件"载人航天"3次，"两弹一星"1次。课本示例如图7至图9所示。

图7　语文书中的李四光

图8　生物书中的袁隆平

图9　历史书中的钱学森、邓稼先

2.2.2　图书渠道调查结果

通过对当当网书店、国家图书馆、西单图书大厦等图书流通渠道进行调查，发现关于科学家和科学家精神的书籍非常丰富。

当当网：在图书栏目首页搜索栏，输入关键字"科学家"查询，显示有132.1 万条结果。搜索结果显示有：《科学家故事 100 个》《大科学家讲的小故事》《科学家列传》《100 位科学家的中国梦》《科学家带我去探索丛书》《世界十大科学家》等图书，既有介绍科学家事迹的传记，也有科学家讲述科学知识的科普类图书，内容非常丰富，并且涵盖各个年龄段。

西单图书大厦：3 个区域有科学家相关书籍。一是在书店第四层"科普读物"区域，设有"科学家传记"专柜 3 个，陈列有中外科学家传记 100 余本，包括《屠呦呦传》《永远的郭永怀》等。二是在第四层"儿童读物"区域，从适合幼童的科学绘本、儿童百科读物，到适合中小学生的青少年百科读物，琳琅满目，种类繁多。三是在第一层的"人物传记"区域，十几个书架上有古今中外著名人物的传记上千本，其中在醒目位置陈列有《还是钟南山》《鼠疫斗士伍连德自传》等。

国家图书馆：在国家图书馆官网的图书检索平台，输入关键字"科学家"检索，显示有 4728 个记录。逐一查看，发现很多书限于馆藏。后又到中文图书借阅区查找可外借图书，在"人物传记"区域的十几个书架上，发现有古今中外著名人物传记上千本，其中科学家的有百余本，包括《钱学森的故事》《非凡的詹天佑》《青蒿女神屠呦呦》《袁隆平传》《爱因斯坦传》《霍金传》等。

2.2.3 开学第一课

2020 年 9 月 1 日中央电视台《开学第一课》节目，围绕抗击疫情、脱贫攻坚等重大时代背景，以"担当""团结""科学"3 个篇章展开讲述，邀请奋战在抗疫一线的医护代表、坚守在不同岗位的平凡英雄、成果丰硕的科学家和工程师以及收获成长的少年儿童代表等作为主讲嘉宾。钟南山院士讲述了第一课。按照教委要求，北京育才学校所有同学在家收看。

2.2.4 "院士专家讲科学"系列讲座

"院士专家讲科学"讲座是由北京市科学技术协会主办的科学传播品牌项目，邀请来自中国科学院、中国工程院等的院士及专家，为公众带来覆盖不同学科、不同知识领域的科普讲座。讲座开始于 2019 年 11 月，早期在北京科学中心举办，需要预约参加。2020 年 6 月改为线上，在官方微信公众号"数字北京科学中心"，或北京科技教育创新研究院、科普中国等其他 7 个平台都可观看。每季讲座 5 场，6 月为第二季，主题为"星际探索"，内容包括"嫦娥之父"欧阳自远院士主讲的《中国的探月梦》等；第三季主题为"航天精神"，包括神舟飞船总设计师戚发轫院士主讲的《中国航天与航天精神》等。迄今已举办到第 8 季"生命探秘"。

2.2.5 "科学家精神报告团"

从新闻报道里看到，为推动科学家精神进校园、进课堂，从 2019 年 6 月开始，中国科协邀请了钱学森、李四光、黄纬禄、邓稼先、黄旭华等科学家的后人，组建"科学家精神报告团"，走进学校讲述科学家的故事。一年多以来，报告团足迹遍布黑龙江、甘肃、内蒙古、重庆、广西、湖南、湖北、江西、山东……为师生们带去特别的精神食粮，让大家近距离感悟科学家精神。报告会上，广大师生被科学家们为祖国科学事业鞠躬尽瘁、死而后已的精神所深深触动。有同学说道："听完报告会我的感触很深。在当今这个物欲横流的世界，我们学习科学家的伟大精神非常有必要，因为为社会做贡献才是真正有价值的事情，才是我们应当追寻的荣耀。"

2.2.6 科学家精神电影巡映活动

从新闻报道里看到，中国科技馆将联合全国 39 家科普场馆，共同举办"光影科学梦"——科学家精神电影巡映活动，在 36 座城市全面开启科学家电影巡映之旅。2020 年 10 月 31 日起，广西科技馆将作为第一家，面向观众推出《钱学森》《袁隆平》《我是医生》3 部国产科学家电影。这些影片将再现中国科学家们的爱国情怀和卓越功勋，大力弘扬中国科学家精神。

2.2.7 "院士回母校"活动

这是教育部关工委、中国工程院和中国科学院共同开展的一项活动。2020年，北京教育系统将"院士回母校""杰出校友回母校"活动从大学向中小学校延伸。首场活动于 2020 年 9 月 20 日在海淀区 101 中学举行，中国工程院副院长、中国科协副主席陈左宁院士向数百位师生做报告。

2.2.8 个别中学的大师课

由于获得途径有限，目前笔者所知道的开设大师课的中学有两所。

一是 101 中学。101 中学会不定期地邀请附近高校和科研单位的专家学者来学校举办讲座，指导科研。如 2020 年暑期科研项目计划。9 月开学后又开设了"北大学堂"课程，涵盖人文、社科以及心理、生物、人工智能、新型材料等前沿学科方向。该校高三学生张毅臣在听完讲座后谈道："科学家精神之于我而言，是指对未知事物的好奇心以及攻坚克难、永无止境的探索精神。在学业上，这种精神促使我不断地追寻事物的本质，钻研每一个定理、公式的深层含义。此外，当我遇到学习上的困难时，这种精神会不断激励我迎难而上，最终将其攻克。"

二是中科院附属实验学校。该校是由中国科学院行管局和朝阳区教委联合举办的十二年制学校，在科研资源方面具有得天独厚的优势。学校在教育教学过程中，注重渗透科学的基因、爱国的情操。比如，组织少先队员到郭永怀塑像前举行建队仪式；主题团日活动中，组织团员及青年参观"两弹一星"纪念馆，在德育课程中传承科学家精神。在数学、物理、化学、生物、信息学、天文学和地球科学等领域，邀请中科院院士为学生开设院士课程，培养学生的科学精神。邀请诺贝尔奖获得者进校讲学，让世界顶级大师与学生面对面交流，用大师的风范启迪学生智慧，支撑学生理想。

2.2.9　邮票和明信片

在网络调查过程中发现，新中国成立以来，中国邮政发行过4套中国古代科学家的邮票，共20枚，包括张衡、祖冲之、李时珍、郭守敬等16位中国科学技术史上的重要人物。为大力弘扬老一辈科学家的爱国精神和科学精神，自1988年起，中国科协和中国邮政一起，联合发行《中国现代科学家》系列纪念邮票，迄今已发行8组，有李四光、竺可桢、钱学森、华罗庚等34位科学家入选。这些中国科技史上的重要人物及其成就更是我们的伟大精神财富。此外，笔者还收集到张衡、祖冲之、李时珍、郭守敬几位科学家的专题明信片。

2.3　实地探访结果

关于科学家事迹和精神的展品：所有的科技场馆和博物馆内，都有关于科学家的展品介绍，主要包括文字、图片、塑像和视频展示几种方式。具体内容见表2。

表 2 科技馆、博物馆中有关科学家内容的展示

场馆名称	有关科学家内容的展品
中国地质博物馆	1. 博物馆门口设有李四光的塑像,塑像背后有文字介绍李四光生平和成就,塑像位于地铁口的街心小花园内,方便过往人们观看了解;2. 博物馆中的展品,除地震仪外,其他没有提到科学家姓名
中国古动物馆	入口处有中科院古脊椎动物与古人类研究所9位院士照片展示
国家动物博物馆	结合展品内容,陈列有达尔文塑像和林奈、拉马克、赫胥黎等6位科学家画像
北京天文馆	1. 二楼大厅内播放的行星动画片里,对开普勒有较多介绍;2. 展品非常丰富,但很少提及科学家
古观象台	1. 室外陈列有张衡、郭守敬、祖冲之、沈括、僧一行、南怀仁、汤若望等8位科学家塑像,旁边陈列着他们发明的天文仪器模型。2. 室内展品有多位古代科学家的图片和文字介绍
自然博物馆	1. 入门处的墙上,挂着林奈、孟德尔、李时珍画像。附近挂着古生物学家、第一、二任馆长杨钟健、裴文中画像。2. 展品中偶尔提及相关科学家
北京科学中心	1. 第四展厅主题展览"人类与传染病博弈",介绍了古今科学家的防疫思想、措施,包括伍连德、钟南山等人事迹。视频循环播放抗疫表彰大会。2. 第一展厅主题展览"万物皆数"的数学史板块,集中介绍了多位数学家的事迹
中国科技馆	1. 入门处大屏幕,滚动播放科学家寄语; 2. 一楼出口处,陈列有国家最高科技奖获得者画像和手模墙; 3. 三楼临时展览"星耀寰宇箭震五洲——东方红一号发射成功50周年科学家精神展",介绍钱学森、郭永怀等做出卓越贡献的16位科学家事迹及精神; 4. 四楼过道处,陈列有"诺贝尔科学奖获得者寄语"墙,以外国科学家为主
郭守敬纪念馆	1. 什刹海的西海湖畔,有铜制郭守敬站立雕像。2. 后面小山上为郭守敬纪念馆,纪念馆门口有坐姿塑像。3. 三个展厅的图文、视频、模型、书籍展品,介绍郭守敬在天文、数学、水利方面的伟大成就
李四光纪念馆	1. 纪念馆门口和室内都有李四光塑像。展品涵盖其一生各主要阶段的珍贵纪念品,内容非常丰富,其中还有与孙中山合影等珍贵资料。2. 纪念馆在地质研究所院内,目前仅接待团队或学校,不对公众开放
钱学森纪念馆(网站)	纪念馆全面回顾了钱老光辉的一生,重点反映钱学森青少年时代的成长道路。钱学森回忆对自己影响最大的17个人,他们的名字与照片也被陈列在博物馆中,其中6位是中学老师

2.4 对象访谈结果

2.4.1 科学工作者访谈结果

小时候对什么最好奇？几位科学家兴趣都很广泛，对大自然的一切充满了好奇；其中一位特别喜欢天文。

现在从事的科研工作和小时候的好奇心有关吗？2位回答有关，6位回答无关，认为始终保持对未知世界的好奇心，保持探索精神，是一个科技工作者非常重要的素养。

有关或无关，主要是受什么影响？回答有关的两位，一位从小接触机械零件，对物理有好奇心，后来物理成绩很好，高考时选择学习机械工程专业。一位认为现在从事的科研工作源于童心未泯。认为无关的几位，其理解是：虽然小时候兴趣和现在从事的工作无关，但好奇心让其愿意学习一切新事物，而且随着年龄增加、眼界开阔，会发现更多有意思的事情；成为一名科技工作者需要经历长期而艰苦的训练，要始终坚持才能有所成就。如果没有对科学研究的兴趣，是很难坚持下去的，这就是小时候的好奇心对人一生成长的帮助。

对保护孩子好奇心的建议：几位科学工作者一致认为，科学家精神，就是始终保持对未知的探索精神，以及对真理的追求。孩子的好奇心是多方面的，家长、老师要鼓励孩子观察身边所有的事情，培养孩子的求知欲。对孩子提出的问题，要启发孩子自己去找答案；他们自己找到答案，并得到家长、老师鼓励，就会有更强的好奇心，使好奇心变成求知的动力。建议中小学生认真学习课堂知识，并将它们应用到真实场景中；了解社会对科技的需求，时刻关注科技进展，增加科技知识文本的阅读。

讨论科学家精神对孩子好奇心发展影响：好奇心是引发孩子思维的重要窗口，从小时候就培养科学家精神，这样的孩子会成长为更加坚定的科学技术爱好者。不同的科学家各有不同的精神、奋斗历程，并且社会上也不需要人人都当科学家，但是人人都应该对知识特别是对自然界有足够的热情。榜样的力量是无穷的，让孩子看科学家今天做到的，也许就是他未来也能做到的。

推荐读本书或做件事：无论将来学文还是学理，走进大自然是首选；博览群书，做事持之以恒。推荐的书：学龄前推荐《动脑筋爷爷》，小学生推荐《少年儿童百科全书》，中学生推荐《十万个为什么》，中、小学生都推荐读《上下五千年》。

2.4.2 科学家后代访谈结果

经对李四光的外孙女邹宗平老师进行当面访谈，邹老师为我们介绍了李四光从学造船到学采矿，再到学地质，"一生三换专业"的故事，以及在各个领域取得的重大成就。李四光的女儿李林同样为了新中国建设需要，一生三换专业，在物理、原子能、自动化等方面都做出了杰出贡献。女婿邹承鲁和同事们在简陋的科研条件下，成功实现了"人工合成牛胰岛素"，这是世界上第一个人工合成的蛋白质，具有重大的开创意义。李四光和女儿女婿都被评为院士，成就了"两代三院士"的佳话。

科学家李四光的科研动力。李四光一生三换专业，每次选择都是从祖国的需要出发。孙中山送给他"努力向学、蔚为国用"这8个字，成了他一生的座右铭。

对好奇心的理解。邹老师认为，科学家小时候并不一定知道长大后会做什么，但好奇心可以促使他们不断去探索。我们每个人都要始终保持好奇心，也许不一定能成为某方面大家，但会学习了解更多领域的基础知识，培养自己的科学素养。

如何保护孩子好奇心。邹老师感觉到孩子们随着年龄增加，渐渐不爱提问题了。建议家长、老师要鼓励孩子们提问题，哪怕是再稀奇古怪的问题，都没有一个是傻问题；要小心呵护孩子们的好奇心，对孩子的提问，家长和老师们实事求是回答，不懂就去查，跟随孩子们一起学习成长。在寻求答案时，建议能够指引正确的方向和路径，创造条件科学引导，满足孩子们的好奇心。

科学家精神的含义。从李四光和父母身上总结出来的科学家精神是：爱国，奉献，求实，创新。

如何传承科学家精神，邹老师说，不论哪行哪业，成功都要付出艰辛和汗水，想做好一件事，除了动力、责任感，还要真心热爱这件事。所有的科学研究都是艰苦的、枯燥的，但如果喜欢，就不会觉得枯燥，会觉得这是世界上最有意思的事情。希望青年学生热爱科学、拥抱科学。

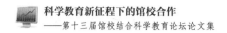

最后，邹宗平老师用外公李四光写给学生们的话勉励我们，"用创造的精神和科学的方法，求人生的出路。"

2.4.3　科技场馆对学生访谈结果

在科技场馆访谈调查中，笔者随机选择了10余位小学生进行访谈。

访问对象：一位7岁男孩。访谈地点：中国科技馆四层宇航展厅。小男孩刚上二年级，认字不多，但仍然非常认真地阅读、回答问卷上的问题。在见过的科学家一栏，他填写了"欧阳自远"。很诧异他年龄这么小，怎么知道、见过，他说在北京科学中心听过欧阳自远的讲座，从此开始崇拜欧阳院士，并对探月、宇宙产生了浓厚的兴趣。在回答"知道一些科学家事迹后，是否对科学研究产生兴趣"一题时，他选择了"有强烈的兴趣和好奇心，希望今后自己也能开展科学研究"。

访问对象：一位10岁女孩和她的父母。访谈地点：古观象台。小女孩跟着爸爸妈妈拉着行李，在各个雕塑和展品前仔细观看。这个场馆游客并不多，很好奇他们为什么会选择来这里。女孩爸爸说以前自己来过古观象台，感觉很好，这次来京旅游，专程带孩子参观。爸爸妈妈都是老师，很注重培养孩子的科学素养。小女孩也对古代科学家们十分崇拜，对天文观测充满兴趣。

古观象台的留言本。观众可以凭借留言，到服务台免费领取明信片一张。于是在留言本上，我们看到了来自国内外的几十位小朋友或大朋友，留下最真实的想法。其中很多小朋友都表示，参观后对天文很感兴趣、以后想当天文学家！

3　讨论与结论

3.1　讨论

3.1.1　中小学生对科学家和科学事件有较多的认识

同学们普遍表示，最熟悉、最崇拜的科学家是钟南山，约90%的同学知道钟南山获得"共和国勋章"称号。笔者认为，这是因为在抗击新冠肺炎疫情斗争中，媒体的宣传报道起到了重要作用。在科学家和科学事件里，中小学生对钱学森、屠呦呦、袁隆平、居里夫人等科学家，以及载人航天工程等科学事件知道的较多，笔者认为这是因为教材中多次提及以上内容，让同学们印象深刻。

3.1.2 多数同学对科学研究有一定兴趣和好奇心

同学们小时候的好奇心基本集中在宇宙是什么样的、人从哪里来、动植物等自然探索方面；到了中学，逐渐变得更专业、更理性、更现实。对于长大后想干什么，"想当科学家"在小学生的选择中位列第一，占19.7%，而在中学生中仅排第四，占8.9%。在了解一些科学家事迹后，10.7%的小学生、17.2%的中学生表示对科学研究没有兴趣；60.4%的小学生、67.5%的中学生表示有一些兴趣和好奇心；还有28.9%的小学生、15.3%的中学生表示有强烈的兴趣和好奇心，希望今后自己也能开展科学研究。以上数据说明，多数同学对科学研究有一定兴趣和好奇心，小学生的好奇心更强，也更容易受到科学家影响。

3.1.3 科学家精神对青少年好奇心的发展有正向影响

从问卷调查结果和访谈学生代表角度看，无论是课本、课外书籍、科学家的讲座、科学家精神宣讲活动，还是科技场馆的观摩体验，都带给同学们正向影响，表示从此对科学研究有兴趣和好奇心的同学占绝大多数。从访谈的科技工作者、科学家后代角度看，他们结合自身成长，一致认为：好奇心是引发孩子思维的重要窗口，从小时候就培养科学家精神，这样的孩子会成长为更加坚定的科学技术爱好者。社会不需要人人都当科学家，但是人人都应该对知识有足够的热情。榜样的力量是无穷的，让孩子看科学家今天做到的，也许就是他未来也能做到的。

3.1.4 传播科学家精神的主要途径和效果

应当说，在弘扬科学家精神方面，我国各界主管部门已经做了大量的工作。一是从教材看，各科教材都有关于科学家的内容，除了数理化在讲到专业知识时会提到相关科学家外，语文书中有专门写科学家的课文，生物书中有《科学家的故事》专栏，历史每个朝代都有"科技与文化"主题介绍，道德与法治课则会讲到科学家的思想品质。二是课外书籍方面，无论是科学家传记，还是科学家讲给小朋友的科普书，数量巨大，品种繁多，覆盖各个年龄层。在北京图书大厦还专门设有"科学家自传"书架3个，陈列书籍上百册。三是从传播科学家精神的讲座、活动看，有科技主管部门组织的科学家精神报告团、"院士专家讲科学"系列讲座，有教育部门组织的"院士回母校"活动，个别有条件的中学还依托强大资源开设了大师课。有邮政部门发行的科学家系列纪念邮票等，都非常重视主流精神的引领。四是在科技场馆内，常规展品以科学知识、仪器、成就为主，介绍科学家的内容较为有限。近两年来，随着国家提倡弘扬科学家精神，一些场馆，如中国科技馆和北京科学中心，在醒目位置陆续增加了弘扬科学家精神的展览和展品，效果很好。

从传播效果看，教材是所有中小学生必须学习的，传播效果也是最好的，同学们对课本上的科学家都非常熟悉。课外书籍和科技场馆方面，部分依赖于家庭氛围、家长素养和对孩子的教育理念，部分取决于学校，比如教委要求初中生每年必须完成的校外科学实践活动，或者像北京育才学校与自然博物馆合作的生物课程。从科学家讲座和活动看，身边同学知道的并不多。就笔者所知的"院士专家讲科学"系列讲座，内容非常好，而且微信上就可以收听，很方便，但是知道的同学极少。就"科学家精神报告团"，目前还没有在北京的学校开讲。

3.2 结论

好奇心的年龄分析：好奇心是创造性想象力的重要动力。调查和文献显示，不同年龄段青少年的好奇心有所变化，11岁的青少年好奇心最强，随着年龄增长，好奇心会递减。男生和女生的好奇心相比，男生的好奇心个体差异不大，女生的好奇心个体差异较大。

科学家精神对中小学生的好奇心发展有着积极、正向的影响：榜样的力量是无穷的，让同学们看到科学家今天做到的，也许就是我们未来也能做到的。

在弘扬科学家精神方面，国家和社会各界开展了大量工作：课本、课外书籍、宣传报道、科技场馆是中小学生获取科学知识、了解科学家精神的主要渠道。

科普场馆和学校结合开展科学精神专题活动还不普遍。

4 思考与建议

4.1 思考

4.1.1 呵护孩子的好奇心

孩子的好奇心会随着年龄而递减，保护和发展孩子的好奇心很重要。著名教育实践家和教育理论家苏霍姆林斯基说过："每个人内心都有好奇心和求知欲，并且孩子的好奇心是最为强烈的，家长需要给予正确的引导，要让孩子感受到认知的乐趣，积极的接触事实和现象，这样才能让孩子的好奇心得到好的发展。"

家庭、学校和社会要携起手来，遵循科学认知规律和青少年成长规律，共同营造自由探索、勇于创新的氛围，呵护和激发青少年对科学的好奇心。每个人都有"探索未知、发现真理"的科学精神，但未必每个人有持之以恒的科学家精神。科学家精神，需要父母与学校从小的熏陶与培养。

4.1.2 用科学家精神激活科学教育一池春水

孩子天生就是一个小科学家，普遍具有一种探索意识。在青少年中弘扬科学精神、倡导科学方法，需要将科学精神贯穿于中小学育人全链条、全方位、全过程。因此，满足孩子的探究欲望，培养其科学入门的基本原则和方法，将极大地拉近孩子与科学之间的距离，也有利于孩子综合素养的提高。

学校是学生接受科学教育和宣传科学家精神的课堂，科普场馆是提升科学素养，传承科学家精神的殿堂。学校和科普场馆从激发孩子的好奇心入手，通过开展妙趣横生的科学展演，寓教于乐的互动体验，奇思妙想的科学装置，科学家大讲堂、科学家面对面、科学家精神进校园等活动，吸引孩子们的目光，引发无数的追问和好奇探索，激活了科学教育的一池春水，播下了一颗颗热爱科学的种子。

4.1.3 搭建展示舞台，给孩子们的梦想插上科学的翅膀

舞台有多大，梦想有多大。好奇心是人类的一种天性，是兴趣的原动力，更是幼儿求知、探索、创新的动力。杨振宁说："一个人要出成果，因素之一就是要顺乎自己的兴趣，然后再结合社会的需要来发展自己的特长，有了兴趣，'苦'就不是苦了，而是乐，到了这个境地，工作就容易出成果了。"兴

趣导致创新。兴趣的进一步发展，可以真正成为儿童积极的内在动力、培养出可贵的探索精神，最大限度地发挥儿童的聪明才智。学生参加科技活动，会使他们的兴趣得以持续。有了创新成果，就有机会参加科技竞赛，会更进一步加大投入。

李明翰同学从小学一年级就参加环球自然日、美境行动、小院士等活动和比赛，"酵素种植黄瓜"获得全国小院士一等奖并获得小院士称号，成为迄今该赛事最小的小院士，后来一直参加创新大赛、金鹏科技论坛、影像节、DI、环球自然日、小院士等活动，目前已经升入初三，成为科技创新一个典范。王清石同学从小喜欢昆虫，特别是对蝴蝶和蜜蜂的学习和研究已经达到一定的专业水平，拿遍国内外青少年科技竞赛奖项，已经升入高一，在2020年获评中国青少年科技创新奖。

4.1.4　科学家精神点亮好奇心

爱因斯坦讲过："永远保持着好奇心的人是永远进步的人。"追求真理，献身科学，是科学家精神的精髓。科学史上的很多成就与光辉，也就源于一代又一代科学家从未放弃的对真理的执着，对未知的好奇。

科学无国界，科学家有祖国。科学家的默默奉献，使国家和民族受人尊敬。科学家精神就是爱国、创新、求实、奉献、协同、育人。一直以来，我国的广大科技工作者在祖国大地上树立起一座座科技创新的丰碑，凝聚了独特的科学家精神。而实施创新驱动发展战略，建设创新型国家，需要一大批科技工作者，大力弘扬科学家精神，勇立潮头、锐意进取，为我国的科技事业发展贡献出自己的力量。

进一步加强青少年科普教育，激发青少年科学兴趣，培养一批科技后备人才，为提升公民科学素养、增强国家科技竞争力打下坚实基础。

4.2　建议

4.2.1　学校是中小学生学习传承科学家精神的主要阵地，建议学校不断完善传承方式

丰富完善教材，让同学们对做出突出贡献的科学家们有所了解；结合科学家精神，设计开展入队入团主题活动，设计开展融合语文、历史、科学内容的综合实践活动；在学校图书馆、图书角增加相关书籍；课外阅读的指定书目

里，增加科学家书籍；引入大师讲座，如果没有条件举办现场讲座，引入网络讲座是最简便易行的。

4.2.2 继续加大对科学家的宣传报道力度，加强青少年对科学家的认识

以中小学生喜欢的方式创作更多关于科学家的电影、动画片或短视频，在中小学生喜欢的渠道播放；在科学基地、大学等场所，组织有科学家参与的夏令营或者"我跟大师待一天"等活动，让更多青少年获得亲身接触科学实践和科学家的机会。

4.2.3 不断完善科技馆、博物馆、纪念馆的展览、活动和服务

科学家纪念馆可以对外开放，让更多人可以参观学习；继续举办更多的科学家讲座；将科学家进校园活动普及推广到每个城市、每所校园，网络传播是最快捷有效的方式；不断丰富相关展览，让人们了解科学家的卓越成就；展品旁增加可亲手操作的模型，同时展示科学家的构思及实现方式，引导青少年思考，更好地激发青少年的兴趣和好奇心；积极开发相关的文创产品，在纪念品商店出售相关领域科学知识和科学家的书籍、明信片和其他文创产品，在青少年参观完毕、热情未退时，趁热打铁，引导青少年深入探索；运用留言本形式，收集观众的心得体会和意见建议。

参考文献

[1] 袁洁、陈玲、李秀菊：《我国青少年科学态度现状调查》，《上海教育分析》2015年第1期。

[2] 蒙本曼、龚彦阳：《科学家形象建构对青少年教育的影响》，《延边教育学院学报》2018年第6期。

[3] 任悦、潘婉茹：《初中科学教材中科学家信息的呈现与科学家形象分析》，《科普研究》2016年第5期。

[4] 叶肖娜、刘伟霞：《在科技馆弘扬科学家精神的实践》，《学会》2020年第1期。

[5] 伍新春、季娇、尚修芹、谢娟：《初中生的科学家形象刻板印象及科技场馆学习经历对其的影响》，《华南师范大学学报》（社会科学版）2010年第5期。

[6] 姚婷：《我国杰出科学家精神研究——以国家最高科学技术奖获得者为例》，《艺术科技》2020年第4期。

"科学+语文"学科融合下科技馆弘扬科学家精神系列科普活动的"馆校结合"实践

洪在银*

（厦门科技馆，福建，361012）

摘 要 弘扬科学精神、普及科学知识、传播科学思想和科学方法是科技馆作为科普场所需履行的场馆宗旨，科技馆通过开展科学家精神的科学教育传播，进一步诠释了科学家精神在科技馆的意义。学校作为学生教育的第一主体，科学家精神课程在小学阶段主要在语文学科与科学学科中体现。科技馆与学校在科学家精神方面的馆校结合如何有效开展才能最大限度发挥科学家精神的传播作用以共同推动学生的科学学习与成长？本文以厦门科技馆开展的科学家精神系列科普活动为例，通过"科学+语文"学科融合的科普形式对进一步提升科学家精神的传播与诠释能力提出了几点意见和建议。

关键词 馆校结合 科学家精神 学科融合

2019年6月，中共中央办公厅、国务院办公厅印发了《关于进一步弘扬科学家精神加强作风和学风建设的意见》，明确了新时代科学家精神的内涵，即胸怀祖国、服务人民的爱国精神，勇攀高峰、敢为人先的创新精神，追求真理、严谨治学的求实精神，淡泊名利、潜心研究的奉献精神，集智攻关、团结协作的协同精神，甘为人梯、奖掖后学的育人精神[1]。简称以"爱国、创新、求实、奉献、协同、育人"为主要内容的科学家精神。2020年9月11日，中

---

* 洪在银，单位：厦门科技馆，E-mail：624700917@qq.com。

共中央总书记、国家主席、中央军委主席习近平主持召开科学家座谈会并发表重要讲话,习近平总书记指出:"科学成就离不开精神支撑。科学家精神是科技工作者在长期科学实践中积累的宝贵精神财富。世界科技发展的历史,实际上就是一部追求和践行科学精神的历史。科学精神是科技创新之魂,而科学精神最集中体现为科学家精神。"

政府层面对科学家精神的重视政策有利于科学知识的普及和传播,更有利于不断推动科学教育。科学家精神不仅在宏观层面上对科学家、对科技创新的指导有着重要的影响,对于培养学生将科学精神运用到生活、学习和成长的过程中,也有着重要的指导意义。科技馆作为弘扬科学精神、普及科学知识、传播科学思想和科学方法的科普教育基地,通过场馆的科普资源开展科学家精神的传播,能够有效推动学生在科学知识方面的学习、科学兴趣的培养、科学思维的形成,是对学校科学教育的一大特色补充。

1 科技馆与学校的馆校结合情况简述

科技馆作为科普教育阵地,同时是学校开展非正式科学教育的场所,依托科技馆的展厅展教资源,通过开展各类教育项目,为学校打造特色科普课程,对推动馆校结合深度融合、深化馆校合作服务起到了重要作用。

1.1 科技馆场馆活动衔接学校科学需求

科技馆的场馆活动首先是最基础的展厅参观,学生们通过参与展项辅导学习,进一步理解科技馆展品背后的科学知识。其次是"科技馆活动进校园",该项目有助于进一步拉近科技馆与学校的距离,重点从学校对科普的需求出发,特别是在每年的科技节、科技周期间,科技馆可以为有需求的学校奉上趣味、精彩的科学实验秀与特色科普活动,吸引学生积极参与科学体验项目。最后还有各种项目,比如动手制作、科学实验室、主题科技类竞赛等不同类型的活动,这些也是科技馆围绕学校需求开展的主题活动。

1.2 科技馆馆本课程对接学校科学课标

随着科技馆行业在科学教育方面重视程度的不断提升,科技馆的科学教育形式只有真正对接学校科学课程标准，才能真正作为校外非正式教育的科学教育补充。科技馆的馆本课程积极与学校教育对接，剖析解读科学课的课标，依托科技馆的场馆教育资源、基于科学学科课程标准，结合学校的教育教学理念，科技馆与学校共同协作，完成学校科学课程的相关授课，能够最大限度把科技馆的场馆科普教育资源优势融入学校的科学教育中，进一步丰富学生的科学实践，完成更具组织性、系统性的学习。

1.3 科技馆与学校馆校结合的深化

科技馆致力于打造青少年校外科学教育的"第二课堂"，通过馆校合作进一步在学校、学生间营造爱科学、学科学、用科学的良好风气，从而为提高全民科学素质做出贡献。科技馆常年来深入探索场馆教育与学校教育的融合方式，实现双方科学教育共同发展的合作共赢。随着学校、学生对于科普的需求不断加深，馆校结合活动的开展形式必然要求更加多样化，所以，馆校合作的融合度对活动开发、课程设计提出新的挑战，不仅仅在科技馆、学校间积极开展馆校合作，更需要进一步带动地方政府有关部门如教育局、科技局、科协等共同关注馆校结合，共同促进科学教育的发展，为馆校结合深化合作提供支撑。

2 小学课程与科技馆在弘扬科学家精神方面的现状

2.1 小学科学与语文的课程关系

语文教学资源中包含了大量的科学知识，还涉及大量科学知识普及的文章。在语文教学中有效联系科学教学，高度融合，强化联系，不仅提升了学生的整体能力，还获得了更加高效的课堂教学效果，达到互相补充的目标，防止重合应用资源。[2]

2.1.1 小学科学课程里的科学家们

科学课程里的知识点最直接源于科学家的发明与创造，在科学课程里教师主要指导学生能够像科学家一样思考问题，能够主动积极探究周围的事物，在小学科学课程里最重要的教学就是倡导学生探究式学习，学生可以站在科学家的角度，从科学史、科学家的故事中得到启发，构建一个"实践——认识——实践"的探究过程，从而进一步学习体会什么是科学，如何像科学家们一样进行科学探究与学习。

2.1.2 小学语文课程里的科学家们

在语文课本里，关于科学家的文章形式大部分还是关于科学家的故事文章，在小学三年级有《奇怪的大石头》李四光的故事；《数星星的孩子》张衡的天文故事；《纸的发明》课文里记录文明进程重要载体的蔡伦造纸的故事；脚踏实地、丈量苍茫大地的地理学家徐霞客的故事等。近现代科学家邓稼先、钱学森、袁隆平、屠呦呦……这些科学家用智慧和汗水不断拓展人类知识的边界，创造了闻名于世的科技成果，书写着属于中国的科学故事。这些被写入语文课本的科学家，连同爱国、创新、求实、奉献、协同、育人等关键词一起，融入新时代学生们求学发展历程中，在他们的成长路上影响着孩子的方方面面。

2.1.3 "科学＋语文"学科融合助力科学家精神传播

一方面，语文作为主科，掌握语文课的课文内容，结合科学课课程，可以有效激发学生学习科学的兴趣，在进一步了解科学家发明科学的过程中提高对科学的认识。另一方面，在语文学科的口语表达能力和协作能力的基础上能够进一步加深对科学学习的认知。

2.2 科技馆与小学课程在弘扬科学家精神方面的关系

科技馆是以展览教育为主要功能，以提高公众科学文化素质为目的，面向公众开展科普教育的公益性科普教育场所或机构，是实施科教兴国战略的基础设施。以厦门科技馆为例，厦门科技馆以"弘扬科学精神，普及科学知识，传播科学思想和科学方法"为建馆宗旨，通过展览展示、科普教育活动的形式在面向观众的过程中，特别是在青少年队伍里传递科学知识进而实现有效提升科学家精神的科普教育目的。

需要特别提出的是，科技馆不同于学校的课堂教育，不拘泥于知识的系统性，更注重科学精神、科学思想和科学方法的培养和创新能力的聚集。很多时候学校书籍多讲述科学家如何做实验、科学原理如何展示，在科技馆中通过科技创新的展品、展览展示，能够更为直观地见证科学家的发明，可以说，科技馆是小学课程里对于弘扬科学家精神的一大实践展示基地。同时，科技馆海纳百川，科学教育方式不单一，在弘扬科学家精神方面不以学科划分，综合了科学学科、语文学科的资源，借助科技馆平台，有效推动科学家精神弘扬与传播。

3 厦门科技馆弘扬科学家精神系列科普活动的"馆校结合"实践

3.1 "跟着科学家一起玩科学"——科学家精神科学教育课程

厦门科技馆面向 8 ~ 11 岁小学生，基于科学史、科学家成就，开展普及科学家精神的科学教育活动，选择 12 位中外著名科学家如蔡伦、竺可桢、苏颂、李四光等，设定 12 个教学主题，通过科学家研究科学成果故事，培养学生发现问题、解决问题以及逻辑思维的能力，激发青少年对科学的兴趣，逐步树立科学精神、科学思想、科学方法。

3.2 "科学家精神故事会"——科学家精神语文教育课程

通过挖掘厦门科技馆科技展品背后的科学家，了解他们在发明过程中以及追求科学进步与发展历程中的故事，通过讲故事的方式，进一步弘扬科学家精神，传播"爱国、创新、求实、奉献、协同、育人"的科学家精神。

3.3 "科学 + 语文"学科融合——科学家精神特色科普活动

3.3.1 科学家精神进学校/社区

厦门科技馆整合场馆内科学教育资源，携流动科普设施与展品，结合"跟着科学家一起玩科学""科学家精神故事会"项目等积极开展科技活动进校园/社区活动，面向学校青少年、社区居民设计具有科普性、互动性、趣味性的科普项目，在为市民提供趣味科普服务的同时进一步实现弘扬科学家精神目的。

3.3.2 科学家面对面

2021 年，厦门科技馆计划邀请厦门市科研院所、厦门市高校教师，在相关科研领域的专家、学者、科学家们科技馆开展科普讲座，比如邀请厦门大学化学化工学院国家杰出青年获得者侯旭教授开展化学科普、厦门大学海洋与地球学院副教授陈铭开展海洋科普、中国红树林保育联盟理事长刘毅开展红树林科普等，将科研资源有效科普化，在科学家的引领下进一步激发青少年热爱科学、学习科学的兴趣。

3.3.3 生活科学实验室线上科普

厦门科技馆在 2020 年疫情期间，推出了"生活科学实验室"线上科普形式，幽默的语言风格（语文能力）＋趣味的科学实验（科学能力），将科学知识点与科学家发现的科学原理进行浓缩，以更加形象的方式传递给学校、学生，线上学生参与生动、有趣、互动性强的科学实验，拉近公众与科学知识之间的距离，让公众走近科学家、认识科学家。线上科普让抽象的科学更接地气，让更多人知道科普和生活密切相关，用科普方式挖掘身边的细节，让大家尤其是孩子们保持对生活的好奇心。

3.3.3.1 设计形式

以 1 件有趣的展品为背景，挖掘背后 1 位科学家的故事，展示与科学主题相关的 1 个有趣的生活实验。利用三合一的形式让科普更贴近生活，进一步走近科学家，了解展品及科学家背后的科学知识。

3.3.3.2 设计理念

"让科学更好玩，让展品动起来。"以展品为基础，进一步丰富展品内涵，对展品教育功能进行二次深度开发，让科学不再是冷冰冰的展品，而是更为人性化、更易于被公众接受的另一种时尚。

3.3.3.3 目的意义

一是让科普更贴近公众的生活。线上推广可以让孩子们在家也能轻松地走近科学，学习科学知识。二是进一步弘扬科学家精神，学习了解科学家发现的相关科学知识，在感受科学家成就的同时了解不一样的科学家的故事。

4 科技馆"馆校结合"推动弘扬科学家精神传播存在的问题及建议

以厦门科技馆开展的系列弘扬科学家精神的科普活动为例，虽然线上线下相结合的形式有效增加了科普的受众，结合展览、科学家精神教育活动开展的主题活动和课程受众上万人次，但科技馆在科普能力提升、科学学习方式上尚存在不足，如何从量化向质化转变，真正达到弘扬科学家精神的科学教育目的，尚有不少提升空间。

4.1 存在问题

4.1.1 人才专业能力的局限性

局限性体现在科技馆里科学辅导员专业背景的多样性，在师资方面、专业教育能力方面明显不足。整个大环境下博物馆体系、科技馆体系本身就缺乏专业性人才，为弥补教育能力的不足，很多时候辅导员需从师范类专业中挖掘，但其背景是学校方面的正规性教育，如何结合场馆科普资源，开发出具有科技馆特色的教育性课程、活动，需要对人才有一定时间的培养与投入。

4.1.2 场馆学习方式的单一性

场馆参观学习是最基础、最传统的馆校结合的学习形式，虽然科技馆在近年来通过对展品背后教育资源的挖掘，利用学习单的形式，结合近年来的深度研学学习方式等，不断拓展场馆的学习方式，但对于学生学习效果的考究还有待进一步完善提升，如何利用有限的资源开发拓展无限的学习方式，也对场馆提出了挑战。

4.2 提升科学家精神传播能力的建议

4.2.1 强化科普能力，提高自身科学教育水平

要进一步弘扬科学家精神，进而推动馆校结合的发展，首先应当提高人员的科学教育水平。科技馆里的科技辅导员教育背景、职业技能水平参差不齐，提高科技辅导员的科学素质和科学教育意识，效仿学校科学教师，以教师的身份定位要求自己，通过改革教学方式，发挥科普场馆的教育资源优势，将科技创新展示、科学的精神融入馆校结合的教学过程，强化内部科普能力，才能为馆校合作科学教育保驾护航。

4.2.2 开展科学探究，领悟科学家的精神实践

开展探究式学习，可以通过项目来实现，项目式学习是指在教师指导下学

生通过创造某种产品或解决一个真实问题对真实世界主题进行探究的方式。

小学科学课程主要集中在以自然科学、物理学为主的理论知识学习，在学校里，开展科学实验、科学研究过程属于辅助性教学，而在科技馆里，这些辅助教学却是科技馆的主要教学形式，加上科技馆的课外探究、参观实践，能够让青少年更深刻地了解科学家科学研究的过程，让学生接近生活，用真实的态度来看待科学探究，领悟科学家的探究学习精神。

4.2.3 利用场馆开展科学实践学习，像科学家一样思考

情境式教学是常见的教学方法，在科技馆里有着独特的平台，有学生们展示的舞台，科技辅导员可以采用再现科学家发现科学现场的场景还原，让学生们以角色扮演的形式融入科学家的情境中，科技馆利用场馆开展的科学实践学习，创设情境为科学探究架桥铺路，指引学生像科学家一样思考与学习。

4.2.4 走近科学家们，持续讲好科学家的故事

李四光、钱学森、钱三强、邓稼先等杰出科学家，都是爱国科学家的典范。要讲好科学家故事，让科学家成为孩子心中的偶像，给孩子们的梦想插上科学的翅膀。要教育引导广大青少年以爱国精神和创新精神为重点，秉持国家利益和人民利益至上，继承和发扬老一辈科学家胸怀祖国、服务人民的优秀品质，主动肩负起历史重任。大力开展科学普及，讲述科学故事，弘扬科学家精神，要让热爱科学的种子，在下一代心中生根发芽、枝繁叶茂。

5 结论

未来，在馆校结合方面，科技场馆应了解学生各阶段学习的需求及不同年龄段学生所具备的心理行为特点，依托课标，充分发挥科技场馆的资源优势，寻找科技场馆中可以与课标中先进的教学理念和方法相结合的点，并以点为中心开发相关课程，为小学生提供大量体验式和探究式学习的机会。将课本上枯燥、抽象的知识用生动、直观的形式展现出来，从整体上提高科技场馆的科普教育水平。[3]

在弘扬科学家精神方面，不论是科技馆，还是学校，讲知识，也要讲方

法，应当让孩子深入了解科学家是怎么工作的，了解科学精神和科学方法，鼓励他们像科学家一样细心观察世界、大胆想象，这才是弘扬科学家精神的重点。在 2016 年召开的"科技三会"上，习近平总书记强调："科技创新、科学普及是实现创新发展的两翼，要把科学普及放在与科技创新同等重要的位置。"科普一直是科技馆场馆的建馆宗旨，在科学普及的背景以及中共中央对科学家精神的高度重视下，科学家精神在科技工作领域、各科普领域越来越受到关注，科技馆对于传播科学家精神更是应当起到先锋传播的模范作用，科技馆将基于自身科普资源与科普传播优势，积极与学校对接，加强馆校结合，为弘扬科学家精神贡献自身的科普之力。

参考文献

[1] 中共中央办公厅、国务院办公厅印发《关于进一步弘扬科学家精神加强作风和学风建设的意见》，http://www.gov.cn/zhengce/2019－06/11/content_5399239.htm，2019 年 6 月 11 日。
[2] 张永清：《小学科学课与语文课学科整合的几点做法》，《课外语文（教研版）》2014 年第 3 期。
[3] 俞学慧、方家增：《馆校结合的科学教育实践与探索》，《科协论坛》2012 年第 5 期。

光科馆弘扬科学家精神的实践

贾晓阳　韩莹莹*

（长春中国光学科学技术馆，长春，130017）

摘　要　新时代我国的科学事业进入了新的发展阶段，既面临科技革命的重大历史机遇，又面临许多严峻考验。作为在科技馆行业传播科技知识的一员，开展科普活动弘扬科学家精神的主体，如何实施好弘扬科学家精神这一重大课题值得深思。本文主要阐述了弘扬科学家精神的时代价值，回顾了长春中国光学科学技术馆（以下简称光科馆）已经成功举办的弘扬科学家精神的活动，并对进一步提升诠释科学家精神的能力提出了几点建议，希望为行业实施科学家精神活动的人员带来一定启发。

关键词　科学家精神　实践

回望中国百年的科学史，人们见证了从"科学救国"到"科学报国"再到"科学强国"的转变。如今高铁技术、桥梁技术、移动支付及量子通信等信息技术的发展，助力我国技术创新由"跟跑"向"并跑"转变，并逐渐向"领跑"发起冲击。这些辉煌成就彰显和传承了广大科技工作者爱国、创新、求实、奉献、协同、育人的精神品质。2020 年习总书记在科学家座谈会上指出"科学成就离不开精神支撑。科学家精神是科技工作者在长期科学实践中积累的宝贵精神财富"。为了做好弘扬科学家精神的大课题，光科馆通过深入挖掘和探究科学家精神的丰富内涵和时代价值，

---

*　贾晓阳，单位：长春中国光学科学技术馆，E-mail：jiaxiaoyang-cc@126.com；韩莹莹，单位：长春中国光学科学技术馆，E-mail：371252140@qq.com。

基于展品展项资源与科普传播的优势，将弘扬科学家精神融入科普事业之中。

1 弘扬科学家精神的时代价值

1.1 弘扬科学家精神是光科馆的使命

光科馆是由著名的科学家王大珩等 4 位院士向温家宝总理提议建立的，在建馆之初便确定了具有光学知识普及教育、光学发展史展示、光科成果展示、光学科技合作交流的职能。光科馆作为公益性的科普教育基地充分地发挥了社会教育的职能，开展的科普活动内容具有专业性和唯一性，开发了一系列光学特色科普课程如激光雕刻、3D 打印等，设计了光学小达人、小小讲解员暑期体验营、神奇的光绘画展等品牌活动，获得了参与者的好评。在新时代浪潮下，光科馆承担的教育职能也在不断拓宽边界，利用展厅资源、流动光科馆、科普大篷车的展项资源结合网络媒体开展科普活动，传承光学前辈的科学家精神，用多样的方式从多种角度诠释科学家精神。

1.2 弘扬科学家精神注重青少年的价值引领

列宁有句名言："道德教育不能只灌溉美丽动听的言语和准则，还必须通过榜样的带动才能实现，榜样的力量是无穷的。"可见，榜样对于青少年的成长与发展起着重要的价值引领作用。在新媒体时代，科学家们取得的研究成果，攻克科研难关的故事让普通公众迅速地熟知和了解。为了更好地发挥科学家们的示范引领作用，开发科普活动时注重科学方法、思维和精神的培养，在内容和形式上改进创新，可以采用开展专题活动、邀请科学家们访谈等形式，使榜样承载的价值观力量有效发散出去传播开来。鼓励更多的青少年从科学家身上汲取精神营养，能够学习科学、热爱科学、追求科学，达到把榜样的力量转成为青少年生动实践的目的。

1.3 弘扬科学家精神助力科技强国的建设

"十四五"时期我国在内外环境上面临新的机遇与挑战。从外部看，全球处于新一轮科技革命和产业革命前夜,科技竞争更加激烈;从内部看,人民美好生活的实现需要推出更多涉及民生的科技创新成果。这都对科技创新提出了更高的要求,广大科技工作者承担起时代赋予的重任,以国家和社会发展的新需求为目标,创造出更多造福人民的重大科技成果。鼓励科学家和科技工作者投身到科学普及的事业之中,加强创新人才的教育和培养,实现科学家精神代际传承,助力科学事业发展取得新突破。对科学兴趣的引导和培养要从娃娃抓起,让他们能够掌握科学知识和方法,培育一大批具备科技创新潜力的科学家种子,为科技强国建设提供强有力的人才支撑。

2 光科馆弘扬科学家精神的科普教育活动

2020 年光科馆经有关部门的实地调研查看、验收,被正式授予长春市爱国主义教育基地。为了充分发挥爱国主义教育基地的作用,努力把光科馆建设成为激发爱国热情、凝聚人民力量、培育民族精神的重要场所,依托展品资源和网络资源,以科学家的爱国精神为抓手,从科学家的科学精神、人文精神、探索精神等方面开发,组织了形式多样的教育科普活动。目前,光科馆开发的科学家精神科普教育活动主要分为展览展示、展厅活动及其他创新活动。

2.1 展览展示

展品、主题展览是向公众普及科学知识的重要载体,光科馆不仅仅展示中国古代光学发展史、新中国成立之后的光学发展成就、光学在多领域的应用、前沿的科技创新成果等方面的展品,更注重古代杰出的光学家和当代光学家人文精神的传播。

光科馆的第三展厅神舟光华设立了光学探路者展项,该展项是一面院士墙,共有 93 名院士,他们以追求真理的精神、严谨治学的精神、敢为人先的创新精神,采用正确的科学方法为我国光学事业做出卓越的贡献。光学探路者展项的展示形式以图文版、视频播放为主,通过阅读图文让大众了解到他们在光学领域取得的成就及评选为院士的时间。院士墙之中有我国的"光学之父"王大珩院士、光科馆首任馆长王家骐院士、光科馆筹建工作技术专家组组长姜会林院士,他们在光科馆倡议、建设及建成开放过程中提出了宝贵的意见,极大地推动了我国光学科普事业的发展。

此外，在第二展厅千年光辉和第三展厅神舟光华中遴选了部分展项如光之典籍、光之成就、镜子的历史、王大珩星、光路探路者等展项进行爱国主义教育的专题讲解，将多个相关展项进行串联讲解，使接受爱国主义教育的群体加深对科学家精神的理解。

2.2　展厅活动

展厅活动的开展主要结合了展厅中陈列的展品，以科学家精神为主题，梳理展品的科学发展史、科学家的成就、背后的实验和故事，推出一系列适合青少年的科普教育活动。还在"国际光日""世界计量日""全国科技工作者日"等光学和科普行业内盛大的纪念日，开展激光乐器表演活动，使青少年领略光学与艺术完美结合的魅力。

以展厅小课堂"光学人物——王大珩"教育活动为例，在吉林省第二实验远洋学校的邀请下来光科馆开展团员的主题教育活动，活动的对象是入团的团员，活动地点选在第三展厅——神州光华，人数为 20 人，时长为 45 分钟。此次主题教育活动根据学校的要求进行了"私人"定制化的课程设计，使用了科学史的教学方式。首先，以各种各样的眼镜吸引学生的注意，通过古代光学家孙云球的故事来引入光学主题；接着分组学习透镜的诞生，通过上网查阅资料并汇报学习结果，然后两人一组进行"我是验光师"的体验，之后学习光学历史。科技辅导员以历史时间轴及世界重大历史事件为主线（见图1），结合第三展厅王大珩星、光学探路者、光学起步、弹道跟踪测量、红宝石激光器等展项，从个人与国家关系的视角讲述王大珩院士生平简介（名字的由来）、求学故事（异国求学放弃博士学位）、科研成果（回国后研制"八大件一个汤"）、教书育人（培养的院士 20 人）、生活作风（朴素幽默）5 个方面。通过故事分享学习王大珩院士至诚报国、勇于创新、甘于奉献、培育新人的科学精神，走进科学家的精神世界。最后，请小组代表分享"我心中的王大珩"，由学校教师带领重温入团誓词。加深青少年对科学家的认识，推动科学家精神的传播。

为扩大全国科普日社会影响力，让公众与科学零距离接触，央视频 App 平台联合吉林网络广播电视台共同推出"打卡最炫科技馆"大型融媒体直播活动。光科馆的科技辅导员向广大网友讲解了"光的基本认知""科学家精

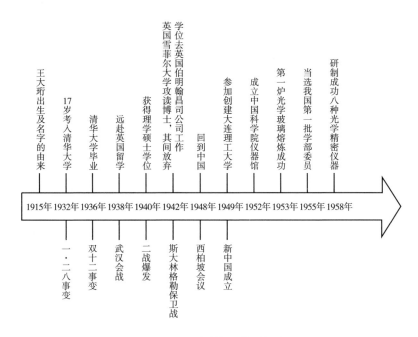

图1　开展活动梳理的时间线

神"等日常生活中的光学知识及中国光学史的发展历程。在展馆光学设备体验区，科学老师向记者及网友详细介绍了激光打标机、3D 打印机、激光雕刻机、激光内雕机的工作原理及操作流程。最后，向公众展示了光科馆的特色光学科普活动 OMI 乐队激光演奏，取得了良好的科普宣传效果。

2.3　其他创新活动

其他创新活动主要是结合媒体关注度高的热点话题开展创意科普活动，如借助新媒体渠道丰富光科馆科学家精神的展示形式，邀请光学大咖走进光科馆面对面地与公众分享光学知识和科学精神，科学家影展活动等，拉近科学家与公众的距离，提高了科学家群体参与科普的热情。

利用官方网站、微信公众号等新媒体平台开设光学人物板块，回顾为我国光学事业做出突出贡献的追光者，为公众介绍陈星旦、龚祖同、王大珩、王淦昌、干福熹等光学家，通过一个个小故事领略光学大家的风采，感受科学家践行的优良学风，向大众展示几代光学家薪火相传的精神力量。

"十一"中秋双节开展科学家精神电影全国科普场馆巡映的活动——"光影科学梦",在光科馆中庭 C 区位置使用 8k 高清电视循环播放《钱学森》《袁隆平》《我是医生》三部电影,一位位科学家为国家富强、民族独立、人民幸福建立了丰功伟业,影片大力弘扬了求真务实的新时代科学家精神,用真实感人的故事引导青少年树立科学梦想。

开展光学科普讲座,邀请长春理工大学、中国科学院长春光学精密机械与物理研究所及中科院应用化学研究所的光学大咖走进光科馆,与公众面对面地分享光学知识和科学精神,消除公众与科学家之间的陌生感和距离感,让大众全方位地了解科学家群体的精神面貌、人生态度、职业特征。听科学大咖在身边娓娓道来他们的科研故事,公众在现场还可以与科学大咖互动,零距离地感受到科学研究既是严谨的,也是有趣的。

3 提升诠释科学家精神能力的对策

3.1 引入兼职人才,打造科普教育团队

光科馆弘扬科学家精神、策划科学家精神相关活动的主要是馆内的工作人员,这就要求负责活动策划及实施的工作人员深刻把握新时代科学家精神的核心,提升自身对科学家精神的理解,为大众提供高质量的科普活动。光科馆一直致力于用优秀的人才来培养下一代"科学家",采用引入兼职人才的模式,建设一支由光科馆牵头,由科技辅导员、科研工作者、光学专家、志愿者等组成的弘扬科学家精神的稳定团队。团队成员紧跟时事、定期交流、分工明确,配合学校、社区等组织弘扬科学家精神的主题活动。加强与高校、行业学会、协会的沟通与协作,吸纳更多科技工作者加入科普教育团队,搭建起光学专家与普通公众之间的桥梁。

3.2 突出光学特色,构建品牌活动

光科馆是我国目前唯一的国家级专题科技馆,开展的科普活动均与光学相关,光科馆打造的一系列光学品牌活动有助于繁荣光学文化事业,让公众深入了解中国光学文化内涵,让光学知识变得喜闻乐见、老少皆宜。在开展弘扬科

学家精神的活动中应充分利用展厅展品、流动科技馆展品、科普大篷车、数字科技馆等资源，深入挖掘展品背后的科学故事、蕴含的科学家精神，将科学家精神渗透到展品研发、科普活动之中。开发爱国主义教育系列课程，以光学科学精神宣讲为主线，结合光学史展厅、光学大科学装置展厅、光学科技应用展厅等展示资源，面向公众主讲系列爱国主义教育课程，让公众更深层次地理解科学家精神。构建以"组合拳"命名的科普资源研发体系，以一件展品创意为主线（相当于拳头），展开成四面开花的完整的科普教育产品（相当于组合拳），即把一个创意研发成固定展品、流动展品、科普大篷车展品、文创产品和出版物等，形成光科馆独有的研发新模式。

3.3 借助多方渠道，扩大科普的影响力

光科馆不断拓展宣传阵地，加深与地方科技厅、科协等单位的合作，有效地与地方各中小学取得联系，破解馆校合作中与校方无渠道沟通的难题，逐渐形成线上线下相融合的宣传模式，加大宣传的广度、力度和深度，进一步扩大知名度和影响力。一方面，加强与各大报社、电视台、广播电台等传统媒体合作，将弘扬科学家精神的活动信息告知大众，利用传统媒体覆盖面广、影响力大的优势提升大众的参与度。另一方面，加强官方网站、官方微信公众号的建设，开设专题宣传板块宣传科学家精神。同时，运用微博、抖音、哔哩哔哩等社交网络新媒体，结合吉林省光学科学家的特色，开展科学家精神的直播活动，利用新媒体平台信息传播优势实现便捷科普。

4 结论

光科馆作为科技文化传播的重要阵地，传播科学家精神长期以来一直是我们的责任和使命，做好弘扬科学家精神的大课题，还可以在以下几个方面加以完善：一是引入兼职人才，打造科普教育团队；二是突出光学特色，构建品牌活动；三是借助多方渠道，扩大科普的影响力，形成立体化传播科学家精神的矩阵。未来将充分整合展品资源和科普优势，秉承老一辈科学家的精神，向大众传播光学科技知识，讲好中国光学故事，努力建设科学家精神培育基地，真

正地让科学家精神走进青少年的头脑、走进青少年的内心，促进青少年以科学家为榜样，引领更多青少年投身科技事业。

参考文献

[1] 洪在银：《科技馆里的科学家精神传播实践》，《科技传播》2021年第2期。

[2] 叶肖娜、刘伟霞：《在科技馆弘扬科学家精神的实践》，《学会》2020年第1期。

[3] 杨雪：《融媒体时代主流媒体如何更好弘扬科学家精神——以科技日报社2019年新闻实践为例》，《科技传播》2021年第2期。

[4] 丁俊萍、李庆：《20世纪五六十年代中国科学家精神及其价值》，《思想理论教育导刊》2020年第3期。

[5] 余德刚、龚松柏、余周唱晚：《论我国科学家精神的时代价值》，《毛泽东思想研究》2018年第6期。

基于科学家精神的教育活动的设计与开发

——以上海科技馆"科技之夜"活动为例

李　今[*]

（上海科技馆，上海，200127）

摘　要　习近平总书记在科学家座谈会上强调要大力弘扬科学家精神。科普场馆在普及科学知识方面做了很多努力，但是在弘扬科学家精神方面还稍显不足。正值"光辉典范　永耀苍穹——朱光亚生平事迹展"展出，以此为契机，上海科技馆特邀上海的科技工作者参与以"致敬科学家，点亮好奇心"为主题的科学之夜专场公益活动，这也是其品牌项目"遇见@科学家"特别活动。各项活动都以"弘扬科学家精神"展开，在活动设计时采用了"基于问题的学习"与"基于项目的学习"的研究性学习方法，引导观众"像科学家一样想事情、做事情"。并考虑全年龄段观众的需要，加入科技、互动等环节让科技馆更好玩、更有趣，包括展区益智闯关、科学家讲座、科普问答、科学表演、沙画表演、达人带你逛、科学课程、科普电影、DIY 工坊、VR 体验、投票墙等。希望能通过多种方式让科研工作者及其家属在科技、文化、艺术融合的氛围中感受科技的魅力，让观众走进科学家，弘扬科学家精神。

关键词　科学家精神　科技之夜　博物馆之夜

1　引言

2019 年 6 月，中共中央办公厅、国务院办公厅印发了《关于进一步弘扬

---

* 李今，单位：上海科技馆，E-mail：lijin13b@126.com。

科学家精神加强作风和学风建设的意见》，要求大力弘扬胸怀祖国、服务人民的爱国精神，勇攀高峰、敢为人先的创新精神，追求真理、严谨治学的求实精神，淡泊名利、潜心研究的奉献精神，集智攻关、团结协作的协同精神，甘为人梯、奖掖后学的育人精神。[1]

2020 年 9 月，习近平总书记主持召开科学家座谈会，在讲话中提到：科学成就离不开精神支撑。科学家精神是科技工作者在长期科学实践中积累的宝贵精神财富。希望广大科技工作者不忘初心、牢记使命，秉持国家利益和人民利益至上，继承和发扬老一辈科学家胸怀祖国、服务人民的优秀品质，弘扬"两弹一星"精神，主动肩负起历史重任，把自己的科学追求融入建设社会主义现代化国家的伟大事业中去。

关于科学家精神的常识性理解还不能使我们真正深入认识科学家精神的深刻内涵，因此，了解科学家精神的精髓需要我们从科学家的实践中观察。[2] 正值"光辉典范 永耀苍穹——朱光亚生平事迹展"展出，以此为契机，上海科技馆特邀上海的广大科技工作者参与以"致敬科学家，点亮好奇心"为主题的科学之夜专场公益活动，这也是其品牌项目"遇见@科学家"特别活动。

2 "致敬科学家，点亮好奇心"科技之夜活动设计

2.1 活动背景

2019 年开始上海科技馆推出品牌活动"遇见@科学家"，每月选取一位当月出生的科学大家，当月围绕这位科学家的科研领域开展形式多样的教育活动。如果说白天的博物馆是一位博学的儒者，那夜晚则赋予其无穷的神秘力量，此次"致敬科学家，点亮好奇心"科学之夜专场活动就是上海科技馆品牌项目"遇见@科学家"的特别活动，朱光亚院士就是此次 12 月遇见的科学家，他是著名核物理学家，我国核科技事业重要开拓者、奠基者之一，也是"两弹一星功勋奖章"获得者，中国科学院、中国工程院院士。他可以说是"两弹一星"精神的代表人物之一。活动当天为 2020 年 12 月 25 日，正是他诞辰 96 周年的日子。

2.2 活动设计理念

2017 年我国发布的《义务教育小学科学课程标准》中提及"探究"一词高达 100 多次，可见提倡探究式学习是课标的主要理念，科学知识可以直接通过学习获得，但是科学精神的领会却不能只靠老师的灌输，而是要通过实践性的课程让受众亲身实践而获得"直接经验"。2020 年教育部、国家文物局联合印发《关于利用博物馆资源开展中小学教育教学的意见》，对中小学利用博物馆资源开展教育教学提出明确指导意见，要求进一步健全博物馆与中小学校合作机制，促进博物馆资源融入教育体系，提升中小学生利用博物馆学习效果。

习近平总书记指出，要把教育摆在更加重要位置，注重对学生科学兴趣的引导和培养，使他们更多了解科学知识，掌握科学方法，形成一大批具备科学家潜质的青少年群体[3]。科学教育课程中的"科学探究"目标其实就是科学家"想事情""做事情"的方法，即科学探究过程中的科学方法；"科学态度"目标的内容其实就是科学家"想事情""做事情"的基本态度和价值观，即科学探究过程中的科学精神、科学思想[4]。希望学生不仅要理解学习的知识，也要在学习过程中理解科学的方法，这样才能学以致用，从而增强对科学的兴趣，培养动手实践能力和爱国主义情感。

2.3 活动对象

科技馆是大众终身学习的场馆，所以此次活动的受众群体为全年龄段，包括青年、亲子家庭、成年家庭等。这次活动邀请了上海朱光亚战略科技研究院、中国科学院上海分院、上海科学院等科研单位的科研人员及其家庭成员700 人；通过微信公众号招募科研人员及家庭成员 300 人，共计 1000 余人。

本次科学之夜活动是基于"光辉典范·永耀苍穹——朱光亚生平事迹展"临时展览展开的，所以还邀请 30 位与朱光亚院士一样在 12 月 25 日出生的幸运观众来到现场。在活动中徐志磊院士和朱明远教授为他们颁发了有亲笔签名的生日贺卡、送出寄语并合影留念。参加活动的观众年龄覆盖面很广，从学龄儿童到八旬老人都有参与，充分体现了博物馆是终身学习的重要场所。

2.4 活动流程

表 1 活动流程

时间	活动	内容
18:00～18:30	签到	2号门、6号门凭邀请函入馆;2号门大厅签到
18:30～18:50	开场活动	介绍领导嘉宾及活动概况,徐志磊院士和朱明远教授送出寄语、颁发生日贺卡、合影留念
18:30～20:30	讲座、益智闯关、动手做、科普电影等	BF(影院、十二生肖展)、1F展区及朱光亚展
20:30	离馆	2号门、6号门离馆

整场活动在《生日快乐》歌中拉开帷幕,各项活动交错进行,有定点活动也有自由安排的活动供大家选择。在科普 DIY 活动和科技互动乐园中,各类高科技展品和动手做活动让观众在看、听、触、感的全方位体验中,零距离感受科技的真实与神奇,如 VR 互动体验、黑科技智能四足机器人、火星车制作、玉米粒搭建、万花筒制作、火箭扇子涂色等。在益智闯关活动中,观众可以在完成一系列拍照任务并发布在朋友圈后,赢得精美奖品。在知识问答环节,大家积极竞答有关科学家精神的问题,现场气氛热烈。在地下一层的"十二生肖展"中,观众可以结合十二生肖主题,通过"拼拼豆豆"完成属于自己的生肖形象或是体验十二生肖的皮影涂色。最后整场活动在浪漫温馨的沙画表演"致敬科学家"中闭幕。

3 活动实施

3.1 围绕"光辉典范·永耀苍穹——朱光亚生平事迹展"开展讲解、讲座

习近平总书记曾说:"两弹一星"精神激励和鼓舞了几代人,是中华民族的宝贵精神财富。此次活动邀请到曾奋战在核武器研发一线、已经 90 多岁的徐志磊院士,他做了题为《光荣的事业、艰苦的历程》报告,与大家分享有关"两弹一星"的奋斗发展史;也邀请到朱光亚院士的长子朱明远教授讲述

"一生一事、严谨求实——老照片记录的朱光亚的故事",朱教授是上午去北京扫墓,然后又坐飞机专程赶到现场的,他把和母亲一起纪念父亲的宝贵时间给了上海科技馆"遇见@科学家"活动。在活动中朱明远教授为大家讲述自己父亲的科研故事,父亲情系国家,一生只干一件事,那就是攻关原子弹。"因为事关国家机密,他们从海外归国,隐姓埋名于甘肃无名小村——马兰,为国呕心沥血十几年,奉献出自己的青春和健康,直到两弹爆炸,全球震惊。"缅怀与铭记他胸怀祖国、服务人民、勇攀高峰、敢为人先的科学家精神。

讲座结束后,朱教授又带领观众一起参观了"光辉典范·永耀苍穹——朱光亚生平事迹展",继续分享与回忆那些往事。展览不但以图片、视频的形式讲述了朱光亚的一生和他体现出的科学家精神,还展出了中国第一枚氢弹和原子弹的模型,以及朱光亚的办公场景。

3.2 围绕"光辉典范·永耀苍穹——朱光亚生平事迹展"开展"火星车探索"课程

"火星车探索"是设置在参观"光辉典范·永耀苍穹——朱光亚生平事迹展"之后的,希望通过前面朱教授对于展览的讲解和观众自身对展览的理解,可以将展览中呈现的"科学家以科研为目的的探究过程"转化为"观众以学习为目的的探究过程"。"火星车探索"是基于实践的探究课,课程的设计理念是"基于项目的学习"(Project-Based Learning),就是让参与者基于一种真实的、可操作的、与生活有关联的问题展开学习。这种"基于科学与工程实践的探究式学习"为参与者未来的专业实践埋下了探究精神的种子,也弥补了展览本身难以让观众直接参与科技实践的缺陷[5]。这样的教育活动让他们不仅掌握科学知识、获得探究能力,也体会到"像科学家一样思考",求真务实、团结协作的科学家精神。

表2 两种不同的探究过程对比

科学家以科研为目的的探究过程	观众以学习为目的的探究过程
原子弹设计制作可谓是从零开始,科学家们组建新的团队,招募各项人才,从全国各地调配资源、团结协作、不断尝试	观众最初面对提供零散材料要做小车的要求可能会有些手足无措,但是通过集思广益、团结协作还是顺利开展对方案的设计

续表

科学家以科研为目的的探究过程	观众以学习为目的的探究过程
为了节约时间,科学家们都是先估算出大概的计算结果,看是否符合规律以寻找正确的解决思路	观众会先拼出轮子、车身等大致轮廓,尝试用各种方式让"火星车"先能跑起来,解决关键步骤
在有了正确思路之后会进一步优化,进行数千次的计算以求精确,并根据结果不断修订、完善,与不同的行业专家一起开会讨论,并不断重复。这个过程充分体现了科学家求真务实的作风	在有了正确思路之后会进一步优化,进行多次的滑坡实践,对比实验设计和记录的实验数据不断验证小车设计的合理性,并在过程中交流分享,重复拼装、调试、检测、实验等环节。在实践中吸取经验教训,并不断优化
最终验证,原子弹、氢弹等试验成功	"发表"自己的研究成果——进行比赛,看谁拼装的火星车跑得最远

活动目标:通过观看视频,了解火星车制造的目的,了解火星地表的基本信息;通过自选材料制作火星车并尝试滑行,自行探索在限定条件下,如何设计小车的动力装置以及车身结构,才能让小车在斜坡释放后滑行得更远、更直。

活动时间:60 分钟。

活动对象:成人或者以家庭为单位。

活动人数:30 组家庭。

实施步骤:通过了解火星的地形地貌等背景资料,自行选择材料(桌上需提前放置预设材料)完成火星车制作,在斜坡上完成 1~2 次试滑。

①观看"NASA 好奇号火星探索"视频,配合解说,时长约 5 分钟。

②介绍桌上的材料,完毕后,让学生自由选择需要的材料,多退少补。主要材料有:竹签(做轮子)、吸管(在车身上固定竹签轴,或搭配气球)、车轮、黑色小轴套(固定竹签上的轮子等零件)、气球(可做动力装置)、夹子(固定作用)、硬纸板(可做车身)、橡皮筋(固定、传动或动力装置)、奶茶杯盖(可做车身)。

③开始制作,需用到剪刀、透明胶等工具。制作过程以学生为主,教师辅助。

④制作完毕后,给小车标上序号,放置斜坡并固定斜坡位置。学生将火星车后轮紧贴斜坡顶端边缘放置,开始后,自然松手,观察小车的行进路线与距

离，在小车停止后，在小车最前端地面位置贴上序号标记，以便进行比较。

⑤评选出前三名的小车，总结火星车制作要点。最后的比赛成绩不仅仅是一个结果，而是一个不断观察、思考、假设、实验、求证、归纳的复杂过程的结束。

还可以请排名靠前、靠后或者愿意分享的观众向大家阐释自己的设计理念、设计过程和设计心得。在这个过程中可以引导观众梳理自己的科学探究过程，介绍自己遇到了哪些问题，又是如何解决的？分析造成小车跑得最快或者最慢的原因，在和各小组的对比后，获得了什么启发？如果还有机会将怎样再次对小车改造？在这个分析的过程中观众会经历"提出问题—分析判断—方案设计—实验验证"的过程，并体会"像科学家一样思考"，在实践过程中领悟科学家精神，同时提升他们的语言表达能力。

3.3 "展区益智闯关"环节

考虑到此次科学之夜活动的人数和主题没有开放全部展区，为方便观众获得更好的体验，以"任务卡"的形式让观众带着问题去参观。任务卡的设计为观众制造了一个增进同行者之间富有针对性交流的话题，除生物万象展区为特定答案，其他都设置了回答任务卡问题的更多可能性。希望这样"基于问题的学习"（Problem-based learning）可以引发观众的思考，以便于激发观众产生在展览中主动学习和主动探究的动机（见表3）。

表3 任务卡

动物世界展区(1F)：在你喜欢的动物前进行模仿并合影
生物万象(1F)：根据提供的明信片寻找与之对应的雨林奇观并合影
智慧之光(1F)：体验你喜爱的某一项展品并合影，在兑换奖品时说出其科学原理
彩虹儿童乐园(1F)：与最喜欢的展项合影(仅限亲子)
生肖展(BF)：和你专属生肖合影
遇见@科学家展(1F自动扶梯旁)：与最喜欢的科学家合影

为了避免客流集中，特别为亲子家庭和成人观众两类人群设计了不同参观路线。

亲子家庭：动物世界（1F左）→生物万象（1F左）→遇见@科学家展（1F科学live秀一侧）→彩虹儿童乐园（1F右）→智慧之光（1F右）→十二

生肖展（BF）。

成人观众：十二生肖展（BF）→动物世界（1F 左）→生物万象（1F 左）→遇见@科学家展（1F 科学 live 秀一侧）→智慧之光（1F 右）。

根据签到处获得的任务卡完成每个展区的闯关任务，在当晚 20：20 之前，回到签到处核验就会获得惊喜小奖品，根据完成情况为观众提供遇见@科学家定制笔记本、定制笔、定制年历、活动套件等不同的奖品。

3.4 "科学家精神"沙画

站在更大时间尺度上来看，偶像的头衔很多时候是属于科学家的。国外，爱因斯坦称自己为模特，走到哪里都被要求签名合影；国内，陈景润作为很多青少年的偶像，每天都会收到数以千计的来信。和往日相比，今天的科学家似乎不再高调，但他们却从未停止为国家奋斗。回望 2020 年，新冠肺炎治疗、药物、疫苗的研发，天眼 FAST 新发现，最后一颗北斗导航卫星升空，"天问一号"飞向火星，量子计算机"九章"问世，"嫦娥五号"带回珍贵月壤……是科学家推动着中国科技不断向前。

沙画不同于照片，它有一个"画"的过程，在这个过程中观众就可以去猜测，去体会。基于这个因素，"科学家精神"沙画以突出科学大事件与主要科学家的方式进行呈现，脚本设定共六个场景分别是：FAST "中国天眼"与南仁东，于敏与氢弹，屠呦呦与青蒿素，袁隆平与水稻，崔维成与彩虹鱼（中国万米级载人深渊器项目名），钟南山、李兰娟与抗击疫情。画面呈现的顺序是按照科学家的情况来进行的，已去世的在前面，最近发生的抗疫英雄在最后。特别需要说明的是，沙画不是录制好的，而是请专业的沙画老师现场绘制的，也就是说观众不但可以看到画面是如何呈现的，也可以看到沙画老师是如何工作的，让观众在现场感受艺术与科学家精神。

3.5 科学家投票墙

活动当晚，观众还投票选出 2021 年最想遇见的科学家。我们根据科学家所在的生日月，做了一个展板，列出了 12 位已经去世的科学家及其成就，比如 1 月出生的茅以升，他主持修建了中国人自己设计并建造的第一座现代钢铁大桥——钱塘江大桥、中国第一座跨越长江的大桥——武汉长江大桥。然后提供便利贴和笔，让观众写下想对科学家说的话或者是写出最想遇见的科学家。

在满屏星星点点的贴纸中，很多人选择了——给我们留下最多数学作业的华罗庚教授。除了展板上的 12 位，还有钟南山、钱学森、王淦昌……

3.6 其他特色教育活动

博物馆的教育活动并不是单纯地进行一种动手实验或是亲子交流，而是要将活动的理念一以贯之、加以延伸并引起注意[6]，本次活动的展开都是围绕"科学家精神"进行的。

科普大擂台（1F 科学 live 秀舞台）：以邀请观众上台（8 人为一组），主持人提问的方式进行，参与有关科学家精神知识问答，根据答题的正确率获得相应的奖品。

DIY 工坊（1F 自动扶梯旁）：设有玉米粒搭建、火箭扇子涂色、万花筒制作三类形式，完成有关航空等主题的创作。

VR 场景深度体验（1F 自动扶梯旁）：运用 VR 眼镜让观众足不出馆就可以获得与众不同的沉浸式体验，或者在人体中进行一场探秘大冒险，或者观看令人震撼的核弹爆炸场景……（建议 6 岁以上参与）

生肖展 DIY（BF）：配合上海科技馆的原创展览"十二生肖展"，开展了好玩的拼豆子 DIY 活动，很多人都耐心细致地拼出属于自己的生肖。

4 总结与反思

本活动希望能通过多种方式让科研工作者及其家属在科技、文化、艺术融合的氛围中感受科技的魅力，让观众走进科学家，弘扬科学家精神，引导观众"像科学家一样想事情、做事情"。2021 年"国际博物馆日"主题是"博物馆的未来：恢复与重塑"[7]。2020 年的新冠肺炎疫情成为加快博物馆业开展创新的催化剂，尤其是在创造新的文化体验和传播方式方面，倡导将文化作为后疫情时代复苏与革新的驱动力。

在以往 20 多次的"遇见@科学家"活动中，我们积累了很多经验。所以这次科学之夜活动中不仅有传统的讲座衍生出的"达人带你逛"活动，还有沙画表演、益智闯关、科普 DIY、科技互动乐园、知识问答、科学表演及科普电影……科学表演的形式观众喜闻乐见，很多场馆都有，但还可以进一步改革将表演的场地由舞台变为展区进行"快闪表演"：在"牛顿月"的活动中，cosplay 的科学家"牛顿"和他的助手在科技馆的各个楼层，不定时、不定点地与观众偶遇，演绎"把怀表当鸡蛋煮""在苹果树下想到万有引力"等经典实验短剧，并与观众互动。也可以发挥科技馆的特色，引入一些互动性好的黑科技，比如这次亮相的智能四足机器人，它可以通过遥控实现随走随停、拜年、打滚、刨地、跳舞，甚至翻跟头，它的每一次出现都吸引了一群粉丝，巧合的是在活动结束后的 2021 年春晚上还看到了同款，还有当晚参与活动的观众特意在我们的网上平台留言。

但是要想持续地吸引观众，还需要继续创新形式，比如加入情景剧、沉浸参与式戏剧，给观众们一个全方位、多感官的互动参观体验。只有不断激发观众，尤其是青少年的科学热情，培养他们的探索精神，才能为把中国建设成创新型科技强国打下人才根基。

参考文献

［1］中共中央办公厅、国务院办公厅印发《关于进一步弘扬科学家精神加强作风和学风建设的意见》，http：//www. gov. cn/zhengce/2019 – 06/11/content _ 5399239. htm，2019 年 6 月 11 日。

［2］刘超然：《"万维网之父"蒂姆·伯纳斯·李的科学家精神》，重庆大学硕士学位论文，2014。

［3］《抓好新时代人才工作——〈关于深入学习贯彻习近平总书记在科学家座谈会上重要讲话精神 进一步抓好人才工作的贯彻落实措施〉解读》，《共产党员》2021 年第 4 期。

［4］鲁文文：《像科学家一样想事情、做事情——基于科技馆资源的馆校结合科学教育课程开发思路》，《自然科学博物馆研究》2019 年第 3 期。

［5］于奇赫：《引导观众像科学家探究科学一样学习科学——来自伦敦设计博物馆"移居火星"特展的启示》，《自然科学博物馆研究》2020 年第 5 期。

［6］周婧景：《从"观众体验"视角规划博物馆教育——基于欧美自然历史博物馆教育活动之述评》，《自然科学博物馆研究》2018 年第 2 期。

［7］中国博物馆协会：《国际博协发布 2021 年国际博物馆日主题阐释》，http：//www. chinamuseum. org. cn/a/xiehuizixun/20210210/13590. html，2021 年 3 月 20 日。

科普场馆特效影院开展弘扬科学家
精神活动的探索

——"光影科学梦"科学家精神电影公益展映

皇甫姜子　马晓丹　贾　硕*

（中国科技馆，北京，100012）

摘　要　特效影院作为科技馆的重要组成部分，在将科技馆建设成科学家精神教育基地的过程中可以发挥重要作用。本文以中国科技馆"光影科学梦"科学家精神电影公益展映为例，介绍了利用特效影院的科普电影资源，配套科学影迷沙龙、观影学习单、科学家精神电影图文展等活动和内容，开展弘扬科学家精神活动的探索，并总结了实践过程中的经验与启示。

关键词　特效影院　教育活动　科学家精神　科技馆

2019 年，中共中央办公厅、国务院办公厅印发了《关于进一步弘扬科学家精神加强作风和学风建设的意见》，提出了要大力弘扬以"爱国、创新、求实、奉献、协同、育人"为核心的科学家精神，并明确指出要"依托科技馆、国家重点实验室、重大科技工程纪念馆（遗迹）等设施建设一批科学家精神教育基地"[1]。成为"科学家精神教育基地"，是科技馆的重要职责之一。如何利用特效影院这一科技馆重要独特资源，在弘扬科学家精神方面发挥作用？

---

* 皇甫姜子，单位：中国科技馆，E-mail：478763712@ qq. com；马晓丹，贾硕，单位：中国科技馆。致谢中国科技馆唐剑波、张安琪对论文的指导与修改工作。

1 科普场馆特效影院

1.1 我国科普场馆特效影院的发展

自 1970 年第一部特效影片——IMAX 电影 *Tiger Child* 在日本大阪电影展出现后，特效影院越来越受到科普场馆的重视[2]。特效电影利用现代电影科技手段，使观众产生身临其境的感受，体验各类影视特效刺激，领略科技与自然之美。特效影院这种融合科技、艺术、人文精神的科普形式，也成为科普场馆发挥科普职能的重要力量。

2010 年以来，我国科普场馆特效影院建设得到飞速发展，数量和规模不断提升。根据中国自然科学博物馆学会特效影院专委会调研统计数据，截至 2021 年 2 月，我国大陆地区各级科技馆、科学馆、工业博物馆、青少年宫、文化主题公园等科普场所中的 255 家单位设有特效影院，影院数量共计 418 座。其中，4D 影院 136 座、球幕影院（含天象厅）113 座、3D 影院 42 座、2D 影院 29 座、动感影院（含飞行影院）21 座、巨幕影院 19 座、影剧场 12 座、其他影院（8K 影院、全息影院、多幕影院、35 毫米胶片影院、天幕影院、环幕影院、VR 影院、汽车影院、高科技影院、超感沉浸式影院等）46 座。

而中国科技馆设有球幕影院、巨幕影院、动感影院、4D 影院 4 个特效影院，在 2010 年全部建成并对外开放，截至 2019 年 12 月 31 日，4 个特效影院共放映电影 71585 场，接待观众 515.5 万人次。

与普通电影相比，特效电影在设备设施及技术方面的变化更容易增加观众的好奇心，激发观众的参与兴趣，正因如此，特效影院是放映科普影片的最佳选择。特效影院以放映自然环保、科学探险、天文宇航等题材的科普影片为主，通过观看影片可获取科学理论知识、感受科学研究方法、体验科学探索过程、激发科学求索兴趣。

有别于商业影院的泛娱乐化，特效影院除具有科学传播功能外还兼顾文化传播的责任与功能，在选择放映内容时更注重严谨性、科学性以及价值观的传播，其传播功能从向青少年科学普及，扩展到涵盖体现中华传统文化、我国科技发展成就、科学家精神、爱国主义教育等更为多元的功能目标。

1.2 特效影院弘扬科学家精神的案例

国内外科普场馆特效影院在弘扬科学家精神方面，有过一些探索和案例，为我们开展相关活动提供了借鉴和参考。如加拿大安大略科学中心在 2019 年 7 月 20 日，即阿波罗登月 50 周年开展的系列庆祝活动，通过影片、展览、活动的结合，邀请科学家或科学家身边人讲述科学家故事，让观众了解科学家、崇尚科学家。在"伟大的对话：特别空间版——加拿大对阿波罗 11 号的贡献"活动中，观众观看电影《着陆器》（LANDER）的全球首演：从阿芙罗（Avro）到阿波罗（Apollo），了解加拿大工程师欧文·梅纳德（Owen Maynard）对阿波罗 11 号任务的重要贡献。这部 23 分钟的纪录片之后是梅纳德的儿子罗斯和电影制作人参与的讨论，活动时长 90 分钟。此外，观众还可以观看巨幕电影，重温人类登月从升空到降落的历史性时刻。安大略科学中心也邀请了前加拿大宇航员罗伯特·瑟斯克（Robert Thirsk）与现任加拿大宇航员大卫·圣雅克（David Saint-Jacques）进行网络直播，由大卫·圣雅克讲述自己最近在国际空间站上的 6 个月。

而为庆贺"嫦娥四号"成功落月并按计划顺利开展工作，2019 年 1 月 7 日，中国科技馆、国家国防科工局探月与航天工程中心、中国光华科技基金会联合嫦娥奔月航天科技（北京）有限责任公司在中国科技馆球幕影院共同举办了"探索·月之背面"科普宣传活动。活动过程中，观看了由中国探月工程首任首席科学家欧阳自远院士出演的月球及月球探测视频《探索》。欧阳自远院士、龙乐豪院士还一起畅谈了嫦娥四号探索月球背面的重要意义，并将嫦娥四号探测器传回的着陆月球背面的珍贵影像——对观众做了详细介绍。活动最后，欧阳自远院士为现场观众带来"探索·月之背面"科普讲座，为观众解读了嫦娥四号为什么要去月球背面、怎么才能到达月球背面、月球背面有什么、是不是一直黑暗等一系列公众感兴趣的问题。

2 "光影科学梦"科学家精神电影公益展映活动

2019 年，作为由中国科技馆主办的北京国际电影节"科技单元"的亮点活动之一，首次面向公众集中公益展映了《横空出世》《我是医生》《袁隆平》《钱学森》《大爱如天》《爱的帕斯卡》等六部国产科学家电影，并首次在全国科普场馆开启科学家电影巡映。2020 年 8 月，中国科技馆和中国自然科学博物馆学会科普场馆特效影院专业委员会再次联合发起了"光影科学梦"科学家精神电影公益展映活动，本次活动联合全国 42 家科普场馆共同举办，面向公众公益展映《钱学森》《袁隆平》《我是医生》三部优质科学家电影，活动将持续至 2021 年 8 月。中国科技馆为参与场馆提供科学家精神电影图文展设计文案、科学家微电影、学习单等素材，推动科学家电影在全国科普场馆落地巡映。

2.1 精选科学家精神影片

活动精选了《钱学森》《袁隆平》《我是医生》三部科学家电影。为了便于各场馆放映，中国科技馆对影片进行了剪辑，形成适合各特效影院播放的 30 分钟至 40 分钟版本。这些影片跨越历史时空，塑造了一个个有血有肉、个性鲜明的科学家形象，再现了科学大师们为推动民族独立、国家繁荣和人民幸福所建立的卓越历史功勋，大力弘扬了科学精神和中国科学家精神。

影片《我是医生》以中国科学院院士、"中国肝胆外科之父"吴孟超为原型，讲述他年逾九旬依然奋斗在攻克癌症科研最前沿的生动故事。影片曾荣获第十四届精神文明建设"五个一工程"奖。

影片《钱学森》则讲述了钱学森同志前半生孜孜求学，于逆境中奋进，功成名就后冲破重重阻碍，毅然返回祖国的传奇故事，以及后半生投身科技国防事业和军队装备建设、呕心沥血、报效祖国、功勋卓著的精彩人生。影片曾荣获第十四届精神文明建设"五个一工程"奖和第 15 届中国电影华表奖优秀故事片大奖、第 13 届平壤国际电影节最佳美术奖和最佳技术奖。

影片《袁隆平》讲述了杂交水稻之父袁隆平，历经无数次的挫折和失败，为杂交水稻事业无怨无悔，倾其一生；历经数十载的不懈探索和艰难实践，终于成功解决了中国人的吃饭问题。影片曾荣获第十一届精神文明建设"五个一工程"奖和第十三届中国电影"华表奖"优秀故事片奖。

2.2 科学影迷沙龙，讲述科学家的真实故事

除了观影外，"光影科学秀"活动还邀请科学家、电影主创与观众面对

面，通过"电影+沙龙"的形式，让观众了解科学家电影的台前幕后，用真实感人的科学家故事吸引更多的年轻人讲科学、爱科学、学科学、用科学，树立青少年的科学梦想，真正让科学家、科技工作者成为他们心中的偶像。

如结合《我是医生》影片首映，活动邀请吴孟超院士为影迷沙龙专门发来了寄语，充分肯定了巡映活动的意义并预祝活动取得良好社会反响。邀请了海军军医大学（原第二军医大学）东方肝胆外科医院原副院长、肝外四科主任沈锋，东方肝胆外科医院原副政委李国强，上海电影（集团）有限公司《我是医生》制片人袁孝民，分别向观众介绍了戏里戏外的吴孟超院士，拉近了科学家与观众的距离，使观众进一步感受到吴孟超院士的风采和动人的故事。

结合《钱学森》影片展映，邀请了钱永刚教授（钱学森院士之子、中国航天钱学森决策顾问委员会主任委员、上海交通大学钱学森图书馆馆长）做题为《为民族复兴选人生》的报告，讲述了钱学森伟大而不平凡的人生轨迹和人生抉择。

结合《袁隆平》影片展映，邀请了农业农村部种业管理司马志强研究员围绕种子里的科学，从食物来源、种子的变化、袁隆平先生在杂交水稻育种理论和制种技术等方面的伟大成就进行分享。而中国科技馆欧亚戈副研究员与观众分享在"国家最高科学技术奖获奖科学家手模墙"项目中采访袁隆平院士、采集科学家手模的经历，播放了袁隆平院士对青少年朋友们的希望和寄语。

2.3 观影学习单，学习科学家的科学成就

为了让观影学生更好地了解科学家的故事、学习科学家的科学成就，便于馆校结合的学校老师指导学生开展活动。本次活动还设计了影片配套的教师手册和学习单。下面就以影片《袁隆平》的配套学习单为例，简要介绍。

学习单结合《义务教育小学科学课程标准》生命科学领域的知识点，设计成了分享闯关游戏，共有4关。

（1）第一关：我分享，我快乐

看完影片之后，快和大家一起描绘分享一下您心目中的袁隆平爷爷吧！

（2）第二关：像科学家一样观察和思考

关于杂交水稻的秘密，你知道多少呢？

你了解袁隆平爷爷口中的"自花授粉植物"吗？可以和大家分享一下你在生活中见过的自花授粉植物吗？

为什么走三系杂交水稻的研究之路？

（3）第三关：走进科学家的世界，get 新时代科学家精神！

科学家精神——创新

研究杂交水稻技术的道路坎坷而艰辛，但是屡遭挫折的袁隆平并没有轻言放弃。通过影片我们了解到在面对同事与专家对杂交技术的质疑时，袁隆平爷爷坚持自己的研究思路与方法，最终成功研制出"杂交水稻"技术！

那么同学们，你们在生活中有被质疑和误解的时候吗？你当时是怎么做的呢？袁隆平爷爷的创新精神你 get 到了吗？

科学家精神——求实

在"大跃进"的特殊时代，面对同事"刘老师"的弄虚作假以及多方面的舆论压力，袁隆平爷爷依然坚持实事求是，不随波逐流，致力于研究"杂交水稻技术"以提高水稻的产量，最终取得成功！在你的生活中，有没有遇到过类似的情况呢？如果有机会见到刘老师，你会对他说什么呢？

（4）第四关："绘制"我的科学梦

求实创新的科学家精神将影响着一代又一代的后浪们努力奋进！你的科学梦是什么呢？大胆畅想一下吧！

2.4 科学家精神电影图文展，打造网红打卡点

活动同步设计了科学家精神电影图文展，将《钱学森》《袁隆平》《我是医生》三部科学家影片通过书本形状的异型展板展示，在三本历史书卷里，描绘了钱学森的航天征程之梦、袁隆平的禾下乘凉之梦、吴孟超的大医治国之梦。通过艺术化的设计，配合三位科学家的语录，将展览打造成为网红打卡点。

（1）袁隆平——禾下乘凉梦

在很多年前我做过一个梦，梦见我们试验田的超级杂交水稻，长得比高粱

还高，穗子比扫把还长，子粒像花生那么大，我非常高兴，就和我的助手在稻穗下乘凉。——袁隆平

（2）钱学森——航天征程梦

我的事业在中国，我的成就在中国，我的归宿在中国。——钱学森

（3）吴孟超——大医治国梦

我看重的不是创造奇迹，而是救治生命。医生要用自己的责任心，帮助一个个病人渡过难关。——吴孟超

图1 科学家精神电影图文展效果

3 经验与启示

3.1 加强科学家精神主题电影的制作和推广

目前，市场上的科学家电影，尤其是优质的科学家电影数量较少。如何将我国科学家的故事制作成受观众欢迎的科学家电影，需要社会各界的高度重视和不断投入。

而科学家电影在市场上的推广也处于劣势，科普场馆是非常好的推广阵地。如2019年活动展映期间免费向公众放映科学家电影6部共计26场，结合影片内容开展相关公益性科普活动20场，服务公众近5000人次。2020年活动巡映期间免费向公众放映科学家电影3部共计960场，结合影片内容开展相关公益性科普活动15场，服务公众9.5万人次。不同于商业院线，利用科普场馆特效影院这一阵地，科学家精神电影更精准地面向青少年进行展映，从而扩大影响力。

3.2 注重影片和展览、教育活动等馆内其他教育资源的结合

通过影片与展览、教育活动的结合与互动，可以更多维度地展示科学家精神的内涵，起到更好的传播效果。如本次活动与中国科技馆展品"国家最高科学技术奖获奖科学家手模墙"联合，产生了非常好的效果。"国家最高科学技术奖获奖科学家手模墙"是中国科技馆联合国家科学技术奖励工作办公室为纪念国家最高科学技术奖设立 20 周年共同策划的一个展示项目，包括国家最高科学技术奖介绍、科学家姓名、出生年月、获奖年度、科学成就介绍、青少年寄语、手模及签名等内容。有 14 位科学家为青少年录制了寄语视频，勉励全国青少年热爱科学、刻苦学习、茁壮成长、报效祖国。而袁隆平的寄语"知识、汗水、灵感、机遇，我没有什么秘诀，我有八个字"给观影的孩子们留下了深刻印象。通过这些活动、展览与科学家电影的结合，让科学家精神更加深入人心，让青少年将科学家作为偶像。

3.3 多馆联动、馆校结合，扩大科学家精神电影社会影响力

通过持续两年多的努力，"光影科学秀"科学家精神电影公益展映活动不仅在中国科技馆特效影院举办，也在全国各地科普场馆的特效影院进行了展映，还走进了西安、合肥等全国各地的学校。通过策划组织全国科普场馆特效影院科学家精神电影展映的联合活动，可以扩大活动规模和覆盖面；而通过开展馆校结合活动，可以更针对性地策划和开展相关教育活动，达到更好的传播效果。如 2020 年 12 月 1 日，陕西自然博物馆巡映活动走进西安高新一中初中校区，6500 余名学生集体观看影片《袁隆平》，全体师生认真观看并完成了"观影学习单"，通过观影活动，所有同学的内心都深受启发和感动，纷纷写下了自己的科学梦（见图 2）。

2020 年 9 月 11 日，习近平总书记在科学家座谈会上的讲话，再次强调了"要大力弘扬科学家精神，要广泛宣传科技工作者勇于探索、献身科学的生动事迹"。中国科技馆将继续联合全国科普场馆特效影院通过一起开展科学家精神电影公益展映活动，全方位、立体化地为公众进行中国科学家精神的宣传解读，使公众尊重科学、崇尚科学，进而在全社会推动形成讲科学、爱科学、学科学、用科学的良好氛围。

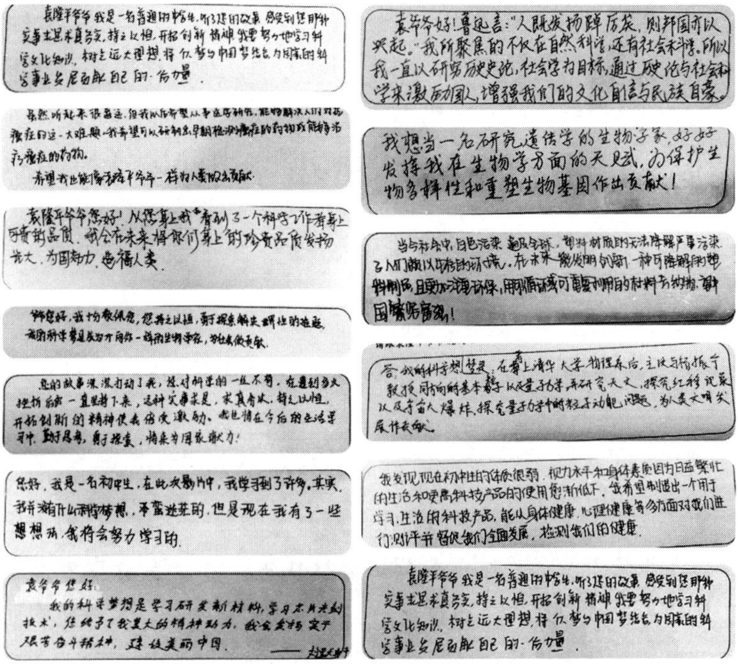

图 2　观看电影《袁隆平》后同学们的科学梦

参考文献

[1] 中共中央办公厅、国务院办公厅印发《关于进一步弘扬科学家精神加强作风和学风建设的意见》，http：//www. gov. cn/zhengce/2019 –06/11/content_ 5399239. htm。

[2] 曾平英：《探索科普影院在科普教育中的作用》，《科协论坛》2010 年第 5 期。

用科学家精神滋养培育小学生的科学世界

——以 HPS 教育策划实施馆校结合科学教育活动为例

徐 倩*

（重庆科技馆管理有限公司，重庆，400000）

摘 要 从古至今，科学家的故事、精神影响着一代又一代的小学生，但这样的影响容易流于表面，难以起到实质性作用。以 HPS 教育为指导、结合科技馆展览教育资源策划实施的馆校结合课程能够补充、拓展普通家庭教育及学校科学课程关于科学家精神的传播，有机融合科学史、科学哲学、科学社会学，让小学生不仅能转变错误的观念，获得正确的理论知识，还能动手参与实验，像科学家一样去思考与实践，拉近小学生与科学家之间的距离，帮助小学生更加形象、生动、全面地认识科学家、体会科学家精神，形成正确的价值观和科学观。

关键词 科学家精神 馆校结合 HPS 教育 小学生

2019 年中共中央办公厅、国务院办公厅印发了《关于进一步弘扬科学家精神加强作风和学风建设的意见》（以下简称《意见》），要求自觉践行、大力弘扬新时代科学家精神，提出要大力弘扬胸怀祖国、服务人民的爱国精神，勇攀高峰、敢为人先的创新精神，追求真理、严谨治学的求实精神，淡泊名利、潜心研究的奉献精神，集智攻关、团结协作的协同精神，甘为人梯、奖掖后学的育人精神。[1]《意见》与以往强调科学精神的不同之处在于更多地强调了科

---

* 徐倩，单位：重庆科技馆管理有限公司，E-mail：709899554@ qq. com。

学家精神，科学家精神是科学精神与人文精神的交叉融合，内容不那么抽象反而更加具象，更易于理解。

1 馆校结合科学教育活动是弘扬科学家精神的重要载体

1.1 馆校结合

馆校结合科学教育活动是在科技馆展览教育资源基础上开发设计的科学普及活动，可以为学生传播科学知识、激发科学兴趣、学习科学方法、体验科学课程、培养科学思维、弘扬科学精神，帮助学生形成正确的价值观与科学观。

1.2 活动重要对象

馆校结合科学教育活动的重要对象是小学生。小学生是一个国家的未来，其富有无穷的想象力、创造力和青春活力，是实现"中国梦"的后备人才，小学生的成长发展直接关系到国家未来的发展走向，对国家来说具有重大意义。

1.3 教育价值

当今社会，提到科学家，固有的刻板印象影响了公众尤其是小学生对科学研究领域的认识，小学生缺乏全面了解科学家的机会，对科学家持有"非人化"的印象。[2]

馆校结合科学教育项目的教育目标应是引导学生"像科学家一样想事情、做事情"，同时这也是馆校结合科学教育项目的设计思路。[3]以此设计的项目活动，形式、主题多样化，在实施过程中能比较生动、直观、形象地帮助小学生认识科学家，弘扬科学家精神，建立属于自己的科学世界。

2 HPS融入馆校结合科学教育活动利于弘扬科学家精神

2.1 HPS教育

HPS教育是"科学史（History of Science）、科学哲学（Philosophy of

Science）、科学社会学（Sociology of Science）"教育的简称，坚持真正地、有效地、全面地提高全民科学素养的教育价值取向。[4]将 HPS 教育结合《义务教育小学科学课程标准》融入小学生科学教育策划相关主题活动，有助于小学生理解科学的本质，培养小学生"动眼看、动手做、动脑想"的学习科学的能力。

2.2 HPS 教学模式

2.2.1 含义

HPS 教学模式是英国科学教育者孟克和奥斯本提出的将科学史融入科学课程与教学的策略，包括 6 个环节，分别为：提出问题、引出观念、学习历史、设计实验、呈现科学观念和实验检验、总结与评价。[4]

2.2.2 教学实例

以重庆科技馆基础科学展厅"运动与力"相关主题的展品展项策划实施的馆校结合科学教育活动为例（见表1），简要说明如何设计以 HPS 教学模式为指导，弘扬科学家精神，培养小学生的科学核心素养。

表 1 馆校结合科学教育活动

教学过程	
教学环节	教学内容
提出问题 （3 分钟）	（1）提出问题，激发兴趣 　抛出日常生活中常见的自然现象，有利于引起小学生的共鸣，提出问题，激发小学生参与活动的兴趣。"运动与力"主题为物理科学范畴，其理论知识基本都是来自于人类对日常生活现象的观察和思考。 　抛出现象：播放风吹大树的视频。 　提出问题：风吹树动，风停树静，这样的说法对不对？树开始运动和停止运动与力之间有什么关系呢
引出观念 （4 分钟）	（2）引出观念，启发思考 　小学生会联系生活中的相关经验，比如乘坐交通工具启动和刹车时的自身感受，做出猜想、分析，进而推理判断，形成各种各样的解释，培养小学生的科学思维。 　教师引导：从几千年前开始，科学家们和今天的大家一样，对于物体的运动也有各种各样的解释，我们一起回到过去了解一下

教学过程	
教学环节	教学内容
学习历史 (10分钟)	(3)科学表演,分组讨论 　　根据历史资料,教师扮演科学家邀请小学生参与进行情景表演秀,再现当年探究过程中科学家采取的方法及得到的相关理论。 　　科学表演:教师和小学生一起再现科学家们发现科学理论的场景。 　　教师扮演古希腊学者亚里士多德,邀请小学生推动箱子,观察现象,停止推动箱子,继续观察现象,发现有力才有运动,得出结论:"力是维持物体运动的原因"。 　　换装扮演意大利科学家伽利略·伽利雷,结合场景及实验道具邀请同学参与比萨斜塔实验和理想斜面实验,通过实验的方法推翻亚里士多德的观点,发现物体的运动是不需要力去维持的,得出结论"力不是维持物体运动的原因"。 　　换装扮演英国物理学家艾萨克·牛顿,展现其利用数学的方法在伽利略等人的研究基础上得出"力是改变物体运动的原因",总结出有关运动的三大定律,奠定经典物理学的基础,形象再现了牛顿的经典名言"如果我看得远,那是因为我站在巨人的肩膀上。" 　　小组讨论:关于"力与运动"之间的关系为什么不同的科学家会有不同的观点。小学生之间交流分享了解到科学家们身处不同的时代背景,得出结论采用的方法也不一样,比如观察法,依靠自身的经验判断就是比较局限的。明白一切的科学理论都具有相对性、主观性与暂时性,注定要被更完善的理论超越。[4] 　　小学生在此环节能亲身参与不同时代科学家探究的过程,充分感受科学家的人文精神,也就是不断探索真理、勇于坚持真理、为真理献身的精神
设计实验 (20分钟)	(4)设计实验,开展探究 　　教师提供尽可能多的、日常生活中常见的道具,根据小学生分组情况引导不同小组选取不同科学家的观点设计实验进行探究。在实验探究过程中小学生能够直观观察实验现象并进行讨论分析得出相应结论,掌握科学探究过程中采用的科学方法。 　　设计实验:例如根据亚里士多德得出结论的方法,观察法进行实验,转动小球,松手小球并没有立即停止转动,表明力并不是维持物体运动的原因,同时具体地分析亚里士多德得出这样结论的原因。 　　小学生在此环节能够养成团结协作的协同精神,同时敢于质疑科学家已经得出的结论,培养小学生尊重事实、实事求是的求实精神及批判精神。并且知道科学的进步就是在不断怀疑科学的基础上形成的,就是在科学家们不断地纠正错误中完善的
呈现科学观念和 实验检验 (5分钟)	(5)科学观念、实验检验 　　教师根据课本相关知识讲解当代的科学观念,为转变小学生观念提供可能性。 　　小学生亲身参与科学家表演秀及亲自动手设计演示实验,体验科学探究的过程,顺利呈现科学观念和实践检验,引导小学生形成正确的物理相关知识及规律,转变错误的科学观念,树立正确的科学观点,培养小学生自我批判的精神

续表

教学过程	
教学环节	教学内容
总结与评价 （3分钟）	（6）总结归纳、学习评价 　　总结归纳科学知识及科学探究方法，从科学精神和人文精神，也就是科学家精神展开评价，帮助小学生养成在今后的学习生活中敢于质疑、积极思考的习惯

2.2.3　教学特点

解决问题的探究过程贯穿整个教学过程，有利于培养小学生解决问题和探索创新的能力；充分发挥小学生的主观能动性，让小学生直观认识到科学家和自己一样，也是普通人，也会犯错，更易于引起小学生的共鸣；通过设计实验及探究活动，帮助小学生实现观念的转变，形成正确的价值观与科学观，更加深入理解科学家精神，融会贯通用于自身的学习与生活中。

2.3　HPS 教育意义

HPS 教育在科普场馆策划实施馆校结合科学教育活动过程中充分地结合了展览教育资源，展示了科学知识的完整性、科学方法的多样性、科学思维的创造性及科学精神的重要性，小学生在参与活动过程中会有持续与科学家对话的感觉，时刻体会科学家传达出来的种种精神，不断鞭策自己。

3　结语

目前，以 HPS 教育策划实施的馆校结合科学教育活动主题主要集中在科技馆物质科学方面，较为局限。所以接下来继续策划相关活动时应该涵盖更多的主题，如生命科学、地球与宇宙科学、技术与工程，也可以拓宽内容选择的范围，从古至今、从国外到国内、从书本到现实，并与时事热点有机结合，不断丰富科学家精神的教育内容。

例如，可以邀请与馆校结合科学教育活动主题相关的现代科学家们以多种形式参与到课程的策划实施中，前期策划要积极与科学家沟通，提高与科学家对话的能力。因为我们的科学知识需要依靠高校和科研院所的科学家支持，而科学家对科学教育的态度和能力，在很大程度上会影响到展览和教育活动的质量。[5]同时活动可以采用直播、讲座、主题展览、科学秀、科学实验等形式，拉近科学家与小学生之间的距离，揭开科学家与小学生之间的面纱，降低科学家的神秘感，提升科学家的形象。小学生从中能更加直接地体会科学家精神，从而提高小学生的科学素养，建立属于自己的科学世界。

参考文献

［1］叶肖娜、刘伟霞：《在科普场馆弘扬科学家精神的实践》，《学会》2020 年第 1 期。

［2］伍新春、季娇：《科学家刻板印象：研究与启示》，《北京师范大学学报》（社会科学版）2012 年第 6 期。

［3］鲁文文：《像科学家一样想事情、做事情——基于科技馆资源的馆校结合科学教育课程开发思路》，《自然科学博物馆研究》2019 年第 3 期。

［4］袁维新：《HPS 教育：一种新的科学教育范式》，《教育科学研究》2010 年第 7 期。

［5］顾洁燕：《科学技术博物馆基于展览的教育发展策略》，《中国博物馆》2017 年第 4 期。

科学家精神在科技馆活动中的有机融合

张义婧*

（吉林省科技馆，长春，130000）

摘　要　本文就科学家精神在科技馆活动中的有机融合做了进一步研究，从科学家精神融合内涵的全面性，融合时机的切合性以及融合形式的多样性3个维度进行阐释，旨在让科技馆充分发挥好弘扬科学家精神的积极作用。

关键词　科学家精神　科技馆　融合内涵　融合时机　融合形式

中共中央办公厅2019年发布的《关于进一步弘扬科学家精神加强作风和学风建设的意见》，阐明了新时代科学家精神的内涵，表明国家对营造尊重科学、尊重人才的良好氛围的要求。科学家精神备受关注，为此，肩负着提高全民科学素质职责的科技馆，将责无旁贷地承担起弘扬科学家精神的重任。[1]

1　科学家精神融合内涵的全面性

提到科学家精神，人们首先想到的是科学层面的精神活动，科学方面追求的目标或要解决的问题，是研究和理解客观世界及其规律，寻求真理。但往往忽略了人文精神活动的层面，2019年国家发布的《关于进一步弘扬科学家精神加强作风和学风建设的意见》，阐明了新时代科学家精神的内涵，即胸怀祖国、服务人民的爱国精神，勇攀高峰、敢为人先的创新精神，追求真理、严谨治学的求实精神，淡泊名利、潜心研究的奉献精神，集智攻关、团结协作的协

---

　*　张义婧，单位：东北师范大学，E-mail：1045011213@qq.com。

同精神，甘为人梯、奖掖后学的育人精神。我们看到，新时代的科学家精神除了有科学角度的创新求实精神外，也蕴含大量的如奉献精神、协同精神和育人精神等人文层面的内涵。这也要求科技馆在开展活动、弘扬传播科学家精神时要有全面把握，不能只拘泥于科学家精神的科学层面，还要了解掌握其人文内涵。

2 科学家精神融合时机的切合性

在科技馆开展活动过程中，如何将科学家精神进行有机融合，首先需要从融合时机的角度进行分析。融合的时机选择掌握得巧妙，才能够自然地将科学家精神融入科技馆活动中，同时还能使活动进一步凸显教育意义。

2.1 结合纪念日的有机融合

可以选择某一科学事件发生的纪念日，或者伟大科学家的诞辰纪念日等诸多有纪念意义的日子，开展相关主题活动，将相关科学家精神融入纪念日开展的主题活动中。

比如 2019 年 9 月是麦哲伦环球航海 500 周年，时间追溯到 1519 年 9 月，麦哲伦带着 5 艘船从西班牙南部正式起航，进行了为期 3 年的跨洋航行。但麦哲伦只完成了一半，在菲律宾的一次冲突当中丧生。他对航海和地理的贡献却是毋庸置疑的。我们可以在每年 9 月开展一次海洋主题活动，介绍麦哲伦环球航海的路线，选取环球航海路线中重要的地点展开介绍，如重要的国家、岛屿、海域等，在活动中介绍航海、地理等知识点时，要将麦哲伦团队不畏艰难困苦、信念坚定、追求真理、不惧牺牲的崇高科学家精神，通过小故事或具体事例等融入进去，使学生在学习地理历史知识的同时，对科学家精神有更深入具体的理解。

电磁学发现至今已有 200 余年。让我们一起回到 1820 年，奥斯特在一次演讲中注意到，一股电流使附近的指南针指针移动。几个月后奥斯特进行了彻底的实验，这使他彻底发现了在一根输送电流的电线外面产生磁场的现象。十年后的法拉第展示了相反的结果，即绕着导线移动磁铁会产生电流。200 年前科学家的实验，为电磁学研究奠定了基础。我们可以开展电磁学相关主题活动，介绍或制作发电机、电动机，学习相关电磁学原理。在开展活动过程中，介绍奥斯特和法拉第的研究过程，将科学家善于观察、善于发现问题解决问题、一丝不苟的严谨治学态度等科学家精神融入活动过程中，鼓励学生以科学家为榜样，善于观察身边的科学现象，勇于发现问题解决问题。

2.2 结合热点时事的有机融合

当下新冠肺炎疫情遍布全球，抗疫工作仍然不可掉以轻心。科技馆可以围绕当下疫情防控开展相关主题活动。通过介绍病毒、细菌等生物概念，以及疫苗、抗体等生物知识，将抗疫过程中钟南山、李兰娟、陈薇等一批科学家的事迹融入其中。使青少年在学习生物知识的同时，了解到科学家、抗疫英雄就在我们身边，也是平凡的人，但他们又英勇无畏、无私奉献、将人民的利益放在首位。这样在学习科学知识的同时，将科学家精神潜移默化融入其中，使青少年在学习知识的同时更深刻感受到科学家精神。

3 科学家精神融合形式的多样性

3.1 主题讲解——以重温华夏文明为例

中华民族历史悠久、文化底蕴深厚，中国作为四大文明古国之一，是世界上唯一文明传统未曾中断的古国。在古代曾创造了高度繁荣昌盛的文明，具有代表性的是中国的科学技术，长期处于世界领先地位。在建筑、数学、农学、医药、天文等领域，取得过许多卓越成就，涌现出许多流传于世的优秀科学家，为中华民族奉献了杰出的科技成果。将我国古代经典科技发明及实用性制造技术，结合科技馆内的展品、视频图文版等形式，以时间为主线，通过主题式讲解进行串联，在讲解过程中，结合对应展示，真实地融入古代科学家不断探索的勇气和勇于挑战的智慧，让参观者重温华夏经典文明，在主题讲解中融入我国古代科学家精神，以古代科学家为榜样，实现中华民族的伟大复兴梦。主题讲解涉及的时间线、相关科学领域、展示内容及相关科学家精神如表1所示。

表 1　部分科学家精神

时间线	展示领域	展示内容（展品、图文版、视频等）	科学家事迹及精神思想
夏商周	建筑	鲁班锁	鲁班 鲁班生于公元前 507 年，在当时生产力极度低下的情况下，他勤于思考、勇于探索、善于创新，每一件工具的发明，都是鲁班在生产实践中得到启发，经过反复研究、试验出来的。后人将这种勤奋传承规矩，刻苦钻研技术，巧妙创新工具，爱岗敬业态度，精益求精建筑，高效诚信服务概括为"鲁班精神"
春秋战国	医学	四诊法	扁鹊 扁鹊将行医融入生活、潜心钻研医术，他总结"望、闻、问、切"四诊合参，提出内、外、妇、儿、五官多科分治，创新应用砭刺、针灸、按摩、汤液、热熨等疗法治病。他是中医药科学与文化的集大成者，开辟了中医学的先河
汉	医学	麻沸散《伤寒杂病论》	华佗 华佗生活在军阀混乱、水旱成灾、疫病流行的东汉末年，当时人民处于水深火热之中。华佗目睹这种情况，十分同情受压迫受剥削的劳动人民。为此他放弃做官，潜心研究医术，为人民解脱疾苦。不求名利，不慕富贵，使华佗得以集中精力于医药的研究上。后人将悬壶济世、大爱无疆形容为华佗精神 张仲景 张仲景生活在战乱不断的东汉末年，面对这种情景，张仲景毅然辞官业医，认真研究伤寒病的病因和治疗方法，系统地总结了汉代以前的医学精髓，根据自己丰富的医疗实践经验，编写了《伤寒杂病论》，确立了辨证论治的中医指导原则
	四大发明	造纸术	蔡伦 蔡伦总结过去人们的造纸经验，改进造纸工艺，最终形成"蔡侯纸"。蔡伦改进的造纸术，被列为中国古代"四大发明"，对人类文化的传播和世界文明的进步做出了杰出的贡献，蔡伦的首创精神也一直影响着后人
魏晋南北朝	数学	圆周率	祖冲之 祖冲之一生钻研数学，在刘徽"割圆术"的基础上，精益求精，不断改进，首次将"圆周率"精算到小数第七位，也被称为"祖率"。直到 16 世纪，阿拉伯数学家阿尔·卡西才打破了这一纪录。因此，祖冲之的科研成果比西方领先了 1000 多年。刘徽的割圆术已经到了很高的精度，算到 192 边形，π 为 3.14，误差小于千分之三，已经很了不起了。但祖冲之主张决不"虚推古人"，不断挑战割圆术和自身计算能力极限，算到了 24576 边形，祖冲之的不迷权威，亲自验证的精神值得后人学习

续表

时间线	展示领域	展示内容(展品、图文版、视频等)	科学家事迹及精神思想
隋唐宋	建筑	赵州桥	李春 赵州桥距今已经有 1400 余年,在漫长的岁月中历经无数风霜雨雪、洪水冲击和地震侵袭,却依旧巍然屹立在洨河之上,设计建造者李春用一颗匠心,铸造中国建筑史上的一座丰碑。匠心铸造精品,值得后人传承学习
	四大发明	印刷术	毕昇 毕昇初为杭州书肆刻工,专事手工印刷。年轻人初入职场都是从最基层的工作做起,毕昇也是从最基本的书肆刻工做起,但他在印刷实践中善于思考并认真总结了前人的经验,发明活字印刷术,是中国印刷术发展中的一个根本性的改革,对中国和世界各国的文化交流做出伟大贡献
元明	医学	《本草纲目》	李时珍 为著成《本草纲目》,李时珍几十年如一日,"远穷僻壤之乡,险探仙麓之华"。他不仅虚心向医生、药工、樵夫等请教,还不顾环境艰苦危险亲自上山采药,并在自己身上使用验证,始终以科学态度践行。这种求实创新、躬身实践、博采众方、知行合一、批判继承、经世济民、医者仁心的精神需要后人薪火相传
	天文	简仪	郭守敬 郭守敬没有拘泥于前任对浑仪的设计,而是善于继承勇于创新,对前人制造的浑仪进行改革创制,使观测更便捷、更精确。特别是简仪的赤道装置,领先当时世界 300 多年。创新是一个民族的灵魂,是一个国家兴旺发达的不竭动力。创新就要勇于打破前人的固有理念,敢于探索勇于实践

3.2 教育活动——以体验经典电磁为例

科技馆在开展教育活动过程中,可以围绕科技馆相关展品,以科技发展史为时间线索,将科学发展历史中不同时期相关领域的科学家巧妙融入活动中。将相关的科学家故事制作成故事卡,在活动开始前招募扮演相关角色的学生,角色可以分为科学家、助教、观众等。下面以电磁学发展史为例,简述电磁学部分的教育活动如何将科学家精神进行有机融合。[2]

3.2.1 科学家对电的初步探索

这部分可以介绍格里凯发现摩擦起电机，马森布罗克、克莱斯特分别发明莱顿瓶，富兰克林雷雨中的风筝实验等，介绍相关科学家对电的不断探索。活动中的还原经典实验部分，可以选出3位青少年，分别扮演格里凯制作简易的摩擦起电实验，扮演马森布罗克或克莱斯制作简易的莱顿瓶，扮演富兰克林讲述当年雷雨天风筝实验。活动中的相关展品展示部分，可以选择人体导电展品，由选出的助教扮演者进行展品演示讲解。整体活动环节由辅导老师做活动前指导和活动时的引导。学生观看完试验和展品演示后，先让扮演科学家的学生和扮演助教的学生归纳感悟到哪些科学家精神，以及自己的新体会，再由现场参与活动的观看者进行补充说明。最后科技老师结合活动过程再做总结补充。

3.2.2 科学家对电磁的偶然发现

这部分主要介绍奥斯特如何发现"电生磁"的现象。活动中的还原经典实验部分，有事先选好的科学家扮演者扮演奥斯特，以讲故事和现场模拟实验的方式，再现奥斯特是如何偶然间发现电生磁的。活动中的相关展品展示部分，可以选择电磁秋千和电磁炮两件展品，由助教扮演者进行相关展品讲解介绍。其余参与的同学为观众。整体活动环节由辅导老师做活动前指导和活动时的引导。学生观看完试验和展品演示后，先让扮演科学家的学生和扮演助教的学生归纳感悟到哪些科学家精神，以及自己的新体会，再由现场参与活动的观看者进行补充说明，整个环节无论表演者还是观众都应该参与其中，对自己感悟学习到的科学家精神进行表述。最后科技老师结合活动过程再做总结补充。

3.2.3 科学家对电磁的不懈研究

这部分主要介绍法拉第如何进一步研究"电生磁"与"磁生电"，以及法拉第为何发明电动机与发电机。由事先选好的科学家扮演者扮演法拉第，以讲故事和现场模拟实验的方式，再现法拉第是如何研究电磁关系并发明电动机和发电机的。活动中的相关展品展示部分，可以选择发电机和电动机两件展品，由助教扮演者进行相关展品讲解介绍。其余参与的同学为观众。并增设动手制作环节，使观看的同学都动手尝试发电机和电动机的制作过程，充分感受科技进步给人类带来的便捷，这也是科学家精神的体现。活动最后由教师引领同学们一起总结，感悟学习到哪些科学家精神，科学技术的进步给日常学习和生活带来了哪些影响等。

教育活动中融入科学家精神的学习，主要是通过科学发展史，对不同时期同一相关领域的科学事件进行归纳串联，向不同时期推动相关领域的重要科学人物学习。也可以就某一科学领域进行深入挖掘，开展对相关科学家的学习。活动过程中学生是主要参与者，负责讲故事、做实验、讲展品等，最后的归纳总结环节，要让每一个学生都参与其中，无论是表演者还是观看者，都对活动中感受领悟到的科学家精神做简单的表述。教师虽然不是主要参与者，但要注意把控活动环节，引领学生抓住活动过程中重要的科学家精神。

弘扬科学家精神，是时代赋予当代科普工作者的使命。广大科普工作者应该在实践中总结、在学习中提升，不断钻研思考，在科技馆开展活动过程中将科学家精神进行有机融合，使当代青少年在学习科学知识的同时，充分感受学习到科学家的爱国精神、创新精神、求实精神、奉献精神、协同精神以及育人精神，在全社会营造尊重科学、尊重人才的良好氛围，这也是当代科普工作者不懈努力的方向和目标。

参考文献

［1］叶肖娜、刘伟霞：《在科技馆弘扬科学家精神的实践》，《学会》2020 年第
　　　1 期。
［2］罗跞、周颖：《基于科技馆展品的科学史教育活动设计的理论和方法研究》，
　　　《科普研究》2018 年第 6 期。

互联网环境下馆校合作模式的思考

丁　斐[*]

（辽宁省科学技术馆，沈阳，110167）

摘　要　场馆教育是教育生态中不可或缺的一环，与学校、家庭构成了立体多元的教育主体。馆校合作是各类教育资源辐射的延展，是对学校教育的有益补充，是教育体系的完善。互联网环境为教育发展提供了多元的选择，如何发挥网络的智能互联优势，构建馆校合作的新模式，扩大教育活动的空间，丰富课程资源的内涵，实现人才培养的意义，本文以科技馆的馆校合作情况为例提出自己的思考。

关键词　场馆教育　馆校合作　互联网　科技馆

1　馆校合作发展的背景

20 世纪 70 年代在发达国家，博物馆作为非正式教学活动场所的教育功能逐步凸显，馆校之间的合作已经成为一种新理念、新模式，开始逐渐在国际化的教育与场馆文化教育中兴起，在构造知识型社会与公民终身学习制度体系中起到重要的推动作用。它既突破了传统社会教育的封闭化、被动化、间接化的局限，又体现了现代课堂的社会教育功能的转型与丰富。到了 21 世纪，在全球范围内，北美、大洋洲和部分欧洲国家，也将馆校合作逐渐纳入常态的场馆教育体系建设中。

从科学教育的发展可以看到，美国《国家科学教育标准》于 1995 年制

---

*　丁斐，单位：辽宁省科学技术馆，E-mail：11646118@qq.com。

定，英国《国家科学教育课程标准》于 2000 年制定，我国也在 2001 年制定公布了《科学教育标准》。国务院于 2006 年先后公布了《国家中长期科学和技术发展规划纲要（2006—2020 年)》《关于进一步加强和改进未成年人校外活动场所建设和管理工作的意见》。青少年科学教育问题已经受到世界各国的广泛高度重视，科技馆被选为综合性的科普教育基地，在青少年科学教育中的主导地位日益凸显。中央文明办、教育部、中国科协于 2006 年 3 月共同决定启动"科技馆进校园"工作，坚持"大联合、大协作"的工作思路，各类科普场馆与学校、教育主管部门和社会科普机构逐步建立了校内外科学教育相结合的运行机制，促进了校外科技活动与校内科学教育有效衔接，社会进步与青少年教育发展都对馆校合作提出现实需求。

2 馆校合作的必要性与意义

2.1 合作的定义

"合作"是指个人或集体之间为了达到共同目标，彼此相互配合、共担责任、互利互赢的关系。馆校合作就是不同的教育者共同努力的结果，它以拓展青少年实践、探究为目的，进行丰富的、有意义的学习活动。科技馆与学校既相互独立，又相互补充。学校作为教育的主要场所，有着至关重要的作用，科技馆作为校外教育机构也承担着不可替代的教育功能。

2.2 合作的意义

第一，馆校协同打破了我国传统学校教育的边际局限。馆校合作在思想与时空两个方面进一步扩大了青少年教育实践活动的范围和空间，拓宽了青少年学生的思想与学习环境和视野，丰富了其学习形式与内涵，将其学习领域拓展到课堂甚至是学校之外，为我国青少年建立完善的认识体系提供了更丰富的思想和更广阔的时空。同时通过充分利用我国各类校外场所在提升学生创新能力、激发好奇心方面的特点和优势，馆校合作可以补充学校科学教育不完善之处，从而弥补学校科学教育的欠缺。[1]

第二，馆校合作促进了学校资源和各类场馆资源的优化整合。比如在一些科技场馆里拥有其他场所不能比拟的独特的、多样的资源，科技场馆除了拥有内容不同的常设展厅外，还包括了一些专门的科学活动工作室、临时展厅等，开展了科学表演、科学实践、编程设计、虚拟搭建、食品烘焙等丰富的实践活动，具有情境性、开放性、互动性、趣味性、直观性等特点。

以辽宁省科技馆为例，其建筑面积 10 万平方米，是特大型科技场馆，是一座集科普教育、科技交流、创新成果转化于一体的综合性科技馆，是科普宣传与科技传播中心。辽宁省科技馆有儿童科学乐园、探索发现、创造实践、工业摇篮、科技生活五大科普展厅，有 IMAX 巨幕、球幕、动感、4D 四种科普特效影院，拥有先进教育理念指导设计的 14 间科学工作室，涵盖数学、物理、生物、化学等多学科领域，结合科普资源，开发了形式多样的科技教育活动，深受不同年龄层青少年的喜爱。在这里，青少年们还可以积极地参加各类科技实践教育活动，通过动手和动脑，参与到探究的过程中，将理论与实践有机地融为一体，进行观察、分析、探究和思考，增强自身的学习兴趣、激发好奇心，有效锻炼了实际学习能力、创新意识、自主学习能力及跨学科思维。科技馆不仅是我们学习科技知识的场所，更是我们培养广大青少年实践、创新能力的摇篮。

第三，馆校合作丰富和创新了教学方式。不仅仅以"教"为主要手段与目的，更以"育"的站位，搭建平台，铺设道路，创造条件，调动内力，启迪思维。将抽象的书本知识生动地、直观地展示在眼前，让青少年在体验与探究中，主动寻找和发现答案，有益于自主学习能力和终身学习习惯的培养。

第四，馆校合作极大地优化了科技博物馆的服务和管理效能。利用人流量和资源密度较低的特殊时段开展有组织、有计划的学习性活动，采用"请进来"或"走出去"等形式，将对科技馆教育资源综合利用的程度达到最大化，推动了科技馆从单向传播的参观功能向双向的参观和教育结合的互动交流功能的转变。

馆校合作仍然需要科技馆和学校的共同努力，两者都是当前我国社会科学教育工作的重要组成部分，在广泛地普及科学知识，提高广大青少年的科学素养，对公众开展科学技术教育等各个领域，发挥异曲同工的作用。

3　馆校合作目前的状况和问题

目前，我国大部分场馆与学校间的合作处于发展完善阶段，各地的场馆都在探索自己的合作模式。以辽宁省科技馆为例，辽宁馆积极寻求区域政策支持，与沈阳市浑南区教育局、苏家屯区教育局签订馆区合作协议，进行教育资源的整合；加强宣传，在全省开展馆校合作学校征集，同时依托"科技馆进校园""科普大篷车"等活动将科技馆资源延伸到学校内，吸引更多学校加入馆校合作项目。

3.1　辽宁省科技馆的馆校合作形式

一是以参观为主，人数较多，通常在展厅内由馆内科技辅导员设计主题进行系列展品的讲解，组织观看 IMAX 巨幕、球幕等科普特效影院的科普电影等；也有小部分设计研学主题，分组有目的地参观。

二是以《义务教育小学科学课程标准》为指导，辽宁馆设计了对接课标又区别于课堂的"科技教育活动资源包"，目前在科学工作室开展针对小学阶段对应学年的科学课程。沈阳市浑南区、苏家屯区部分学校在相关教育职能部门的大力支持下，定期、定时地组织学生到科技馆参加科学课课程培训以及对展品进行深度宣传讲解等一系列科学教育实践活动，较好地充分利用了馆校交流和合作的形式，呈现出一种有组织、有项目，也有规律的发展。[3]

三是以各种大型的主题科普活动或科技教育竞赛活动为载体，如组织和承办全国馆校交流培训活动、全国青少年科学影像节的展映展评活动、全省青少年科技创新大赛、辽宁省科普日、科技周活动、青少年科学调查体验活动启动式、科学实验大赛等，邀请学校参与其中，让青少年更生动、全面地开阔眼界，理解科学与实验、技术与艺术、物理与工程学的联系，认识跨学科知识的整合。

四是开展"科技馆进校园"活动，结合科普大篷车志愿服务、大手拉小手科普报告团活动，将科学实践、科学表演、科学知识、科普活动等资源送进校园，为一些没有条件到科技馆来的青少年带去科学知识的启迪。

3.2 馆校合作中的问题

在馆校合作的过程中，我们的合作形式和内容受到了学校和师生的欢迎，激发了很多青少年在课后多次走进科技馆来体验探索。但是我们也在项目实施中遇到一些困难和挑战，发现了很多存在的问题。

一是这种合作很多是短期的、不稳定的、非均衡的，容易造成学习内容单一不连贯、片段不系统的问题，部分学生在参观中走马观花，在实验中浅尝辄止，导致科普教育取得的实际效果有限。

二是学生与科技馆间缺乏支撑，馆内科技辅导员与学校教师对接交流少，对学生学习进度、知识储备、理解情况掌握有限。

三是课后教学效果缺乏相应的评价体系，无法为课后教学内容与服务体系的完善提供有力的指导和支持。

四是馆内科技辅导员专业结构不均衡，学习教育专业出身的少，文科专业出身的偏多；在工作中更多地强调知识广度和覆盖面，在理论研究、知识深度和体系建立上有所欠缺。

五是在馆校合作中以馆内科技辅导员为主导，学校老师没有参与到教学中，学生人数较多，学校老师成为维持纪律者或旁观的人。

六是现实的交通、经费以及安全问题，限制了更多的学生走进科技馆参与馆校合作教学。而科技馆进校也受到校内教学时间与场地的限制。

这一系列问题的出现使得馆校之间的合作更多落在了纸面上，而且也无法真正实现科技场馆与学校之间的深层次、稳定的合作，更加无法建立以馆促校、以校带馆的良性合作生态。

4 互联网环境下的教育发展，为馆校合作提供新契机

上述存在的问题，不是朝夕可以解决的。在政策支持、经费预算有限的前提下，利用有限资源改善馆校合作中的问题，需要我们主动作为，积极思考。随着我国经济飞速发展，基础民生设施的完善，互联网逐步普及，也为馆校合作提供了新的契机。

在当今的现代化信息社会，互联网已经具备了高效、快捷、便于传播等

特征。互联网环境所能够带来的不仅是一种教育模式的转型和变革，同时也是一种学习方法的变化。首先，它打破了环境和时间的制约，提供智能的多元选择。其次，它在一定程度上解决了资源分配不均衡问题，扩大了受众范围，可以让更多的学生通过智能终端参与教学，同时，可以回放进行复盘学习，更加便捷、自由。然后，它是虚拟的交流平台，扩展了跨区域、跨学科的互动。此外，数据存储的反馈、大数据的分析，有利于对教学内容、形式的不断完善。

馆校合作在互联网的环境资源下，利用网络传播平台，通过与学校电子白板终端的连接，展开不同形式的教学探索，也突破了馆校的单线链接，开启场馆直接面对受众的模式。同时，应开发新的科普媒介和传播方式，积极探索科普教育的形式，丰富科普教育的内涵。

4.1 录播课程，随学随看

辽宁省科技馆将有代表性的展品进行讲解录制，挑选表达优秀的科技辅导员，结合课本中的定理定律进行实物演示和知识解析，将视频资源分享给学校使用，开启"云讲解""云课堂"。辽宁馆推出"球球说""展品说"，便于馆校教学及公众选择使用，也可不断创新，长效开展。"奇妙科技馆"系列科普故事也吸引了不少小听众，形成了固定的粉丝群，增强了学习黏性。

疫情防控期间，辽宁省科技馆推出"停课不停学空中科学课堂"系列视频课程。邀请优秀科技辅导员，利用身边的材料，设计便于操作的科学实验，以科普微视频的形式，每周一播出，面向全省的小学生进行科学教学指导，并上线中国青辅协科技学堂、学习强国等平台，促进了公众尤其是中小学同学们对于基础的科学知识、科学技术方法的认识和对科学思想、科学精神的感悟，从而激发青少年不断探索未知科学世界的热情。

录播课程，作为长期资源，便于学生自主选择；以视频形式展示，可以利用镜头更清晰地分解实验步骤，增强实验细节展示，方便复盘学习。而自媒体的分享模式也让课程拥有更好的传递通道。

4.2 直播互动，即问即答

辽宁省科技馆携手"辽视 FM"空中课堂栏目组，在工业摇篮展厅开启了一场直播活动。活动以"科技奥妙之夜"为主题进行在线直播，让孩子们在假期足不出户漫游辽宁省科技馆，领略科技的魅力。直播活动有讲解交流、互动竞猜，以知识性和趣味性相结合的方式，用通俗易懂的语言、层层揭秘的手法，向观众们展示了复杂的科学原理，使深奥的理论变得简单直白，使冰冷的工业有了温度，得到了观众的热烈响应，弹幕留言不断。未来，辽宁省科技馆将陆续推出更多、更精彩的线上、线下活动，使观众多渠道、多角度、全方位地领略辽宁风采、探索科技奥妙。

场馆内的直播，充分拓展学习的空间，整合跨学科的知识，体现多元化的表达。与权威媒体合作，在活动内容、渠道互补、宣传推广方面突出科技馆特色，实现教育功能最大化，有利于科技馆教育健康持续发展。

4.3　网络科技馆，虚拟交互体验

随着互联网信息技术的快速发展、5G 网络的建立与普及，未来，我们的科普工作人员要充分依托实体科普展览教育资源，应用先进信息技术，如 AR（虚拟与实景叠加）、VR（全虚拟场景）等各种技术形式，基于互联网研发的实时互动展品，通过远程操作使学生可以在学校通过鼠标或手柄体验展品。使传统的抽象说教式科普教育演变成用户参与式、体验式科普教育，增强科普教育效果，推动科普工作创新发展。[2]

互联网技术创新教育模式，打破局限，扩展馆校合作的内容与形式。通过科普信息资源共享系统，细分了科普服务的对象，通过互联网络和移动端，为大众提供了精准科普信息化的产品和服务，解决了当前科普场馆资源与校内常规教育对接不到位、科普场馆资源分配不均衡、科普资源结构失调等问题。学生直接登录场馆的官方网站，就能够开始一种互动式的体验式学习、参观和探究，同时，还能够在网络上通过虚拟的场馆平台交流意见、结识朋友，开展一种跨区域、多学科的网络互动式学习，也可以实现不同地区场馆人力资源的有效利用。[3]

5　用好互联网，还需强内功

互联互通的网络平台打破了传统的壁垒，为未来的科技教育提出了更多的

可能。如何利用资源、发挥优势，重点不仅仅在于硬件的建设，还在于软实力的提升、思维观念的创新、人才队伍的壮大。

5.1 加快数字科技创新平台的建设

互联网环境下，做好科技馆科普信息化建设工作尤为重要。随着当前我国国家科技馆主站网络平台的逐渐发展完善，科技馆网站应在充分合理地保持其自身原有的科普服务发展能力的基础上，紧跟时代潮流，利用各种科学方法和技术手段，对科普教育相关服务功能领域内容进行不断地优化更新和逐步扩展，满足我国社会公众日益增长的对科普服务功能的需求。科普信息化体系建设已经是新信息时代科普工作的一个发展趋势，"互联网＋科普"这一新型科普思维管理模式既大大拓宽了我们科普工作的国际认识面和视野，也给馆校间的科普合作交流提供了新的发展契机。所以科技馆建设要主动积极地促进我国文化传统的科普和科技信息化在各领域中的应用并深度结合，丰富科普信息传播资源，创新科普表达形式，拓展科普信息传递的渠道，通过这种信息化的教育媒介与科普学校直接建立相互的协作联系，实现科普课程基础教育资源的有效整合与资源共建。[4]

5.2 提升大数据的分析与应用

随着互联网的发展，大数据时代已悄然来临。在大数据时代，引入了数据价值化的理念应用。在教师的各种教学实践活动中、在课堂教学的过程中，教师的教学设计以及每一名学生在课堂中的表现、行为和反馈，都是由大数据所组成的，它们是可以准确地收集并且随时处理的，利用这些教育数据有针对性地分析教学，有助于教师和每一名学生发现自己的不足，有助于其改善与建立健全的教育。随着移动互联网的快速普及发展，以及互联网和大数据成为支持基础，在未来，网络教育课堂将创造更多的价值。

5.3 构建网络平台，发挥融媒体矩阵优势

辽宁省科技馆借助驻馆协会的社团优势，积极搭建省市各级科技教育场馆联系平台，共享资源，形成点、线、面相结合的科技教育资源辐射与引领格

局。应有效利用融媒体资源共享、更新快捷、互动开放等突出优势，推动辽宁省科技创新教育阵地壮大。

5.4 加强队伍建设，推动科技辅导员专业化

辽宁省科技馆通过调研，对现有中小学校内科技辅导员的年龄结构、专业背景、单位情况、职业发展情况等指标进行数据分析，了解基层科技教育工作者面临的问题和需求，努力破解发展中的问题和困难，针对科技辅导员能力提出以培训学习、活动实践推动能力提高，以认证促进专业化发展等解决方案。

积极搭建校内科技辅导员与场馆科技辅导员相互学习沟通的平台；通过各种科教竞赛和科普活动，发挥科技辅导员自身的优势，培养锻炼骨干队伍；组织科技辅导员讲解大赛，针对展品展项提炼讲解词，做到原理透彻、逻辑清晰；以资源包研发为突破，邀请校内科技辅导员做培训分享，并参与评审，针对性、系统性地打造适合青少年科学实践的科普器材。辽宁省青辅协 2019 年以来申请开展了科技辅导员专业认证工作，通过认证标准找到工作提升方向，提升青少年科技辅导员的专业水平和职业认同感，探索建立了科学、合理的分级认证办法和工作机制，推动科技辅导员队伍专业化发展。

加强省市培训体系的完善，开展"送培下基层"服务，充分利用线上资源和多元形式开展专项性、针对性、系统性培训工作，夯实广大科技辅导员基础能力和专业素质。

明确科技辅导员标准，对标岗位职责要求，在科技馆人才队伍组建中合理选聘。发挥人员特长，做好人力资源配置，以小组化的团队强化专业能力。从服务型向学习型转变。

6 结论

馆校合作在未来的发展中，必不可少地需要借助互联网平台。当然硬件上来了，软件也要跟上，互联网下的教育要保持有效、持续、系统的深入学习，需要我们的科教工作者加强自身能力提升，加强人才队伍的建设，抓住场馆教育的探究式、启发式特质，设计出更具系统性、互融式的课程。我们的科教工

作者要主动做互联网时代的拥抱者、学习者、践行者、共享者、引领者，为良好健康的科普教育环境营造氛围，积极推动馆校合作的创新发展。

参考文献

［1］柴继山：《科技馆科学教育实践中的馆校合作模式探索》，载《面向新时代的馆校结合·科学教育——第十届馆校结合科学教育论坛论文集》，2018。

［2］廖红：《中国科学技术馆馆校合作的实践与思考》，《科普研究》2019年第2期。

［3］乔璐：《关于馆校结合教育的发展和研究》，载《面向新时代的馆校结合·科学教育——第十届馆校结合科学教育论坛论文集》，2018。

［4］柏劲松：《新时期科技馆与学校合作模式浅析》，《科技传播》2016年第16期。

"学霸来了"

——汽车科普教育在"馆校结合"线上传播中的机遇和挑战

王晓晨*

（北京汽车博物馆，北京，100070）

摘　要　教育是学校、家庭、社会共同联动不可缺少的。以学校教育为基础，家庭教育和社会教育相辅相成，营造良好的教育环境，能够培养学生全面发展，尤其是为提高青少年思想道德素质和科学文化素质发挥重要作用。馆校结合，是促进学校、家庭、社会教育有效联动的重要手段，博物馆、科技馆开展相应的教育活动是校内科学教育的有效延伸。馆校结合长期以来取得了一定的成果，但是在学生学习效果的延续和学校知识的结合方面，还有很大需要提升和改进的空间。2020年一场新冠肺炎疫情，迫使很多学校提前放假、馆校结合的线下活动暂停和取消，同时也迫使很多博物馆和科技馆利用互联网技术、网络资源进行馆校合作或为馆校合作服务。北京汽车博物馆在线上传播尤其是在馆校结合方面进行了大胆尝试，与清华大学合作，推出了"学霸来了"系列科普视频，从"学霸"的视角，以汽车科普为切入点，紧密联系校本课程，形式多样，幽默轻松，更贴近中小学生的接受程度，打造不一样的线上科普内容。

关键词　中小学生　汽车科普　馆校结合　线上传播

1　我国馆校结合的现状

习近平总书记强调："科技创新、科学普及是实现创新发展的两翼"。进

---

* 王晓晨，单位：北京汽车博物馆公众教育部，E-mail：149200127@qq.com。

入新时代，对科学知识、科学精神、科学思想和科学方法的多样化、全方位、高层次需求已成为人民日益增长的美好生活需要的重要组成部分。习近平总书记在 2018 年全国教育大会上提出"五育"并举（德智体美劳）指导思想，以及"培养什么人、怎样培养人、为谁培养人"这一根本问题，标志着我国素质教育发展到新阶段，基础教育改革也进入了"深水区"。在此背景下，馆校结合在提升青少年素质教育、培养青少年正确人生观、价值观等方面，作用越发凸显。

1.1 博物馆、科技馆在馆校结合中扮演的角色

教育是学校教育、家庭教育、社会教育三者的有机结合。其中，学校教育是个体接受教育历程中最重要的一环。博物馆作为非正规教育机构，提供的教育属于社会教育范畴。除博物馆教育之外，我国校外教育机构拥有庞大的资源和阵地，同时也呈现发展参差不齐的现状，而博物馆相对第三方教育机构，除具有知识优势外，建设和管理优势也十分突出。随着国家相关政策的出台，博物馆、科技馆等优质社会教育资源将发挥更重要的作用。

进入新世纪以来，我国高度重视博物馆在青少年教育方面的重要性，出台了一系列政策。2020 年 10 月 20 日，教育部、国家文物局联合印发《关于利用博物馆资源开展中小学教育教学的意见》，对中小学利用博物馆资源开展教育教学提出明确指导意见，进一步健全博物馆与中小学校合作机制，促进博物馆资源融入教育体系，提升中小学生利用博物馆学习的效果。

从 2007 年 5 月全国政协委员联名提案《建议将博物馆纳入国民教育体系》，到 2020 年 5 月，全国政协提案《适时将博物馆教育纳入中小学课程教育体系》，我国博物馆与中小学教育的结合得到空前重视，青少年利用场馆学习的机制正在逐步形成。

1.2 馆校结合课程开展状况和未来趋势

从博物馆诞生之初，未成年人就一直是博物馆教育的主要对象。博物馆与中小学生教育的结合，从广义上看，在欧美一些博物馆大国，已经有上百年的历史，并形成了系统的研究成果和实践模式，比如美国著名的"K-12"项目。在我国，其实也很早就将大、中、小学生作为博物馆教育的重要对象，近

10 年来博物馆主管部门更是大力推动"文教结合""馆校融合",重点就是面向中小学生。虽然取得了不少成绩,但是从深度和广度来看,实践成效比较有限,主要体现在博物馆与中小学生之间仍然缺乏深度结合模式和长效合作机制。同时,我们目前存在馆校结合内容与形式同质化、低质化的问题,也导致了馆校结合教育缺乏个性、学生学习效果不佳等问题。

要想解决上述问题,馆校结合需要在顶层设计及基层实践方面同步发力,打造学生喜欢、易于接受、紧密结合学校教育的校外教育内容。博物馆、科技馆在教育的资源(实物、师资等)、空间、知识等方面优势明显,在教育的形式和内容上需要做大胆的尝试。除文化历史类博物馆教育外,自然科学类博物馆、科技馆所倡导的科学教育,在馆校结合的校外教育中受到学校、家庭的关注越发凸显。

2 汽车科普的现状

科学课是一门涉及科学、活动、环境等要素的综合性课程,教师按照国家课程大纲完成教学目的和内容,具有一定的组织性、系统性。汽车作为最为常见的交通工具,无论是在汽车文化还是在技术领域都具备较高的科学普及价值。同时,作为支柱产业,汽车与人们生活的方方面面和社会学科都有着十分紧密的联系,可以说是艺术、技术的集大成者。也因此,汽车本身所包含的学科知识也是十分丰富和实用的,使汽车成为科普教育中重要的媒介和载体。

虽然围绕汽车开展科普教育工作的机构和平台丰富而庞大,但是我国汽车科普工作依然很不成熟,甚至缺乏基础的设计架构和知识体系的梳理。想到什么就讲什么,想讲什么就讲什么,几乎成了绝大多数汽车科普机构的现状。北京汽车博物馆在建馆之初,就确立了传播汽车文化和以汽车科技文明为己任的理念,也一直致力于构建汽车科普工作的标准体系。也因此,解决汽车科普讲什么、给谁讲、怎么讲的问题,成为汽车科普工作的前置基础。

2.1 汽车科普的内容

北京汽车博物馆从实际工作出发,联合清华大学、中国汽车工程学会等国内汽车领域和汽车科普领域的权威机构,从汽车科普内容、科普对象、科普形式等维度综合考量，构建了汽车科普标准体系，规范了汽车科普工作的相关内容，从汽车历史文化、汽车技术构造、汽车使用利用、新能源汽车和智能网联等方面，策划、设计了汽车科普课程体系，为中小学生甚至成年观众提供了丰富、准确的汽车科普内容知识，覆盖汽车产业的产、学、研各个阶段，贴近行业和普通人的生活，做大家听得懂的汽车科普。

2.2 汽车科普的形式

北京汽车博物馆的科普工作，结合自身展陈特点和不同年龄科普对象的特点，按照"展、教、赛、创"的形式开展，传播方式上又以"线上 + 线下"的模式进行，在空间上又分为"请进来"和"走出去"的不同情况，全方位地设计了汽车科普的形式和手段。其中"展、教、赛、创"相结合的方式，大大增强了中小学生参与汽车科普内容的积极性和兴趣。展览作为直观的科普展示手段，能够帮助科普对象更好地系统梳理知识脉络，同时伴有不同形式的讲解，让科普对象在观展的过程中印象深刻。当然这还不够，围绕展览内容策划的不同风格的教育活动，可以让科普对象更深入地参与到教育当中，"画汽车""造汽车""拼装汽车"等需要动手参与的形式，能够大大降低教育活动中"教"的感受，增强"玩"的感受。同时上述活动均可通过"赛"的方式，让科普对象短期、长期地参与进来，有"赛"就有互动、有竞争、有比较，学生能够在此过程中增强荣誉感和团队合作能力。最后再将涉及上述教育活动的教具开发成文创产品，不仅用于教育活动，还可以让科普对象把教育产品带回家，持续发挥教育功能。"展、教、赛、创"的科普形式不仅可以在馆舍内有序开展，还可以通过图文、视频、直播等多种形式，在线上持续传播、互动，覆盖更多的科普对象。

3 汽车科普与馆校结合的应用

汽车科普有了上述科普内容及形式，通过研学、游学、进校园等形式，充分与学校相结合，受到了广大中小学生及家长的欢迎。汽车、恐龙等载体，对于孩子天生就有吸引力，能够将孩子们感兴趣的对象打造成科普教育的课程，无论是学校还是家庭，教育都是十分受欢迎的。通过对北京市所属中小学生参观汽车博物馆以及参与到汽车科普的教育活动中的数据进行分析，可以发现，北京汽车博物馆已经成为除"四个一"以外，中小学生最常去的博物馆，也是专题类博物馆中吸引中小学生最多的科普场馆。同时，汽车博物馆也在努力尝试进入校园，"汽博中队""未来赛车手""greenpower"等项目逐渐在校园发挥了重要作用。在此基础上，汽车博物馆利用公共文化服务平台的属性，链接了汽车企业、汽车行业学会等机构，进行了研学流线的教育内容设计，将汽车历史、汽车科普和汽车未来发展等多方面资源整合，更贴近科普对象的生活，更容易被理解和接受。

3.1　汽车科普与馆校结合的现状

虽然汽车科普在馆校结合方面取得了一些成绩，但是仍然存在许多可提升的空间。例如，科技场馆作为大众终身学习的场所，其丰富的展品和多样化的体验方式，能够满足大众对课外知识的需求，但作为小学生课内知识延伸的场所，大多数科技场馆中馆校结合课程少，且不能根据不同年龄段的孩子开设不同的课程，未充分发挥其作用。再例如，虽然可以将很多校外教育机构开发的"汽车科普"课程引入学校，但是绝大多数学校对于这类课程缺乏评估的能力，更缺少对这类课程的评价指标和评价体系，涉及专业知识的把控存在盲区。

3.2　汽车科普与馆校结合的畅想

基于上述原因，对汽车科普和馆校结合应该从顶层设计和基础实践同步进行，同时充分结合中小学生作为科普对象的定位进行有针对性的设计。首先，博物馆和科技场馆应了解学生各阶段学习的需求及不同年龄段学生所具备的心理行为特点，依托课标，充分发挥科技场馆的资源优势，寻找科技场馆中可以与课标中先进教学理念和方法相结合的点，并以点为中心开发相关课程，为小学生提供大量开展体验式和探究式学习的机会。将课本上枯燥、抽象的知识用生动、直观的形式展现出来，从整体上提高博物馆和科技场馆的科普教育水平。其次，学校除应该和博物馆共同开发相关课程外，还应建立相关师资的培训和培养机制。目前学校和科技场馆之间非常需要了解两个领域的人才帮助进行"翻译"和链接，相信他们会起到超乎想象的效果。

4 "馆校结合"线上传播中的机遇和挑战

2020 年一场突如其来的新冠肺炎疫情影响了我们每一个人的生活，影响范围之广、影响时间之久，超乎我们的预期和想象。这场疫情可以说是一场灾难，但对于面对疫情、适应疫情，不能停止生产工作的行业来说，更是一次挑战。学校停课、博物馆和科技馆闭馆，但是中小学生的教育活动不能停滞，因此一些之前没有被重视或者说只是起到辅助作用的线上传播手段，几乎一夜之间成为教育的主要手段，网课、直播成了疫情下的教育途径。

4.1 疫情期间的汽车科普线上传播情况

以北京汽车博物馆为例，我们在疫情期间将汽车科普团队和宣传团队进行整合，转变思路，将科普转向线上，加强网络科普资源开发拓展。策划了轩辕学堂、线上科普等系列化品牌栏目，推出了一系列贴近生活、有意义、有意思的科普小实验，例如手工车课堂之萌萌的小猪车、皮筋车，科学实验课堂之负压原理实验、不起雾的玻璃等，引导广大青少年居家做实验；同时抓住各种传播热点机会，参加央视农业频道主导，以央视频"麦田云计划"为平台，通过云课堂的形式，为全国 13 个贫困县的学生送上开学第一课，使他们通过收看直播的方式，身临其境地感受汽车文化和雷锋精神，为乡村教育增添"源头活水"。在自身传播领域受限的客观条件下，积极拓展第三方平台，利用企业媒体流量优势，联合汽车之家 Young 频道，在科普内容、VR 看馆、线上直播、联合活动等方面进行深度合作，积极筹划并开辟了《云看北京汽车博物馆》栏目，将线下场馆搬到线上。内容从发动机知识到汽车安全配置，从汽车变迁发展史到汽车运动的来龙去脉，涉及全景展示、线上直播、科普帖子，让年轻用户群体足不出户即可了解汽车知识、汽车历史和汽车文化，享受多样的科普服务，面向社会弘扬科学精神、传播科学思想、倡导科学方法。

根据统计，疫情期间北京汽车博物馆共有自媒体官网账号 26 个，各渠道发布信息累计 3000 余篇次；结合自身特色发布线上科普视频近 300 条，直接或间接受益人数达 5000 万人次；2020 年微博粉丝数增长 25 万，截至目前粉丝数近 27 万，累计阅读量超过 1500 万，视频播放量超过 100 万；全年开展各类直播38场次，累计播放量达1485万；对接新华社、《北京日报》、首都之窗等重要媒体，在新华网刊登"云"赏车，阅读量达到近50万，并在新华头条英文版刊登；在《北京晚报》整版刊登"闭馆不停工，博物馆不轻松"并被多家媒体转发；将文创产品与宣传、网络销售无缝对接；有针对性地策划推出了10余条"汽博文创线上逛"系列主题短视频，通过时下年轻人最易于接受的形式，将文创产品的特性与内涵加以提炼，推介汽车文创品牌，让广大观众足不出户即可把汽博文创带回家。

4.2 后疫情时代对线上汽车科普的思考

任何事物都有两面性，疫情在带来消极影响的同时，也会催生新的产业和机会。后疫情时代，科普媒介转变带来了科普视频需求的增加。受疫情防控政策的影响，科普形式发生了巨大的转变：由线下参观讲解向线上线下结合、以线上知识传播为主的形式转变。同时，近年来视频平台上科普视频的数量与关注度迅速上升。以抖音和快手为例，2018年抖音上科普视频的总播放时长为39亿小时，2019年增长为100亿小时，增长156%；2018年快手上科普视频的总播放次数为0.79万亿次，2019年增长为1.5万亿次，增长90%。可以发现，随着科普媒介的转变，对科普视频的需求迅速增加。

科普视频以互联网作为主要传播媒介，具有显著的传播优势。而有效的传播需要视频内容与宣传共同的支持，故易于传播推广的视频内容同样是科普视频制作需要关注的较为重要的因素。而科普视频内容密度在科普视频评价的指标中占有较高权重。科普以知识传播为目的，内容密度当然是最应关注、最应满足的需求。同时，内容密度也是实现较强的传播时效性的基础，只有足够的知识量填充才能提升观众的知识记忆量。但与此同时，内容密度也应保持在适度的范围内，知识内容的过度填充会导致受众接受度降低、观感下降。

通过实践，也可以发现将娱乐融入视频教学中，会获得更好的科普效果。相对娱乐化的视频更吸引人、更易于传播是显然的，这也是视频制作中需要注意的。但更需要注意的是，科普视频应警惕泛娱乐化倾向，应坚持以内容为核心，坚持科学性。内容的制作需要实事求是，切忌只为吸引流量、夺人眼球而对视频进行过度娱乐化加工。视频的导向要积极正面，目标人群应广泛而普遍，避免只针对一小部分引流群体而改变视频走向。视频宣传方面，要选择合适的科普平台进行视频推送，对于标题的取名和推送文章要更注重体现视频的科普性。

4.3 "学霸来了"汽车科普教育项目的设计与实施

目前，以汽车为主要传播内容的视频主要围绕"说车、卖车、拆车、修车、编故事"等脚本进行，受众对象多为对汽车及相关生活感兴趣的年轻人，而针对汽车科普的内容少之又少，仅有的一些汽车科普内容主要集中在 B 站、知乎等知识类平台，但是知识的系统性和趣味性、娱乐性缺少科学的规划和提升。

在此背景下，汽车博物馆科普团队提出一个设想，在主要以中小学生作为科普对象的范围内，用准确的知识，结合中小学生日常学习中的学科内容，由与中小学生年龄最为接近的学生作为主播，挑选考取清华、北大相关专业的"学霸"，在提供汽车科普内容的同时，结合"学霸"自身的学习经验和学习方法，打造一款针对中小学生的科普视频节目——"学霸来了"。在保障科普知识准确的同时，精准定位中小学生课标甚至中高考试题练习，瞄准学生背后的家长和老师，鼓励学生多了解多观看视频，尝试将学校教育与社会教育相结合，打通馆校结合的壁垒，将两者有机结合起来，同时用学生们能接受的语言和形式，将娱乐性和科学性相融合，打造一款给中小学生及其家长的科普视频类教育产品。

图 1 "学霸来了"视频内容

图2 "学霸来了"视频内容

目前，在科普视频方面，已完成第一季视频的拍摄，已发布的少量视频在B站、知乎、抖音等平台获得千余点击量，并获得清华大学、线上观众的认可。评价方面，建立了量化的汽车科普视频评价模型，指导下一步的科普实践，后续将持续更新视频内容，并根据科普对象的反馈及时调整视频内容及风格。这里值得强调的是，充分利用中小学生习惯的"弹幕"方式，及时收取反馈，掌握第一手反馈意见，有效剔除视频评价的中间干扰因素。

5 结论

数字时代拓展了青少年的学习空间，同时也丰富了教育的途径，特别是在疫情背景下，馆校合作出现了新的困难和挑战。如何创新体系建设、优化合作机制，既关注知识传播，又注重精神启迪，既脚踏实地实践馆校活动，又打开眼睛看国内外优秀成果经验，是新时代科学教育工作者关注的话题。

北京汽车博物馆充分吸取疫情期间线上科普传播取得的经验，尝试构建新的线上科普传播体系，打造新的汽车科普传播内容，并且大胆尝试，通过"学霸来了"、每日科普、轩辕学堂等优质内容，链接学校教育、家庭教育和社会教育，尝试破解馆校结合中"学校想要的博物馆和科技场馆给不了，博物馆和科技馆提供的学校对接不上"的难题，也试图解决家庭教育对于从小培养兴趣但随着年龄成长学业加重不得不放弃兴趣的无奈，将学生的兴趣爱好同系统学习、终身学习结合起来，从小培养德智体美劳全面发展的人才。

不是所有的孩子都应该成为科学家，也不是所有的孩子都应该按照家长和老师的规划去成长，只有让孩子们在学中玩、在玩中找到乐趣，才会培养出不是千篇一律的未来人才。"学霸来了"只是一款尝试实现孩子能听懂、家长和老师能支持的视频教育产品，真正的"学霸"绝不是只高分、学习好，而是知道自己喜欢什么，并且能够为之坚持的人。100个在汽车博物馆体验汽车科普教育的孩子，如果有一个因此而对汽车产生兴趣并且投入与汽车相关的事业中，那么我们的教育就是成功的。

参考文献

[1] 俞学慧、方家增：《馆校结合的科学教育实践与探索》，《科协论坛》2012年第5期。

[2] 李象益：《坚持以人为本　以科学发展观推进科普场馆建设》，载《以人为本促进科普场馆协调和持续发展——2004年中国自然博物馆协会海南研讨会论文集》，2004。

基于 STEM 教育的线上线下
混合教学模式设计

吴 倩*

（温州科技馆，温州，325000）

摘 要 信息化带来的线上教育让教育应灾能力明显增强，但本次新冠肺炎疫情也暴露了科技馆线上教育的一些问题，尤其是线上与线下教育脱节的问题。因此，科技馆需要创建线上线下混合教学模式。在"云课堂"的支持下，分享场馆资源、线上提前预习、布置任务、分享成果；线下 STEM 课堂以学生为主体，培养学生的动手能力和团队合作精神，力求线上线下合理衔接。

关键词 科技馆 线上线下 STEM 教育

1 线上线下混合教学的意义

在信息化时代的背景下，随着"互联网＋"概念的提出，不同的教育理念之间相互碰撞，不断创新的互联网技术使得线上教育发展更加多元化。尤其是 2020 年受新冠肺炎疫情的影响，大多数科技馆开始尝试线上科普教育，各种不同的教育理念、教育服务对象以及教育途径使得线上科普教育呈现"百花齐放"的状态。

但在疫情得到有效控制和缓解之后，大家发现线上和线下教育活动之间缺乏联系，形成了相对独立的教育模式。有效地将传统教育与"互联网＋"模

＊ 吴倩，单位：温州科技馆，E-mail：493046206@ qq. com。

式相结合，开展线上线下混合教学模式成了科技馆实现大众科普的新契机。

众所周知，一般情况下，学校教育注重线下授课，大多数馆校结合课程也注重线下教学。因此，许多体验者会受限于时间、空间或其他因素的影响，无法很好地参与馆校结合课程。而线上教育资源丰富，且时间和空间可以任由体验者调度，数字化资源覆盖面广泛，学习不再受地域限制，体验者可以根据自己的需求和喜好自学知识内容。所以，线上线下混合教育模式符合目前疫情背景下的教育需求，同时，也满足未来科学教育的发展。

实际上，混合教学模式并非全新的教育理论或方法，而是在信息技术与课程教学不断融合的过程中，使网络学习与传统学习进行有机结合的理念及意识。[1]课程资源构建主要采用课前线上预习、课中翻转教学、课后巩固课程任务等三种形式，使学生合理分配学习时间，提高自主学习能力。[2]线上线下混合教学主要体现了教师在教学中的主导地位，充分发挥了启发、引导和把控学生学习方向的作用。同时，也体现了学生在学习中的主体地位，学生可以根据自己的时间、能力和兴趣等自由把握学习进度，甚至可以灵活地选择自己线上的学习地点和学习时长。

线上线下混合教学模式不仅是学校教育在疫情背景下大力发展的创新教学模式，还是促进科技馆行业将馆校课程融入线上线下混合教学模式中，全面推出"互联网＋科普教育"的场馆科普教育新模式。

2 科技馆线上线下混合教育的特色

2.1 基于场馆资源开展线上线下混合教学模式

在构建线上线下混合教学模式的过程中，科技馆教师需要重点考虑学生的自主学习能力、课程资源的构建问题以及线上与线下的保障机制。其中，科技馆作为校外科普教育基地，应当充分发挥场馆展项资源的作用，根据不同年龄层次的学生，结合《小学课程标准》，设计符合馆校结合要求的特色课程。教师将展项资源的操作步骤拍摄成视频，抛砖引玉式地提出一些相关问题；学生自主利用网络资源线上预习课程内容，可以根据自己的学习兴趣，在网络上查找相关的知识，以便线下交流与分享。在线下课程的实施过程中，学生已经对展项资源的操作及原理有了一定的了解，可以自主体验展项资源；教师进一步引导学生进行相关主题的探究式学习。一方面可以将线上与线下教学内容相结合，激发学生递进式学习的兴趣；另一方面区别传统的"玩"展品，将"玩"与"学"充分融合，促进学生带着问题去"玩"展品，既动脑又动手，培养学生主动思考、勤于动手实践和创新的精神。另外，开展线上形式的课后巩固课程任务，学生之间互相交流，汲取他人的实践经验，教师可以根据反馈的作业或问题对学生进行评价。

2.2 基于场馆资源，形成 STEM 项目化课程

在构建线上线下混合教学模式的过程中，科技馆教师应当充分发挥线下科技馆"玩中学"的特色教育优势，设计有别于学校普遍存在的"填鸭式"教育课程，将展项资源作为探究核心，具有场馆特色的 STEM 项目化课程。STEM 是科学（Science）、技术（Technology）、工程（Engineering）及数学（Mathematics）等学科的首字母缩写。STEM 课程强调多学科融合，在实施过程中要将多学科知识融于有趣的、具有挑战性的、与生活相关的问题当中，将问题和活动设计作为激发学生内在学习动机的目标，培养学生跨领域的素养和能力。

在线上线下混合教学模式中，理论知识可以由学生通过线上方式自主学习、归纳与总结。学生带着疑惑来线下实践操作展项资源，开启 STEM 项目化课程的学习。STEM 课程通过项目学习化（PBL）模式，开展以项目为基础，以学生为中心的探究式学习，将学习与任务或问题相结合，引导学生通过合作与交流、思考与动手实践，最终完成任务并掌握解决真实世界问题的技能。

3 线上线下混合教学模式案例设计

3.1 线上线下混合教学模式的实施过程

线上线下混合教学模式分三个阶段：课前线上自主学习阶段、课中线下 STEM 项目化课程阶段、课后线上巩固阶段。

在课前线上自主学习阶段，秉承"科学问题源于自然，源于某一现象问题"的原则，科技馆教师可以将展项资源的操作及相关现象拍摄成视频，提出启发式问

题，激发学生主动学习的欲望，培养学生自学、总结与归纳知识的能力。

在课中线下 STEM 项目化课程阶段，要求课程根据 2017 年教育部颁布的《义务教育小学科学课程标准》，面向全体学生、倡导探究式学习、保护学生的好奇心和求知欲、突出学生的主体地位。科技馆作为校外科普教育基地，应当根据学校需求，利用展项资源，围绕与展品相关的知识构建一个主题式教学情境，通过 PBL（项目学习化）的方式实施教育，从需求出发激发学生的学习内在动机，制定符合学生认知需求、年龄需求、知识需求以及满足个性化差异的馆校结合课程。最终，通过学习评价和问卷调查，以评价促教学，进而提高线下 STEM 课程的教学质量。

在课后线上巩固阶段，科技馆可以将场馆优势和线上交流相结合，学生在将线下课程中的作品进行深度加工后，对其进行知识点解说、经验与结论分享。在此环节中，主要突出学生与教师的交流以及学生之间的交流。通过教师评价和学生自评、他评等环节，让学生进一步巩固知识，将科学与实践经验、科学与生活相结合，达到运用所学知识合理解释或解决问题的目标。

3.2 线上线下混合教育模式实施 STEM 课程

温州科技馆 STEM 课程将"馆校结合"与"科技馆学习"相结合，以参观者体验为中心，以展项资源为辅助，从传统的"玩展品，知原理"的被动式接受科普教育转向"探究展品，知其应用"的主动式探究学习。下文将温州科技馆《DNA 实验室之初识遗传密码》（以下简称《初识遗传密码》）作为案例研究，该课程是温州科技馆联合温州市光明小学实施的馆校结合课程之一。

3.2.1 课前线上预习阶段

在开始线下课程之前，教师根据教学目标、教学大纲、教学重难点制定课程概要，并将相关展项资源拍摄成视频提供学生线上预习。在《初识遗传密码》的教学过程中，教师将温州科技馆"生命与健康"展区《DNA 雕塑》《生命的本质》等展品资源的操作及演示现象拍摄成视频，要求同学针对自己所感兴趣的点在网络媒体上收集关于 DNA 的相关信息，不局限于教师提供的参考方向，例如"DNA 是如何被发现的?""DNA 的发现者是谁?""研究 DNA 后对人类的发展、生产与生活有什么意义?"等问题。

学生借助 PC 端或手机端自主学习，观看教师提供的视频和查找信息，归纳与记录自己的问题，同学之间可以在线上进行交流讨论。

3.2.2 线下 STEM 课程实施阶段

线下课程凸显学生的主体地位，包含体验展品、探究模型、完成工程、分享与评价等过程。学生将自己线上预习过程中遇到的问题以及搜集到的资料，与同学、老师进行交流，从而加深对所学知识的印象。教师把课堂的主要时间用于讲解重难点内容，留有足够的时间让学生提问、设计与完成工程项目。《初识遗传密码》具体实施如下。

（1）实施准备：破冰游戏，角色扮演（时长：10 分钟）

学生来自同一所学校，彼此认识，且学校教师已经提前分好组，选定组长。学生通过破冰游戏（橡皮筋 + 纸杯）意识到团队合作的重要性。科技馆教师引导学生穿上实验白大褂、戴上护目镜，开始实验室研究员的角色扮演。

（2）环节一：参观展品，聚焦问题（时长：15 分钟）

组织学习者参观"生命与健康"展区，重点参观《生命的本质》和《DNA 雕塑》展品，为确保学习者参观的互动秩序和安全，每小组由 1 名志愿者或科技辅导员带队。

学生与展品进行近距离互动体验，通过探究展品解决线上预习的问题，并记录结论；若仍存在解决不了的问题，记录下来，最后由组长进行汇总反馈。《初识遗传密码》最终围绕"DNA 为什么是双螺旋结构？""DNA 为什么能引起生物体之间的差异性？"等问题开展一系列探究活动。

（3）环节二：自主探究，验证猜测（时长：40 分钟）

第一步，学生回顾核心知识点。通过观察对比图片，思考个体间差异是由生命遗传物质的不同所导致的。

第二步，用科学家故事引出 DNA 结构的发现史。DNA 被发现的过程离不开威尔金斯、富兰克林、沃森、克里克四位科学家对科学的热爱与执着。威尔金斯在实验室里利用所学知识和已有器材，想要通过 X 射线给 DNA 结构拍照，结果没能如愿；富兰克林在威尔金斯的基础上，发现 DNA 有两种晶体结构，最后通过特殊的方式拍下了 DNA 前所未有的清晰照片。沃森和克里克在两位前辈的研究基础上，不断探索与发现，不仅确定 DNA 是双螺旋结构还分析得出螺旋参数，最后利用铁皮和铁丝搭建了 DNA 结构模型。通过讲故事的方式告诉学生 DNA 是如何被发现的，同时启发学生像科学家一样去思考问题，开展自主探究活动。

第三步，探究模型，解密 DNA 的结构及特性。首先，学生通过分析 DNA 模型，总结得出双螺旋结构稳定性的特征；其次学生进行网络游戏"DNA 实验室"的小组 PK 赛，归纳总结出碱基互补原则（A – T/G – C）以及在满足碱基互补前提下，形成的双螺旋结构具有稳定性的特征；最后教师将游戏与模型相结合，打乱原本完整的 DNA 链条，造成碱基缺失，学生小组内讨论如何配对形成完整的 DNA 链条，制定复原方案或画出草图。

（4）环节三：团队合作，完成工程（时长：35 分钟）

由于 DNA 属于生物课程，工程项目会受限于实验步骤的严谨性，所以该环节从学生角度出发设计了两部分的动手实践内容。

第一部分，学生团队合作，根据所学知识，搭建 DNA 结构模型。

第二部分，学生发挥想象，自由选择教师提供的材料，根据所学知识，不断尝试与试错，最终完成 DNA 链条的 DIY 制作。

（5）环节四：成果展示，多元评价（时长：15 分钟）

以小组为单位，学生展示作品，并派代表分享自己的制作心得。在此过程中，学生学会表达与交流、思考与反思，从别人的直接经验中汲取对自己有益的部分。

3.2.3　课后线上巩固阶段

学生在线下课堂中总结并分享了经验，会对自己的作品产生创意或改进想法，因此教师可以将改进与完善作品的任务交给学生课后进行，并且提出新的要求，促进学生加深对所学知识的了解。

学生根据自己的意愿，改进自己的作品，并且给自己的作品配上一段 120 秒内的解说词，解说内容可以是对 DNA 结构的介绍，也可以是一些拓展学习内容。学生将解说过程录制成视频，上传到网络，供大家投票评选。此外，教师可以根据实际情况就课程拓展知识与学生进行线上或线下交流。该环节并非传统地将知识点放在 PPT 上"填鸭式"地教授给学生，而是将拓展知识通过有趣的视频或其他形式传递给学生，激发学生自主再学习的欲望。因此，该环节需要教师花费一定的时间和精力。

3.2.4　设计学习单，形成课程评估

学习单可以辅助引导学生专心参与课程，及时巩固知识，形成总结与评价。所谓"好记性不如烂笔头"，学习单的设计既要明确学习任务，又要考虑

到学习者的认知和语言特色，提问方式既要言简意赅，又要有助于理解知识内容。评估与总结是学习单不可或缺的一部分，这将有助于学习者自我反思及日后复习。下文以《初识遗传密码》为例。

表1　《初识遗传密码》学习单

"DNA 实验室"探究档案

姓名：＿＿＿＿＿＿＿＿　　　　学校：＿＿＿＿＿＿＿
场地：＿＿＿＿＿＿＿＿　　　　日期：＿＿年＿月＿日

★安全提示★

▲ 一些尖锐物体(剪刀、毛根等)在使用过程中注意安全,防止戳伤。

▲ 实验材料及化学药品切勿入口!

▲ 实验过程严格按规范流程操作,注意安全!

探究指南

○指南一:破冰游戏,组建团队

为了加强合作与交流,请为你所在的团队起一个响亮的队名。(请将结果填入下表中)

团队名称:	
组长:	职责:脑力担当;主持人及新闻发言人。
研究员1:	职责:实践能手;大胆提出猜想,参与探讨。
研究员2:	职责:实践能手;大胆提出猜想,参与探讨。
研究员3:	职责:实践能手;大胆提出猜想,参与探讨。

●温馨提示:

(1) 组长负责合理安排项目分工并监督实施进度。

(2) 组长积极动员并组织组内成员进行项目汇报与展示。

(3) 课程结束后,组长组织成员整理桌面,养成及时带走垃圾的习惯。

○指南二:参观展品资源,记录所见所思。

提示:参观"生命与健康"展区,探究展品《DNA 雕塑》《生命的本质》。

展品资源1:《DNA 雕塑》	
我观察到 DNA 的样子是:＿＿＿＿＿＿	
我提出了问题:＿＿＿＿＿＿	
展品资源2:《生命的本质》	
我发现 DNA 的老家在:＿＿＿＿＿＿	
我提出了问题:＿＿＿＿＿＿	
我的其他发现与问题:＿＿＿＿＿＿	

续表

○指南三：探究与实践

●探究①：观察两组图片，分别找出它们的特点

探究对象	相似之处	不同之处
①	1. ＿＿＿＿＿＿＿＿＿＿ 2. ＿＿＿＿＿＿＿＿＿＿ 3. ＿＿＿＿＿＿＿＿＿＿	1. ＿＿＿＿＿＿＿＿＿＿ 2. ＿＿＿＿＿＿＿＿＿＿ 3. ＿＿＿＿＿＿＿＿＿＿
②	1. ＿＿＿＿＿＿＿＿＿＿ 2. ＿＿＿＿＿＿＿＿＿＿ 3. ＿＿＿＿＿＿＿＿＿＿	1. ＿＿＿＿＿＿＿＿＿＿ 2. ＿＿＿＿＿＿＿＿＿＿ 3. ＿＿＿＿＿＿＿＿＿＿

思考：为什么它们分别有这么多相似之处,但还是长得不一样呢?

猜想：＿＿＿＿＿＿＿＿＿＿＿＿＿＿＿＿＿＿＿＿＿＿＿＿＿＿＿＿＿＿＿

●探究②：探秘 DNA 的结构

游戏规律记录	
我们来挑战! （连线）	A A B C T D G F E T C G

●探究③：探秘 DNA 的特性

DNA 的分子特性 （阐述依据）	□＿＿＿＿＿特性：＿＿＿＿＿＿＿＿＿＿＿＿ □＿＿＿＿＿特性：＿＿＿＿＿＿＿＿＿＿＿＿ □＿＿＿＿＿特性：＿＿＿＿＿＿＿＿＿＿＿＿
设计方案或草图	

○指南四：加工作品，并配上解说词

要求：1. 解说词思路清晰,知识点正确,时间控制在 120 秒内。

2. 解说内容与 DNA 相关,不局限于课堂知识,可以讲述与其相关的故事,或者趣味知识,或者研究它会对人类的生产与生活有什么影响,等等。

3. 要求解说员仪表整齐，谈吐举止大方，普通话标准，声音洪亮。

4. 每组有两票，自行商量决定。凭借公平公正的态度，给解说员投票。两票需投给不同的解说员。

评比结果			
两仪队	光炫星空队	博士队	飞虎队

○指南五：学习评价

"DNA 实验室" 学习活动评价量表

评价内容	5★	3★	1★	得分	总分
合作交流	小队分工明确，每个人任务明确。合作愉快	小队有分工与任务，合作基本愉快	小队分工不明确；合作不愉快有争吵		
探究实践	记录了探究数据，结论正确	未记录数据，结论不明确	无探究记录，无明确结论		
制作成果	完整搭建 DNA 模型，并制作 DNA 链条	基本搭建 DNA 模型，简单制作 DNA 链条	努力过后，仍然无法完成制作		
团队展示	思路清晰，语言流畅；衣着得体，精神饱满；举止大方，自然协调	衣着得体，精神饱满；举止大方，自然协调	衣着得体，精神饱满		

团队得分表

团队名称	团队得分	教师评价得分	总得分
两仪队			
光炫星空队			
博士队			
飞虎队			

○指南六：自我反思与收获

"DNA 实验室" 学习活动阶段性自我测评表

日期：_____年_____月_____日	
我的探究心情：☆☆☆☆☆	
我的探究收获：☆☆☆☆☆	

<table>
<tbody>
<tr><td colspan="1" align="right">续表</td></tr>
</tbody>
</table>

●我是否参与搭建 DNA 模型? □A. 是 □B. 否(为什么?)
●我们团队是否完成了搭建 DNA 模型? □A. 是 □B. 否(为什么?)
我学会了(科学知识):
我制作了(成果/作品):
我用到了哪些工具和材料:

3.3 线上线下混合教育模式的创新与亮点

无论是在疫情背景之下,还是在正常的教育环境下,科技馆开展线上线下混合教学模式都是顺应时代的发展,依托于展项资源,借助"互联网 + 科普教育"的形式,利用网上丰富的教学资源,促进学生线上自主学习。在线下课程研发上,采用 STEM 教学理念,开展 PBL 项目式学习。在线下课程实践中,由于学生在线上学习了相关知识,大大节省了线下教师对基础知识的剖析时间,提高了课堂效率。学生将拥有更多的时间动手实践,在不断的尝试与试错中,更加直接地获取经验。最后,回到线上分享与交流,并总结自己的经验和汲取的他人直接经验,扩充自己的知识体系。

4 结语

线上线下混合教学模式将传统课堂教学和网络技术有效结合,既帮助了教师在教学过程中起主导作用,又帮助了学生在学习中找回自己的主体地位,还积极调动学生学习的主观能动性,激发潜在的创造性。

"互联网 + 科普教育"应用大数据和当代智能技术,突破了传统教育资源在空间、时间上的限制;而且通过线上预习和课后巩固,真正实现了"因材施教、按需学习"。同时，线上线下混合教学模式有助于提高馆校结合课程的教学质量，提升科技馆教师的综合教学水平。线上线下混合教学模式有助于改变人们传统的学习方式和获取资源的途径，实现跨空间、跨时间的自主学习，增强科普教育的有效性。

参考文献

［1］ 来洋：《网络时代线上线下混合式教学模式的建设研究》，《科学咨询（教育科研）》2020 年第 11 期。

［2］ 薛松：《论线上线下混合教育教学改革措施》，《农家参谋》2020 年第 20 期。

［3］ 许江波、余洋林、包含、骆永震、晏长根：《"互联网＋"背景下线上教育现状、存在问题及改善探讨》，《教育现代化》2019 年第 36 期。

［4］ 董宝莹、邵星源：《"互联网＋"背景下高校线上教育模式探讨——以南京农业大学为例》，《文化创新比较研究》2019 年第 29 期。

［5］ 徐晓丹、刘华文、段正杰：《线上线下混合式教学中学习评价机制研究》，《中国信息技术教育》2018 年第 8 期。

［6］ 徐晓丹：《线上线下混合式教学中的师生作用发挥》，《中国信息技术教育》2020 年第 Z2 期。

［7］ 陈丽、沈欣忆、万芳怡、郑勤华：《"互联网＋"时代的远程教育质量观定位》，《中国电化教育》2018 年第 1 期。

［8］ 宗若灿、杨成铎：《STEAM 教育理念下培养学生科学探究能力的策略探究》，《辽宁教育》2020 年第 7 期。

馆校合作"三维立体"在线教育模式的实践与探索

——以吉林省科技馆为例

杨超博*

（吉林省科技馆，吉林，130000）

摘　要　馆校合作是科技馆发挥青少年科普教育职能的有效途径，是科技馆教育工作的重中之重。然而，在 2020 年新冠肺炎疫情环境下，传统馆校合作方式受到了极大的限制，如何充分发挥科技馆和学校的教育职能，如何将科技馆现有资源效益最大化普惠于民，如何实现馆校合作的深度融合，是现今科技馆面临的主要问题。本论文主要结合吉林省科技馆开展的线上"三维立体"馆校合作创新教育模式进行分析，总结馆校合作线上教育面临的机遇和挑战，解析影响馆校合作线上教育的有效性因素，并提出相关的建议及对策。

关键词　科技馆　馆校合作　科学教育

馆校合作，亦被称为馆校结合，简单来说是指博物馆（科技馆）与学校合作，开展以促进学生全面发展为目标的教育工作，充分利用场馆丰富的科普教育资源、前沿的科普教育理念和开放的科普活动空间，通过资源共享、相互配合、相互协作，以达到科普场馆与学校、学生共赢的目的。[1]

---

* 杨超博，单位：吉林省科技馆，E-mail：1486102081@ qq. com。

1 我国馆校合作教育现状

1.1 学校教育的转变

自2001年教育部颁布《基础教育课程改革纲要（试行）》以来，我国教育事业蓬勃发展，坚持以人为本、全面实施素质教育、全面提高公民综合素质成为教育的基础与核心。[2]与此同时，随着教育改革的不断深入，一系列教育理念被陆续提出。例如：课程目标方面提出了"知识与技能""过程与方法""情感态度与价值观"三维教学目标；教学过程方面，强调与学生积极互动，处理好传授知识与培养能力的关系，注意培养学生的独立性和自主性；教材开发与管理方面，强调教材内容的组织应多样、生动，有利于学生探究，鼓励广泛利用校外的图书馆、博物馆、展览馆、科技馆和科研院所等各种社会资源以及丰富的自然资源，积极利用并开发信息化课程资源。然而，对于新课改的要求仅依靠学校自身力量远远不够，适当引入外部社会力量，进一步强化教育与社会的联系，更有利于推进学校教育的深入改革与发展。

1.2 科普教育的重要性提升

"科学技术是生产力"是马克思主义的基本原理，科技进步与创新是推动经济社会发展的决定性因素。随着经济全球化的不断发展和我国综合国力的不断提升，科技进步与技术革新也推动了教育的不断改革，社会各界开始越来越重视教育。其实，无论是经济的竞争还是科技的竞争，其根本就是人才的竞争，而青少年是人才的储备力量，是国家发展的希望所在。在2016年全国科技创新大会上，习近平总书记指出"科技创新、科学普及是实现创新发展的两翼，要把科学普及放在与科技创新同等重要的位置"。因此，加强青少年科普教育工作，培养青少年爱科学、学科学、用科学的良好习惯，是当今社会普遍关注的重点和难点问题。

1.3 馆校合作的普遍方式

中共中央文明办、教育部、中国科协2006年6月联合印发《关于开展

"科技馆活动进校园"工作的通知》，是馆校合作活动在全国科技博物馆正式推行的重要标志。[3]科技馆作为非正规科普教育阵地，其独特的条件特别有利于科普教育活动的开展，更有助于科学知识和方法的普及，科技馆开展科普教育活动是对学校正式科学教育的有效补充。目前，馆校合作的主要方式是以场馆参观为主，并配合在展厅内利用展品开发教育活动及科学实验服务学校群体。与此同时，全国科技馆开展的馆校合作都力求以学校、老师和学生需求为导向，以科技馆教育理念为根本，充分整合双方资源，不断创新服务项目、丰富活动形式、梳理固定服务方式，使双方合作更加深入，效果更加明显。

2　馆校合作在线教育的机遇和挑战

世界正经历百年未有之大变局，特别是新冠肺炎疫情全球大流行使这个大变局加速变化，世界进入动荡变革期。2020年受新冠肺炎疫情的影响，上半年的馆校合作项目整体处于停滞状态，根据疫情防控要求，学生只能待在学校不得集体走出校外场所，这就导致学校的学生无法来到科技馆进行学习实践，利用新媒体资源开展线上科普教育活动是所有科普场馆面临的巨大机遇和挑战。

2.1　馆校合作在线教育的机遇

从机遇角度来说，新媒体时代的到来，给科普传播提供了更多的可能性，同时也为创新科普传播方式、方法提供了技术支撑。科技场馆可借此机会深度思考馆校合作线上教育的新模式，传统的馆校合作模式几乎都是线下的活动，而且由于地域、时间的限制很多距离科技馆较远的学校根本无法来到科技馆参与活动，尤其是外县市以及偏远地区的学生更是没有机会参与到科技馆的活动中来。应用现代互联网技术开展馆校合作的在线教育可以打破时间、空间和地域的限制，让馆校合作项目惠及更多的青少年群体。

2.2　馆校合作在线教育的挑战

从挑战角度来说，馆校合作在线教育需要科技馆与学校共同努力完成。首先需要双方均具备开展线上活动的基础条件，如软件、硬件设施等。其次，科技馆开发的科普教育活动大多数以科技馆展厅展品、动手实践课、科普大讲堂、特效影院资源等硬件资源为依托,直接将线下教育活动搬到线上根本无法达到寓教于乐的效果,只有对原有教育活动进行更新创造才能适应线上教育的特点。最后,馆校合作在线教育对于授课教师来说是一个巨大的考验,线上科普教育活动多以直播、录播等新型教育方式呈现,教师不仅要具备扎实的学科知识功底,还要具备一定的随机应变能力和语言表达能力,同时还需具备适合直播的娱乐精神以激发学生的好奇心。

3 吉林省科技馆馆校合作"三维立体"在线教育模式的构建与应用

馆校合作"三维立体"在线教育模式是以科技馆课程为"长"、学生自学为"宽"和学校联合课程教育为"高"的 3 个相互联系、相互制约、相互影响的因素构成的有机教学过程。3 个维度因素在馆校合作在线教育活动中既相互独立又相互依存,使学生在掌握以科技馆为主的科学理论知识的基础上,进一步培养学生的好奇心,并形成一定的创新能力和实践能力。馆校合作"三维立体"在线教育模式能有效发挥科技馆教师主导作用、明确学生的主体地位及有效提升学校科技教师的参与感,使科技馆在线教育课程更加富有生机和活力。

3.1 学生自学是"三维立体"在线教育模式的基础

学生自学是教育教学中学生主体地位的重要体现。随着移动互联网的快速发展,人们可以通过移动终端丰富的"互联网"+技术浏览、获取各类知识。[4]"互联网+科技馆"可有效解决学生无法来到科技馆体验展品的困扰,吉林省科技馆在新冠肺炎疫情期间,利用微信公众号、抖音、一直播等平台创作了大量的科普短视频,举办了科普大讲堂及影迷沙龙会活动。与此同时,吉林省科技馆还应用虚拟现实技术研发设计了流动科技馆展品线上学习系统,让学生足不出户就可以体验操作展品、观看视频讲解及参与互动答题等。每次线上活动开展之前,科技馆授课教师都会提前联系学校的教师引导学生利用科技馆线上资源进行教育前的预先学习,起到了课程前的知识导入及课后知识复习巩固的双重作用。

3.2 立足馆内资源开发的科技馆课程是"三维立体"在线教育模式的核心

课程是对育人目标、教学内容、教学活动方法的规划和设计,是教学计划、教学大纲和教材全部内容及实施过程的总和。[5]吉林省科技馆开展的馆校合作在线课程教育不是单纯的一对一教育而是一对多教育,具体来说是利用互联网直播的方式让全省各县市多所学校同步参与直播互动,再通过多终端分发将直播视频链接分发出去让全国爱好科普的公众尤其是青少年群体参与其中。吉林省科技馆馆校合作线上教育活动曾经最多实现与 12 所学校同步直播互动,并能够实现与任意学校的实时互动交流,活动直播当天在线观看人数达 40 余万。在课程内容设计上,授课教师不仅要深度解析义务教育课程标准,主动学习教育学和心理学相关知识、了解各学校的教学进程,还要充分考虑到不同年龄段学生的知识储备和可接受能力、课程形式的互动性和趣味性,以及实验教具的直观性和生动形象性。目前广受欢迎的课程内容有主题式科学实验表演、基于问题/任务的动手实践课程以及情境科普剧等。

3.3 学校联合课程教育是"三维立体"在线教育模式的延伸和拓展

学校联合课程教育是指在科技馆开展馆校合作在线教育的过程中,参与直播互动的学校可以选派优秀科学教师与科技馆教师共同进行线上直播教学,可将本校的特色科学课程通过直播授课的方式展示给参与直播互动的其他学校。学校与科技馆联合授课的模式不仅能丰富馆校合作的课程内容,还能使不同学校的特色优质教学资源广泛传播出去,促进学校科学教师教学相长,让学校教师在馆校合作活动中更有参与感。同时,在活动前期筹备策划过程中,通过双方的相互沟通还可加深彼此间的了解,更有助于科技馆教师了解学校教学课程的特点及学生学习的进程,从而更好地引导学生学习、因材施教,促进学生全面发展。

4 馆校合作"三维立体"在线教育模式的优势及不足

4.1 馆校合作"三维立体"在线教育模式的优势及意义

首先,科技馆开展馆校合作线上教育可进一步扩大馆校合作的覆盖面,以往线下合作的学校基本上都是本市的学校，尤其是距离科技馆较近的学校，线上教育可打破时间和空间上的限制，还能将流动科技馆巡展、科普大篷车进校园所积累的学校资源进行整合，特别是能够给没有科普场馆且偏远地区的学校带去更多优质的科普教育资源，让偏远地区的学生们感受科技之光。其次，"三维立体"在线教育模式能够使馆校合作的课程内容更加立体化，利用"互联网＋技术浏览"，学生可提前预习馆校合作课程内容及自主学习体验科技馆的展品；学校联合课程教育能够使学校教师参与到馆校合作活动中来，让科技馆教师与学校教师联系得更加紧密、教学相长，提高课程质量；同时还能够让科技馆的教育更加精准地区别于学校课堂教育，不断提升科技馆教育教学服务质量。

2020 年面对突如其来的新冠肺炎疫情，吉林省科技馆积极应对、明确自身定位，找准学校、青少年需求，利用"三维立体"在线教育模式为青少年建立科教服务特色订单，先后打造了科普"云"课堂、线上科技夏令营、科技馆游记、影迷沙龙会等活动，共计免费为全省 9 个市州近 120 万名中小学生提供线上科教服务。

4.2 馆校合作"三维立体"在线教育模式存在的不足

第一点，馆校合作"三维立体"在线教育模式存在的不足主要是线上直播课程开展的次数较少，缺乏连续性，短时间内直播课程内容体系不能形成系统性的机制，因此就不容易对学生产生持续性的影响。第二点，由于馆校合作线上教育没有被纳入学校正规的教育机制当中，活动的开展具有一定的随机性，所有馆校合作线上教育课程的内容很难与学校教育的进度相匹配。第三点，馆校合作线上课程内容有待进一步拓展、研发，目前已实施的课程内容以科学实验、动手实践及科普剧等形式居多，将项目式学习、深入探究式学习、多感官学习等教学法深入融合到线上直播课程中去，是授课教师们面临的巨大挑战。

5 馆校合作在线教育的思考与建议

5.1 积极对接中小学教育教学线上资源，实现馆校合作教育功能最大化

2021 年 1 月，教育部、国家发展改革委、工业和信息化部、财政部、国

家广播电视总局等五部门联合印发《关于大力加强中小学线上教育教学资源建设与应用的意见》，着力解决优质资源建设问题、网络平台运行保障问题、线上资源与教育教学融合应用问题。[6]随着新冠肺炎疫情得到控制，观众逐渐回归实体馆，各省区市陆续开放或正计划开放研学旅行，馆校合作等线下活动正常进行，但线上线下联动的教育活动模式将成为常态。届时，馆校合作线上教学活动可作为线下活动的补充而存在，同时馆校合作项目想要普惠各县市及偏远地区的学校，线上教育仍是非常重要的渠道之一。

中小学的教育内容和体系符合青少年成长学习发展规律，科技馆在研发、策划、制定线上课程活动内容时应充分利用自身教育资源，积极动员馆内科技辅导员、科技教师及各界专家学者、社会力量共同参与科技馆线上教育资源的开发，打造既体现科技馆特色，又符合各个阶段青少年认知规律、发展规律的线上教育活动，有效推动科技馆教育资源与中小学线上教育教学资源有机融合、资源共享、渠道互补，将科技馆教育功能最大化地发挥出来。

5.2 聚焦重点内容，建立长效运行机制

线上教育活动的精彩与否，取决于课程内容的设置、授课教师的教学水平、教具的研发使用等，为保证科技馆科普教育质量长期向好，科技馆应成立多个项目组。一是组建教材编写组，依托科技馆科普资源对接学校课程标准，编写馆校合作科学教材，设计完整的教育教学体系，在教材编写的过程中还可以提高教师的理论知识水平。二是组建新媒体技术组，加强网络平台建设，应用虚拟现实技术和增强现实技术提升观众的感官，研发基于网络的实时互动展品，不断丰富科技馆线上科普资源，给不同类型、年龄、个性的青少年提供不同的学习空间和学习可能性，实现个性化和智能化的科技馆科普教育。三是组建科普教具研发组，教具是以传播科技、教育人为目的的实物，是青少年科技活动中不可缺少的器材。教具作为教师辅助教学的用具，可以把抽象的概念具体化、形象化，好的教具还具有探究性、实践性、趣味性，在教具研发的过程中更好地培养专业技术型人才。

吉林省科技馆针对青年员工采取"项目＋平台＋团队"的培养模式，引导他们找准工作特长、立足岗位建功。目前已成立主题展览策展、科学教材编写、展品教具研发、科教影片摄制、科普剧创作、教育项目研发等近10个项

目组,累计策划主题展览 5 期、编印馆本小学科学教材一套、研发展品教具近百项、摄制科教影片 5 部、创作科普剧 8 部、研发教育项目百余个。

5.3 精准定位受众群体,拓宽传播渠道

现阶段,很多博物馆、科技馆都开展线上教育活动,但活动效果不尽如人意,抛除活动本身内容吸引力不足,其实,归根结底还是传播渠道过于狭窄,没有精准定位到自己的受众群体。大多数科普场馆都过于依赖本馆的微信公众号或本地的媒体平台,这种仅限于本地小范围的传播渠道,对实体馆活动宣传有一定的效果,但对于线上教育活动的参与度来说作用并不是十分显著。吉林省科技馆开展的馆校合作线上教育活动除立足于馆内微信公众号、抖音账号、一直播账号外,还利用腾讯、新浪、搜狐、新华社等视频、新闻网站作为传播的重要出口,让全国爱好科普的公众都能参与其中。与此同时,吉林省科技馆还与省内各县市科协、教育局深度合作,每次馆校合作在线直播课程活动都会及时发送给全省各中小学学校,通过"精准引流 + 多元渠道曝光"方式全面覆盖目标人群,拓宽信息传播渠道,促进线上线下相互转化,使馆校合作线上教育课程普惠更多的青少年群体。

6 结论

馆校合作"三维立体"在线教育模式的建立和应用,可以打破传统馆校合作方式受到的时间和空间上的限制,充分发挥科技馆的教化功能,让科技馆教育与学校教育有机融合,为科技馆与学校全面合作提供可行性参考。

参考文献

[1] 廖红:《中国科学技术馆馆校合作的实践与思考》,《科普研究》2019 年第 2 期。

[2] 教育部:《基础教育课程改革纲要(试行)》,《中国教育报》2001 年 7 月 27 日。

[3] 朱幼文:《"馆校结合"中的两个"三位一体"——科技博物馆"馆校结合"

基本策略与项目设计思路分析》，《中国博物馆》2018 年第 4 期。

[4] 王瑞昌：《馆校合作"三维立体"教育模式探究》，《教育参考》2019 年第 6 期。

[5] 全国十二所重点师范大学联合编写《教育学基础（第 2 版）》，教育科学出版社，2008。

[6] 教育部、国家发展改革委、工业和信息化部、财政部、国家广播电视总局：《关于大力加强中小学线上教育教学资源建设与应用的意见》（教基〔2021〕1 号），http：//www. moe. gov. cn/srcsite/A06/s3325/202102/t20210207 ＿ 512888. html，2021 年 1 月 28 日。

馆校结合在线教育资源共享
面临的机遇和挑战

周　洋[*]

（南京科技馆，南京，210012）

摘　要　在"互联网＋教育"时代，在线教育合作模式日益成熟。随着互联网多元化时代到来，在线教育在馆校结合应用领域优势日益凸显。但是，当前馆校结合在线教育资源共享面临不少问题。本文以南京科技馆为例，基于在线教育理念探讨馆校结合在线教育资源共享的路径，摸索出符合场馆自身发展的教育模式，提出应不断测试和推广全新的教育方法，希望对馆校开展深入合作有借鉴意义。

关键词　科技馆　馆校合作　在线教育　资源共享

在科教兴国和人才强国战略背景下，素质教育是当前阶段的重要发展方向。科技馆作为公益性科普教育机构，要努力迎合在线资源带来的便利，注重自身资源的共享，体现科学性、知识性和趣味性，开展青少年科普活动、传播科学思想、宣传科技成果，以丰富多样的形式开展教育活动，推动馆校合作全面发展。

1　在线教育对科技馆和学校等传统教育的冲击

随着在线教育的普及，一些科技馆逐渐将科普工作重心由线下转移到线上，

---

* 周洋，单位：南京科技馆，E-mail：66042603@qq.com。

灵活运用互联网和新媒体技术，开展"科学实验 DIY 挑战赛""心理健康科普"等系列线上科普活动，并在节假日利用官网、微信公众号等渠道推出各类主题科普教育活动，丰富线上教育科普的内容和形式，打破时间和空间的限制，拉近教与学之间的距离，形成线上、线下科普"双推进"的局面，学生足不出户就可以享受科普盛宴。就传统教学而言，互联网扩展了教育资源的进化渠道，大多数老师可以利用互联网下载和学习教育资源，也可以通过互联网和其他老师进行远程的视频学习，与他们交流教学经验，共同进步。互联网对于教师水平要求更高，一些教师自身理论知识和实践经验不足，无法跟上互联网教学的步伐，教学过程中不能灵活运用计算机硬件和软件设施，不能充分发挥海量网络资源的优势，不利于教学创新[1]。

2 馆校结合开展在线教育的可行性及国内外主要应用场景

2.1 馆校结合开展在线教育的可行性

馆校结合开展在线教育，即场馆与学校以人才优化培养为共同目标，利用科技馆先进的教育理念和丰富的教育资源开展相关教育活动，与传统教学形成优势互补，实现科技馆和学校的双赢。科技馆能够为青少年提供科学素质服务，通过探讨馆校合作模式，将场馆内丰富的展项和教育活动资源呈现给学生，成为对传统教育模式的有益补充，逐步形成完善的教育系统。馆校结合在线教育实施时注重探究式教学和体验式教学的灵活运用，突破传统学校教育的壁垒，拓宽学生科学知识面，为他们追求科学提供便利。馆校结合在线教育并不是简单的"1＋1＝2"，而是模式、理念、思维等多个方面的融合，彰显科技馆的表现力和魅力，为中小学生提供良好的视觉盛宴。从这里可以看出，馆校合作有助于促进素质教育发展，要充分发挥科技馆资源优势，在开发教育活动和组织教学中提升业务水平，推动科技馆的可持续发展[2]。在科技场馆展教资源的利用上，微课能增强青少年通过科技馆内展品学习的效果，还能将场馆内的资源带到场馆外服务于不同地区的学生。微课视频可以辅助在校科学教师的课堂教学，为科学教师授课提供信息和资源支持。在科技馆科普教育活动宣传上，利用微课可以将科技馆展品的教育功能清晰地展示在家长面前，吸引中小学生及家长走进科技馆感受、体验各类科普仪器和实验，并利用进阶式的课程引导孩子将科学意识内化于心，进而带动家庭乃至整个社会努力践行讲科学、爱科学、学科学的行为准则[3]。

2.2 国内外馆校结合科学教育的发展现状

馆校结合最早起源于欧美国家，20 世纪 60 年代，社会上开始重视科技教育的作用，一些欧洲国家开始为学生提供馆校合作教育。进入 20 世纪 70 年代，以美国为首的西方国家开始全面普及馆校结合教育，90% 以上的场馆通过各种方式与学校合作。到了 20 世纪 90 年代，馆校合作模式更加成熟，教育在科技馆中的地位更加凸显，各国政府和第三方组织介入了课程开发。比如，英国制定了科技馆教育手册，针对不同学段的青少年开展有差异性的教育。美国一些著名高校与第三方组织机构合作，推动了馆校结合更加成熟。

国外知名的博物馆较早地提供网络教学内容，近 5 年来更是在慕课的大潮下开展网络教学，比如纽约当代艺术馆、美国自然历史博物馆、旧金山探索馆等都在 Coursera（https：//www.coursera.org/）等平台上开设网络课；英国开放大学创立 FutureLearn（https：//www.futurelearn.com/），加盟成员包括 26 所大学、大英博物馆、英国文化协会，以及大英图书馆。这些课程不仅体系性、专题性强，还提供了完整的阅读材料和学习任务，帮助教育工作者以轻松的方式将博物馆应用于教学[3]。

我国馆校结合实施相对较晚，在理论基础和实践经验方面有所欠缺。开始阶段主要集中在展品与中小学课程上面，比如开展主题参观活动、科学实验、科学小制作等活动，一些科技馆与偏远的乡村学校合作，为科普教育的发展做出了贡献。国内馆校结合经历了几个发展阶段，以南京科技馆为例，从 2005 年被动接待学生团队开始，主要为学生提供免费参观场所和适合的科学教育内容，引导学校教师和学生前来科技馆学习实践。2008 年，南京科技馆成立了"大篷车工作组"，开展了"走出去、进校园"活动，近十几年来，科普大篷车平均每年出车 20 余次，累计服务学校百余所，受益师生逾 70 万人次。2010 年开始，作为"科技馆活动进校园"示范推广单位的南京科技馆确立了"加强科学教育活动开发，注重进校园内容建设"的指导思想，基于展品开发设计教育活动，并形成教学资源包向学校推广。2012 年，南京科技馆开始承办中小学师生科技创新大赛和金钥匙科技竞赛两大重要赛事，相继开展了"小小科普辅导员"选拔、教育机器人大赛等活动。随着在线教育的推广和普及，南京科技馆通过创建展教活动品牌使馆校合作形式更加多元化，发挥自身平台资源优势邀请科普专家进校园，并开发了 S&S 科学教育活动项目，推动了馆校结合的系统性发展。

3　南京科技馆馆校合作在线教育设计和教学模式

3.1　推动馆校教育深度合作

科技馆主要面向中小学生，所以我们应该主动与中小学教育开展深度合作与衔接，形成"高校＋科技馆＋中小学"系统合作模式，使得科技馆成为 8 小时学校学习时间外提升动脑动手能力的"试验田"，强化科学思维，引导青少年对科学知识的兴趣。此外，通过打造"在线科技馆"，青少年可以实时查看科技馆资源，让科技馆与孩子们"零距离"，让科学尽在掌握之中。

截至 2020 年南京科技馆共选择了 14 所学校作为馆校合作的对象，促进了我馆的公益展教活动"走出去，引进来"，但疫情反反复复，导致馆校合作活动频频受阻，基于这种情况我们该如何寻找出路？我们可以从由中科馆发起的，号召全国 300 余家科技场馆参与的"科学实验 DIY 挑战赛"活动中学习相关经验。①规模：本次比赛收到了来自全国的 15000 多件参与作品，展现着上万个家庭的魅力和才华。②受众：联动科技馆科技辅导员、中小学幼儿园、亲子家庭。③影响力：百余家媒体进行播报、展播。④持续性：活动自 1 月 31 日发起，于 7 月 10 日结束，跨度近半年。参照这些指标，南京科技馆可以联合馆校合作对象开展此类活动，征集科普短视频进行线上展示，扩大影响力，增强馆校合作黏度。

3.2　注重"科技馆＋互联网"建设

在"互联网＋教育"时代背景下，科技馆不局限于服务当地，而是放眼全国甚至全世界，打破时间和空间的限制，最大化共享科技资源，加快科普资源传播，扩大科普传播范围。例如，通过官方网站、微信、微博以及抖音、西瓜等短视频平台开展在线科技比赛、在线答疑、趣味实验、科普软件开发等活动，让青少年通过网络就能学习科学知识[4]。

疫情期间，南京科技馆通过微信公众号平台将线下教育活动转移到线上，一连推出"云科普系列活动"3 季、《口袋里的科学》《探索空间》《致敬科学家我爱我的国》17 期短视频。这是南京科技馆首次采用线上科普的形式，让受众足不出户可以饱览科学信息、学习科学知识。"双微"平台也因在此次疫情中成为开展直播科普活动"重要阵地"而备受关注，比如在"国际珍稀动物保护日"举办"因为珍稀所以珍惜"线上讲座，在线观众约4.9 万人，还有直播《破解"逆行"谜案》天文讲座活动等。在疫情中，南京科技馆积极尝试开拓线上渠道进行科普宣传和推广，在一定程度上满足了疫情期间受众的科普需求，丰富了科技馆实体场馆在线上展览的形式。南京玄武高中梅园校区的张军老师通过抖音平台开设"张老师带你做科学"频道，发布与初中物理知识点紧密结合的科学小实验供学生学习，账号目前已发布视频51 个，拥有粉丝29.6 万人，收到点赞57.5 万次。科技馆通过打造科技辅导老师成为"网红老师"也火了一把，当然更重要的意义是通过互联网和短视频平台开拓线上渠道进行科普宣传和推广。

3.3 推进数字科技馆建设

虚拟现实技术（VR）和增强现实技术（AR）的发展，为馆校合作提供了强有力的技术支持，科技馆可以利用混合现实技术将各类科技产品以非常逼真的形式呈现给青少年，学生可以去触摸、去感受最新科技。通过建设虚拟的数字科技馆，整个实体科技馆的展区、展品都数字化、虚拟化，青少年在学校、家里通过人机互动感受科技馆。科技馆应充分运用数字科技馆网络平台，从不同层面剖析、展现科学知识，体现知识的趣味性、互动性、创新性，使得科技馆逐渐成为特性突出的科普传播教学工具[4]。南京科技馆携手雨花台区政府建成"AR 虚拟演播馆"，"AR 虚拟演播馆"的建设源于2020 年6 月"南京创新周"期间在南京科技馆举办的"T20 雨花台区科技直播峰会"。在该峰会上雨花台区首次采用虚拟直播形式，打破时间与空间的束缚，突出个性化、无边界、互动性的特点，打造全国第一个采用AR 云直播技术的大型直播峰会。虚拟直播技术在本次峰会上惊艳亮相，吸引了多方关注。峰会后雨花台区科技局与南京科技馆达成合作意向，在南京科技馆建设一座"AR 虚拟演播馆"，把虚拟直播技术介绍给更多大众。通过"AR 虚拟演播馆",我们可以将科技馆的展品展项、科学原理、操作方法、延伸拓展等一系列信息让普通大众足不出户就可以——领略到!

4 科普场馆在线教育活动开发和设计面临的机遇与挑战

4.1 在线教育游戏的开发和设计

近几年,互联网技术普及迅速,在线教育方法和实现途径"百花齐放",但也存在一些瓶颈。如上海自然博物馆以"自然探索在线"为主题设计了一系列的在线教育游戏。作为一种新兴的教育形式,在线教育游戏在互动性、趣味性等方面虽有不可比拟的优势,但也面临着不少困难。第一,难以达到教育性与游戏性之间的平衡,往往只有游戏,缺乏教育的内核;第二,跨学科背景的人才十分匮乏,无法组建一支优秀的工作团队;第三,囿于成本,大多是形式简单的小游戏,知识呈现较为碎片化;第四,游戏的参与人员非常有限,很难组织竞争性、协作性学习,久而久之玩家的黏度便直线下降。

4.2 微课和在线研学成为我馆馆校合作的机遇

新冠肺炎疫情席卷全球,国家提出停课不停学的口号,南京科技馆一楼展厅根据中小学生课标打造的基础科学展区、少儿科普体验展区,可以为学校提供资源共享。学校可以把科学课程的课堂搬到展厅来,让学生在此找到与课本知识点对应的实验展品,开设微课为学生搭建更广阔的平台。南京科技馆于2021 年 5 月 27 日与南京外国语学校签订了馆校合作协议,围绕"STEM +"打造了"科学营""创客间"等一系列课程。疫情期间,南京科技馆微信公众号推出"线上口袋里的科学"系列 8 部微视频,分别是"声音的魅力""圈圈圆圆圈圈""色彩魔术""眼见为实?"等。这些微课在线研学活动的推出,突破疫情对正常生活的影响,成为馆校合作的新途径。通过微课形式紧密围绕日常生活开展科普,让大家发现和热爱科学,培养了青少年学习科学的兴趣,受到公众的广泛关注与好评。

除此之外,南京科技馆科技辅导老师与墨西哥高中生以"科技创新"为主题展开了对中国的在线研学活动。墨方因受疫情影响只能以线上的形式实况了解以南京科技馆为案例，STEM课程实施开展的情况及对学生的影响！

4.3 建立线上科普响应机制

在突发公共事件影响下，各地科技馆受到不同程度影响。南京科技馆应结合自身实际情况编制相应的科普预案，强化各方联动及协作，形成宣传合力。南京科技馆为了应对公共危机事件，通过官网、微博、微信公众号等渠道，向学生和家长传播科普知识。2020年7～8月，南京科技馆微信公众号粉丝猛涨2万多人，这在一定程度上反映了线上科普宣传的效果。此外，南京科技馆丰富了线上科普形式，在线调查公众喜欢的形式，包括"线上展览""在线课程""科普视频""科普图文"等。

5 结语

科教兴国要从娃娃抓起，馆校结合在线教育的实施有利于扩大科普教育资源共享，不断优化和创新教育模式，为中小学生提供全面、科学、系统的教育阵地。

参考文献

［1］瞿林云、叶兆宁、周雨青：《基于学科核心概念的科技馆教育活动案例分析——以合肥科技馆"锥体上滚"案例为例》，《自然科学博物馆研究》2018年第4期。

［2］朱莹：《博物馆在线教育游戏的开发与设计——以"自然探索在线"为例》，《科学教育与博物馆》2019年第1期。

［3］苗黎薇、白欣：《基于场馆展品的小学科学教育微课设计策略探析》，载《科技场馆科学教育活动设计——第十一届馆校结合科学教育论坛论文集》，2019。

［4］胡新菲：《新课标下科技馆如何推进馆校结合的实施》，《科技经济导刊》2019年第27期。

"互联网+科普"，浅析科学传播的新模式

——以厦门科技馆为例

朱朝冰*

（厦门科技馆，厦门，361012）

摘　要　随着科技的迅速发展，公众对信息资讯的需求量逐日增加；社会发展节奏的不断加快，也使得快速获取信息资讯成为公众普遍关注的焦点。互联网的出现让科普载体、受众等各个方面都发生了天翻地覆的变化，科普需求已经从"你能给什么"转变为"我想要什么"。"互联网+科普"是对传统科普传播方式根本性的变革，是一种全新的科普理念和科普精神，它颠覆了传统科普自上而下的单向信息传播形式，以多媒体的传播和社交互动为平台，开启了全民科普的新局面。[1]本文以厦门科技馆"追日寻踪"天文观测活动为案例——在互联网的优势作用下，将馆校结合相关的科学教育活动与时下火热的网络直播相融合——探索科学教育与科学传播的新模式。

关键词　"互联网+科普"　网络直播　科学教育

近年来，网络直播迅速发展成为一种新的互联网文化业态，2016 年被誉为"中国网络直播元年"，网络直播逐渐成为新媒体发展的重要领域。根据第 45 次《中国互联网络发展状况统计报告》，截至 2020 年 3 月，我国网络视频（含短视频）用户规模达 8.50 亿，较 2018 年底增长 1.26 亿，占网民整体的 94.1%。网络直播是一种新的媒介形态，随着视频直播门槛的降低和交互方式

---

* 朱朝冰，单位：厦门科技馆，E-mail：799421801@qq.com。

的多元化，越来越多的人接受并参与到这种传播形式当中，预示着全民直播时代终将到来。[2]

1 "互联网＋"和"互联网＋科普"的概念

2015年7月4日，国务院印发《国务院关于积极推进"互联网＋"行动的指导意见》，为"互联网＋"的健康发展指明了方向。"互联网＋"是把互联网的创新成果与经济社会各领域深度融合，推动技术进步、效率提升和组织变革，提升实体经济创新力和生产力，形成更广泛的以互联网为基础设施和创新要素的经济社会发展新形态。"互联网＋"是互联网产业发展的新业态，也是互联网促进经济社会发展的新形态。[3]

"互联网＋科普"并非互联网和传统科普模式的简单组合，而是互联网与新时期科普规律加成后的升级版，具有鲜明的时代特征。它具有传统科普没有的海量信息、生动有趣的多媒体表现方式、平等的交互功能、长时间的展示、及时有效的更新、便捷的检索查询功能等。"互联网＋科普"是对传统科普传播方式根本性的变革，是一种全新的科普理念和科普精神，它颠覆了传统科普自上而下的单向信息传播形式，以多媒体的传播和社交互动为平台，开启了全民科普的新局面[4]。

2016年2月，国务院下发了《全民科学素质行动计划纲要实施方案（2016—2020年）》，进一步明确"十三五"期间全民科学素质工作的重点任务和保障措施等，为实现2020年全民科学素质提升确定了工作目标。方案中明确指出"提升科技传播能力，推动传统媒体与新兴媒体深度融合，实现多渠道全媒体传播，大幅提升大众传媒的科技传播水平"，"互联网＋科普"的模式也迎来了春天。

2 网络直播的概念及发展现状

随着互联网的不断发展，作为"互联网＋"产物的网络直播行业快速崛起，网络直播已迅速发展成为一种新型的网络文化产业，其本质上是"互联网＋"向社会生活领域的延伸。网络直播丰富了人们的生活，满足了人们的多种需求。网络直播是互联网技术与网络终端平台深度对接的产物，具有成本低廉、制作简单、收看便捷、互动性强等特征。[5]

网络直播可以将内容更快捷地传递给大众，在短期内快速传达直播内容。受众只需要一台电脑或一部手机就可以随时随地观看，提高了人们观看直播的方便性与快捷性，满足年轻群体的需求，所以在快餐文化盛行的今天得到非常广泛的传播。由于直播门槛较低、表现多元，且传播者和接受者高度互动，致使用户群体逐步扩大，网络直播已成为重要的社会交往、内容传播和内容消费方式，对社会生活、娱乐和经济等领域产生了较为深远的影响。

这几年，网络直播行业发展迅猛，不再局限于大平台、专业人士直播，很多的短视频 App 都加入了网络直播的行列，使得网络直播成为一种全民参与的网络传播平台。

3 "互联网＋"背景下科普场馆的科普传播

随着新一代信息通信技术的发展，当前互联网已经成为科普主战场，科普信息化建设是带动科普公共服务转型升级的必然趋势。

3.1 网络媒体可以提升科普传播的效果和水平

科普场馆作为科普传播的主要平台之一，开展了众多丰富多彩的科普教育活动，同时具有自主性、情景性、趣味性、互动性等特点，能将枯燥、抽象的科学原理以生动、直观、互动的形式展示出来。所以就可以结合新媒体传播的优势，利用实时性、交互性和沉浸性、个性化自定义等特点，向用户展现真实和生动的现场场景。全新的科普方式扩大了科普知识的获取途径，也有助于增加广大受众的阅读以及体验乐趣。网络媒体在科普场馆教育活动中的应用，促进了科普场馆科普教育活动多元化、多途径传播[6]。

3.2 网络媒体可以提升公众参与度，扩大传播影响

截至 2020 年 3 月，我国的网民规模达 9.04 亿，互联网的普及率达 64.5%。在面对科普知识的时候，大多数网民已经不再满足于文字、图片等的浏览，他们具有很强烈的参与欲望。网络媒体可以为广大受众提供一个互动交

流的平台，参与度高、社交性强，有利于网民直接参与到热点事件的讨论中。可以说弹幕、评论就是网络媒体的灵魂所在，通过转发、评论、点赞的形式实现用户表达，完成信息的二次传播。从平面媒体的单向展示转向互动参与、人人参与的网络媒体的科普，科普宣传的覆盖面和影响力将会前所未有。[7]

3.3 利用网络媒体搭建共建共享的线上科普平台

科技馆是非正规教育的场所，[8]所开展的教育活动大多依托的是丰富的展品资源和教育活动，再结合课标内容实现科普教育功能。"互联网＋科普"的方式突破传统科技馆的局限性，建立依托互联网进行资源共享的科普教育网络平台，让科普资源得到优化共享。[9]加强与学校、科协、竞赛活动部门或者其他科普教育单位的合作共享，共同打造专业的科普知识网络平台，最大化地利用科普场馆的资源，邀请专家老师开展线上直播活动，给广大受众提供更好的交流学习机会，使他们获得更优质的科普体验，实现科普资源的共享。

3.4 可以利用网络媒体进行大数据分析，给受众提供更优质的科普需求

"互联网＋科普"不仅仅是形式上的创新，其呈现的内容也应该是崭新的。作为新兴科技手段，大数据为科普现代化提供了便利手段，为科普工作提供了多种渠道。经过对网络平台的大数据库展开搜集，完成相关科普问题的建模并对数据精准分析，能够在大数据技术下精准分析社会大众的科普需求，也在一定层面上有助于实现科普资源的创新。[7]对社会受众感兴趣的诸多热点问题及社会事件进行精准分析，获取相关科普数据，做出针对科普传播的创新。积极开发新的科普多媒体原创资源，提高"互联网＋科普"质量和发布内容的科学性，提升传播内容的专业性，给受众提供更优质的科普服务。

4 "互联网＋"在科普教育活动中的应用——"追日寻踪"天文系列活动分析

在进入疫情防控常态化后，全国科技馆紧抓馆内防控，不敢放松。既然无法把观众"引进来"，那就让科技馆"走出去"。在全民抗击疫情期间，厦门科技馆抓住数字化资源，开展了丰富多彩的科普教育活动，以线上线下相结合

的形式，让更多的公众参与其中，打造了属于自己的众多科普教育活动品牌，推出了海量内容的线上活动，以满足公众的精神文化需求。其中，"追日寻踪"天文系列活动尝试以网络直播的形式扩大传播途径。

4.1 活动基本信息介绍

4.1.1 活动背景

6月21日，一场日环食即将降临地球，更加幸运的是这场日环食落在了我国境内，具有极佳的观赏条件。本次日环食将经过其全程的最大城市、在亚洲大陆的最后一个城市——厦门市。厦门全岛都在环食带中，为了更深入地了解这历史性的时刻，本年度"遇见科学活动"计划以"追日寻踪"为主题，开展一场富有意义的天文行动。同时，天文主题符合科技馆科普定位，具有一定的科学教育意义。

4.1.2 活动内容规划

"追日寻踪"活动涵盖追日行动招募、重走古代天文路、探访气象站、科普小讲堂、路边天文观测、日环食全纪录6个部分（见表1）。

表1 活动具体介绍

活动内容	事项安排	活动流程
1."追日达人"招募	拟招募人员如下： 科学老师:关注天文这块内容,同时能够发现观测实践对小学生的帮助和对科学课相关教材内容的提升帮助 小学生:热爱天文,并有一定的天文知识基础,活泼开朗 初中或高中生:热爱天文,有路边天文的观测经验,善于交流 大学天文社成员、普通天文爱好者:热爱天文,对天文观测设备有一定的了解,能够协助成员进行观察;可以自制观察道具 KOL主播或电台:自带流量,同时善于引出话题炒热气氛,隐形NPC 相关领域专家:在过程中能够与观众互动,解答相关内容	以真人实录的形式展开,旨在记录面向社会不同群体开展的多元化天文科普的过程。所以在前期准备中,将面向社会招募不同年龄段不同社会角色的天文爱好者加入活动。一方面可以通过3场活动,准确有目标地进行天文科学传播;另一方面以"每个人都是自媒体"的理念,希望可以达到在直播中引流互动的效果

续表

活动内容	事项安排	活动流程
2. 重走古代天文路	活动地点:科技馆、同安苏颂园、路边天文观测 活动人员:科技馆工作人员＋追日达人(部分)＋南方天文1人(观测部分) 推广形式:vlog＋图文微信推送(活动预热)	参观科技馆由水钟引导出本次主题——引导达人们到同安苏颂园，随后参观苏颂纪念馆，了解苏颂生平和水运仪象台的建造历程——路边天文观测组织学生白天观测太阳黑子、日珥或者夜晚观测月球、土星、木星以及记录星座
3. 探访气象站	活动地点:狐尾山气象台 活动人员:科技馆工作人员＋追日达人(部分) 推广形式:vlog＋图文微信推送(活动预热)	通过达人团和工作人员一起走访厦门气象台，通过与工作人员互动了解相关的天气情况和科普日环食观测的条件
4. 太阳小课堂活动	活动地点:科技馆大厅 活动人员:科技馆工作人员＋预约观众 推广形式:微信推送(参与预约)＋现场互动	在科普小讲堂，工作人员带领学生学习古人的观测方式小孔成像，以及巴德膜眼镜制作，观测注意事项介绍
5. 路边天文观测	活动时间:2020.06.21 15:00 – 17:00 活动地点:演武大桥观景平台(直播重点观测点)、瑞颐大酒店空中露台(VIP观测区及直播点)、厦门科技馆前广场(公众观测点及直播结束点)、厦门外国语学校(观测区及直播点)	为了使广大市民群众亲身经历和观看本次日环食，也使线上公众观看到本次日环食的全过程，计划在厦门4个区域分设网络直播区、专业观测区和公众观测区，对本次日环食进行全方位的观测和体验
6. 直播环节		

4.2 活动的特点及亮点介绍

4.2.1 突破科技馆以往空间固化的参观模式和展厅课堂的活动模式，赋予科普工作全新的理念和意义

为保障本次活动成功开展，厦门科技馆提前一个月发布活动预热，组织追日小达人招募和报名，带动全民参与天文现象观测。多次踩点、计时彩排，收集彩排反馈，修改方案。制定不同方案以应对天气、交通等因素，做到一个活

动、多种方案保障。让活动过程有更好的主观能动性，带领公众经历探索科学规律、自然发展规律、模拟科学家的探索历程，也贯彻执行"在科学学习中运用批判性思维大胆质疑、善于从不同角度思考问题、追求创新"的科学态度总目标中的要求。

4.2.2 本次活动紧扣当下传播领域最火热的直播和短视频形式

前期预热则是借助微信推文、vlog、抖音小视频等。新媒体线上直播活动，让无法到达厦门观测日环食的公众，通过手机屏幕就能全程参与。通过线下、线上以及线下与线上相结合的传播形式，努力开拓科普场馆中科普教育活动传播的新途径，促进科普教育事业的不断发展。

4.2.3 鼓励科学家、专业人士走进直播，答疑解惑

专业讲解日环食的原理、过程阶段、观测要点等重要信息。天文专家走进直播，直接面对公众，解答公众提出的各种问题。在直播的相互交流过程中，厦门科技馆工作人员以及天文科技人员与网民交流，用亲切而不失专业素养的形象与网民沟通，提供有信息量、有价值的内容，使公众更加了解科普的意义以及认识到不一样的科技工作者。

4.2.4 用实时的交流互动和通俗易懂的语言，使直播内容更加精彩[10]

在长达3个小时的直播过程中，工作人员通过口语化的表达方式，把深奥、专业的天文知识用老百姓理解的方式讲清楚、说明白。聊天对话、举例等形式，让科普知识没有距离感。鼓励公众点赞、发弹幕，能够直接了解用户能否听懂，用户也能随时反馈。此外，在直播间隙，还设置有多次抽奖环节，形成良好的交流互动，极大提高了参与度和趣味性。让公众有体验感，这样的互动能达到更好的传播效果。

5 "互联网＋科普"的创新发展

5.1 优化直播内容，满足用户心理需求

首先需要明确受众选择收看直播内容的心理需求。短视频 App 的大量出现，让直播的内容参差不齐，充斥着快消费的"粉丝打赏经济"的视频越来越多。而大量的受众在观看时，主要是为了排解无聊和烦闷，获得愉悦消遣的

感受。但是，目前的网络直播发展态势，直播内容过于单一，形式千篇一律，这些内容不容易被用户选择，或者是存在看过就遗忘的情况。抓住用户心理需求，紧跟时事热点，自媒体传播渠道的多元化对网络直播有更高要求。专业的优质内容，与"专家面对面"，网络直播内容及形式要区别于以往的图文直播、网络专家访谈，突出新奇、趣味等特点，也要不断变换、延伸直播场景，用第一人称视角直播的形式带领公众进行探秘，以满足受众对神秘未知事物的猎奇心理[11]。

5.2 提升科普直播人员专业素养

网络直播便捷，可操作性强，每个人都可以成为网络主播，导致其准入门槛低、主播水平参差不齐。这就对直播节目的主播提出了新的要求。在科技馆中，场馆的讲解员、研究员、来做讲座的科学家等都是"科普主播"的重要人选。培养"科普主播"是科技内容传播生态搭建中的重要一环。日常的工作讲解就是一次"现场直播"，怎么把"现场直播"的优势转化到网络直播中去，就需要具备一定的传播意识。比如可以与观看直播的网友进行互动，交流感要好；要注意与观众的交流互动，包括眼神、手势以及语言，要有镜头感；同样要具备基本的职业素养，普通话标准、表述清晰且具备专业的知识；还有在实时直播中有很好的临场应变能力等。

5.3 整合渠道，与权威媒体合作，多平台同时直播

目前，博物馆和科技馆的线上教育活动开展较多，但是时效性没有达到预期的效果，传播渠道过于狭窄是一个原因。许多场馆过度依赖本馆的微信公众号、微博账号或本地媒体平台，而受众只有关注这些账号才能接收相关直播内容的推送，受众群体小、传播范围窄，限制了活动的参与度。在平台搭建已经成熟、开设的版块逐渐多元化的基础上，渠道的打通为流量的输入和输出提供了重要的硬件保证。在活动组织、内容投放、宣传推广等方面都应与权威媒体建立广泛而深度的合作关系，整合多元渠道，抓住时事热点、全面覆盖目标人群，拓宽信息传播渠道，促进线上线下相互转化，达到活动的预期效果。

6 结语

随着移动新媒体和 5G 技术的不断发展，传统的媒介格局逐渐被打破，这也为网络直播提供了强有力的技术支撑。便捷的直播方式，让人们接受信息和传递信息的方式也随之改变。科普信息的迅速性、及时性、准确性不仅是公众的需求，更是对科技馆的传播工作提出的更高要求。在"互联网＋"技术支持下，不断开拓创新，网络直播在科普场馆拥有广阔的发展前景，也将成为科普教育活动传播的一种创新形式[12]。但网络直播存在的缺陷，以及新媒体快速发展对科技馆科普工作提出的更高要求，都需要我们整合专业资源、紧密结合实际情况，不断完善、开发优质的线上线下相结合的传播形式，促进科普教育事业不断发展，为提升全民科学素养贡献力量。

参考文献

[1] 马亚韬：《对"互联网＋"背景下科普工作的思考》，《科协论坛》2015 年第 12 期。

[2] 中国互联网络信息中心：第 45 次《中国互联网络发展状况统计报告》，2020。

[3] 《工业和信息化部发布"互联网＋"三年行动计划到 2018 年制造业"三化"水平将显著提高》，《军民两用技术与产品》2016 年第 1 期。

[4] 孙鹤嘉：《互联网＋科普运行机制与发展模式探究》，《辽宁师专学报》（社会科学版）2016 年第 1 期。

[5] 付业勤、罗艳菊、张仙锋：《我国网络直播的内涵特征、类型模式与规范发展》，《重庆邮电大学学报》（社会科学版）2017 年第 4 期。

[6] 张磊巍：《"互联网＋"背景下科技馆应急科普教育实践——以中国科技馆为例》，《学会》2020 年第 11 期。

[7] 李永：《"互联网＋科普"时代背景下的科普工作创新路径》，《科技传播》2019 年第 12 期。

[8] 朱幼文：《科技馆教育的基本属性与特征》，第十六届中国科协年会——分 16 以科学发展的新视野，努力创新科技教育内容论坛，2014。

[9] 中国科学技术馆：《中国数字科技馆建设进展》，《科技导报》2016 年第 12 期。

［10］于跃：《网络视频直播对科技传播的影响与拓展》，《科技传播》2016 年第 22 期。

［11］王晨、田依洁、唐立岩：《网络直播在气象宣传科普工作中的应用研究——以一直播平台为例》，《新媒体研究》2017 年第 16 期。

［12］闫亚婷：《网络直播在科普场馆教育活动中的应用》，《科技传播》2020 年第 11 期。

馆校结合在线教育游戏化实施初探

——以"棉花糖大挑战"为例

张亦舒[*]

（温州科技馆，温州，325000）

摘　要　新冠肺炎疫情突袭而至，全国各地学校的教学工作以及科技馆与学校的馆校结合教育工作均受到了不同程度的影响，常规的馆校结合实体教学方式难以开展，这也催生了馆校结合在线教育的发展。但仅利用互联网平台开展教学活动，难以让学生取得理想的学习成效，这是科技馆工作者需深入考虑的问题。本文以新冠肺炎疫情为背景，研究和探索了游戏化的馆校结合在线教育。

关键词　馆校合作　线上教育　游戏化

1　背景及思考

1.1　疫情期间科技馆在线教育的必要性

新冠肺炎疫情来势汹汹，全国各地学校"停课不停学"，开启了利用网络教学的新时代。在这个背景下，温州科技馆也顺应潮流，开展了"互联网＋"的馆校结合在线教育活动。从学校的角度出发，希望充分利用社会资源，渴望建构"校园＋场馆"合作教育的新方式，探索"家校社"多元课程的新路径，

＊　张亦舒，单位：温州科技馆，E-mail：768732826@qq.com。

开启场馆资源项目化学习的新形态，进一步体现社会大课堂的综合实践理念。但通过与学校、家长、学生进行多方面的沟通发现，面对学校、场馆、学生完全物理隔离的现实情况，出现了许多问题。比如在家期间，学生和家长无法准备实验材料；线上活动时学生只能观看冷冰冰的电子设备，注意力不集中等。

教育部、国家文物局联合印发《关于利用博物馆资源开展中小学教育教学的意见》，对中小学利用博物馆资源开展教育教学提出明确指导意见。从文件中我们可以看出，国家高度重视博物馆（包括科技馆等一系列场馆）青少年教育工作，出台了一系列政策措施，推进中小学生利用博物馆开展学习，促进博物馆资源与课堂教学、综合实践活动有机结合。馆校结合是国家政策大力支持的项目，而科技场馆开展的教育活动是馆校结合的有效延伸。

1.2 在线教育游戏化激发学生学习兴趣的思考

面对这样的情况，我们必须真正考虑疫情期间学生的现实需求，开展有效的馆校结合在线活动，以激发科学兴趣、普及科学知识、启迪科学观念、传播科学精神为核心思想，为社会提供更多样化的优质服务。游戏是学生最喜爱的活动，在游戏的过程中学生能够全身心地投入，集中注意力，并在丰富多样的体验中获得认知能力、创新精神等各方面的成长。并且在游戏的情景中，学生可以缓解对学习知识的厌倦感，保持良好的学习状态。面对这样的情况，科技馆作为补充的教育资源与学校合作，实现"家校社"三方联动，在疫情的背景下展开游戏化的线上教育活动。

1.3 游戏化课程设计相关理论综述

国内外诸多学者针对教育游戏设计开发理论进行过深入研究，基于实践和反馈提出了多种设计开发的广义模型。

儿童心理学家皮亚杰提出了游戏理论，又称游戏的认知发展阶段理论。他在研究儿童象征性功能的形成和发展时，注意到儿童的游戏，并试图通过研究儿童的游戏和模仿，找到沟通感知运动与运算思维活动之间的桥梁。在他看来，游戏并非独立的活动，而是智力活动的一个方面，正如想象与思维的关系一样。

Kristian Kiili 根据体验式学习理论、沉浸理论和游戏设计理论提出了教育理论与教育游戏的理论基础，及应用模式游戏设计整合的体验式游戏模型。此模型在教育游戏中向学习者提供即时反馈、清楚目标以及与他们技能水平相适应的挑战。

Robert Seagram 在对教育理论、游戏设计、游戏开发以及 GOP 模型和 POM 模型进行分析的基础上提出设计教育游戏的便利方法——GAP（游戏成就模型），在分析了游戏与学习关系的基础上提出了设计开发教育游戏的基本步骤，即确定教育方法，在模拟的世界中确定任务，详细地描述细节，整合潜在的教育支持，将学习活动设置在界面交互的活动中以及将所要学习的概念设置在界面交互的目标中。

游戏最大的特点就是使玩者在游戏的过程中，沉迷于游戏，并使玩者达到"寓学于乐"的目的。总体上说，游戏带有以下几个方面的特点。

起点公平和资源公平——基于游戏规则的世界观构建导致对游戏者原有身份的弱化和抽离，摆脱原有社会关系干扰和原有经验积累干扰后，每个参与者都拥有平等的机会。

基于目标的路线不受限性——在抽离常态化关系的认知架构下的游戏世界观内，游戏参与者拥有类似沙盒类游戏的参与感，达成既定目标的路线出现了离散化，个人以个人的选择为发展的动机，从而将尝试性学习行为构建在主观能动性之上。

自主性与主体性——游戏是一种娱乐参与者自我欣悦的活动情境结构，而不是一种任务明确的作业形式，游戏者可以自主地开始游戏也可以随时终止游戏，是游戏反馈的主体。

德国诗人席勒认为，游戏是一种克服了人的片面和异化的最高的人性状态、是自由与解放的真实体验。这种状态也正是教育者希望学习者能够拥有的。

1.4 线上教育相关理论综述

线上教育不仅是形式的转变，如同生产关系的进步必然依赖于生产力的发展一样，从线下到线上的发展也依赖技术支持和基础理论的发展。

目前提出的理论将影响线上学习的要素归纳为技术、教学者、领域和任务、组织和安排、社区和交流以及评价，基于这 6 个因素的认知构建模型为线上教育开拓了广阔的发展空间。此外，其他学者提出的差异性目标、教师角色、LICE 影响因素模型也颇具前导性意义。

2 游戏化的馆校结合在线教育实施——以"棉花糖大挑战"为例

"棉花糖大挑战"在线教育活动一共 1 个小时，结合小学六年级教材内容，对"搭框架""建高塔"这两个单元进行整合，以游戏的形式帮助学生理解学习。

2.1 教学对象

本线上活动的教学对象具体目标为小学五、六年级学生。考虑到线上活动的开放性，所以不对年级做具体限制，低龄段的学生可以在家长的辅助下进行。

本活动联合温州市文明办将活动通过线上的方式带进乡村学校少年宫，通过邮寄的方式分别为瓯海泽雅镇第一小学、平阳桃园小学、瑞安高楼镇小学的学生寄去活动材料，推动优质教育资源共享，缩小城乡教育差距，促进教育公平；在本馆微信公众号进行活动宣传，以网络报名的方式为温州市各县市区的学生寄去活动材料；并发布活动材料清单，让没有收到材料的学生可以自行准备材料，丰富疫情期间学生的课余生活。

2.2 学情分析

当今学生，本身就生活在信息时代，对信息时代的电子产品和各类软件有着天生的亲近感。而温州当地各大中小学在疫情期间使用钉钉直播为学生进行线上教学活动，所以学生对钉钉直播教学活动有一定的熟悉程度，可以完成钉钉直播中的评论、连麦等一系列互动，满足线上教学活动的种种条件。

但当学生通过屏幕看到老师显示的对象、模型或设计作品时，他们只会将它们转换为视觉图像并牢记在心，与线下课程完全不同，后者可以观看、触摸甚至动员五种感官知觉体验。前者依靠想象力和联想力，而后者则很少引起共鸣。这相当于我们在书籍中看到的图片与在博物馆中看到的原始作品之间的差异。这种教学方法会导致学生对教学内容的理解不足，影响教学质量。

线上教学不同于在课堂上面对面教学，学生对着冰冷的电子设备，教师无法直接监控学生的出勤情况。面对学校、场馆、学生完全物理隔离的现实情况，线上教育极大地减少了师生之间的交流，教师无法有效地获得学生学习状况的反馈，大大削弱了教师课堂督导的效果。当学生使用在线教育时，他们通常处于自我监督的状态。

2.3 学习目标

科学知识：搭建不同形状的立体图案，了解不同形状的结构稳定性能。科学探究：能对探究活动进行过程性反思，及时调整。科学态度：对棉花糖意面搭建的结构、搭建的过程及原因产生科学探究的兴趣。科学、技术、社会与环境：了解科学技术影响社会的发展。

2.4 教学准备

教师：灯光、电脑、PPT、背景板、材料包一份。

以邮寄的形式为学生送去的活动材料包：棉花糖、意大利面、小丑人偶、线、小磁铁。

2.5 教学过程

直播热场环节：在正式直播开始前 10 分钟播放世界高楼发展史视频、走钢丝挑战视频，引导学生观察高楼的结构、走钢丝的人为什么不会摔倒。

设计意图一：让陆陆续续进入直播间的学生有事可做，积累对之后游戏的生活经验。

游戏环节一：教师介绍游戏材料，棉花糖、意大利面，请学生描述两者可以起到搭建高塔中的什么作用。学生以评论的形式解释棉花糖起黏合作用，意大利面起支撑作用。教师对游戏规则进行介绍，请学生开始利用有限的材料在有限的时间内搭建意大利面棉花糖塔。

设计意图：给学生试错的机会，通过自己动手体验，发现游戏中的问题并尝试解决。

教学环节一：通过连麦的形式请学生展示自己的作品，描述自己在搭建过程中遇到的问题。教师通过 PPT 展示世界著名高塔图片，引导学生发现高塔左右平衡、上小下大、上轻下重的特点，解释学生遇到的问题。学生通过评论的形式，在直播过程中直接发言，并在评论区互相讨论。

设计意图：通过观察、讨论高塔的结构，为学生再次进行游戏——用意大利面、棉花糖搭建高塔建立基础。

游戏环节二：教师出示材料包中的材料——小丑、线、小磁铁，请学生让材料包中的小丑与热场视频中走钢丝的人一样完成走线挑战，与举手的学生进行连麦。学生动手尝试游戏——小丑走钢丝，以连麦的形式展示自己的成果，描述自己成功的原因，未成功的学生描述自己失败的原因。教师在最后讲述小丑走钢丝的原理。

设计意图：以游戏的形式对之前论述的物体保持平衡需要左右平衡、上轻下重进行实践。让学生更深刻地理解为什么高塔需要这样的设计。

教学环节二：教师讲述棉花糖意大利面高塔游戏新规则，引导学生通过之前的教学内容和游戏环节，画出高塔的设计图。学生与家长讨论，设计意大利面棉花糖高塔结构。教师通过连麦的形式，请学生展示自己的设计，学生讲述自己的设计思路。

设计意图：让学生对之前所有的内容进行沉淀，加以利用。

游戏环节三：这个环节在直播结束之后进行。学生在线下完成游戏后，将成果发送至钉钉直播群或温州科技馆公众微信号。教师收集整理并展示学生作品信息，对作品高度前5名的学生以邮寄的形式寄去丰厚奖品。

设计意图：展示优秀学生作品，对学生作品进行评价并鼓励。

3 实施效果

处理教育目标和游戏趣味之间的关系，把传统的以老师录播或直播灌输式学习转向线上学生在玩中学的游戏化教学，激发了学生线上学习的兴趣，提高了学生在线上学习中对于科学知识的理解。活动共计有294人参加，直播期间的点赞数达到了154147次，可见活动深受家长和学生的喜爱。

在活动结束后，我们对学生和家长进行了随机的调查访问，共计回收调查问卷67份。发现反馈最多的意见是希望科技馆多多开展此类活动；反馈第二多的意见是在线人数多、互动机会少，学生被选中连麦的概率低。

笔者对活动直播数据和回放数据进行统计（见图1、图2）。笔者发现，观看直播的学生坚持看完全部内容的比例最高，达到63%；观看回放的学生坚持看完全部内容的比例最低，只占12%。而观看回放的学生只看完小部分内容的比例最高，达到 76%；观看直播的学生只看完小部分内容的比例最低，只占13%。直播数据情况和回放数据情况相差明显。观看回放的同学在线易、在线学难，学生转化率低。

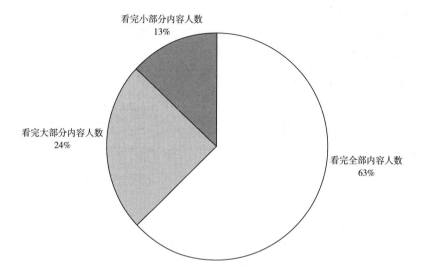

图1　直播数据情况

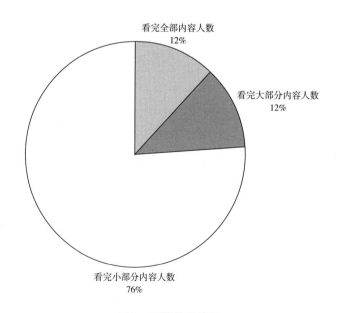

图2　回放数据情况

4 对提升线上教学有效性的启示

4.1 游戏化互动，加强父母监督

通过网络可以开展多样化教学互动，比如以游戏的教学方式进行直播教学。学生观看直播与观看回放的区别在于，教师有没有及时地回馈学生。针对学生学习、游戏中遇到的问题，教师在线答疑、及时反馈信息。线上教学过程中，尽可能避免单纯的主播表演、学生收看的模式，让学生跟随老师的指导参与教学互动。游戏化的教学过程中要尽可能加强师生互动，通过课堂连麦、线上答疑、评论作答等形式，不断提升学生的参与度和专注度，引导学生自主完成学习任务。

提升线上教学的有效性需要家长的一定监督，尤其是孩子不能以学习为名义长时间玩手机，所以要求家长加强对学生的监督，根据上课时间引导孩子及时准备。在游戏化的教学过程中和一些作业的完成提交时等，也需要家长给孩子一定指导，这也有利于加强亲子关系，增加相处时间。

4.2 提升课件制作水平，精选教学资源

线上授课要用到多媒体课件，尤其是 PPT 制作工具。精美巧妙的教学课件是吸引学生注意力的重要方式，有利于提升学生的学习效率。动画设置的课件更能促进学生的记忆，研究表明，动的物体比静的物体更容易被注意也更容易被记忆。教师可以根据教学需要自行设置课件，还可以通过搜索查找已经完成的课件，精选课件内容，选择学生感兴趣的素材，合理调整课件颜色。

如今网上教学资源丰富，各种视频课程应有尽有。教师在选择课件内容时，可以选择图片，也可以选择视频，如一些经典教学视频或者和教学内容有关的视频资料，多种教学资料一起用，可以更好地吸引学生兴趣。课件除了要美观具有吸引力外，还要注意要紧紧贴合学生需求，根据学生的掌握情况进行设置。可以选择一些网上教学资源，但也要根据学生漏洞进行针对性设计。

5 结论

综上所述，教育作为最基础、最重要的产业之一，以在线教育全面普及的形式，积极响应新冠肺炎疫情带来的社会需求的变化。在网络教学中，应充分考虑学科和专业的特点，找到合适的切入点，并根据学生的能力和水平选择有针对性的及时教材。在教学过程中，应充分利用各种教学方法，合理设置作业，力争使教学效果最大化。在线教学可能是未来教育发展的趋势，也是学校教育的主要形式。人才培养是一项系统工程，需要各个方面的协同创新。因此，为了实现网络课程的规范化和网络教学的稳定标准化，教育部门有必要进一步创新教育教学改革机制，完善教育教学体系，促进网络教学现代化。

参考文献

［1］张煦：《新冠疫情背景下的高校教育模式思考》，《国际公关》2020年第12期。

［2］孟丽萍、曹伟、葛志元：《疫情防控常态化下高职院校特殊学生群体管理策略探析》，《国际公关》2020年第12期。

［3］侯薇育：《论民俗信仰与马克思主义信仰教育的课程思政融合——以〈中国民俗文化〉课程的疫情线上教学改革为例》，《佳木斯职业学院学报》2020年第10期。

基于 SPOC 模式的馆校结合项目化教学模式探索

——以课程"古法敫器"为例

张自悦*

（温州科技馆，温州，325000）

摘 要 近年来，随着互联网、移动端的不断普及，线上教学模式正在被广泛应用和研究。受疫情影响，各大科技馆纷纷推出线上课程，但线上和线下活动相对独立，之间缺乏联系的问题也随之浮现。如何利用好线上资源？如何结合科技馆自身特色？两者怎样相互融合能够发挥线上教学和线下教学的优势？本文旨在通过温州科技馆课程"古法敫器"探索一种利用 SPOC 课程模式，开展 PBL 教学的线上线下混合式教学的新路径。

关键词 SPOC 模式 科技馆 课程设计

1 绪论

近年来，随着互联网、移动端的不断普及，线上教学模式正在被广泛应用和研究。随着人们对知识付费、网上课程模式的接受度越来越高，特别是在"互联网＋"行动计划的推动下，在线教育呈快速增长的趋势。

受新冠肺炎疫情影响，2020 年线上教育迎来了爆发期。线上教育平台大量涌现，各大学校纷纷推行网上授课，而科技馆行业也顺应潮流，纷纷开展线

---

* 张自悦，单位：温州科技馆，E-mail：5682103@qq.com。

上教育活动。在疫情缓解之后，众多科技馆将在线教育这种方式进行了延续，但线上和线下活动相对独立，之间缺乏联系的问题也随之浮现。如何利用好线上教育这块阵地更好地完成科技馆的科普教育工作，成了一个亟待解决的问题。

在"互联网＋"时代，在线教育迅速发展壮大，课程体系不断完善，课堂模式日趋人性化，将在线教育资源有效地和传统教育融合已经成为时代发展的需要，线上线下混合学习已经成为一种新的教与学的方式。[1]

在新形势下，如何发挥科技馆自身场馆优势，融合线上教育的特点，进一步打造具有科技馆特色的教学模式将是一个热点问题。本文以温州科技馆的教育活动"古法敧器"为例，结合当前教学情况，探索线上线下混合式教学，旨在实现传统以老师灌输式学习转向线上学生自主学习、线下老师引导探究的有机统一，激发学生学习兴趣，提高对于科学知识、科学精神等内容的掌握水平。

2 理论综述

本文案例将采用线上线下混合式教学模式，利用 SPOC 课程模式，开展 PBL 教学。在本案例中，会借鉴部分翻转课堂的概念，但线下教学部分使用的是 PBL 教学法，故线下课堂并不能仅仅作为答疑解惑、互动交流之用。

2.1 线上线下混合式教学模式

混合式教学模式是将传统的课堂教学和网络在线学习两者优势有机整合的一种在线和离线的教学模式，这种教学模式既体现了教师在教学中的引导作用，同时也体现了学生学习的自主地位。[2]在线上线下混合教学模式下，学生可以根据自己的学习能力控制自己的学习进度，学习能力较强的学生可以花较少的时间完成基础内容的学习，并可以利用多余的时间学习其他关联知识；学习能力较弱的学生可以利用更多的时间，掌握教学中应学习和掌握的知识点。总体来说，学生在线上学习时可以自主控制学习时间、地点和进度，更加灵活自由。

2.2　MOOC 与 SPOC 课程模式

大型开放式网络课程（Massive Open Online Courses，MOOC）是指在网上提供的免费课程，能让更多学生获得系统学习。

而小规模限制性在线课程（Small Private Online Course，SPOC）中，Small 和 Private 是相对于 MOOC 中的 Massive 和 Open 而言的，Small 是指学生规模一般在几十人到几百人，Private 是指对学生设置限制性准入条件，达到要求的申请者才能被纳入 SPOC 课程。

其基本流程是，教师把这些在线教学资源（如视频材料或互动课件）当作家庭作业布置给学生，然后在实体课堂教学中回答学生的问题，了解学生已经吸收了哪些知识，哪些还没有被吸收，在课上与学生一起处理作业或其他任务。

2.3　PBL 教学法

PBL 教学法是以问题为导向的教学方法，是基于现实世界的以学生为中心的教育方式，在教师的引导下，"以学生为中心，以问题为基础"，通过采用小组讨论的形式，学生围绕问题独立收集资料、发现问题、解决问题，培养学生自主学习能力和创新能力的教学模式。

与传统的以学科为基础的教学法有很大不同，PBL 强调以学生的主动学习为主，而不是传统教学中的以教师讲授为主。

2.4　翻转课堂

翻转课堂的理念最早由美国科罗拉多州伍德帕克高中的两位教师提出，其基本思路是：把传统的学习过程翻转过来，让学习者在课外时间完成针对知识点和概念的自主学习，课堂则变成教师与学生之间互动的场所，主要用于答疑解惑、汇报讨论，从而达到更好的教学效果。[3]

3　课程设计背景

3.1　需求分析

随着科学教育逐渐被重视，科学教育的需求量日渐加大。2017 年教育部颁布的《义务教育小学科学课程标准》中规定的科学课的"实践性""综合性""探究式学习"要求恰恰是学校所欠缺、科技馆所突出的。科技馆开设的馆校结合课程在一定程度上能够缓解这一矛盾。

从学校的角度出发，学校在科学课的"实践性""综合性""探究式学习"方面存在教学资源、师资、教育意识和教育能力的缺乏问题，对于此类课程有一定的需求。

从学生的角度出发，课堂学习以灌输式学习为主，书本学习内容属于间接经验。学生对探究式学习和获得直接经验有较大的兴趣和需求。

从科技馆的角度出发，通过馆校结合的方式，发挥科技馆的场馆优势，吸引更多的学生来科技馆参观，以此提升科技馆的社会效益，发挥影响力。因此，科技馆方也有很强的动力来推进馆校结合教育课程。

综上所述，在校方、学生和科技馆都有较强意愿开展合作的前提下，全国各大科技馆纷纷开始探索如何做好馆校融合的科学教育课程。

3.2　寻求突破点

科技馆开展的馆校结合课程追求和而不同，教授课程既要和学生在当前年龄段学习的科学知识相吻合，又要区别于学校课堂，因此线上教学的方式有可能成为其中的一个突破点。

学生在学校的课堂学习模式是线下教学，科技馆的常规馆校融合课程也以线下教学为主，丰富的线上教学资源都难以利用。即使有教师要求学生通过互联网或移动端进行线上学习，但由于缺乏对学生学习的监管，也缺少相应的引导，效果并不明显。以 MOOC 模式为例，哈佛大学的罗伯特·卢教授就认为，MOOC 只是传统课程的视频集，设计出的在线课程与传统课堂没有本质的区别。

而实质上线上教育并不如此。线上教育本身教学方式灵活、多样，丰富的数字资源和先进的技术，可以服务更多的学习者，覆盖更广的范围，符合当前我国经济社会发展对教育在发展规模与质量上的需求。[4]

现阶段科技馆的教育课程主要形式为线下的课堂式教学和线上直播课，但这两种方式都存在一定的局限性，如表 1 所示。

表 1　线上教学与线下教学模式对比

类目	时空限制	可重复性	教学资源	个性化学习	教学反馈	隐形知识传授	学习时间	学习可控性	学习的社会性
线上	无	可以	多且方便	较好	容易	弱	长	弱	个体
线下	有	不可以	精而少	不容易	不容易	强	短	强	团队

资料来源：任昌荣：《线上线下混合教学模式实践与探究》，《福建电脑》2019 年第 3 期。

由此可见，线上教学与线下教学都有自身的优势，同样也都存在一定的短板，单纯的线上教学模式或线下教学模式都无法完全替代对方。因此，线上线下混合式教学模式更加体现了优越性，在前期准备充分的情况下，可以兼顾两种教学模式的优点，规避两者缺点。在此思路的引导下，我们尝试对馆校融合课程进行线上线下混合式教学模式的探索。

3.3　课程介绍

"古法敔器"课程是温州科技馆联合温州大学共同研发的馆校融合教育项目课程之一。该课程基于"馆校结合"与"科技馆学习"的理念，实现了传统科技馆科普教育的两大转向：一是从展品资源中心向参观学习者中心转向；另一个是从相对单一的情境化教育向多种模式创新实践教育活动转向。该课程对解决当下科技馆教育存在的科学知识点堆砌与零散、结果重于探究过程、原理展示大于实践应用问题具有现实意义。

4　实施过程

4.1　学情分析

课程"古法敔器"基于温州科技馆儿童展区展品资源，学员围绕驱动性问题开展学习探究。在趣味性的学习过程中，学员理解掌握重心和平衡之间互相影响的关系，最终通过相互合作，创造出结构不同、充分利用物理原理的"古法敔器"装备，加深对结构、功能、变化等大概念的理解。

本次课程针对小学五、六年级学生，此阶段的学生兴趣广泛，求知欲和好奇心强，开始独立思考、追求与探索，能形成自己独立见解，但是容易被影响；自主性进一步增强，但仍缺乏自我约束力，需要教师进行引导。

本次课程"古法敁器"需要掌握和应用的知识点为重心及其延伸。理解重心概念，掌握寻找重心的方法为小学三年级科学课本内容，学生已经完成理解和掌握，仅需在课程前期进行简单的知识点回顾。

而如何将重心概念在实践中进行应用，如何完成工程项目的设计和实施将是本次课程的难点。在前期教案准备过程中发现，成年人在未经过完整课程教学和教师引导的情况下，在完成课程最终工程目标——敁器制作上花费了大量时间试错和修正，因此需要在课程设置上有针对性地进行系统性、渐进式的引导教学，帮助学生完成知识迁移。

4.1.1 "古法敁器"所涉及课程标准

《义务教育小学科学课程标准》（2017 年）

5.1 有的力直接施加在物体上。

5.2 物体运动的改变和施加在物体上的力有关。

6.6.2 一种表现形式的能量可以转换为另一种表现形式。

16.2 工程和技术产品改变了人们的生产和生活。

17.1 技术发明通常蕴含着一定的科学原理。

17.3 工具是一种物化的技术。

18.2 工程的关键是设计

18.3 工程设计需要考虑可用条件和制约因素，并不断改进和完善。

4.2 教学模式设计

在课程设计中，坚持"学生为主体，教师来引导"的理念，完成以核心问题为驱动、以完成项目为目标的线上线下混合式教学。该模式分为三个阶段：课前线上自主学习、课中线下课堂学习和课后线上巩固学习。具体设计如图 1 所示。

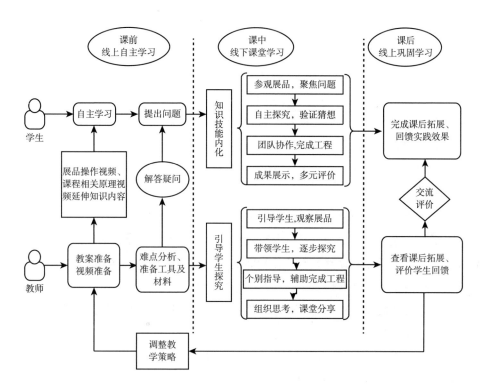

图1　线上线下混合式教学模式设计

4.3　教学组织与实施

4.3.1　课前线上自主学习

在开始线下课程前，教师进行线上预习任务的布置、课程要点概述、学习方法提示和学习资源提供，并准备好课程工程所需工具及材料。在"古法欹器"教学中，教师在学生群中发布科技馆展品"三阶不平衡桶"的操作视频、重心和如何找重心的相关教学视频以及延伸知识视频（《国宝档案——欹器寻踪》），要求学生观看视频，做好课前准备工作，如根据视频内容记录好自己感兴趣的问题、准备欹器制作需要的容器。

学生借助 PC 端或手机端观看教师提供的视频进行自主学习，记录好自己的问题，同学间也可以在微信群中进行交流讨论。同时，学生需要准备好自己认为合适的欹器制作容器。

4.3.2 课中线下课堂学习

线下的课堂学习内容主要分为四项，参观展品、进行探究、完成工程、分享评价。具体实施内容如下。

（1）环节一：破冰游戏，组建团队（时长：10分钟）

由于科技馆的馆校融合课程招募到的学生来自各个学校，因此需要一个破冰游戏环节对学生进行分组，让学生间相互熟悉。同时需要推选出一位组长作为团队的指挥者，组长需要协调团队合作并且要记录团队合作时获得的实验结果。

（2）环节二：参观展品，聚焦问题（时长：20分钟）

组织学生参观科技馆展品，着重观察与本次课程原理相关的展品。此步骤的线路设计、展品互动需要教师在教案准备阶段完成。参观时教师需注意学生安全，维持学生参观秩序。

学生参观展品并对展品操作过程进行记录，并将自己在课前线上自主学习时想到的问题与展品结合，把问题分为两类：一是自己在展品实践中探索解决掉的问题，将结论进行记录；二是在实践中还没有解决的问题，将问题记录，最后由各组组长进行汇总汇报。

教师将学生带回课堂后将第二类问题进行汇总总结，提炼出其中的核心问题，结合教案准备时的驱动性问题，将问题提出供学生思考，作为下个环节的导入。如在"古法敧器"的课程中，教师结合学生提问，总结出了"不平衡桶在加水的过程中，重心是如何变化的？"、"不平衡桶的形状和敧器非常相似，但是为什么会少一个倾斜的状态？"、"如果我改变了敧器（或者不平衡桶）的形状，它会不会就不会翻倒了？"等问题。

（3）环节三：自主探究，验证猜想（时长：40分钟）

首先，教师先对核心知识点进行回顾。在"古法敧器"的课程中，教师应带领学生对"重心"概念和"如何寻找重心"进行回顾，并联系日常生活中的应用。

之后，通过几个小型实验让学生自主探究学习内容。在"古法敧器"中，通过让"硬币在不同厚度的物体上保持平衡"、"让易拉罐斜放"、"让纸片小丑走钢丝"和"自己走平衡木"4个小挑战，让学生一步步探索支撑点的面积、重心的高低对于物体平衡的影响。

第三步，通过教师的引导，让学生自己解释看到的展品现象，完成知识内化。

（4）环节四：团队协作、完成工程（时长：40 分钟）

让学生以团队合作的方式完成工程的图纸设计和实物制造。

教师发布工程制作的要求并提供必要的道具与工具，学生通过绘制图纸、制造模型、试错修改等步骤逐步完善工程，最后加固与美化作品，完成最终作品。

在学生制作过程中，教师可以引导学生思考制作失败的原因，帮助学生找出更加合理的方式，完成工程制作。

（5）环节五：成果展示，多元评价（时长 20 分钟）

以小组为单位，展示自己的作品，并分享自己的制作心得。学生在这个过程中可以进行反思、思考，并吸取其他团队的成功经验。教师注意引导学生聚焦核心问题，让学生围绕核心问题进行分享。

4.3.3 课后线上巩固学习

学生在线下课堂中总结并分享了经验，也会有一些新的创意和改进工程的想法，受限于线下课堂的授课时间，因此可以将改进工程的任务交给学生在课后进行。同时，可以将一些拓展性内容交给学生，让学生自己学习，并对内容进行阐释，并将结论在线上平台中进行交流。如"古法敲器"中，教师让学生完成敲器 2.0 的制作，并需要通过自己对于本次课程的学习去尝试解释科技馆展品"椎体上滚"运用的原理，解释椎体在上滚的过程中，重心如何变化。

在这个环节中，重点是教师和学生的交流以及学生间的交流，通过教师评价和学生互评等环节，让学生进一步巩固知识，将科协知识与生活结合，达到合理解释、合理运用。

5 课程创新性及亮点

本案例尝试探索以科技馆场馆为依托，借助丰富的线上教育资源进行线上线下混合式教学。本案例与单纯的线下课堂式教学相比，教学效果有所改善，学生的积极性、投入程度也水涨船高。本模式相比单纯的线上或线下教学结合了双方优势，有以下三大亮点。

5.1　活用线上资源，结合 SPOC 模式

相较于单纯的线下课堂模式，线上线下混合式教学结合了两者的优点。在 SPOC 模式中，学生通过课前的线上学习完成课程的预习，同时对于课程所需要的前置知识点也有了一定的掌握。因此在课堂上，教师可以减少对基础知识的详细解析，而以知识回顾的方式为主，避免线下课程对基础知识的重复学习，提高了课堂效率。

线下课程时，教师可以集中精力完成难度较高的工程实践，扩大了对于工程项目的选择范围，教师在教学时有了更多的选择，学生在课堂上也有了更多的实践时间。更多的线下课程时间意味着学生可以有更多的试错空间，也可以尝试更多的可能，而不是局限于完成工程。

5.2　立足科技馆展品，开展项目式学习

"古法敔器"作为馆校结合的一个教学案例，要体现出学校与科技馆的结合。由于学生在日常课业生活中动手实践的机会相对较少，因此科技馆开发的课程基于学生已经学习到的知识进行拓展，更多地让学生自己动手、自己思考，获取直接经验。

在课程的开发上，"古法敔器"采用了 STEM 教学理念，以驱动性问题为引导，开展 PBL 项目式学习。在这个过程中，学生以科学知识为基础，综合多学科的知识与技能，来完成"制造一个敔器"这一工程项目。最后，各小组进行展示、交流与评价，进一步激发学生兴趣，促进他们自发地进行作品改进和提升，从而提升活动效果。

在项目式学习的过程中，学生的积极性得到了很大的提高。学生通过课堂学习获得的间接经验在实践中得到应用，将知识内化，构建起了自身的知识体系。

5.3　结合科学课标、开展探究式学习

《义务教育小学科学课程标准》（以下简称"课标"）是学生在小学阶段进行科学学习的指导性方针，符合学生的认知规律。因此在设计课程时，结合课标既契合学校和学生们的需求，又能更好地指导科技馆的教育活动开发。

课标的课程基本理念中提到"倡导探究式学习",让学生主动参与、动手动脑、积极体验,经历科学探究的过程。因此在"古法欹器"的教学过程中,教师引导学生主动思考、主动发问,通过自己尝试来完成学习任务单。在完成任务单的过程中,三个循序渐进的挑战让学生逐步完成对核心概念的理解、掌握和运用。在最后的工程环节,将核心知识点进行合理运用,进行设计,通过不断试错完成工程制作,将探究式学习的过程贯穿始终。

6 改进意见和建议

虽然线上线下混合教学模式对教学效果具有很大帮助,但是,在本案例实施的过程中还有一些环节不尽完善,有较大的修改、提升空间。

6.1 丰富线上教学内容,激发学生兴趣

教师在线下教学时能较好地组织教学,维护学习秩序,但在线上时,缺少对学生的管理和组织,也缺乏对线上课程的设计。本案例中,线上课程的内容还相对比较简单,教师在线上自主学习阶段布置的内容还仅限于网上搜索到的教学视频、文字等资料,对学生的吸引力较弱。教师应根据课程内容精选教学视频,还应自己录制或制作相关视频、课件,丰富学生的学习资源库。

6.2 加强线上互动,提高学习效率

在线上教学时还容易出现学生的参与度不够,对其他人的学习进度不了解的情况,缺少学生间的共同学习和相互评价的内容,较难激发学生的学习主动性。

同时,学生在线上学习时容易因为缺少监督而分散注意力或转向查看其他内容,学习效率偏低。教师应加强线上的师生互动,通过更多的交流,及时了解学生学习情况,监督学生完成线上学习并调整后续课程的教学策略。不应将线上自主学习阶段简单地认为是学生课前预习,而应该将其视为一场可由学生自主分配时间的线上教学。

6.3　提高课程趣味性、探究性，区分馆校学习

馆校结合课程作为科技馆和学校合作展开的教学，要区分学校教学和科技馆教学的区别。若将馆校结合课程视为学校课程的延伸，照搬学校教学模式，既不能体现科技馆特色，也会让学生产生一定的抵触心理。

以本案例为例，虽然课中的线下课堂学习部分结合了科技馆的展品，并以探究式学习为主，以学生获得实践机会、获取直接经验的方式展开教学，体现了科技馆的特色。但是在课前线上学习、课后线上巩固的部分，科技馆特色体现较少，仅在学生以通过课程学习到的"重心"原理解释科技馆其他展品这一环节有所体现。在后续的课程开展中，还需要再加强科技馆特色的挖掘，做出特色鲜明的馆校结合课程。

如今，单纯的线上教学或线下教学已经不能满足学生的学习需求，许多高校已经在积极转型探索线上线下混合式教学。虽然目前小学和初中阶段的相关探索较少，但可以预见线上线下混合式教学将成为未来教学的重要组成部分。相信线上线下混合式教学模式的逐渐普及对于提高馆校结合课程的教学质量、提高科技馆教师的教学水平将发挥更多的积极正面的作用。

参考文献

［1］杜星月、李志河：《基于混合式学习的学习空间构建研究》，《现代教育技术》2016 年第 6 期。

［2］王志红：《〈动物生物学〉线上线下混合式教学模式的研究》，《科技视界》2020 年第 3 期。

［3］敖谦、刘华、贾善德：《混合学习下"案例—任务"驱动教学模式研究》，《现代教育技术》2013 年第 3 期。

［4］陈丽、沈欣忆、万芳怡、郑勤华：《"互联网＋"时代的远程教育质量观定位》，《中国电化教育》2018 年第 1 期。

［5］孙敏敏：《线上线下混合式教学模式探究》，《教育实践》2020 年第 3 期。

［6］王建明、陈仕品：《基于线上课程和工作室制度的混合式教学实践研究》，《中国电化教育》2018 年第 3 期。

［7］徐晓丹、刘华文、段正杰：《线上线下混合式教学中学习评价机制研究》，《中

国信息技术教育》2018 年第 8 期。

［8］徐晓丹：《线上线下混合式教学中的师生作用发挥》，《中国信息技术教育》2020 年第 Z2 期。

［9］张其亮、王爱春：《基于"翻转课堂"的新型混合式教学模式研究》，《现代教育技术》2014 年第 4 期。

利用"馆校结合"完善生物教学的探索

史志如[*]

(抚顺市第一中学,抚顺,113001)

摘 要 教师作为新时代知识的传播者,应更新观念、与时俱进,加强校内教学内容与现代社会、科技发展、学生生活的联系。科技馆蕴含着丰富的资源,"馆校结合"可补充学校教育存在的课程资源不足问题,促进教师形成适应新时代发展要求的新的教学理念,更好地为学生提供互动体验,引导学生主动参与、发现探索,完善学生原有知识结构,进而提高学生的生物核心素养。

关键词 馆校结合 生物教学 生物核心素养

"馆校结合"教育模式能将学校教育与科技类场馆的优势资源进行有效整合,在场馆开展教学活动,可大大激发学生的学习兴趣,提高学生主动探究学习的能力,场馆教育是学校教育的重要延伸,对于提高学生的核心素养具有重要意义。[1]

1 "馆校结合"的发展历程

随着教育不断发展,各种学术类场馆参照学校教学模式,为学生量身设计适合的教学项目;开展各种大型科学技术交流活动,方便学校将学生带进场馆进行科学教育,最大限度发挥"馆校结合"的优势。

---

* 史志如,单位:抚顺市第一中学,E-mail:wsw230@163.com。

1.1 欧美发达国家"馆校结合"的发展历程

19 世纪末，欧美国家的一些博物馆向学校借用教学标本进行展览，学校借用博物馆的展品以完成教学，"馆校结合"初步成型。20 世纪中期，科学技术发展迅猛，形形色色的各类科技产品充斥着人们的感官世界，人们获得知识的途径也变得多种多样，不再局限于书本及各类博物馆。为解决博物馆传统经营模式无法适应时代的困境，各类场馆开设专门针对学校教育的组织和机构，进行馆类文化教育的研究推广。资料显示，人们在一些非正式教学活动中学习到的经验比学校教学更有效。[2]

1.2 我国"馆校结合"的发展情况

我国"馆校结合"模式起步较晚，现代科技馆一般从 1980 年前后开始建设，其特征为：多功能，综合性，科普展览内容较少、较单一，建立之初并未与中小学教育相联系。2006 年发布的《关于开展"科技馆活动进校园"工作的通知》，可谓"馆校合作"的一个重要转折点。中央文明办、教育部和中国科协联合启动了"科技馆活动进校园"工作，为打造馆校合作模式起到了重要的决策作用，保证了馆校合作的效果和力度（见图 1）。为了落实《全民科学素质行动计划纲要实施方案（2006－2020 年)》，"十二五"期间，科普场馆、机构积极与学校、教育主管等部门建立联系，一方面全面提升了场馆的科普教育活动覆盖面，另一方面则对学校教育起到很好的补充与延伸作用。

当今世界，科技进步日新月异、知识更新日益加速，不断冲击着人们的思维、拓展着学生的视野，"馆校结合"在一定程度上满足了学生对科技、创新的渴望，逐渐成为一种适合社会发展的教育新模式。

2 "馆校结合"顺应新时代的新需求

我国已经进入中国特色社会主义新时代，十九大报告指出："培养造就一大批具有国际水平的战略科技人才、科技领军人才、青年科技人才和高水平创新团队。"当今社会，国力的竞争主要表现为科学技术的竞争，为了争夺科学技术的制高点，培养科技拔尖人才已经成为新时代背景下教育的重要目标。科

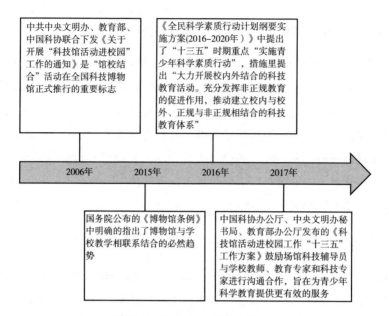

图1 "馆校结合"相关政策颁布的时间及内容

技馆与学校合作，能更好地将科普展览普及大众，实现其价值，深化其发展，提高未成年人爱科学、学科学、用科学的能力，培养未成年人的科学素质与创新能力，使得我国科普发展和公民科学素质逐渐达到创新型国家水平。

2.1 "馆校结合"可促进学生的全面发展

科技馆是以展览教育为主要功能的公益性科普教育机构，主要通过常设和短期展览，以参与、体验、互动性的展品及辅助性展示手段，以激发科学兴趣、启迪科学观念为目的，对公众进行科普教育。展品设计多从实际出发，以展示原理为基础，结合大众学识特点、知识水平、兴趣和需求，结合生产、生活需要又与当今热点相联系。它的教学内容突出的是学生在参与过程中的体验感和成就感，更加重视思维的启发和动手动脑学科学的过程，以期超出学校课程的授课局限，从而提高学生们的核心竞争力，促进学生全面发展。

2.2 "馆校结合"是生命科学教育发展的必然趋势

随着当今社会生命科学的飞速发展，新课程改革的逐渐推行，生物课程中高科技知识的大量融入，出现了校内有限资源与课程丰富内涵之间的巨大矛盾。因而，有效地开发校外资源来补充传统教学中的短板，成为学校、教师不容推卸的责任。科技馆作为校外课程资源的重要组成，对于生物教学起到重要的助力作用。

一方面学校希望通过与科技馆合作，为广大师生搭建交流场所，共享学习资源，不再是"听好""记牢"，而是让学生"动手""感悟"。活动是认识的基础，智慧从行动开始，扩展学生知识面。另一方面由于生物学是自然科学中的一门基础学科，是研究生命现象和生命活动规律的一门科学，当前生物学无论是在微观还是在宏观方向，其发展的速度都非常快，并且生物科学知识与工程技术知识、信息技术知识的结合日渐紧密。[3] 传统的课堂教学很难让学生理解它内部丰富的知识体系，那么教师可以利用场馆资源，开发出更具体、更有效的教学活动，这也是生命科学教育发展的必然趋势。

3 加强"馆校结合"的方法

馆校合作使得学校的教育特色和各类场馆的科普特色相得益彰。积极探寻，推行切实可行的合作方案，与科技馆挂靠资源，应整合相关的教育内容，取长补短，通力合作，找到两者的契合点。由此出发开发深入的教育教学活动，形成书本知识的有效迁移，将难以理解、多靠想象和记忆的知识落到实地。

3.1 学校应积极与科技馆进行合作，充分利用科技馆资源

"馆校结合"课程的开发，要建立在馆校双方密切合作和沟通的基础之上，只有这样才能使科技馆资源的利用率、校本课程的实践率达到最高水平。馆方可结合自身的资源情况，为学校提供对应的教学资源；学校结合馆内资源和教学要求开展丰富多样的教学活动。

3.2 增强教师利用科技馆资源进行教学的意识

在传统的教学过程中，教师往往运用固定的教学模式展开课程，并没有意识到校外教育资源对教学的助推作用。因而无论是在国家层面、社会层面，还是在教师个体层面，都应增强利用科技馆资源进行教学的意识。在教学过程中

校方多多开发科技馆资源，教师不断探索有效的馆校结合教育活动，促进学生生物核心素养的提高。

3.3 教师是促成"馆校结合"的纽带

充分利用场馆资源满足了当今社会对创新型人才的需要，如何整合馆校优势资源，设计科学的教学方案、行动计划，需要教师深思考、细琢磨，因而教师是促成"馆校结合"成功的重要纽带。

3.3.1 学校教师围绕课程特点与科技馆建立深层联系

辽宁省科学技术馆位于沈阳市浑南区，抚顺市在地理位置上具有优势。首先，教师要多实地考察学习，了解场馆资源，明确校外教学的目的和期望，询求馆方专业人员的帮助与建议。围绕科技馆拓展生物学校外教育功能，策划设计并组织实施科普教育活动的实践研究。

其次，教师借助场馆的资源，对课本中的知识与展品进行加工，实现融合。教师可直接使用场馆中的图文、实物、人力、环境资源、数字虚拟资源等，形成完整的"馆校结合"课程方案。[4]

最后，教师可以与学校商议制定学分方案，将"馆校结合"教学纳入学生综合素质评价体系项目中。一方面在"馆校结合"的教学实践过程中，使学生获得体验感和成就感，对学生的思维具有重要的启发作用，调动学生动手动脑学科学的积极性，重视学生的学习研究过程，充分体现新课标要求的重视培养学生的核心素养。另一方面学生可以在校外深化学习过程中获得社会实践学分，节省时间，减轻负担，一举多得。

3.3.2 教师围绕"馆校结合"，制定学习目标

科学、有效的场馆学习只有与教材中的学习内容密切相关，才具有知识性、可拓展性。在进入场馆学习前，应在学校课堂中，对教材内容进行讲解，例如，讲授生命起源问题时，教材中的内容很简略，配图很少，校内标本资源也不足，教师就可以将在古生物博物馆中拍摄的照片供给同学们观察等；再如，在学习胚胎工程、人体稳态的调节机制这些重要却不好理解的知识点时，可以将在辽宁省科技馆生活 A 厅拍摄的相关短视频播放给学生，在学生脑海中形成一定的认识影像，待到学生们身临其境，就会很自然地把他们在科技馆的所见所闻与书本上学到的知识联系起来，从而更好地从新的经验中受益，理

解和记忆相应的生物概念。这需要教师对教材内的知识有全面的理解、深入的认识，分析学生的认知水平，只有这样才能更好地确定学习目标，提升教学效果，真正完成教学任务。

3.3.3 科学设计教学方案，有序到馆参观

无组织的、漫无目的的参观是效率最低的一种资源利用形式。教师向学生说明进行场馆学习的目的并提前分好组别，做好各小组任务明细表，这样可以提高学生的学习积极性。学生在任务单上问题的驱动下，进一步明确学习目的和参观要求，在合作探索中掌握相应的知识。

为提高参观学习效果，教师可以依据课程要求和场馆特点，提前规划好各组的参观路线，以便学生更高效地在场馆中进行参观与学习，理论与实践相结合，从而化难为易，便于学生以点连线、以线结网，建构自己的知识体系，形成关联概念网络，将死板的知识灵活地记忆下来。

依据任务进行参观的过程，实际上就是让学生自行开展科学探索的过程，在学生们探究新知、巩固新知的过程中培养他们的好奇心、激发他们的探究欲、大大提高他们的学习兴趣，真正实现高效教学。在活动结束后，鼓励各小组举荐代表分享所看所学。在实践中引导学生对科学现象或原理进行观察、讨论和演绎，培养学生科学思维和探究素养。"馆校结合"弥补了传统学校教育中存在的一些不足之处，对学生核心素养的形成和发展有着深远的影响，[5]例如学生对概念的理解仅停留在书本，不知道如何运用、用在哪里，学生的表达能力、合作能力等在传统教学中很难培养。

科技类场馆是学校科技教育的延伸。"馆校结合"教育模式的提出，将科技类场馆的优势资源与校内教育和校外教育进行有机互补。本文参考吴鸿庆博物馆教育活动规划模式，[6]设计以下教学流程（见图2）。

3.3.4 积极开展教师培训活动

教师应主动参与科技馆的培训活动，这样不仅能让教师了解到更多的展览资源，进而了解到最新的科学知识和先进理念，提升自己的专业素养，还能让科技馆了解到目前学校对场馆资源的需求，通过教师开发有针对性的科学探究课程活动，间接促进学生生物核心素养的提高。

当然，场馆学习并不能取代学校教育，教师需要搭建桥梁，使"馆校结合"有利于馆、校、生。针对生物学科先沿性强的特点，教师应大胆尝试，

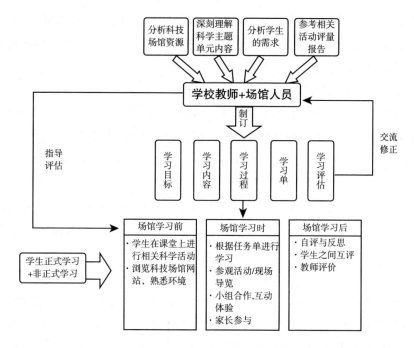

图 2　学校教师利用科技馆开展生命科学教育活动的模式

把教学重心从传统的学校体系转移到学生主动完成学习目标的活动当中，实现学生的全面发展，提高学生的核心素养。

4　存在问题

生物学的学科属性决定了教师在教学过程中，应适当地将跨学科知识和技能融入具体的教学实践活动中，如将科学、技术、工程、艺术和数学等多学科知识融合，这就不仅要求教师有扎实的实践技能，还要求教师具备跨专业、跨学科的知识整合能力，这对教师提出了更高的专业背景和能力要求。缺乏必要的科学知识和科技理念以及对场馆内展品、设备无法深入透彻了解和运用，在组织教育活动时就会面临很多困难。

另外，学生们在科技馆内学习，一部分学生求知欲、自律性差，譬如，馆内播放的关于细胞生长分化的视频，生动而形象，但来馆的学生们，一部分路过而不在意，走马观花。这也有可能是因为科技馆内有其他观光学习人员，学生们的注意力被嘈杂的环境干扰，并不能像在教室中学习一样专注。

5 结论

综上所述，"馆校结合"教学新模式的推行离不开教师大量的知识储备，校外附加工作和协调，对教师个人来说是挑战，也是提升自身素养的机遇。在"馆校结合"模式的探索过程中，学生参与、体验、合作、交流等，培养了学生在解决真实情境中的生物学问题时所需要的品格和关键能力，大大提高了学生们的生物学核心素养。

参考文献

[1] 杨斌：《论馆校结合教育模式在中小学天文教育中的重要性》，《自然科学博物馆研究》2017 第 S1 期。

[2] 〔美〕菲利普·贝尔、布鲁斯·列文斯坦，安德鲁·绍斯、米歇尔·费得：《非正式环境下的科学学习：人、场所与活动》，赵健、王茹译，科学普及出版社，2015。

[3] 中华人民共和国教育部：《义务教育小学科学课程标准》，北京师范大学出版社，2017。

[4] 王牧华、付积：《论基于馆校合作的场馆课程资源开发策略》，《全球教育展望》2018 年第 4 期。

[5] 郑旭东、王婷：《家庭行为、身份认知与经验建构：场馆学习理论的解读与启示》，《开放教育研究》2015 年第 4 期。

[6] 吴鸿庆：《超博物馆》，扬智文化事业股份有限公司，2003。

科技馆辅导员职业能力提升路径研究

——以全国科技馆辅导员大赛为视角

仝鲜梅　常　佳[*]

（山西省科学技术馆，太原，030027）

摘　要　本文以全国科技馆辅导员大赛为视角，聚焦历届展品辅导赛，对赛事环节、评分细则、评委构成等几个方面进行梳理和剖析，分析了科技馆需要的展品辅导类型，总结了辅导员职业能力的需求和变化，探索了辅导员职业能力提升的路径以及培养一支优秀的辅导员队伍的途径，提出了完善大赛、提高辅导员职业能力的建议。

关键词　科技馆　辅导员　职业能力　辅导员大赛

科技馆是面向广大公众进行科学普及、科技培训、科普教育、学术交流等的公益性基础设施，是社会教育的重要组成部分，通过讲解辅导、教育活动、科学表演等方式实现对公众的"四维"（科学知识、科学探究、科学态度以及科学、技术、社会、环境、情感与价值观）教育。辅导员是科技馆教育载体，是科学传播的主要力量，因此，科技馆辅导员职业能力发展的现状不容忽视，提高科技馆辅导员职业能力的重要性不言而喻。

目前，行业内举办各种科普赛事来提高科技馆辅导员的职业能力。其中，全国科技馆辅导员大赛是我国科技馆界一项非常重要的行业技能赛事，从2009年举办首届伊始，已成功举办了六届，其参与度、关注度、影响力，堪

＊　仝鲜梅，单位：山西省科学技术馆，E-mail：601469853@qq.com；常佳，单位：山西省科学技术馆，E-mail：394723467@qq.com。

称业界"奥运会"。它是工作技能大比拼的平台，更是检验平时工作能力的一次大阅兵，为全国科技馆行业内的辅导员聚集一堂、交流思想、畅谈心得提供了难得的机会。可以说，全国科技馆辅导员大赛对于提升科技馆辅导员职业能力素养和实际工作水平具有重要的现实意义。

1   辅导员大赛对提高辅导员职业能力的作用

辅导员大赛赛制虽然是对比赛的一些规范，但在很大程度上更是对当代辅导员职业素养的具体要求。全国科技馆会把比赛要求作为辅导员的行为规范和工作标准，并以此培养、教育、培训辅导员，因此辅导员大赛是辅导员职业发展的风向标，对提高辅导员职业能力具有导向性和指引性。

辅导员大赛为科技馆辅导员搭建了学习交流的平台，辅导员可以在这个平台上展示自我、体现价值、学习借鉴、树立形象。同时参加大赛也是对自己长期努力工作的认可，每位年轻人都渴望得到这个机会，因此对辅导员具有很强的吸引力和影响力。科技馆可以充分抓住这个契机，利用辅导员积极向上的心理，推动辅导员团队建设。

辅导员大赛可以催生一些优秀辅导员，科技馆要充分发挥这些辅导员的辐射、带动作用，用示范工作、一对一帮扶，帮助和影响周围其他辅导员的进步和成长，从而建设一支优秀的辅导员队伍。

2   从辅导员大赛发展变化看科技馆行业对辅导员的职业能力要求

从比赛内容和考核能力看，全国科技馆辅导员大赛分"展品辅导赛"和"科学表演赛"两大项。本文聚焦历届展品辅导赛赛制变化，对科技馆辅导员的职业能力提出新的要求，以适应科技馆事业发展需要。

展品辅导是科技馆辅导员在展厅工作中最基础的工作内容。笔者对往届的赛事环节进行梳理时发现，从第四届全国科技馆辅导员大赛开始，"展品讲解赛"更名为"展品辅导赛"，不仅是名称的改变，更是对辅导员辅导展品的方式、技巧、教育能力提出了更高的要求。从本质上讲，讲解强调单项传播和服务，辅导则更倾向于双向沟通和教育的功能。2015 年，朱幼文将科技馆教育的基本特征界定为引导观众通过模拟再现的科技实践进行探究式学习进而获得直接经验。[1]赛事的主导方向与这种全新的科技馆教育理念更加吻合，有利于辅导员职业能力的提升。

2.1 赛事环节

2.1.1 单件展品辅导

展品辅导赛的首要环节是单件展品辅导。辅导员围绕一件展项，通过挖掘展品知识和外延，综合利用实验、讲解、操作等多种多样的方法，对观众进行展品辅导，除了考察知识拓展应用、创新点、亲和力以外，着重考察辅导员的科学原理掌握及应用、讲解技巧、展品辅导方式方法。单件展品辅导赛对辅导员科学原理、讲解技巧等能力的提升效果比较显著。

2.1.2 知识问答

展品辅导赛的第二环节是知识问答，要求辅导员具有一定的知识储备。辅导员必须自己有一壶水，才能倒出一碗水。只有具备了扎实的科学与展品知识基础，才能开展有效科普。前三届大赛设有题库，辅导员只要下功夫背下来就没有问题，从第四届开始，科技知识问答不再有题库和考核范围，而是包罗万象，这样辅导员必须具备丰富扎实的知识积累才可越过此关。往往进入决赛的辅导员在单件展品辅导上差距不大，科技知识问答这一环节就起到了四两拨千斤的作用，知识积累不足的选手常常止步于此。第五届辅导员大赛专门邀请了模拟观众进行现场提问，虽不计入总分，但辅导员想顺利过关，就得真正吃透弄懂所讲展品包含的相关知识，这也是对辅导员知识拓展的具体要求。

2.1.3 辅导思路解析

辅导思路解析在以往的大赛中是没有的，是第六届辅导员大赛中新增加的一个环节。这一环节要求辅导员围绕主题任务单的要求进行教育活动思路解析。从这一环节的加入可以看出新时代对辅导员职业能力的要求更侧重于教育活动的开发策划与实施，要求辅导员运用现代教育理念和教学方法，结合辅导对象的课程标准设计教育活动，同时要实现"四维"教育目标。

2.1.4 主题式串联辅导

主题式串联辅导即在单件展品辅导的基础上要求辅导员具备提炼主题、找出内在联系、选择展品支撑主题、围绕主题进行辅导，也就是说辅导员不能像以前那样只会就单件展品进行讲解，还要能对一组展品、一个展区、一个展厅进行辅导。单件展品讲解是基本功，主题辅导是综合辅导能力的提升。第六届辅导员大赛中此环节是辅导员根据给定的主题，在展品库中选择至少 3 件展品进行串联辅导，经历的是从主题到展品的思考过程。而在第四届和第五届辅导员大赛中，此环节是先给出展品，再自行挖掘展品背后的主题对观众进行辅导。这种先后顺序的改变看起来只是一个细微的变化，实则是对辅导员的素养能力提出了更高的要求。先有展品再有主题，是根据科技馆展品知识划分的类别，建立在受众群体知识基础之上的对同类别的展品进行辅导的一种方式。该种方式打破了展品展项之间的割裂状态，给相近知识点建立有意义的连接，实现教育内容综合化。[2]简言之，这种辅导是由多件相关联的展品组成的，但是这种考察方式容易使得辅导员选定主题时受限于展品表面的知识点和科学原理。先有主题后有展品，要求辅导员对科技馆的所有展品都非常熟悉，不仅仅是对科学原理、科学知识的把握，还必须对展品背后的相关科学史、科学家精神有所了解，只有这样才能够根据给定的主题迅速将有关展品串联起来。这种串联式辅导可以避开辅导员仅仅按照展品知识点归类确定主题的思路，鼓励辅导员向高层次的主题推进，对辅导员开发、策划这种教育活动的能力提出更高的挑战。第四、第五届大赛时选手们此阶段的比赛在舞台上，而第六届大赛中此阶段的比赛设置在真实的科技馆展厅，随时面临观众的各种提问，既考验了辅导员的辅导基本功，又考察了他们随机应变的能力。可见大赛越来越强调对象性和现场感，并从实际工作角度出发强调串联式辅导的概念。这是将科技馆辅导员平时的工作场景进行了演绎和浓缩，同时也使比赛成为平时工作的起点和归宿。

2.2 评分细则

从评分细则看，展品辅导由前三届的注重内容陈述（70 分），到第四届强调根据对象的认知特点和需求选择适合他们的辅导内容和方式，再到第五、第六届专门指出辅导理念、辅导方式、辅导设计和实施，要求互动环节的设置能激发观众兴趣，有助于引导观众对科学方法、科学思想、科技与社会、人与自然等进行思考，启发性强。分值配上，前三届分项打分，第五届权重打分，第六届综合打分，更注重辅导员的整体表现和综合素质。科学实验方面，前三届从选题、演示形式、科学内涵、内容与形式结合四个方面进行分值分配，第四届开始强调观赏性和创新性；辅导员既要创新思维又要具备现场表现能力。评分细则中对语言表现、整体形象都有专门的分值，要求辅导员有良好的语言表达能力、仪容仪表、形象气质。

2.3 评委构成

评委构成上，从前三届的"科技馆行业评委 + 观众评委"到第五届的"综合类评委 + 科技类评委 + 表现类评委 + 学校一线科技教师"，主动邀请行业外的专家和广大公众参与科技馆工作，接受社会的指导和监督。这就要求辅导员要准确、正确地掌握科学原理。辅导员的辅导不仅要符合行业标准，还要满足观众的兴趣和喜好，具有一定的吸引力和感染力，变死板的讲解为吸引观众互动参与，更好地为社会服务。

2.4 展品库

从展品库的设立看，首届是自选展品讲解；第二、第三、第四届有 30 个展品的展品库，辅导员需要对这 30 个展品都非常熟悉；第五届展品增至 50 件，但辅导员可选择自己场馆的展品；第六届不设展品库，辅导员选择自己场馆的展品。从开始的通过增加展品数量夯实辅导员的展品知识积累到促进辅导员对场馆实际工作的精炼掌握，大赛要求辅导员注重平时工作积累，讲解要贴近观众、贴近工作。

因此，通过对历届全国科技馆辅导员大赛赛事环节和赛制变化的分析，我们不难看出：大赛的竞赛内容和方式的改变，对辅导员的工作方向具有引领作用。科技馆事业的蓬勃发展，对辅导员职业能力提出了新的挑战。

3 辅导员职业能力提升路径探索

3.1 对标一流，高标准，严要求

要成为一名高素质的辅导员首先要做到高标准。对任何工作都要按最高标

准来要求，尽已所能地追求完美、追求极致，努力达到最高要求，用高标准驱动辅导员队伍成长。标准降低，看起来很容易实现，但辅导员前进的动力不足，容易产生骄傲和自满情绪，反而不利于最终目标的实现。其次要做到严要求。高标准需要严要求来支撑并实现，做不到严要求，工作就可能偏离方向，大打折扣，目标可能会自动降低，久而久之，团队不进反退，这是团队建设大忌，因此不能对任何人、任何事有丝毫的放松，要将严要求这把利剑始终悬在头顶，时刻提示团队高质量进取。最后还要做到对标一流，把一流馆、一流辅导员等作为自己心中的追赶目标，激励每位辅导员朝着这个目标去努力。在高标准、严要求的历练中，在对标一流的过程中，形成团队强大的生命力和战斗力。

3.2 精益求精，自我超越

精益求精是对工作主动负责的表现。自我超越是个人前进的动力，做出点成绩，更应该勤反思、找差距、补短板，精益求精，始终保持改进自我的意识，主动自我超越、自我革新，找到突破口，以精益求精的精神和自我超越的勇气不断实现质的飞跃。

3.3 夯实基础，厚积薄发

要培养或学习成为一名优秀辅导员，需要长期的坚持和不懈努力，不断进行基本功训练，包括形体训练、语言表达、讲解技巧、主题串讲、教育活动、策划设计等，基础夯实了，才不会像空中楼阁。就像辅导员大赛中科技知识问答，看似只有两道题，其实是辅导员长期一线工作积累的结果，绝不是临场猜测，也不是碰运气，而是量积累到一定程度后的厚积薄发。台上一分钟，台下十年功，只有夯实基础，才能厚积薄发。

3.4 激发潜能，优势互补

辅导员团队学历有高低之分，专业五花八门，比如理科生相对基础好些，但通常不善于表达，讲解得太深奥、专业术语多；文科生理工科基础薄弱，但善于表现，语言表达能力强。管理者要善于挖掘他们各自的优点，激发他们的潜能，让他们各自的优势得到充分发挥，就像演双簧一样，安排理科生做幕后工作，用他们的理科背景为文科生的台前表现提供理论帮助，文科生可以用自己优秀的演绎把理科生的意图准确地表现出来。辅导员团队人才济济，只要点燃激情、释放潜能、优势互补、扬长避短、精诚合作，定能成为一支优秀的辅导员团队。

3.5 团结学习，共同进步

每位成员的优秀构成一支优秀的团队，所以辅导员队伍建设，必须注重团队学习。团队学习是发展团队成员整体搭配与实现共同进步的过程。必须萃取高于个人智慧的团体智慧，使团队既有创新性又能协调一致行动。辅导员队伍管理人员应不断强化团队学习意识，强调理论学习与工作实际相结合，倡导在职在岗的经验性传授与创造性学习相统一。辅导员团队建设，必须注重发挥各位辅导员的专长，通过学习、研讨等方式，提高每个辅导员分析问题、解决问题的能力，鼓励他们不断超越自我、追求卓越，达到辅导员团队的共同进步。

4 完善大赛提升科技馆辅导员职业能力

4.1 品牌打造，促进职业化专业化进程

全国辅导员大赛赛事规格不断提高，赛事规模不断扩大，这不仅与各个科技场馆的重视程度、大赛赛制调整、辅导员认知相关，而且与大赛知名度的提高有关。因此，我们应该精心打造具有影响力的赛事品牌，拓展全国科技馆辅导员大赛的宣传渠道，提高关注度，提升品牌效应，发挥赛事的示范引领和辐射作用，使大赛的发展整体持续向好。只有如此才能在提升辅导员职业能力方面热度不减、持续升温，助推我国科技馆事业蓬勃向前。

4.2 机制保障，打造科学性适用性赛制

经过六届运作和改革调整的全国科技馆辅导员大赛力求科学化、规范化、制度化，在赛制和环节设置上更加合理公平。为了进一步提升科技馆辅导员的能力，可结合各个地区场馆数量、水平的实际情况，合理规划分赛

区；明确评分标准，强调科技馆需要什么样的展品辅导，提出如何设计教育活动的要求；扩大观众参与度，让观众现场参与，增加现场提问环节，不仅增加比赛的看点和互动性，还可考察辅导员的日常工作和基本素质；优化评委构成，加强评委专业性，增加点评环节。只有充分做到机制保障，打造适用性赛制，才能将其打造成科技馆行业内最专业化的赛事，促进辅导员职业能力的提升。

4.3　过程管理，形成赛前赛中赛后闭环

过程中的每一步都是大赛的关键环节，每一个环节都需要参赛辅导员不遗余力。这是一个艰难的过程也是对能力的检验和磨炼，而通过对赛前强化专业素养、赛中全情投入、赛后总结提炼展望这一闭环的有效管控，整个过程就成为职业能力提升的过程。比赛是对辅导员长期努力工作的认可，每位年轻人都渴望得到这个机会，因此对辅导员具有很强的吸引力和影响力。赛前充分调动辅导员积极向上的心理，可提高全体辅导员学习的积极性、主动性。赛前的备赛阶段，辅导员增强对基本功的掌握，又通过大量理论知识的积累获得能力的提升。在参赛时，辅导员点燃激情、倾心参与、释放潜能，再加上角色代入的现场发挥、全力以赴，对职业能力的提升有着催化剂般的效果。赛后许多优秀的辅导员脱颖而出，他们的典型成长事迹影响带动更多的辅导员，并积极通过传帮带来提升其他辅导员的职业能力。另外，赛后要对比赛内容积极总结分析归类研讨，这一过程同样是能力提升的过程，同时研究的结果也会为下次比赛积累经验，就此闭环形成。

5　结语

大赛内涵的延展提升、赛事的改革发展、影响的日渐深远……可以说大赛勾勒出科技馆辅导员这一职业的特质，聚焦了科普工作的热点问题，指明了辅导员能力提升的方向，呈现出科技馆辅导员队伍建设的发展趋势，凝结着辅导员核心价值观的职业精神和人生追求。

参考文献

[1] "全国科技辅导员职业现状调查"课题组、张彩霞、杨媚奇：《全国科技辅导员职业现状调查报告》，载《科技馆研究报告集（2006～2015）上册》，2017。

[2] 许雅琴：《科技馆主题式展品辅导创新的思考与实践》，《科学中国人》2017年第11期。

科学知识的传播与戏剧的结合

——以厦门科技馆开展的戏剧式导览为例

朱朝冰[*]

（厦门科技馆，厦门，361012）

摘　要　近年来，科技类博物馆作为科学文化载体，在科学知识的传播上，正以多种功能服务于社会和广大观众，与公众的互动受到了前所未有的重视。厦门科技馆结合实际情况提出了"戏剧＋导览"模式，在实践中收到了良好的效果。本文以厦门科技馆为例，在总结目前科普场馆导览主要模式的基础上，探讨科技馆运用戏剧手段进行科学传播活动未来应注意的方向。

关键词　导览模式　厦门科技馆　戏剧式解说　戏剧式导览活动

随着全民科学教育不断受到重视，科普工作被赋予了提升全民科学素质的重大使命。社会公众也更加期待科技馆等科普教育场所的设施能以激发科学兴趣、启迪科学观念为目的，对公众进行科普教育，强调快乐学习，发挥更多娱乐及教育的作用；更加期待科学与艺术的发展、思考或者实践能够用艺术的手段和形式来进行科学教育，包括科学知识、科学信息的传播以及科学精神、科学态度的培养等。[1]

1　引言

博物馆本身就是一个教育机构，几乎所有的活动都具有教育的目的，且所

＊　朱朝冰，单位：厦门科技馆，E-mail：799421801@qq.com。

进行的活动生动活泼、寓教于乐；将晦涩难懂的科学原理转变为公众易于接受的内容与形式加以解释和传播，可以加速社会科学文化氛围的形成；同时还注重对民众科学精神、科学思维的培养，承担着知识传播的使命。要让观众了解展品所包含的科学原理以及更深层的科学精神，只有通过创新，借助多种形式，才能带动观众体验、激发自主学习的兴趣。

科普场馆的讲解工作是辅助观众参观的重要手段和途径，"它可以帮助观众整体把握对展览主题的认识，使观众更加深刻地理解展品、掌握展览的重点。讲解可以使观众在与讲解员的互动过程中增加参观兴趣，并得到了更多的收获与快乐。有超过一半的观众是需要讲解服务的。所以，讲解工作是博物馆工作中必不可少的，是服务于观众的重要方法。"[2]参观人数的不断增长，且需求呈现多元化，对讲解服务工作提出了更高的要求。

目前常用到的讲解导览包括定时讲解式、主题式导览、学习单式导览、问题式导览。讲解的内容既要有科学性、准确性，还要有针对性、趣味性和艺术性。当前观众差异性大，需求也不再是以往的单纯听讲，新的导览方式带入多种感官体验和不同类型的互动，以吸引更大范围的观众。

2 科技馆导览新模式的探讨

所谓的"科学教育的艺术化实践"指的是由科学场馆教育人员独创或者主创，在科普场馆内外开展，或者对教育内容进行艺术处理和加工或者采用某种艺术表现形式过程展示的科学教育活动。[1]

比如，采用戏剧的形式。科技馆中采用"戏剧＋导览"的模式，是想通过戏剧语言、服装、动作、布景等元素，结合舞蹈、音乐、灯光、音效等手段，以导览展馆展项为目标，以其解说原则为依归，将展馆幻化为一个开放式的环境剧场，使参观者有意或无意地加入学习中，达到进行科学教育知识传播的目的和效果。

2.1 "浸入式"体验概念介绍

"浸入式"是最近非常流行的一种体验方式。科技馆开展"浸入式"导览，所要表达的"故事性"与我们的生活密不可分。要让观众产生沉浸感并不是一件困难的事情，关键在于辅导员如何讲故事、表演故事，如何通过营造一个故事世界让人们置身其中。

"最佳体验的获得，是在当人的注意力被用在一件实际的目标上，当所需的技能与行动匹配的时候，对目标的追求使意识变得有序，因为当人必须集中于正在应对的任务时，会暂时忘却其他的事情。这一为了应对挑战而挣扎的过程是人感觉生命中最愉悦的时光。"[3]这也充分体现了"浸入式"戏剧指当观众深度融入剧情或剧场化的体验时。[4]

2.2 戏剧式解说概念介绍

戏剧式教育活动的价值主要体现在激发观众想象力和开展探索式的学习。[5]戏剧作为博物馆教育的一种手段，能培养创造力、生产力，因为戏剧教育本身包含着认知、情感和动作技能的学习。[6]

戏剧式解说指的是在导览讲解过程中，以情境营造、角色扮演、特色服饰等戏剧化的表现手段来体现所要讲解的内容。把展品的故事性、科学性演绎出来，相比传统的解说方式，这些以第一人称或第三人称的解读方式能调动起观众更多的兴趣、更设身处地地感受展览的意义，提供给观众学习的情境脉络。[7]

有设计、有目的地采取戏剧化语言对展厅讲解内容进行艺术化加工，并采取戏剧化的表现手段加以诠释，不仅是一种单纯的传播手段，更是一种为观众着想的传播方式。戏剧是提供给观众自由参与以及激发观众想象力的方式之一，表演期间不是提供传统的解说词，更不是为了让观众接受特定的结论。戏剧式解说的导览形式，关键是与观众互动，对于科学知识的传播、寓教于乐以及激发观众想象力和开展探索式学习更有优势；另外，可以缓解在常规定时讲解过程中，观众越跟越少，或者越听越不明白的尴尬。

3 戏剧式导览的特点分析

3.1 互动教育与戏剧的结合

"戏剧和教学有一种明显的隐喻关系，因为它们都要运用语言、姿态、标记、符号等手段创造交流和参与的情景。"[8]科普教育旨在促进知识技能、思维方法、兴趣态度、信念精神四个维度，就要做到讲科学、知科学、做科学和悟科学。[9]在设计戏剧式的教育活动时，以科学为主题、以教育为载体的活动，注重观众需求，给予观众自行寻找答案的机会。这一过程不仅注重展现过程，能激发观众的想象力，还要求整个人的情绪、感官、智力的参与。戏剧式导览可以让观众开展深刻的思考，调动个人生活经验进行探索式学习，在自己经验的基础上进行创造性思维，着重于学习的意义和知识的建构。

3.2　观众参与，多种感官体验

人的感知能力是营造沉浸式体验的基础。人类的视觉、触觉、嗅觉、听觉等感官元素受到光、色、形、声、味等外在元素的影响。[10]除了感官上的感知还有行为上的感知，适当使用视频、实验、歌舞等形式，充分调动参与者的多重感官。可以引导观众使用肢体动作与周边的装置或者环境进行体感互动；提供物理参与体验，就是增加一些实际动手参与的环节，使观众真实地参与到实际的体验之中，更好理解一些复杂的科学原理。[11]用多种感官的互动形式让观众参与其中，实现角色的带入效果，能够提升观众掌握知识点的自主性。

3.3　舞台界限模糊化

作为一种"剧场观众体验的新方式"，其打破了观众观看与舞台表演之间的界限。[12]以往的互动教育存在于教室之中，互动实验表演则是舞台上下的关系。观众与辅导员之间的关系非常明确，存在台上台下互无影响与交流，或者是单纯地为了表演而互动的形式。这是一种比较封闭的体验方式。可以改变观众在科普场馆中的角色，使其积极融入参与，从单向的观看表演转变为互动性交流，从而获得独一无二的体验。

通过沉浸式手段，观众可以在心里营造"另外"的空间，实现物理空间的延伸，[11]不再局限于一件展品或者一小片范围，而是利用沉浸式手段达到弱化舞台边缘的效果，在有限的封闭空间中创造开放式的场景体验，以戏剧的方式进行学习以达成教育的目的。

4 厦门科技馆戏剧式导览活动情况

戏剧式导览是厦门科技馆一种新的导览形式，旨在通过浸入式戏剧体验，调动少儿观众的热情，使他们在角色扮演和欢笑中感受到科学和艺术之美，增强其体验感。在导览过程中，科学辅导员以"表演者＋讲解员"的身份，将科技展厅当作剧场进行剧情和参观的推进。在这样的过程中，辅导员可以通过第三人称与观众互动或者用提问引发观众跟随剧情思考。这种跨界多元的参观模式与以往普通的导览有很大区别，观众在玩耍的过程中能更好地感受学习与探索的乐趣。

辅导员身着戏装，扮演剧中的某一角色，配合特定展品及现场灯光音效，进行某一出独幕剧情境演出，时长为 10～15 分钟。表演以戏剧解说为主，用对话的形式来展开，并重视结合展品以及互动效果。线下导览更加重视与观众进行即时问答互动，每一场次总共约 20 分钟。

4.1 厦门科技馆戏剧式导览

表1　导览基本情况

戏剧式导览名称	简介	内容
《跟着龙王去看展》	万年东海龙宫摇身一变，成了自然资源部东海局，万里海疆怎么划分	(1) 新官上任，巡视国土 (2) 惊魂瞬间，差点出界 (3) 龙宫宝库，光彩夺目
《森林失窃案》	科技馆盗窃案，谁才是偷盗者？来看兔子警长的调查破案过程	(1) 案件发生 (2) 现场调查 (3) 审讯"眼镜蛇" (4) 找到"真凶"
《上官婉儿穿越记》	上官婉儿被"月光宝盒"穿越到了21世纪，遇见教学机器人伽马，认识现代的交通工具汽车	(1) 当上官婉儿遇到"月光宝盒" (2) 认识现代运送粮草的神器——汽车 (3) 汽车有"心脏"，半个时辰可以跑80公里

4.2 总结厦门科技馆戏剧式导览的开展，归纳特点

4.2.1 展览展陈内容在导览过程中作为推动剧情的主线被灵活运用

《森林失窃案》以"树和它的朋友"陈列为依托，在解说词和台词上，以展览展示关于植物生长、鸟类生活环境、蚂蚁王国、蛇类的习性以及结构等为主要线索进行编写。《上官婉儿穿越记》将汽车作为内容的基础，以讲述汽车的转向系统、汽车发动机的工作循环原理、发展历史、现代工业机器人的工作原理等为主要线索，戏剧手段被加以灵活运用，配合着"穿越"的元素，从而引人入胜。

戏剧式导览在此过程中扮演教学与诠释角色，使人物更简化、台词更精简、内容更具趣味性，不同于日常讲解的严肃，也不像科学表演对舞台演出有严谨性和完整性要求，是联系学习者与客观认识对象的媒介，是转换知识的中介活动。能否寓教于乐，是戏剧式导览执行上的重要考量。

4.2.2 抓住数字化资源时机，线上线下共同执行

2020 年厦门科技馆抓住数字化资源，推出了内容堪称海量的线上活动，包括推出了 4 篇云参观系列的戏剧式导览。推文内容创造最适合公众的情境化的教育设计，采用"情境＋问题＋解析"的方式或者"情境＋内容＋知识延展"的方式，将科技展厅当作剧场进行剧情和参观的推进，同时也体现了"在数字化时代，体验就是一切"。从后期的游客反馈来看，观众也很乐意按照推文的内容来进行导览参观，按照展厅就是剧场来进行展品的自我学习，以及会主动要求"兔子警长""龟丞相"等来进行导览讲解。

线下通过对话的方式，介绍展览"万里海疆——我国的海洋国土、海洋国土、海底资源"，同时提出各种问题和观众互动，以及布置参观学习任务。从活动之后的游客反馈来看，参加活动的小朋友和家长对于在展厅参观过程中加入戏剧化方式非常欢迎，认为戏剧式导览更具亲和力和趣味性，与平时的讲解最大的不同在于，科学原理更加简单易懂，小朋友更加专注。

4.2.3 开展戏剧式教育活动已初步形成长期性态势

在活动开展过程中，那些特别主动的观众，会得到一种异常的满足感，这种满足感来源于他们得到了别人无法得到的体验，他们得到的更多是一种亲密接触和感官经验。

戏剧式教育活动具有知识性、娱乐性和互动性。[13]其内容有一个清楚的教

育目标，能抛出清晰的观点，建立戏剧行动，发展情节，考量观众的心理需求。在激发观众想象力和开展探索式的学习上有很大的价值。

厦门科技馆展教部工作计划，基于每个展厅特点设计戏剧式导览，做到与定时讲解一样，能常态化运行，且策划开展戏剧式教育活动已被纳入未来部门重要工作之一。

5 戏剧式导览开展存在的问题分析

5.1 戏剧式导览首要面临的挑战是如何让参观者变成参与学习者

即使是在参与过程中，观众也在不断做选择，是继续留下，还是该离开，还是参与进去。他们的角色也经常在观众、参与者、学习者之间转换。考量观众的心理需求非常重要，如工作人员如何互动、该怎么邀请观众参与而不会令他们感到尴尬、提出什么问题会抓住观众的兴趣点。除了文本构架的安排须适当得宜外，演员亲切的态度与分寸的拿捏，更是关键所在。

5.2 工作人员的应变能力和耐性的考验

每个场馆各有其职务和活动安排，在展示现场各种活动期间的协调安排极为重要。而许多场馆的意外情况，也经常考验着演员的应变能力与耐性。在游客众多的情况下，科技馆俨然成为观光胜地，在这样的氛围里，戏剧式导览演出如何维持一贯的细腻与精致，对演员就是极大的挑战。

5.3 缺少缜密的流程管理和实践支撑

戏剧式导览的开展，包括地点、剧本产生方式、人员配备、创作修改、舞台设施、排练等，没有形成一套较为完整的流程化、标准化的手册。在项目实施过程中，运行管理上的缺陷不能及时解决，缺少专业意识，大多凭借感觉或者上网搜索及其他经验来安排和布置各项工作，经常出现环节错误或者相关事项脱节，甚至影响排练和正常演出。加强项目活动管理、流程管理，健全人员各项专业责任制度，做好后期活动评价收集，健全评估体系，是开展观众喜爱、满意的戏剧式导览的关键。

6 科学教育工作者采用戏剧式导览开展活动应注意的方向

6.1 重视参演人员培训机制，建立自身人才储备

导览解说的说故事、讲科学原理的能力与演员的表演能力是有很大差距的，表演能力无法一蹴而就，需要长期训练与经验的积累。但是即使是非演出机构呈现给公众的艺术化创作，同样应该具备一定的专业水准，所以应重视在活动过程中对演员等专业人员进行基本技能和知识的培训，这也是为其他活动储备必不可少的人力财富。

6.2 抓住社会需求，充分利用科技发展的成果

展馆展品的更新有时间性，但是社会热点时时在变化。戏剧导览的创作过程中，界限感比较小，内容可以多样，不一定就要局限于场馆里所包含的展品资源。抓住时事热点，体现社会需求、科学家精神、重大事项等都可以通过戏剧式导览来传达给公众。在数字时代背景下，以体验经济为主，信息传播倾向于寓教于乐、趣味化，更加重视互动性、娱乐性和科技感。引入科研成果，比如 AR、VR 技术等，让数字媒体发挥引导的作用。沉浸式戏剧与新技术融合碰撞，充分利用新思路和新技术双向传播的交互特点，使公众深入体验，推动沉浸式戏剧不断向前发展。但同时要注意的是艺术性与科学性的结合不应该存在偏差，分不清主次重点，注重环境和形式，而忽视内容，让活动的教育意义明显低于娱乐性。

6.3 创作、实施过程中，不要理想化，要立足现实

在非专业表演情况下，为了演出活动更便于执行、教育与休闲的目的更便于实现的目标，活动的场地选择、情景转换、剧本角色设计以及服装道具选择以简单易行为宗旨。[5]脚本可以采取保守的方式来编写，过多的戏剧性表演或者为了效果加入音乐、舞蹈之类的可以根据演员来做适当考量，要以工作人员演练为首位，避免适得其反。同时过多的互动策略也不可取，以免工作人员因无法掌握现场状况而导致场面混乱。

7 结语

"剧场，成为博物馆触动观众感通的特殊媒介。"[14]现代科学教育强调科学知识的认知与传播应当遵循着"知识与技能""过程与方法""情感、态度、价值观"这三个目标去开展。身为科学教育工作者，给前来参观的观众提供最优质的科普是我们工作的重点，也是我们一直创新努力的方向。我们通过教学情境的构建，力求观众通过实践感悟的形式习得科学知识技能、方法与价值观。同时，戏剧式活动这一场馆教育活动形式在科学知识传播过程中所体现的新鲜和活力，令人期许，其本身便是一个值得深入研究的重要课题。

参考文献

[1] 郑钰：《浅谈博物馆科学教育中的艺术化实践》，载北京数字科普协会、中国科学院网络科普联盟：《2014 年科学与艺术研讨会——主题："科学与艺术·融合发展服务社会"论文集》，2014。

[2] 沙晓云、高劲松、樊文杰、刘薇：《江西省博物馆"走进国宝-每月一宝"展览观众调查报告及分析》，2011 年度江西省社会科学艺术学项目课题"文化创新视域下博物馆的人文关怀"。

[3] Diana Lorentz, *A Study of the Notions of Immersive Experience in Museum Based Exhibitions*, Master Thesis, University of Technology Sydney, 2006.

[4] S. Bitgood, "Toward an Objective Description of the Visitor Immersion Experience", *Visitor Behavior*, 1990（5）.

[5] 郑钰、黄钊俊、张宏彰：《科学传播与戏剧艺术的结合——北京自然博物馆 & 台中科博馆戏剧式教育活动之比较研究》，《科普研究》2014 年第 1 期。

[6] Rukiye Dilli, "Effect of Museum Education on Teaching Extinct Animals Lived in Anatolia to Pre – school Children", *Education and Science*, vol. 181, 2015（40）.

[7] 胡盈：《博物馆传播与戏剧手段的运用》，《博物院》2020 年第 1 期。

[8] 〔美〕Shirley R. Steinberg、Joe L. Kincheloe：《学生作为研究者——创建有意义的课堂》，易进译，中国轻工业出版社，2002。

[9] 段涛、陈宁：《青少年科普教育：概念、理论与路径》，《青年学报》2020 年第 3 期。

［10］李欣：《沉浸式虚拟艺术在现代虚拟展示设计中的应用研究》，北京印刷学院硕士学位论文，2010。

［11］张红梅：《沉浸式互动科普展示设计——以天然色素科普为例》，清华大学硕士学位论文，2019。

［12］曾思绮：《戏剧式解说在博物馆的应用》，台南艺术学院博物馆学研究所，2001。

［13］郑钰、刘菁、李莉：《博物馆戏剧活动——少儿知识建构之媒介》，载《博物馆与儿童教育》，文物出版社，2013。

［14］刘婉珍：《博物馆就是剧场》，艺术家出版社，2007。

图书在版编目（CIP）数据

科学教育新征程下的馆校合作：第十三届馆校结合
科学教育论坛论文集／高宏斌，李秀菊，曹金主编.--
北京：社会科学文献出版社，2021.9
ISBN 978-7-5201-9007-7

Ⅰ.①科… Ⅱ.①高… ②李… ③曹… Ⅲ.①科学馆
-科学教育学-中国-文集 Ⅳ.①N282-53

中国版本图书馆 CIP 数据核字（2021）第 184215 号

科学教育新征程下的馆校合作
——第十三届馆校结合科学教育论坛论文集

主　　编／高宏斌　李秀菊　曹　金

出 版 人／王利民
责任编辑／张　媛
责任印制／王京美

出　　版／社会科学文献出版社·皮书出版分社（010）59367127
　　　　　　地址：北京市北三环中路甲29号院华龙大厦　邮编：100029
　　　　　　网址：www.ssap.com.cn
发　　行／市场营销中心（010）59367081　59367083
印　　装／三河市龙林印务有限公司

规　　格／开　本：787mm×1092mm　1/16
　　　　　　印　张：28.25　字　数：476千字
版　　次／2021年9月第1版　2021年9月第1次印刷
书　　号／ISBN 978-7-5201-9007-7
定　　价／158.00元